大型风电齿轮传动系统动态设计理论与方法

魏 静 汤宝平 刘 文 李 想 著

本书结合作者多年的科研成果，系统、全面地介绍了大型风电齿轮传动系统高功率密度设计、齿轮齿面修形、振动噪声控制、动力学设计、时变可靠性设计等动态设计理论与方法的最新研究成果。

本书主要内容包括：风力发电的基本原理和发展简史、风力发电齿轮传动系统的研究现状与发展趋势、大型风电齿轮箱高功率密度设计理论与方法、齿轮齿面修形技术、振动与噪声控制技术、大型风电传动链多柔体动力学设计及共振规避方法、大型风电齿轮箱行星轮系动态均载技术、时变可靠性评估与设计方法、结构件疲劳强度工程分析方法，以及系统运行状态监测与故障诊断方法。

本书可作为大型风力发电齿轮传动系统研发人员的参考用书，也可作为其他行业齿轮传动核心基础件设计与制造相关专业的硕士研究生、博士研究生，以及科研人员与企业工程技术人员的参考用书。

图书在版编目（CIP）数据

大型风电齿轮传动系统动态设计理论与方法/魏静等著．—北京：机械工业出版社，2022.12
ISBN 978-7-111-72441-4

Ⅰ．①大…　Ⅱ．①魏…　Ⅲ．①风力发电–齿轮传动–电力传动系统–动态设计　Ⅳ．①TM614

中国国家版本馆 CIP 数据核字（2023）第 010598 号

机械工业出版社（北京市百万庄大街 22 号　邮政编码 100037）
策划编辑：郑小光　　　　责任编辑：郑小光　戴　琳
责任校对：张晓蓉　王明欣　责任印制：李　昂
河北宝昌佳彩印刷有限公司印刷
2023 年 6 月第 1 版第 1 次印刷
184mm×260mm · 21 印张 · 521 千字
标准书号：ISBN 978-7-111-72441-4
定价：128.00 元

电话服务　　　　　　　　　网络服务
客服电话：010-88361066　　机　工　官　网：www.cmpbook.com
　　　　　010-88379833　　机　工　官　博：weibo.com/cmp1952
　　　　　010-68326294　　金　书　网：www.golden-book.com
封底无防伪标均为盗版　　　机工教育服务网：www.cmpedu.com

前言

我国能源结构正由"煤炭为主"向"多元化协同"转变,能源发展驱动正由"高速增长"向"高质量增长"转变,由"传统能源增长"向"新能源增长"转变。风能作为一种经济、绿色、可再生的清洁能源,在我国能源转型中的作用日益凸显。齿轮传动系统是增速型风机的核心组件,其性能直接决定装备的运行性能、服役寿命、安全性和可靠性。如何获得"高效率、高功率密度、低振动噪声、高工况适应性"是大型风电齿轮传动系统的行业性技术难题。针对大型、超大型风电机组整机与部件庞大的体积、尺寸与重量,复杂的部件和子系统间连接与集成关系,瞬息万变的复杂气动载荷条件,如何解决从产品概念设计、方案设计到详细设计以及试验验证等考虑全生命周期自主设计的一系列工程难题是严峻的挑战。随着当前风电行业对风力发电机组运行寿命和相应认证要求的不断提高,保证大型风电增速齿轮箱等关键部件的动力学特性、疲劳耐久性与可靠性以及系统可靠运行的状态监测与故障诊断等,是关键部件设计与制造必须面对的重要问题。

本书基于作者主持的国家重点研发计划、国际科技合作以及国内多家大型风电齿轮箱制造企业委托开发课题的研究成果,结合作者近年来的主要科研成果,针对大型风电齿轮传动系统设计中的关键技术问题,主要涉及风电齿轮传动系统高功率密度设计、动力学设计理论、传动链动态特性分析方法、时变可靠性设计、风电齿轮箱试验技术、故障诊断与系统监测等。本书内容丰富,技术体系全面,反映了作者近年来从事本领域研究取得的新进展,阐释了作者一些独到的见解。

本书第 4 章由刘文副教授撰写,第 7 章由李想撰写,第 9 章由汤宝平教授撰写,其余章节均由魏静教授撰写。

本书中相关研究成果得到 2018 年国家重点研发计划项目"大型风电齿轮传动系统关键技术及工业试验平台"课题二"大型风电齿轮传动系统动态设计与减振降噪技术"(2018YFB2001602)、2011 年国家国际科技合作项目"5MW 风电增速器合作开发"(2011DFB71670)的经费支持,且多年来一直得到太原重工股份有限公司、杭州前进齿轮箱集团股份有限公司、南京高精传动设备制造集团有限公司、重庆齿轮箱有限责任公司、国电联合动力技术有限公司等单位委托开发横向项目的支持。另外,博士研究生徐子扬、张世界以及硕士研究生赵宇豪、颜强、孙红、吕程等为本书的撰写提供了相关资料,在此一并致谢!

限于作者水平,书中不妥之处在所难免,期望读者批评指正。

作　者
2021 年 1 月

目录

第1章

绪论

1.1 概述

石油、煤炭等化石能源日益匮乏，全球面临能源危机，急需发展清洁能源。以天然气和可再生能源为主力，全球一次能源消费在 2018 年增长迅猛，其中，我国的一次能源消费在 2018 年增长了 4.3%，为 2012 年来最高增速。为持续满足能源消费需求、避免气候变化带来的损失与风险，我国能源结构正由"煤炭为主"向"多元化协同"转变，能源发展驱动正由"高速增长"向"高质量增长"、由"传统能源增长"向"新能源增长"转变。2018 年，我国化石能源消费增长主要由天然气（+18%）和石油（+5.0%）引领，而在非化石能源中，太阳能发电量、风能发电量和生物质能及地热能发电量的增长率依次为 51%、24% 和 14%，能源结构清洁低碳化进程加快。

在众多非化石能源中，风能具有显著的经济效益，国际上风力发电的成本为 4~8 美分/(kW·h)，大幅低于太阳能光伏发电的成本 50~100 美分/(kW·h) 和太阳能热力发电的成本 12~30 美分/(kW·h)。此外，风力发电的成本仍在不断降低，小型、中型和大型风力发电机成本比较见表 1-1。数据表明，风力发电机容量越大，每千瓦的成本越低。因此，风能作为一种经济、绿色、可再生的清洁能源，在我国能源转型中的作用日益显著。

表 1-1 小型、中型和大型风力发电机成本比较

项　　目	风力发电机		
	小型（10 kW）	中型（50 kW）	大型（1.7 MW）
风力发电机成本/美元	32500	110000	2074000
安装费用/美元	25100	55000	782000
总成本/美元	57600	165000	2856000
每千瓦成本/美元	5760	3300	1680

注：括号中数据是额定输出功率。

我国风能资源丰富，近地面的风能总储量为 32×10^8 kW，理论风能发电量达 223×10^8 kW·h，可利用风能为 2.53×10^8 kW，平均风能密度为 100 W/m²。得益于丰富的风能资源和政策支持，我国在累计装机容量、新增装机容量方面处于领先，已成为全球规模最大的

风电装机市场。在陆地风电市场，2018 年我国新增装机容量为 21.2 GW，实现了十年市场领跑，同时以累计装机容量 206 GW 成为全球首个实现超 200 GW 的风电市场；在海上风电市场，2018 年我国新增装机容量为 1.8 GW，首次成为全球海上新增风电装机容量第一。以上数据表明，我国风电发展具有强大的动力和市场活力。

  本章首先概述风力发电基本原理和发展简史，然后针对目前普遍采用的带齿轮箱的风力发电机，阐述风力发电齿轮传动系统的分类，进而从风力发电齿轮传动系统优化设计、动力学模型与动态特性研究、故障类型与评价监测研究等多方面综合论述风力发电齿轮传动系统的研究现状与发展趋势，最后总结风力发电齿轮传动系统设计与运行中存在的主要技术难题。

1.2 风力发电的基本原理与分类

1.2.1 风力发电的基本原理

  风力发电系统是通过风力发电机叶片，将风能转换为机械能，然后通过发电机转化为电能的装置，广义地说，它是一种以太阳为热源，以大气为工作介质的热能利用发动机。典型风力发电机结构示意如图 1-1 所示；其主要由叶片、轮毂、低速轴（主轴）、齿轮箱、高速轴、机械制动和发电机等构成。风作用到叶片上，驱使叶轮旋转，叶轮获取风能，将风能通过低速轴传递给齿轮箱。齿轮箱一侧连接低速轴，另一侧连接高速轴，低速轴采用中空轴，内部穿过液压管路控制起动和制动。经过增速齿轮的变速，齿轮副将输入的大转矩、低转速的动能转化成小转矩、高转速的动能，高速轴带动发电机转动发电，同时高速轴上安装一套机械制动装置，用于控制发电机转速。发电机将输入的动能最终转化为电能。

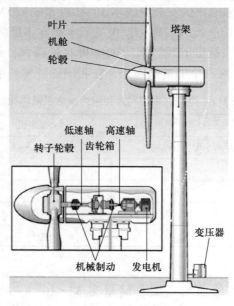

图 1-1 典型风力发电机结构示意图

由于风力发电系统的能量来源是风的动能，风速对转换过程起重要作用。根据贝兹理论，假设风通过风力发电机如图 1-2 所示，v 为通过风力发电机截面 S 的实际速度，v_1 为风力发电机上游远处的风速，v_2 为风力发电机下游远处的风速，单位时间内，风力发电机吸收的风能为

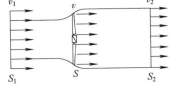

$$\Delta E = \frac{mv_1^2 - mv_2^2}{2} = \frac{1}{2} \rho S v (v_1^2 - v_2^2) \qquad (1\text{-}1)$$

式中，m 为单位时间内流过风力发电机截面的空气质量；ρ 为空气密度。

图 1-2 风通过风力发电机示意图

根据动量平衡，单位时间内风轮上、下游气流动能的变化率可表示为

$$\Delta E = Fv = (mv_1 - mv_2)v = \rho S v^2 (v_1 - v_2) \qquad (1\text{-}2)$$

式中，F 为风作用在风力发电机上的力。

风力发电机的理论功率 P 关于 v_2 的函数为

$$P = \Delta E = \frac{1}{4} \rho S (v_1^2 - v_2^2)(v_1 + v_2) \qquad (1\text{-}3)$$

对式（1-3）两边求导，令 $\dfrac{\mathrm{d}P}{\mathrm{d}v_2} = 0$，得 $v_2 = \dfrac{v_1}{3}$。

此时风力发电机的理论最大功率为

$$P_{\max} = \frac{8}{27} \rho S v_1^3 \qquad (1\text{-}4)$$

定义风能利用系数为风力发电机输出的机械功率与输入风轮面内的功率之比，即

$$C_p = \frac{P_o}{P_v} \qquad (1\text{-}5)$$

则，最大风能利用系数为

$$C_{p\max} = \frac{P_{\max}}{\dfrac{1}{2} \rho v_1^3 S} = \frac{16}{27} \approx 0.593 \qquad (1\text{-}6)$$

风力发电机的输入功率可表示为

$$P_v = \frac{1}{2} \times (\rho \times S_w v) \times v^2 = \frac{1}{2} \rho S_w v^3 \qquad (1\text{-}7)$$

因此，由风能利用系数可得风力发电机输出的机械功率：

$$P_o = C_p P_v = \frac{1}{2} \rho S_w v^3 C_p = \frac{\pi}{2} \rho R^2 v^3 C_p \qquad (1\text{-}8)$$

由此可见，风力发电机捕获的能量与风轮直径的二次方成正比，风轮尺寸的增加将意味着更多的电能输出。

1.2.2 风力发电的分类

按照风力发电机的功率大小，风力发电机可分为五类：微型风力发电机（$P < 1\ \mathrm{kW}$）、小型风力发电机（$1\ \mathrm{kW} \leqslant P < 10\ \mathrm{kW}$）、中型风力发电机（$10\ \mathrm{kW} \leqslant P < 100\ \mathrm{kW}$）、大型风力发

电机（$P \geqslant 100$ kW，其中 $P \geqslant 1000$ kW 的又称为兆瓦级风力发电机）和超大型风力发电机（$P \geqslant 5000$ kW）。不同功率的风力发电机如图 1-3 所示。微型风力发电机发电功率小，多为小功率电器使用，可充当探险、野营等外出活动时的备用电源。小型风力发电机组发电效率高，一般不并网，只独立使用，主要由风力发电机、充电器、数值逆变器及蓄电池组成。中型风力发电机多为并网运行机组，因此要求输出功率恒定，风轮单位时间内截取的风的能量基本恒定。风电机组大型化可减少占地，降低并网成本和单位功率造价，提高风能利用效率。风电机组正沿着增大单机容量、提高转换效率的方向发展。

a）微型风力发电机　b）小型风力发电机　c）中型风力发电机　d）大型风力发电机　e）超大型风力发电机

图 1-3　不同功率的风力发电机

　　按照旋转主轴的方向不同，风力发电机可分为水平轴风力发电机（图 1-4）和垂直轴风力发电机（图 1-5）。水平轴风力发电机发展历史较长，技术成熟，已经实现工业化生产，其结构简单，风能利用率比垂直轴风力发电机高。垂直轴风力发电机具有无偏航、发电机置地、噪声小和塔架简单等优势，但其工艺不成熟、技术滞后且难控失速。因此，目前应用的风力发电机以水平轴风力发电机为主。

图 1-4　水平轴风力发电机

图 1-5 垂直轴风力发电机

按发电机的转子速度不同，风力发电机可分为定速风力发电机、有限变速风力发电机和变速风力发电机。定速风力发电机只能在额定转速之上 1%～5%内运行，若输入功率过大，风力发电机超过转速上限将进入不稳定区域，而变速发电机可通过不同的方式调节转子转速，从而改变发电机输出功率，不同转子速度的风力发电机原理示意如图 1-6 所示。定速风力发电机可直接并网，无变流器，可双绕组，实现两种转速，不仅简单可靠，而且造价低，但电网会吸收无功功率产生磁场，恶化电网功率因数，影响电压稳定，不能跟踪最大功率，机械应力大，输出功率波动大。有限变速风力发电机通过调整转子回路电阻以调节转差率，可使转差率增至 10%，进而提高输出功率，此外，转子电流可控，输出功率稳定，电网扰动小，但外电阻耗能大，发电机效率低。变速风力发电机的转速调节方式多，包括调转子转速、输入转速及桨距角等，可追踪最大功率，具有机械应力小、输出功率波动小的优势，但电力电子器件多，成本高。

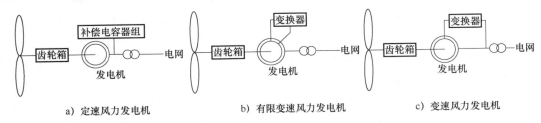

a) 定速风力发电机   b) 有限变速风力发电机   c) 变速风力发电机

图 1-6 不同转子速度的风力发电机原理示意图

根据结构型式的不同，风力发电机可分为齿轮箱增速型风力发电机（图 1-7）和无齿轮箱的直驱型风力发电机（图 1-8）。齿轮箱增速型风力发电机体积小、重量轻、电气系统成本低、技术成熟，但易过载，齿轮箱故障率高，且低风速难起动、噪声大、维护成本高、摩擦损耗大、维护量大、控制复杂。而直驱型风力发电机无齿轮箱，可低风速运行，其噪声低、寿命高、运行维护成本低、可靠性高，但存在重量重、体积大、电气系统成本高、电机冲击大等局限性。综合两种风力发电机的优点，演化出一种混合型风力发电机（半直驱型），如图 1-9 所示。该类型风力发电机带有低传动比齿轮箱，与齿轮增速型风力发电机相比，其噪声低、维护成本低、可靠性较高，与直驱型风力发电机相比，其体积小、重量轻、电气系统成本更低。

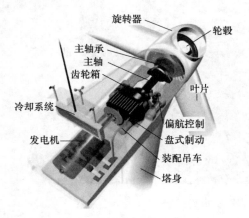

图 1-7　齿轮箱增速型风力发电机

（来源：Bundesverband WindEnergie e. V.）

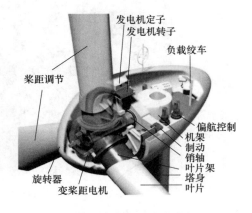

图 1-8　直驱型风力发电机

（来源：Bundesverband WindEnergie e. V.）

据统计，2018 年我国新增齿轮箱增速型风力发电机组超全部装机的 60%，累计齿轮箱增速型风力发电机组占比接近全部装机的 70%，该数据表明，齿轮箱增速型风力发电机是风力发电机的主要技术类型。风电齿轮箱作为叶轮转轴与发电机转轴之间的传动部件，起着变速连接和承受变化风载的作用，是风电机组中重要的部件。风电齿轮箱的传动系统通常由行星传动及平行轴斜齿轮传动构成。图 1-10 所示为三级行星传动加一级平行轴斜齿轮传动的风电齿轮箱的结构图。输入级为行星传动，行星架

图 1-9　混合型风力发电机（半直驱型）

与主轴相连作为输入端，一级行星轮系太阳轮为输出端，内齿圈固定在箱体上。一级行星传动和二级行星传动的太阳轮作为输出构件，把旋转运动传递到下一级行星传动的行星架，第三级行星轮系的太阳轮与平行级低速轴斜齿轮同轴，带动高速轴斜齿轮转动，平行级齿轮副的输出轴作为风电齿轮箱输出端连接发电机转轴。风电齿轮箱的工作环境一般都非常恶劣，长期处于大风、沙尘、盐雾、潮湿、高温或严寒等极端气候条件下，因此，除了机械传动机构之外还有必要的附件来保护齿轮箱。如：① 润滑冷却系统，良好的润滑能够减小齿轮和轴承的摩擦和磨损，吸收冲击和振动，防止胶合，提高承载能力，还可以冷却齿轮副，防止锈蚀；② 加热系统，暴露在低温环境下的风电齿轮箱必须进行油品加热以实现系统的正常起动，加热系统一般采用电加热器，预热润滑油至可起动温度，通过加热提供合适黏度的润滑油，从而改善润滑油的流动性，利于系统降温和润滑；③ 叶轮锁、雷电保护装置、液位传感器、油位指示器和空气过滤器等其他附件。

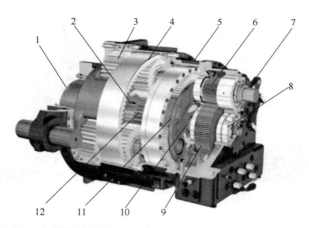

图 1-10 三级行星传动加一级平行轴斜齿轮传动的风电齿轮箱的结构图

1—行星架 2—级行星轮系太阳轮 3—行星轮 4—内齿圈 5—箱体 6—高速轴斜齿轮 7—输出轴

8—轴承 9—低速轴斜齿轮 10—三级行星轮系太阳轮 11—三级行星轮系行星架 12—二级行星轮系太阳轮

1.3 风力发电发展简史

1887 年，美国 Charles F. Brush 建造了世界上第一台水平轴风力发电机，称为 Brush 风力发电机，苏格兰 James Blyth 于同年建造了世界上第一台垂直轴风力发电机，称为 Blyth 风力发电机。Brush 风力发电机（图 1-11）重 4 t，高 18.3 m，有 144 个叶片，通过两级带传动带动一个 12 kW 的直流发电机发电。Blyth 风力发电机（图 1-12）高 10 m，叶轮直径为 8 m，采用直流发电机发电。

图 1-11 Brush 风力发电机

图 1-12 Blyth 风力发电机

1891 年，丹麦 Poul La Cour 将气动翼型理论引入风力发电机领域，并建造了两台 Cour 实验风力发电机，如图 1-13 所示。1897 年最终确定四叶片风力发电机为原型机，称为 Cour 四叶片风力发电机，如图 1-14 所示，它是一台直流风力发电机。

二战期间，丹麦工程公司 F. L. Smidth 安装了一批两叶片和三叶片风力发电机，如图 1-15 所示。这些风力发电机均为直流电风力发电机。

图 1-13　Cour 实验风力发电机

图 1-14　Cour 四叶片风力发电机

图 1-15　F. L. Smidth 安装的风力发电机

1950 年，Johannes Juul 在丹麦成功开发出了世界上第一台交流风力发电机，成为交流风电的先驱，Juul 风力发电机如图 1-16 所示。Juul 风力发电机在没有重大维护的情况下自动运行了11 年，这标志着"丹麦型"风力发电机的完全形成。"丹麦型"风力发电机是指三叶片风力发电机，此概念出现在 1940 年之前。

1973 年和 1978 年爆发了两次石油危机，丹麦、德国、美国、瑞典和英国等国加快了对大型风力发电机技术的探索和发展，同时，成熟的中型风力发电机（55 kW）率先开始大规模应用，最具标志性的是美国加州风力发电机潮。1980 年，

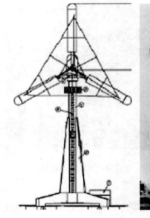

图 1-16　Juul 风力发电机

在美国政策支持下，成千风力发电机被密密麻麻布置在加州的山坡上，景象颇为壮观。1985 年，美国政府终止支持计划，加州风力发电机潮就此偃旗息鼓，美国风电市场消失，德国成为世界上最大的风电市场。

二十世纪八十年代后，大型风力发电机的商业化阶段来临，至今已形成了以陆地风力发电机装机为主和海上风力发电机装机快速发展的格局。据全球风能协会（Global Wind Energy Council，GWEC）统计，在过去的近二十年间，全球风力发电装机容量增长迅猛，截至2018 年，全球风力发电机的装机容量已高达 591 GW，其中，海上风力发电机装机容量的复合年增长率（Compound Annual Growth Rate，CAGR）于近年增速明显。全球风力发电机累计装机容量发展趋势如图 1-17 所示。根据 GWEC 对 2019—2023 年全球风力发电新增装机容量市场的预测，未来五年世界风能市场将以每年平均 2.7% 的复合增长率增长，且以海上风能增长为主，预计到 2023 年，海上风力发电新增装机容量将占总新增装机容量的 17.6%，如图 1-18 所示。

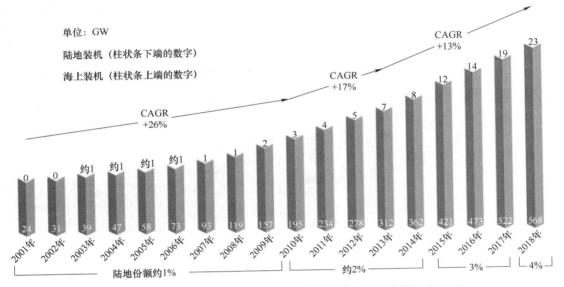

图 1-17　全球风力发电机累计装机容量发展趋势（数据来源于 GWEC）

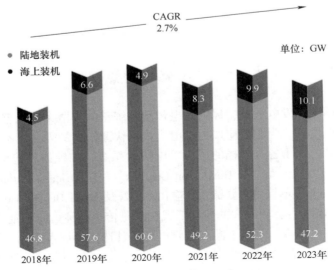

图 1-18　2019—2023 年全球风力发电新增装机容量预测（数据来源于 GWEC）

随着大型风力发电机的商业化进程不断推进，全球风力发电也呈多元化发展。全球风力发电开发状况按地域划分，美洲、亚太、欧洲以及非洲的 2018 年累计风力发电机装机容量分别为 135071 MW、261152 MW、190606 MW、5720 MW。亚太已成为全球风力发电的主要装机市场，这主要得益于我国大力开发风力发电。但欧洲仍是海上风电开发的主要装机市场，2018 年，其海上累计装机容量占全球海上累计装机容量的 78.99%。具体来说，在陆地装机市场，我国以 21.2 GW 的新增装机容量、206 GW 的累计装机容量稳居第一，美国以 7.6GW 的新增装机容量、96 GW 的累计装机容量位居第二，其后依次是德国、印度和巴西。在海上装机市场，全球累计装机容量前三依次为英国、德国和中国，而全球新增装机容量前三依次为中国、英国和德国。此外，2018 年全球陆地风电产业链集中度进一步提升，其中，前四大整机制造商 Vestas、金风科技、GE 和 Siemens-Gamesa 占据了全球 57% 的新增陆地风电市场，在全球排名前十五的整机制造商中，有八家来自我国。2018 年全球新装风力发电机装机容量国家排名和企业市场份额排名见表 1-2。

表 1-2 2018 年全球新装风力发电机装机容量国家排名和企业市场份额排名（数据来源于 GWEC）

排 名	陆地新增装机		海上新增装机		企 业	全球装机比例
	国　　家	全球占比	国　　家	全球占比		
1	中国	45.28%	中国	40.04%	Vestas	20.3%
2	美国	16.21%	英国	29.18%	金风科技	13.8%
3	德国	5.13%	德国	21.55%	Siemens-Gamesa	12.3%
4	印度	4.68%	比利时	6.87%	GE	10.0%
5	巴西	4.14%	丹麦	1.36%	远景能源	8.4%
6	法国	3.34%	韩国	0.78%	Enercon	5.5%
7	墨西哥	1.98%			明阳智能	5.2%
8	瑞典	1.53%			Nordex Acciona	5.0%
9	英国	1.26%			联合动力	2.5%
10	加拿大	1.21%			上海电气	2.3%

1.4　风力发电齿轮传动系统的分类与特点

为提高风能利用率和发电效益，风力发电传动系统正向着增大单机容量、提高风能转换效率及可靠性等方向发展。为了适应风力发电机技术快速发展的需求，不同风电增速齿轮箱研制单位和研究人员提出了各式各样的风力发电传动系统，如纯齿轮传动、Voith Win Drive（即齿轮传动+流体静力学传动，如 Henderson Gearbox）、Electrical additional Drives（CVT 齿轮箱）、Clipper Concept（单输入-分流-多输出），以及 Multi-Duored Concept（单输入-分流-双输出）等，但市场占有额最大的传动形式仍然是传统的纯齿轮传动。

风电齿轮箱的种类繁多，而其不同点主要体现在其选择的技术路线。按照不同的评判标准可以将风电齿轮箱采用的技术路线划分为不同类别：按采用的齿轮类型可以将风电齿轮箱划分为平行轴系技术路线和行星轮系技术路线，按齿轮箱外观形状可以将齿轮箱划分为短粗型和细长型，按其传动系统布置和设计理念可将齿轮箱划分为传统技术路线、功率分流技术路线、柔性销轴技术路线以及融合技术路线（功率分流+柔性销轴）。

为了减小风力发电机组的体积和重量，不同功率容量的发电机组会使用不同类型的齿轮箱。一般来说，500 kW 以下的风电齿轮箱最常使用的是两级平行轴齿轮传动结构，500 kW～2.5 MW 的风电齿轮箱通常采用一级行星轮系加两级平行轴或两级行星轮系加一级平行轴这两种齿轮传动结构，2.5 MW 以上的风电齿轮箱一般采用复合行星轮系、功率分流或柔性销轴等技术。常见风电齿轮箱结构型式及其特点如下：

（1）两级平行轴齿轮传动系统 图 1-19 和图 1-20 所示为两级平行轴式风电齿轮箱与其传动示意图。输入端为第一级大齿轮，第一级小齿轮与第二级大齿轮同轴，第二级小齿轮作为输出端与发电机连接。该结构通常应用于早期兆瓦级以下的风力发电机组中，其主要特点为结构简单、工作可靠且制造成本低。但是由于该结构型式的风电齿轮箱传动比相对较小，不适用于兆瓦级以上的风力发电机组。

图 1-19 两级平行轴式风电齿轮箱

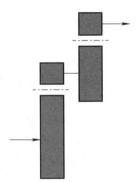

图 1-20 两级平行轴式风电齿轮箱传动示意图

（2）行星轮系与平行轴组合的三级齿轮传动系统 典型的三级传动系统有一级行星轮系加两级平行轴结构、两级行星轮系加一级平行轴结构，分别如图 1-21 和图 1-22 所示。目前，这两种结构型式的风电齿轮箱在国内外产量最大、应用范围最广，大多用于 1.5～2.5 MW 的风力发电机组，如重齿 FL1500、FL2000 系列，南高齿 FD1660、FD2250 系列等均为该结构型式的齿轮箱。

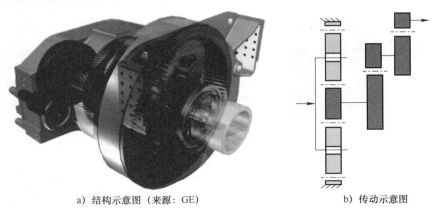

a）结构示意图（来源：GE）　　　　b）传动示意图

图 1-21 一级行星轮系加两级平行轴传动系统

a) 结构示意图（来源：GE）　　　　　　b) 传动示意图

图 1-22　两级行星轮系加一级平行轴传动系统

　　这两种结构型式的风电齿轮箱中，行星轮系都是采用内齿圈固定、行星架输入的 NGW 型结构，太阳轮作为输出构件将功率传递到下一级齿轮副，最后通过平行级齿轮副高速端输出功率。与两级平行轴风电齿轮箱相比，这两种结构具有传动效率高、体积小、重量轻、功率容量大、空间紧凑、运动平稳性高、耐冲击和抗振动能力强等优点。但是其结构型式相对复杂，制造及装配精度要求高，可靠性相对较低。

　　（3）复合行星轮系传动系统　复合行星轮系传动系统的结构型式常见于 RENK 系列风电齿轮传动系统，其风电齿轮箱结构示意及传动示意分别如图 1-23 和图 1-24 所示。复合行星轮系传动系统的传动原理：功率通过行星轮系内齿圈输入，传递到复合行星轮，再由太阳轮传递到平行级齿轮副，平行级齿轮副的高速轴与发电机相连，输出功率。该结构的特点：行星齿轮采用固定轴式传动，齿轮箱中的轴承都是固定不动的，有利于对轴承进行强制润滑，降低了齿轮箱中轴承的失效风险；行星传动的内齿圈与箱体分离，可以有效地减小齿轮传动所产生的振动；不足之处在于对加工及装配精度要求高，大大增加了制造成本。

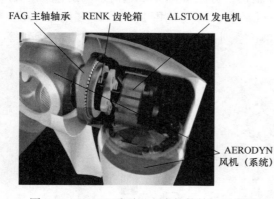

FAG 主轴轴承　　RENK 齿轮箱　　ALSTOM 发电机

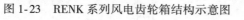

AERODYN
风机（系统）

图 1-23　RENK 系列风电齿轮箱结构示意图

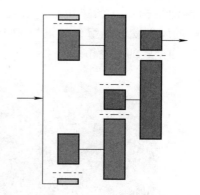

图 1-24　RENK 系列风电齿轮箱传动示意图

　　（4）柔性销轴式风电齿轮传动系统　行星齿轮具有传动比大、结构紧凑、功率分流等优点，但是由于不可避免的制造安装误差，行星齿轮之间的载荷分配不均。针对该问题，美国齿轮制造协会公布的标准 AGMA 6123-B06 中列举了提高齿轮品质、构件径向浮动、行星齿轮支承轴的弹性变形等 19 种改善行星齿轮均载的措施。众多改善措施中，采用柔性销轴结构应用最为广泛。

1967 年，Hicks 提出的柔性销轴结构很好地改善了行星传动均载特性。柔性销轴结构如图 1-25 所示，柔性销轴整体包括心轴与行星齿轮轴，固定在行星架上。图 1-26 所示为柔性销轴齿轮传动系统的行星结构。其工作原理为通过销轴和太阳轮的浮动变形，对齿轮啮合错位和制造、安装误差进行自动补偿，使载荷能更好地分布在行星齿轮之间，并且当遇到突变载荷作用，转矩发生变化时，系统会自动进行调整。

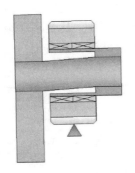
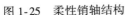

图 1-25　柔性销轴结构

图 1-26　柔性销轴齿轮传动系统的行星结构

柔性销轴式风电齿轮箱较为常见的型式为一级行星加两级平行轴串行结构，第一级为行星齿轮传动，第二级和第三级为平行轴圆柱齿轮传动，行星齿轮支承为柔性销轴结构，行星架为输入构件与主轴相连，第三级平行轴齿轮副高速轴为输出构件与发电机相连。由于柔性销轴式风电齿轮箱具有行星齿轮传动的各项优点，并且有效解决了载荷分布不均的问题，改善了齿轮箱的动态性能，因此，柔性销轴风电齿轮箱是目前大功率风电传动装置的一个重要发展方向。

（5）功率分流式风电齿轮传动系统　功率分流式风电齿轮传动系统采用行星差动结构，使流经行星轮系的功率得以分流，最后通过不同的方式将功率合流。目前，采用功率分流技术的有 BOSCH（德国博世公司）和 MAAG（瑞士马格公司），其功率分流传动示意分别如图 1-27 和图 1-28 所示。其中，MAAG 所采用的功率分流原理如下：功率通过第一级行星轮系的行星架输入，并将其分为两部分，一部分通过行星齿轮传递到太阳轮，另一部分通过第

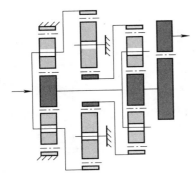 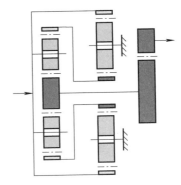

图 1-27　BOSCH 式功率分流传动示意图　　　　图 1-28　MAAG 式功率分流传动示意图

大型风电齿轮传动系统动态设计理论与方法

一级行星轮系的行星架传递到第二级行星轮系的内齿圈，由于第二级行星轮系的太阳轮与第一级行星轮系的内齿圈相连接，功率从第二级行星轮系的太阳轮传回到第一级行星轮系的内齿圈，并在第一级实现合流，由第一级行星轮系的太阳轮将功率传递到平行级。

运用功率分流技术将输入功率合理地分配到各级行星轮系中，使得第一级行星传动功率降低，能有效减小齿轮箱体积，减轻重量，提高可靠性。同时，该技术的应用能有效降低各齿轮副所传递的载荷，从而减小传动齿轮的尺寸，在同等尺寸条件下，该结构有利于提高齿轮箱的容量，实现功率密度最大化。

根据叶轮速度范围，也可将风力发电传动系统分为定速多级齿轮箱、有限变速多级齿轮箱、变速多级齿轮箱、变速单级齿轮箱和直驱系统（传动系统中无齿轮箱），其中，多级齿轮传动结构在风力发电传动系统中占比最大。典型的风力发电传动系统见表1-3。

表1-3 典型的风力发电传动系统

速度范围	齿轮箱类型	发电机类型	容量	整机制造商
可变速度	多级传动	双馈式感应发电机	1.5 MW，3 MW，5 MW	Sinovel
			2 MW，2.6 MW，3 MW	Vestas
			1.5 MW	GE wind
			0.85 MW，2 MW，2.5 MW	Gamesa
			2.4 MW，2.5 MW，3 MW，3.3 MW	Nordex
			1 MW，1.5 MW，2 MW，2.5 MW	东方电气
			2 MW，3 MW，6 MW	Repower
			2.1 MW	Suzlon
			1.25 MW，2 MW，3.6 MW	上海电气
		永磁同步发电机	3.3 MW，8.8 MW，9.5 MW，10 MW	Vestas
			2.5 MW	GE wind
			3 MW	WinwinD
			4.5 MW，5 MW	Gamesa
		笼型异步发电机	3 MW，5 MW，6 MW	Sinovel
	直驱	永磁同步发电机	8 MW	Vestas
			4 MW，6 MW，12 MW	GE wind
			3 MW，6 MW	Siemens wind
			1.5 MW，2 MW	STX wind
			1.5 MW，2.5 MW，3 MW，3.3 MW，6 MW，6.45 MW，6.7 MW	金风科技
			6 MW，7 MW，8 MW	上海电气
			2 MW，2.5 MW，5 MW	湘电风能
		电励磁同步发电机	0.8~7.58 MW	Enercon

（续）

速度范围	齿轮箱类型	发电机类型	容　量	整机制造商
可变速度	单级传动	永磁同步发电机	1 MW	WinwinD
			5 MW	Multibrid（Areva）
			1.5/2.2 MW，3 MW，4 MW，6 MW，7.25 MW	明阳智能
有限可变速度	多级传动	绕线转子感应发电机	1.5 MW，2.1 MW	Suzlon
定速	多级传动	笼型异步发电机	0.6 MW，1.25 MW	Suzlon
			2.3 MW，3.6 MW，4 MW	Siemens wind

1.5　风力发电齿轮传动系统研究现状

　　风力发电齿轮传动系统作为风电机组的核心部件，备受国内外风电相关企业和研究机构的关注。齿轮传动系统不仅是整个风电机组中成本较高的部件之一（占风电机组总成本的18%左右），而且是风电机组中的薄弱环节之一。特别是近年来，为了提高风能利用率和发电效益，风力发电机组正向着增大单机容量、提高转换效率及机组可靠性等方向发展。因此，大兆瓦级的风力发电齿轮传动系统逐渐成为研发的热点和重点。风力发电齿轮传动系统的研究主要包括风力发电齿轮传动系统优化设计、风力发电齿轮传动系统动力学模型与动态特性、风力发电齿轮传动系统故障类型与评价监测等方面。

1.5.1　风力发电齿轮传动系统优化设计

　　在风力发电齿轮传动系统的设计中，优化设计已经成为产品研究开发不可缺少的、至关重要的环节，对保证系统工作可靠性和耐久性具有重要的意义。但大量的深入研究发现，多数事故是由复杂的非线性因素引起的，这使得机械传动系统设计向着更具深度和广度的方向发展，研究的重点也开始偏向非线性、非稳态、多自由度和多耦合系统的方向。

　　在风电齿轮传动系统结构优化方面，优化目标从单纯强调减轻重量的系统轻量化，向综合考虑体积、组合应变能和振动加速度等的多目标优化发展。风电齿轮传动系统结构的优化对象一方面朝"大"发展，即随着风力发电机功率从千瓦级到兆瓦级的不断提高，优化对象由简单风电齿轮传动系统结构向尺度不断增大且结构日益复杂的行星架结构、箱体结构以及风电齿轮箱整体发展；另一方面朝"精"发展，如不断优化风电齿轮箱行星轮系的设计参数，提高齿轮副啮合时的抗点蚀及抗胶合性能，且风电齿轮传动系统结构优化考虑因素更多、更精，涉及多工况、齿轮啮合刚度和误差等因素。此外，风电齿轮传动系统结构的优化方法多样，从早期如采用三角函数和高斯函数拟合出载荷的空间分布方程，并以此为基础对兆瓦级风电齿轮箱的行星架进行优化设计，已发展为拓扑优化、仿真软件与优化算法相结合的优化设计，如对行星架进行拓扑优化设计。此外，响应面法也被大量应用在风电齿轮传动系统结构的关键尺寸优化设计中。

　　目前，在风电齿轮箱零件结构设计领域，大多数学者偏重于对以往结构的改进设计，然而，在风电齿轮箱新产品开发时，以经验为主导的现有结构设计流程会使结构设计和CAE

（计算机辅助工程）分析工作分离，导致产品研发周期长和结构材料冗余。鉴于此，出现了兆瓦级风电齿轮箱结构设计流程自动化系统，即基于拓扑优化理论并结合 CAE 提出新的结构设计流程，运用 C#和 TCL/TK 语言对 Hyper Works 进行二次开发，研发了以轻量化结构为特征的风电齿轮箱新产品结构设计流程自动化系统。

随着风电机组的大型化，传动系统的转矩也不断增大。由于传动系统的阻尼较小，正常运行时传动系统高速轴和低速轴之间的转矩差很容易引起传动链的扭转振动，进而引起齿轮箱转矩大幅度波动。因此，为了降低风力发电机振动、延长机组寿命和提高机组运行稳定性，在风电齿轮传动系统优化设计中，系统减振控制已成为不可或缺的一部分。

风电齿轮传动系统的减振控制分为被动减振和主动减振两种基本形式。被动减振最基本的减振系统是由弹簧和阻尼器构成的，通常称之为被动减振系统。采用质量阻尼调谐装置（Tuned Mass Damper，TMD）减振技术，可使机组在满发工况下的减振效果达到 40%以上，但该系统只在一定频率范围内才能起到良好的减振作用。一般对于高频激励采用刚度系数低的弹簧可取得较好效果。阻尼器的作用是消耗振动的能量，使振动能迅速衰减。因此，阻尼系数越大越好。但从激振力的传递方面考虑，阻尼系数不宜过大。此外，常见的被动减振还有：在发电机和齿轮箱之间安装橡胶弹簧减振器，来阻隔振动的传递；在发电机、齿轮箱之间安装减振支承装置；在叶片和塔架中运用黏弹性材料等。然而，由于风机空间和材料工艺的限制，被动减振效果有限，且在运行条件和工况不断发生变化的情况下，被动减振方法无法满足实时减振的要求。主动减振利用外部能源，产生一种作用力或位移，再利用这种作用力或位移抵消振动的作用力和位移。这种由外部能源产生的作用力或位移理论上是可控的。因此在不同工况下，该方法可获得良好的减振效果。常见的主动减振控制有：从经典控制理论出发，建立风机振动的运动方程，采用极点配置的方法以保证系统稳定性；在风机模态分析的基础上，利用传感器测量振动加速度信号，并将测量信号反馈给串联阻尼滤波器，以消除谐振。已有研究表明，风电齿轮传动系统在冲击载荷的作用下，采用被动、主动两种减振措施后，低速轴上的振动幅值均显著衰减，但采用主动减振方法时的减振效果优于采用被动减振方法，它在降低振动幅值 1/3 的同时还能增强传动链抑制随机风载荷波动的抗干扰性能。

1.5.2　风力发电齿轮传动系统动力学模型与动态特性

目前，风力发电齿轮传动系统的结构多样，但行星齿轮与平行轴斜齿轮混合的三级齿轮传动系统使用最为广泛。对于普通的齿轮传动系统，已有多种形式的动力学模型，而使用较多的是同时考虑齿轮、轴、轴承以及箱体的多自由度、多方向耦合的动力学模型，这类模型可以对齿轮传动装置，包括传动系统和结构系统的振动与噪声特性进行较为全面的研究。而风电齿轮为了能够减少啮合冲击、提高系统的寿命而广泛采用斜齿轮。由于斜齿轮有螺旋角的存在，其啮合力变成空间力，啮合过程也较直齿复杂，因此对斜齿轮的研究主要集中在建模仿真与动力学特性的研究上。行星齿轮系统动力学研究的主要目的是确定和评价行星齿轮系统的动态特性，如：确定系统的固有频率以避免共振的发生；计算系统的动态响应来确定系统关键部件所受的动态载荷或系统的振动和噪声水平；研究系统参数对振动、均载、稳定性和可靠性的影响等。

（1）风力发电齿轮传动系统动力学模型研究　对于风力发电齿轮传动系统的动力学建

模，将各齿轮视作刚体的集中质量法依然是主流建模方法，但随着传动系统的尺寸不断增大，其内齿圈的结构日益倾向于大而薄的"圆环"，势必产生不可忽视的弹性变形，因此，国内外越来越多的学者已逐步意识到柔性齿圈对传动系统动态特性影响的重要性，并将其体现在动力学模型中。计入内齿圈柔性的建模方法主要包括有限元法及动态子结构法。有限元法的主要思想是将齿圈离散成多个梁单元，但在啮合刚度的处理上较为麻烦，每个单元节点的边界条件不同，需要对啮合刚度矩阵做特殊处理，这势必加大建模的工作量。动态子结构法能够运用牛顿第二定律很好地建立系统运动微分方程，但求解过程烦琐，很难通过求解高阶偏微分方程得到系统动力学响应，只能通过其特征方程来研究系统的固有特性。

目前，风力发电齿轮传动系统的研究常采用三种模型：纯扭转模型、多自由度耦合模型和复杂有限元模型。纯扭转模型仅考虑中心构件（太阳轮、齿圈和行星架）以及行星轮的转动，模型简单，考虑的因素少，可以用这种模型来预估系统的固有频率，计算系统的振型，能明显减少多自由度分析的困难。多自由度耦合模型除考虑中心构件与行星轮的转动外，还考虑中心构件与行星轮的平移自由度等。早期研究中，为简化模型，部分学者仅在纯扭转模型基础上考虑中心构件的平移自由度，而认为行星齿轮仅做旋转运动，如在系杆随动坐标系下观察各构件的运动，并在这一坐标系中建立其动力学模型，此时，行星传动由周转轮系转化为定轴轮系，因此，这种处理方法降低了问题的分析难度。但随着理论研究的深入，根据研究的重点和考虑的因素不同，已出现行星轮系的弯扭耦合、横扭耦合、弯-扭-轴耦合、弯-扭-摆耦合等多种风力发电齿轮传动系统多自由度耦合模型，尤其是随着多体动力学的发展，将风力发电齿轮传动系统的齿轮、传动轴、轴承、箱体进行系统耦合已成为一种研究趋势。但采用集中参数法的纯扭转模型和多自由度耦合模型与实际情况存在差距，且由于受试验条件等因素的限制，对真实机型进行动力学试验可行性较低，因此，国内外学者大多采用多体动力学的方法来构建风力发电机组齿轮箱、传动链及整机的动力学仿真模型，通过施加不同的载荷及约束来模拟风力发电机组真实的运行环境，从而得出机组的各种相关特征参数。例如，利用多体动力学软件 SIMPACK 模拟风力发电机组的真实运行工况，仿真模型包括空气动力学模型、控制器模型和详细的齿轮箱及传动系统模型，并对传动模型进行共振点分析、快速傅里叶变换和阶次分析、耐久性分析。又如，利用 FAST 程序建立风力发电机的动力学模型，通过 AeroDyn 对仿真模型进行气动加载，最终对风力发电机进行动力学响应分析。

另外，风力发电齿轮系统动力学的模型研究越来越重视深挖模型细节。齿廓修形是一种减少齿轮啮合激励的重要方法，其中，线性或抛物线的齿廓修形在改善齿轮传动系统的性能上效果最显著。因此，目前很多大型风机齿轮传动系统的动力学模型中都体现了齿廓修形技术。齿面摩擦也是影响啮合过程的重要因素，尤其风电增速齿轮箱的行星齿轮都是在低速重载条件下运行的，此时的齿面摩擦对系统动力学特性的影响将更加显著，因此应在分析时给予考虑。含斜齿齿面摩擦的动力学模型主要包括定摩擦系数与变摩擦系数下的 6 自由度摩擦模型，以及考虑啮合过程的时变啮合刚度、黏性阻尼和滑动摩擦的齿轮传动系统的振动分析模型。通常，由于制造、加工和安装等误差的存在以及使用过程中磨损及润滑的需要，应在啮合轮齿间保持一定的齿侧间隙。在这种情况下加之风载荷的随机变动性，会使风电齿轮传动系统的齿间接触状态发生突变。这种因接触状态改变产生的冲击不仅影响传动系统的平稳性，有时甚至是导致齿面失效破坏的直接原因。因此，对风电增速齿轮箱进行间隙非线性动力学的研究十分必要，而风力发电齿轮系统的非线性动力学分析也成为研究热点。由于风电增速齿轮箱非线性因素的存在，包括齿侧间隙、齿面摩擦及时变啮合刚度等，使得风电齿轮在工作时可能表现出许多典型且复杂的非线性动力学特征，如振幅的突变与多样性、超谐波次谐波共振与组合共振等，表现在啮合齿对间的反复接触、脱离、再接触的强非线性耦合振动；还可能在一定的参数范围内引起跳跃、分岔和混沌等现象，对传动系统的平稳性、可靠性均带来不良影响。介于此，许多学者开始致力于齿轮传动系统的非线性动力学研究，提出了较为完善的齿轮系统动态研究理论和方法，并在轮齿动力接触、冲击等方面进行了大量研究。因此，在风力发电齿轮系统动力学建模中，时变齿轮副啮合刚度、时变轴承刚度及阻尼等多种时变因素，随机风载、发电机转矩、齿轮副啮合力等多种内外激励因素，齿侧间隙、齿轮副摩擦、综合误差等多种非线性因素被不断融入模型研究中，形成了精细化建模的研究趋势。

对于风力发电齿轮传动系统动力学模型的求解方法，由于齿轮传动系统属于非线性动力系统，其微分方程组的求解中，除极少数简单的情况或自由度小于 3 时可以求得精确解外，其他绝大多数非线性系统只能求得近似解或数值解。近似解的解析法归纳起来，最典型的两类解法为以谐波平衡法理论为基础的算法和以摄动理论为基础的展开法。前一种方法的求解精度直接与假设激励和响应的阶次有关，阶次选择不当易导致响应中超谐、次谐或混沌的分量无法得以体现；后一种解法对初始值十分敏感，且为了避免产生永年项，需要将非线性项进一步线性化，求解过程烦琐，精度较低。为此，也出现了一些改进的新方法，如 Poincare 摄动法、振幅相位缓变法等，这些方法在揭示非线性系统的内在规律方面有着突出的优势，但其适用范围十分有限，尤其对于多自由度系统，求解过程较难实现。与之相比，数值法以其计算精度高、易于实现等优点成为目前解决非线性动力学问题的主要途径。尽管数值法也存在某些缺点，但它在保证精度的情况下可以适用于任何类型的非线性微分方程组的求解，不仅能够获得系统的动态响应，且能够反映出解的主谐、超谐、次谐甚至混沌响应。

（2）风力发电齿轮传动系统动态特性研究　随着齿轮传动系统动力学的研究对象由单级齿轮副到多级齿轮副，由单自由度到多自由度耦合，由齿轮副到齿轮传动系统，国内外齿轮传动系统动态特性研究形成了四种主要研究方法：经典计算分析法、有限元法、模态法及试验法。经典计算分析法列出系统的耦合运动方程，并对其进行数值积分求解，此方法对多自由度系统的分析非常困难，即使能够列出系统耦合运动方程，也不能求出其准确解。随着计算机有限元技术的发展，有限元法被广泛应用于对复杂系统的动态响应进行分析，其基本思想为将连续的求解域离散为含有有限个单元的组合体，单元与单元间通过节点连接，单元内部特性由假定的近似函数模拟。有限元法对大型模型的动态特性分析有一定优越性，但对模型准确性和计算机要求较高，其计算结果的准确性有待考证。目前，研究风力发电齿轮传动系统动力学的主流软件分为专用软件和通用软件两种。专用软件有美国国家可再生能源实验室（National Renewable Energy Laboratory，NREL）和俄勒冈州立大学联合开发的 FAST 软件、希腊新能源中心开发的 ALCYONE、Siemens-Gamesa 公司开发的 BHawC、英国 GH 公司开发的 GH bladed、德国劳氏船级社（Germanischer Lloyd，GL）开发的 DHAT 以及丹麦国家风能实验室开发的 HAWC 软件等；通用软件主要有 ADAMS、SIMPACK 和 RomaxWIND 等。模态法用复杂系统的模态特征参数对所建立的系统耦合运动方程进行解耦，得到相互独立的系统运动方程，进而预测和分析系统的动态特性。试验法对齿轮箱施加激励信号，并测量齿轮箱的相应响应信号，通过各种参数识别方法获取齿轮箱的振动特性参数，是一种对齿轮箱动态特性进行研究的有效方法，结果的可靠性也较高。

在早期的风力发电机组动态特性分析中，多利用静力学分析结果乘以动力学放大系数，以反映结构的动态性能，不过这种分析方法仅限于对单个零部件进行动力学分析。随着动力学理论的发展，特别是柔性多体动力学的发展，在风力发电机组动态特性研究方面，国内外学者做了大量的深入研究。基于日益完善的动力学模型和先进的求解方法，风力发电齿轮传动系统动态特性的研究逐步深入传动系统位移、加速度等动力学特性，固有频率、模态分析等常见系统动态特性方面。例如：① 考虑风机载荷谱、传动件制造安装误差和齿轮时变啮合刚度，建立大功率风电齿轮箱系统耦合动力学分析模型，对系统动态特性进行理论分析和试验研究；② 采用多体动力学建模方法，以 SIMPACK 软件为仿真平台，结合有限元法建立了风力发电机组传动链多柔体动力学仿真模型，通过仿真分析得到传动链各零部件和整个传动系统的动力学特性参数，通过时域转矩扫频分析，得到响应零部件的加速度曲线，通过 FFT 转换到频域，通过对变换曲线峰值进行判定，最终确定共振点；③ 建立兆瓦级风力发电齿轮传动系统的齿轮-传动轴-轴承-箱体系统耦合非线性动力学有限元模型，采用 Lanczos 法对齿轮箱系统进行耦合模态分析；④ 利用动力学模型和模态分析方法，得到由弹性支承耦合到系统后的模态频率，并获取在该模态激励下的模态动能分布，采用变参数方法进行传动系统模态对齿轮箱弹性支承刚度变化的敏感性分析，利用模态叠加法进行齿轮箱体的动响应分析等。同时，齿轮传动系统动态特性的研究朝着揭示系统非线性动力学特性以及噪声、振动和声振粗糙度（Noise Vibration and Harshness，NVH）性能分析的方向发展。在非线性动力学特性方面，出现了一系列非线性动力学特性研究思路：分析等相位非线性效果，采用尺度法对行星齿轮系统中的主响应、半频响应及倍频响应进行数学解释；根据相位调谐现象，揭示出基本参数与动态特性之间的映射关系；在和弦激励中重点引入啮合相位的因素，对动态载荷进行比较分析；建立行星齿轮非线性振动模型，考虑齿侧间隙及齿轮的啮合刚度波动等因素，来研究行星齿轮传动的非线性现象，如跳跃和多值解等；研究激振频率及阻尼变化时的混沌现象，讨论初值变化时的分岔现象等。在 NVH 性能分析方面，研究成果不仅集中在风力发电齿轮传动系统的振动、噪声及均载特性等分析方面，也有利用小波分析等技术手段获取隐藏频率信息和研究传动系统故障诊断，为风力发电齿轮传动系统性能影响参数和优化设计提供参考。

1.5.3　风力发电齿轮传动系统故障类型与评价监测

风力发电机长期工作在交变载荷和变转速环境下，其运行工况具有间歇性和波动性等特点，使得风力发电齿轮传动系统长期受到冲击载荷和交变载荷的影响，进而容易产生点蚀、轴承表面损伤和齿轮磨损等。据统计，我国风力发电齿轮传动系统的故障比例达到 40% ~ 50%，是机组故障比例最高的部件。统计数据表明，风力发电齿轮传动系统中各类零件损坏比例最高的为齿轮，其次为轴承，再次为紧固件、油封、轴和箱体等。在国内进行风力齿轮箱研制的早期，由于设计、材料、制造与装配工艺落后，齿轮故障率居高不下。近年来，随着材料、工艺、设计与制造技术的发展，齿轮故障率逐年下降，轴承故障率逐渐高于齿轮故障率，成为风力发电齿轮传动系统损坏比例最高的零件。风力发电齿轮传动系统维修困难，且维修费用高昂，若发生故障将带来严重的经济损失。因此，关于风力发电齿轮传动系统故障类型与监控诊断的研究已成为风力发电齿轮传动系统研究的又一热点。

（1）风力发电齿轮传动系统故障类型　风力发电齿轮传动系统主要由行星架、太阳轴、输入级齿轮以及高速级齿轮等结构组成，其内部结构复杂且紧凑，各部件之间采用耦合方式进行连接，若某一部件发生损坏，则必将导致其他部件的故障。风力发电齿轮传动系统故障主要分为齿轮故障、齿轮箱供油系统故障、滚动轴承故障以及其他故障类型。

风电机组运行环境较为恶劣，经常处于低温或高温的运行环境下。当气温较低时，齿轮油黏度升高，甚至出现凝固现象，由此容易导致润滑不良，长此以往，设备容易出现点蚀现象。当气温较高时，由于安装空间的狭小，齿轮箱内难以散热，齿轮油温度升高，齿轮啮合处油膜变薄，齿面承受的压力变大，容易产生点蚀现象。同时，由于循环周期应力的变化，齿轮容易因疲劳产生细微的裂纹。齿轮油会进入裂纹，油中的污染物质，如水、酸性物质或碱性物质，会对裂纹进一步产生危害，导致裂纹扩展，齿面上的微小颗粒会剥落下来，使齿面产生点蚀现象。当齿轮表面的裂纹扩展得较为严重时，会有较大颗粒从齿面脱落，俗称剥落。点蚀和剥落出现的原因有齿轮安装时误差较大、齿轮受力不均、齿面较软或者齿轮频繁起停等。齿轮发生断齿的主要类型有过载断裂和疲劳断裂。疲劳断裂是因齿轮承受周期载荷导致齿轮根部应力集中而出现的。齿轮啮合时，其根部承受的弯曲应力较大，当应力超过极限时，齿轮根部会产生裂纹，随着风机的运转，裂纹向深处扩展，齿轮根部强度变弱，当齿轮受到弯曲应力时便会断裂。

齿轮箱供油系统的故障主要有齿轮箱油泵过载、油位低和油温高。齿轮箱油泵过载主要出现在寒冷的冬季。当温度较低时，风电机组会停止运行，此时齿轮箱中的加热设备不能使润滑油维持在一定的温度，此时润滑油黏度较高，油泵起动困难，发电机容易产生过载现象。另外，当风电机组输出轴油封损坏时，润滑油容易进入接线端子盒中，使端子出现异常现象，造成油泵过载。齿轮箱密封性不好或者润滑油管路发生渗漏时，容易造成齿轮箱油位变低。当风机长期处于高载荷或者自身散热系统出现问题时，润滑油温度易出现异常。另外，在部分风机中，由于未对机舱的散热性能进行充分考虑，造成机舱内散热效果较差，使得齿轮箱内油温变高。

在轴承运转过程中，加载在轴承滚珠上的载荷经常分布不均，处于下方的滚珠受力较大，使轴承内圈和外圈所受的循环次数和应力的大小不一，引起滚动轴承故障。当轴承受到循环应力作用时，离接触点一定距离的滚珠内部将出现微小裂纹，裂纹逐渐扩展，出现金属剥落，使滚珠产生点蚀。当有外界杂质进入轴承的滚道时，会使其内部产生磨损或者擦伤。另外，安装错误或者供油不足会使磨损和擦伤更为严重。外界水分和腐蚀介质对轴承寿命有较大影响。水分或腐蚀介质的进入会使轴承产生锈蚀，锈蚀后的轴承会出现铁屑，导致其表面发生早期的剥落，剥落下来的金属颗粒容易引起保持架磨损，或出现其他故障。当材料出现缺陷、转速过高、热处理不良、供油不足或者与轴的过盈量太大时，轴承会承受过大载荷，其内部会产生裂纹，严重时可能出现断裂。

针对风力发电齿轮传动系统故障，开展了分析计算风力发电齿轮传动系统可靠性的研究。例如，建立了风力发电齿轮传动系统的齿轮点蚀有限元模型，在风场实测转矩谱作用下，计算并拟合得到应力谱，从而获得不同点蚀的直径和数目下齿轮的可靠度。又如，考虑齿轮的两种主要失效形式，即齿面接触疲劳点蚀和齿根弯曲疲劳折断，结合故障树分析，利用贝叶斯网络方法计算出风力发电齿轮传动系统的可靠性指标，通过贝叶斯网络的双向推理能力，找出对风力发电齿轮传动系统可靠性影响最大的齿轮，即风力发电齿轮传动系统的薄弱环节。

（2）风力发电齿轮传动系统故障评价方法　风力发电齿轮传动系统发生故障时常常伴随着振动、磨损颗粒物和噪声等异常信号，通过对这些信号进行采集和处理，可以判断齿轮箱发生的故障，进而对故障进行评价。传统的风力发电齿轮传动系统故障诊断方法有直接观察法、无损检测法、振动和噪声检测法、机器性能参数检测法以及磨损残余物检测法等。但传统的风力发电齿轮传动系统故障评价方法功能相对薄弱，一些新的故障评价技术，如基于数学建模的故障评价方法、基于数据挖掘的智能故障评价方法，越来越受到研究者的关注。

振动和噪声检测法是应用最为广泛的风力发电齿轮传动系统故障评价方法。风力发电齿轮传动系统的运行状态信息可以通过振动信号来展示，通过分析振动信号可以对其内部的故障信息进行提取。利用信号处理方法，可以提取隐藏在振动信号内比较有意义的特征信息，从而实现对风力发电齿轮传动系统的诊断。时频域分析法、时域分析法和频域分析法是常用的三种通过振动信号对风力发电齿轮传动系统进行故障诊断的方法，原理是对齿轮传动系统内的振动信号进行傅里叶变换，分析频谱中的成分，得出齿轮传动系统内发生的故障，如齿面严重损伤、断齿等。同时，可以通过采用共振解调技术、倒频谱分析和时域平均法来提高信噪比。在实际工程应用中，可以采用倒频谱法对齿轮传动系统内的故障进行分析，该方法比较适合风电机组运行环境恶劣、振动信号中调制边频带复杂的诊断。

基于数学建模的诊断方法主要有模糊原理、小波分析、基于线性/非线性判别函数以及贝叶斯判据等。此类方法通过研究设备故障机理，由此建立数学模型而进行故障诊断。例如：基于小波分析，利用递推方法的原理实现小波系数的快速得出，进而快速诊断出齿轮箱出现的故障；基于局部均值分解（Local Mean Decomposition，LMD）技术，获取风电机组的状态检测以及故障诊断的频率，解决了传统时频技术不适用于非高斯、非线性信号分析等问题；改进时序预测和灰色预测算法，并将二者引入风力发电齿轮传动系统温度信号的监测，同时将统计过程和预测算法结合起来，根据监测到的历史数据变化规律，利用算法来预测未来温度的走势，从而判断齿轮传动系统未来是否会存在故障等。基于数学建模的齿轮箱故障评价方法更多的还是关注数学方法在齿轮箱故障评价中的应用，而针对风力发电齿轮传动系统复杂多变的信号，现有的数学方法尚缺乏有效的分析和判断能力。

基于数据挖掘的智能故障诊断方法通过数理统计、数学分析、专家系统、情报检索、模式识别、人工智能理论和机器学习的方法，可以挖掘出未知的、有效的以及适用的信息，并将这些信息用于设备的故障诊断。具体在风力发电齿轮传动系统的研究中，获得了一系列研究成果：利用 LabVIEW 开发平台和虚拟仪器技术，研究出风力发电机组状态监测系统，通过仿真分析了模拟故障振动信号，同时对此平台的操作性做了验证；将小波神经网络引入风力发电齿轮传动系统故障诊断，使小波变换中的时频分析性能和神经网络的自学习特性相结合，以对风力发电齿轮传动系统的故障做出准确判断；将基于故障树的故障诊断系统用于风力发电齿轮传动系统的诊断，对齿轮箱的故障做出了准确的判断，并提出解决方案；将状态回归方法和智能神经网络方法应用于风力发电齿轮传动系统的故障诊断中，同时采用置信度对两种方法产生的效果进行分析等。专家系统、人工神经网络等方法正逐步被应用于风力发电齿轮传动系统故障评价中，但目前的研究多数停留在仿真阶段或实验室阶段，还没有有效的产品应用于市场。

（3）风力发电齿轮传动系统的状态监测系统　国外较早地对风力发电齿轮传动系统的状态监测系统开展了研究，并开发了一系列的监测系统，如 Vestas 公司开发的 Vestas Online 监测系统、SKF 公司开发的 Wind Con3.0 系统、丹麦 Mita-Teknik 公司开发的 WP4086 系统。此外，德国出台了风力发电机组的状态监测系统认证规范，该规范已广泛应用于风力发电机组状态监测系统的研究和开发。我国对于风电机组状态监测和故障诊断系统的研究与开发相对迟缓，但发展迅速，如：西北工业大学所开发的 CAND-6100 系统整合了多种振动信号分析方法，能够对风力发电机组的运行状态做出有效判断；新疆金风科技有限公司研发的 SCADA 可以对数据进行有效采集，对多种参数进行测量，并能够做出故障报警，该系统可以对风电机组的运行状态进行有效的监测和故障诊断；北京东方振动和噪声技术研究所开发的 DASP 系统也适用于风电机组的状态监测。

总体来说，风力发电齿轮传动系统动力学研究朝着非线性、非稳态、多自由度、多耦合系统的分析方向发展，而齿轮系统动力建模精细化和模型求解方法高效化是风力发电齿轮传动系统动力学模型研究的必然趋势。深入研究瞬态动力学机理，开展动力学设计与优化传动系统宏、微观设计参数，实时监测诊断传动系统以降低系统故障率并提高系统可靠性是风力发电齿轮传动系统的主要技术途径。

1.6　风电齿轮传动系统发展趋势

1.6.1　单机容量向大型化发展

目前，海上大功率风电已成为全球近几年风力发电装机的主要增长点，尤其是欧洲海上风电正引领着全球风电的发展方向。欧洲风能协会发布的《2017 年欧洲海上风电装机统计数据及发展趋势》报告显示：2017 年，欧洲海上风电新增装机容量达到了创记录的 3.148 GW，增长率为 25%，其中，英国新增 1.68 GW，德国新增 1.25 GW。欧洲 11 个国家共拥有 4000 多台海上风机，总装机容量达 15.8 GW。新建风场海上风机平均容量为 5.9 MW，比 2016 年的 4.8 MW 增长了 23%。国外海上风电 5 MW 及以上增速型风电机组机型主要有 Senvion 6 MW 和 Adwen 8 MW、MHI Vestas 8~9.5 MW 等。

全球风机大型化趋势确立，6 MW 以上机型占据海上风电绝对主导地位，8~10 MW 研发和问世速度加快，产业竞争格局已经颠覆。海外陆上风电已经全面进入 4~6 MW 级别，国内三北地区也逐步过渡到 3~4 MW 机型。领先于大机型研发的 Vestas、Siemens-Gamesa、GE、明阳智能、东方电气等企业市场份额快速上升。统计数据表明，我国海上风电取得突破性进展。2017 年新增装机容量达到 1.16×10^6 kW，同比增长 97%。截至 2017 年底，2.0~3.0 MW（不含 3.0 MW）机组新增装机占比达到 85.1%，3.0~4.0 MW（不含 4.0 MW）机组新增装机占比达到 2.9%；4.0 MW 及以上机组新增装机占比达到 4.7%，同比增长了 2.8%。总体来说，国内风力发电机组单机容量整体上继续向大型化发展。

国内海上风电发展较晚，但发展迅速，海上风电 5 MW 风电机组已在试运营阶段，主要开发单位有海装、明阳智能、金风科技、湘电风能、东汽等几家。其中海装和东汽是双馈路线，明阳智能是半直驱，金风科技和湘电风能是直驱。随着海上风电技术的成熟，中国海上风电 5 MW 及以上机型将是主流产品。紧凑型风电齿轮箱结构与传统型风电齿轮箱差异较大，且包含部分整机设计内容，如风机主轴承、主轴承与轮毂连接、齿轮箱和发电机连接等。半直驱紧凑型风力发电机成本优势的逐渐显露，已成为主要发展方向。

随着我国海上风力发电设备的快速发展，对大型海上风电设备（5～10 MW）的需求越来越大。而风电齿轮箱作为风电机组关键核心部件之一，研制及产业化相对于风电整机门槛更高，大型海上风电齿轮箱要求寿命≥25 年，效率≥98%，工作环境温度为−35～+50 ℃，并且需要满足海上盐雾工作环境。

国外 5 MW 及以上风电齿轮箱发展较早、较快。国外 5 MW 及以上大型风电齿轮箱制造商主要有 ZF、Winergy 等公司。ZF 为 MHI Vestas 研发了 8～9.5 MW 风电齿轮箱并实现了小批量应用。2016 年，Adwen 和 Winergy 宣布研制出一种适用于 Adwen 的 AD8-180 海上风机的齿轮箱，该齿轮箱输入转矩接近 10000 kN·m，重约 86 t。国内具有风电齿轮箱设计、制造能力且能满足风电齿轮箱长期可靠运行的企业数量很少，能够真正自主研制大型风电齿轮箱的企业更是屈指可数，主要有南高齿、重齿、太原重工、南方宇航等少数几家。国内风电齿轮箱主要制造商见表 1-4。

表 1-4　国内风电齿轮箱主要制造商

序号	制造商	风电齿轮箱系列	具体情况
1	南京高速齿轮制造有限公司	1.5 MW、2 MW、2.5 MW、3 MW、3.6 MW、5 MW、6 MW、6.5 MW、7.0 MW、8.0 MW、10 MW、12 MW	作为全球风电齿轮传动设备的领军者，与众多国内外一流风机厂商保持着长期战略合作关系。产品遍布中国、北美、南美、欧洲、印度等二十多个国家和地区。负责修订、起草了 GB/T 19073—2018《风力发电机组 齿轮箱设计要求》
2	重庆齿轮箱有限责任公司	300 kW、600 kW、750 kW、800 kW、850 kW、1 MW、1.25 MW、1.5 MW、1.65 MW、2 MW、2.5 MW、3 MW、3.6 MW、5 MW、6 MW、8 MW、10 MW	作为国内领先的专业风电齿轮箱制造商，先后承担国家科技部科技支撑计划项目、国家发展改革委风电齿轮箱高技术产业化项目、重庆市多项风电科技研究项目
3	太原重工股份有限公司	1.5 MW、2 MW、2.5 MW、3 MW、3.6 MW、4 MW、5 MW、6 MW、8 MW	具有六十年生产大型重载齿轮箱及其他机械传动装置经验的专业制造企业，是国内一流的风电增速齿轮箱和非标齿轮箱研究生产基地，其研发、制造能力一直处于国内齿轮业的领先地位
4	杭州前进齿轮箱集团股份有限公司	1 MW 以下、1.5 MW、2 MW、2.5 MW、3 MW、3.6 MW、5 MW	国内最早从事风电齿轮箱研发和制造的企业，曾参与国家"九五"重点科技攻关项目"大型风力发电系统关键技术的研究"，负责起草了 GB/T 19073—2008《风力发电机组齿轮箱》
5	重庆望江工业有限公司	1.5 MW、2 MW、3 MW、5 MW	与英国 Romax 公司合作，致力于打造一流风电齿轮箱设计制造企业

1.6.2　大型风电增速齿轮箱研制中的主要技术难题

增速型风力发电机组传动链主要技术路线为齿轮箱与发电机集成一体化设计，并向着大型化方向发展。系统机电集成设计技术、动态设计与减振降噪技术、关键零部件抗疲劳制造与装配技术、密封及润滑技术、大型风电齿轮箱工业性验证平台研制技术，以及在线远程监测、加速疲劳寿命试验方法和综合性能评价技术等，这些技术难题已成为国内齿轮箱制造企业发展亟须突破的瓶颈。

1.7 本书主要内容

"高效率、高功率密度、低振动噪声、高工况适应性"是大型风电齿轮传动系统的行业性技术难题，直接决定装备的运行性能、服役寿命、安全性和可靠性。针对大型、超大型风电机组整机与部件庞大的体积、尺寸与重量、复杂的部件和子系统间连接与集成关系、瞬息万变的复杂气动载荷，如何解决从产品概念设计、方案设计到详细设计以及试验验证等考虑全生命周期自主设计的一系列工程难题是当前行业面临的严峻挑战。随着当前风电行业对风力发电机组运行寿命和相应认证要求的不断提高，对增速齿轮箱等关键部件，除性能要求外，如何保证产品的动力学特性、疲劳耐久性与可靠性等是关键部件设计与制造中必须面对的重要问题。

本书结合作者近年来的主要科研成果，针对大型风电齿轮传动系统设计与运维中的技术问题，主要涉及风电齿轮箱高功率度设计、传动链动态特性分析、动力学设计、时变可靠性设计、风电齿轮箱试验技术、故障诊断与系统监测等。具体章节安排如下：

第2章：大型风电齿轮箱高功率密度设计理论与方法。阐述了轻量化设计与高功率密度设计的区别与联系，从设计角度给出了提高大型风电齿轮箱高功率密度的不同措施，主要内容包括几种大型风电增速齿轮箱创新传动构型，如何从静态和动态设计角度实现大型风电齿轮传动系统宏观参数的多目标优化，以高承载为目标的齿轮副全齿面拓扑修形技术，以轻量化/高承载为目标的箱体与行星架结构优化，齿轮齿面改性与强化技术以及高强度与轻量化材料及其应用等。

第3章：大型风电齿轮传动系统齿轮齿面修形技术。阐述不同类型的齿轮齿面修形方式，结合大型风电齿轮传动系统的特点，对大型风电齿轮传动系统齿轮齿廓修形与齿向修形开展深入研究，建立修形斜齿轮啮合刚度和传动误差非线性耦合解析模型，分析修形参数对斜齿轮综合啮合刚度和传动误差的影响，给出风电齿轮传动系统齿面修形技术的应用实例。

第4章：大型风电齿轮箱振动与噪声控制技术。基于双参数威布尔分布模型模拟外部随机风载；考虑轴承支承刚度、齿轮副时变啮合刚度及静态传动误差等因素，采用集中参数法计算各级齿轮副啮合力；基于有限元法进行风电增速齿轮箱模态及振动特性分析；基于直接边界元法进行辐射噪声预估；并从设计及加工、齿轮修形、结构优化和相位调谐等方面分析振动噪声的影响因素，提出大型风电齿轮箱振动与噪声的有效控制技术。

第5章：大型风电传动链多柔体动力学设计及共振规避方法。提出了考虑主轴柔性、齿轮箱全柔性的系统耦合多体动力学建模方法，根据算例分析了系统的动态特性；其次分析了不同类型的结构柔性对系统动力学响应的影响规律，结合五大原则甄别出系统共振点，并基于动力学优化设计方法对传动链参数进行了减振、避振优化设计。

第6章：大型风电齿轮箱行星轮系动态均载技术。给出了行星轮系均载系数定义及其计算方法，介绍了NWG与NW型行星轮系均载计算数学模型；阐述了行星轮系均载系数的参数灵敏度，并给出了行星轮系均载性能测试方法。

第7章：大型风电齿轮传动系统时变可靠性评估与设计方法。针对大型风电齿轮传动系统特殊的工作环境及设计关键问题，构建了大型风电齿轮传动系统时变可靠性评估与多目标优化模型。结合工程实例，以某型号风电齿轮传动系统为研究对象，通过与常规优化算法的对比，验证了大型风电齿轮传动系统时变可靠性评估模型与所提优化方法的可行性。

第8章：大型风电齿轮箱结构件疲劳强度工程分析方法。结合设计与型式认证要求，给出了大型风电齿轮箱设计要求及载荷处理方法；以箱体、行星架和法兰盘等为例，根据德国劳氏船级社的 GL2010 认证规范第6章附录中关于说明 S-N 曲线详细推导过程，给出了结构件材料的疲劳强度基本参数及 S-N 曲线拟合过程，以及考虑结合面摩擦的法兰盘疲劳强度分析模型；阐述了风电齿轮箱行星轮系微动–滑动疲劳失效机理，并给出了针对性解决方案。

第9章：大型风电齿轮传动系统运行状态监测与故障诊断。结合多年在风电齿轮传动系统运行状态监测与故障诊断领域的研究工作，介绍了深度学习融合 SCADA 数据的风电齿轮传动系统状态监测以及基于 CMS 数据的风电齿轮传动系统运行状态监测，介绍了风电齿轮传动系统早期故障诊断特点，并开发了大数据驱动的大型风电齿轮箱健康管理系统。

第2章

大型风电齿轮箱高功率密度设计理论与方法

2.1 概述

　　无论是齿轮箱的制造企业还是主机厂都希望在保证可靠性的前提下，风电增速齿轮箱的重量越轻越好，因为减轻有效重量对于齿轮箱的制造企业意味着制造成本的降低，而对主机厂来说，较轻的重量将会使运营与维护成本大大降低。近年来，国内相关企业和研究机构在齿轮传动基础研究、高精度高效制造关键工艺技术、批量生产技术以及疲劳强度试验检测技术等方面取得了不少成绩，积累了一定的经验，为我国机械传动类基础件的技术进步和满足重大装备配套需求做出了贡献。但目前国内在重载行星齿轮传动系统轻量化设计和可靠性设计以及制造、检测等方面与国外先进技术仍有一定差距，仅在轻量化设计指标方面就比国外同功率产品低 15%~20%。其原因在于：高功率密度设计理论与方法基础研究薄弱，研究成果工程化和产业化进程缓慢，制约了先进技术的应用，拥有自主知识产权的核心技术尚不能满足大型风电齿轮传动系统高功率密度、高可靠性、轻量化设计制造水平提升的要求，并且不合理的结构参数优化以及轻量化设计可能带来刚度、强度、振动与噪声等性能的恶化。

2.2 轻量化设计与高功率密度设计的区别与联系

　　轻量化设计是对零部件进行设计，使零部件在满足功能与安全等使用要求的情况下，尽可能地减轻重量。轻量化的目标包括减轻工业品的重量、提高有效载荷、减少能源消耗等。轻量化技术在制造业的应用主要包括三个方面：轻质材料技术的应用，例如塑料、铝合金、镁合金和高强钢等；结构优化及计算机辅助设计和分析技术的应用；制造过程中新成型方法和技术的应用。

　　齿轮箱的轻量化包括齿轮、轴承与轴系等传动系统的轻量化以及箱体、行星架等结构件的轻量化。采用合理的齿数、模数和传动比，能够在齿轮传动强度一定的基础上实现齿轮轻量化设计。采用新材料、新工艺和新技术，也能够实现齿轮的轻量化，如通过改变齿轮钢材料中合金元素成分的组合、减少钢铁非金属夹杂物以及减少齿轮热处理变形量等，可以提高齿轮的强度、刚度和疲劳寿命。通过喷丸表面强化等组合技术的应用，可进一步提高齿轮传递载荷的能力。箱体的轻量化主要是新材料的使用和结构的优化。箱体采用如铝合金等轻金属，能够显著减轻重量。同时，可通过箱体结构优化和形状优化实现箱体的轻量化。轴的新材料、新的加工工艺以及轴承的新结构、新材料也能实现齿轮箱的轻量化设计。

　　"功率密度"一词在不同的场合有不同的含义。照明功率密度是指单位面积的照明安装功率，单位是 W/m^2；电池功率密度是指燃料电池能输出最大的功率除以整个燃料电池系统的质量或体积（或面积），单位是 W/kg、W/m^3 或 W/L。对于动力传动系统来说，通常还会用比功率或转矩密度等来衡量其传递动力性能的高低。比功率是衡量驱动单元动力性能的一个综合指标，具体是指驱动单元最大功率与总质量之比。而转矩密度是指单位体积所能承受的转矩，即一个机构或装配体最大输出转矩与其体积的比值。

　　高功率密度设计是在体积、质量等参数一定的条件下，尽可能提高齿轮箱传递功率和齿轮承载能力。高功率密度的内涵是体积小、重量轻、效率高，因此"高功率密度驱动与传动"在航空航天、新能源和轨道交通等领域具有广泛的应用。提高齿轮箱功率密度的途径主要有提高齿轮传递转矩、提高齿轮极限承载能力、轻量化零部件以及采用创新的传动构型等。

　　齿轮箱轻量化设计与高功率密度设计的区别与联系见表2-1。

表 2-1　齿轮箱轻量化设计与高功率密度设计的区别与联系

类　　别	轻量化设计	高功率密度设计
定义	对齿轮、轴承、轴、箱体和行星架等零部件进行设计，使零部件在满足功能与安全等使用要求的情况下，尽可能地减轻重量	在齿轮箱体积、质量等参数一定的条件下，尽可能提高传递功率和承载能力
范围	齿轮、轴承、轴系的轻量化和箱体、行星架等结构件的轻量化	一是通过设计制造手段充分提高齿轮传动的承载能力；二是在满足各种性能指标的前提下，最大限度地减轻零部件的重量和尺寸；三是采用创新的传动构型实现功率密度的提升；四是通过齿轮齿面改性与表面强化技术，采用密度更小且强度更高的新材料等
实现手段	轻质材料技术的应用，例如塑料、铝合金、镁合金和高强钢等；结构优化及计算机辅助设计和分析技术的应用；制造过程中新成型方法和技术的应用，如齿轮滚压成型等	降低齿轮传动动态载荷，提高齿轮、箱体等材料的极限承载能力；轻量化零部件，包括轻量化设计过程中所有的实现手段

　　轻量化和高功率密度设计在齿轮箱设计制造中都具有重要的意义，都需要设计、制造工艺和装配工艺等环节的配合，都是为了提高齿轮箱的工作效率、降低成本。在内涵上，高功率密度设计涵盖了轻量化设计的具体范围和实现方式，而提高大型风电齿轮箱的承载能力与降低齿轮箱重量均是设计目标，因此，高功率密度设计更能反映大型风电齿轮箱轻量化设计的本质。

　　从设计角度提高大型风电齿轮箱功率密度的方法如下：

　　1）采用创新的构型实现功率密度提升，主要包括采用创新的传动构型或采用机电集成一体化方案等。

　　2）通过设计制造手段充分提高齿轮传动的承载能力，主要包括传动系统宏观参数优化设计、齿轮全齿面拓扑修形等。

　　3）在满足各种性能指标的前提下，通过结构优化的方式最大限度地减轻零部件重量和减小尺寸，主要包括箱体和行星架等结构件结构拓扑优化、尺寸优化及局部形状优化等。

4）采用齿轮齿面改性与表面强化技术。

5）采用比强度更高的新材料等。

2.3 大型风电增速齿轮箱创新传动构型

2.3.1 不同类型的传动构型

随着风机单机容量不断增大和风能利用效率的提高，世界上风力发电机工业化运行的主流机型已经从 2000 年的 500~1000 kW 更新为当前的 1.5~5 MW。但是由于世界能源日益紧缺，不同制造厂商仍然对开发更大功率的齿轮箱充满兴趣，风电装备正朝着单机容量大型化、结构多样化以及技术新型化等方向发展。由于同高度风速海上一般比陆上高 20%、发电量高 70%，海上风电开发是风电产业的发展趋势。国外 5 MW 及以上大型风电齿轮箱制造商主要有 ZF、Winergy 等公司。德国 RENK 公司是批量生产 1.5~5.0 MW 高品质齿轮箱的制造商，先后开发出 1.5 MW、2 MW 和 5 MW 等不同规格风电增速齿轮箱，在风电领域已有 20 多年制造历史，具有丰富的经验，为世界知名风力发电整机公司 Repower 研发出了欧洲第一台 5 MW 风电增速齿轮箱，并为 Multibrid 公司 5 MW 风电机组批量提供增速齿轮箱，如图 2-1 所示。

a）齿轮箱装配　　　　　　　　　　b）齿轮箱试车

图 2-1　德国 RENK 公司 5MW 风电增速齿轮箱

比利时 Hansen transmission 公司积极研究开发适合海上使用的 6 MW 风电齿轮箱。德国 Winergy 公司在 2008 年建成 17.5 MW 齿轮箱试验台，正在研制 6 MW 以上风电齿轮箱，FLENDER 公司则计划建造功率等级大于 25 MW 的大型齿轮箱试验台，以用于单机功率达 15 MW 的风电齿轮箱的概念设计，ZF 公司研制了 ZF 8~9.5 MW 增速齿轮箱，并为丹麦风机巨头 Vestas 生产大型风电机组配套设备（图 2-2）。

a）Moventas 6 MW　　　　b）ADEWEN(Winegy)8 MW　　　　c）ZF 8~9.5 MW

图 2-2　国外研制的大型风电增速齿轮箱

2018 年 4 月 9 日，丹麦风机巨头 Vestas 生产的 8.8 MW 机组在苏格兰阿伯丁海上风场成功吊装（图 2-3a）。2018 年 11 月 7 日，MHI Vestas 海上风电与比利时海上风场开发商 Parkwind 达成协议，采购 23 台 MHI Vestas 9.5 MW 风机安装在比利时 Northwester 海上风场，并于 2019 年下半年启动风机安装工作。比利时成为首个安装 MHI Vestas 9.5 MW 风机的国家（图 2-3b），使用的是德国 ZF 公司研制的大型齿轮箱。Vestas V164-10.0 MW 海上风力发电机已研制成功，采用传统齿轮箱增速，全功率运行寿命达 25 年，是全球首个双位数海上风力发电机，预计 2021 年开始安装，GE 公司 12 MW 风机已开始并网发电。

a) MHI Vestas 8.8 MW机组吊装　　　　b) MHI Vestas 9.5 MW风机

图 2-3　MHI Vestas 大型海上风电机组

国内风电增速齿轮箱的研究起步较晚，技术薄弱，与国外技术水平差距较大，主要有南高齿、重齿、太原重工、杭齿等企业设计制造风电齿轮箱，已开发出 5 MW 风电齿轮箱并批量挂机、并网发电，如图 2-4 所示。《"十三五"国家战略性新兴产业发展规划》强调重点发展大型海上装备及关键技术，国家也把自主开发 8 MW 及以上大型风电齿轮箱列入国家装备发展的重大项目中。

a) 南高齿　　　　　　　b) 太原重工　　　　　　　c) 重齿

图 2-4　国内企业开发出的 5 MW 大型风电增速齿轮箱

如第 1 章所述，风力发电机可分为齿轮箱增速型风力发电机（双馈型）、无齿轮箱的直驱型风力发电机以及混合型风力发电机（半直驱型），而双馈型与半直驱型风力发电机通常带有增速型齿轮箱。为了减小风力发电机组的体积和重量，不同功率容量的发电机组会使用不同类型的齿轮箱。IEC 61400-4—2012《风力涡轮机第 4 部分：风机齿轮箱设计要求》中给出了三种典型的风电增速齿轮箱的结构型式，如图 2-5 所示。

一般来说，0.5 MW 以下的风电齿轮箱最常使用的是两级平行轴齿轮传动结构；0.5～2.5 MW 的风电齿轮箱通常采用一级行星轮系加两级平行轴或两级行星轮系加一级平行轴这两种齿轮传动结构；2.5 MW 以上的风电齿轮箱一般采用复合行星轮系、功率分流或柔性销轴等技术。与定轴传动相比，行星齿轮传动的主要优点是可以满足高效率和小型化的要求：由于功率分流，多个行星轮分担载荷，合理地应用了内啮合传动，使得结构体积小、单位质量的承载能力高、质量和转动惯量小、安装占用空间小；齿轮上的滚动与滑动速度小；输入、输出同轴线；某些传动类型的部分功率作为联轴器功率传递，效率更高；单级可实现较大的传动比。因此，行星齿轮传动在建材、风电、冶金、矿山、起重运输、轻化、航空和船舶动力等设备上作为减速、增速和变速传动获得了广泛应用。行星齿轮传动的主要缺点如下：结构较复杂，零件数量较多，单件小批量生产时制造成本较高；检查、维护和修理较困难；装置容纳润滑油空间较小；轮齿折断或内部轴承失效会引起较大的整体损伤；行星轮轴承因承受离心载荷而有转速限制，特别是对高速行星齿轮传动，在均载结构设计、动态特性、润滑设计、零件的结构和制造精度等方面有更高的要求。

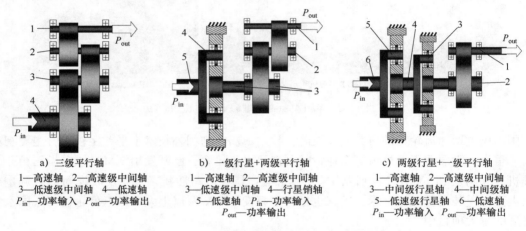

a) 三级平行轴
1—高速轴　2—高速级中间轴
3—低速级中间轴　4—低速轴
P_{in}—功率输入　P_{out}—功率输出

b) 一级行星+两级平行轴
1—高速轴　2—高速级中间轴
3—低速级中间轴　4—行星销轴
5—低速轴　P_{in}—功率输入
P_{out}—功率输出

c) 两级行星+一级平行轴
1—高速轴　2—高速级中间轴
3—中间级行星轴　4—中间级轴
5—低速级行星轴　6—低速轴
P_{in}—功率输入　P_{out}—功率输出

图 2-5　三种典型的风电增速齿轮箱的结构型式

在借鉴国外先进标准的基础上加上多年来的研究成果，国家标准 GB/T 33923—2017《行星齿轮传动设计方法》中针对不同行星轮系类型、传动比计算、配齿要求与配齿方法、热功率与润滑等进行了详细阐述。下面仅针对几种在大型风电增速齿轮箱中常用的行星轮系方案进行分析。

2.3.2　NGW 型行星轮系方案

NGW 型风电齿轮箱的传动原理如图 2-6a 所示。NGW 型风电齿轮箱一般采用行星架输入的 NGW 型行星轮系+一级平行轴传动结构，某型风电增速齿轮箱的三维模型如图 2-6b 所示。风载通过轮毂经风机传动链主轴，锁紧盘或联接螺栓与输入级行星架 c_1 相连。该结构中输入齿圈 r_1 固定不动，输入级行星架功率分流后经输入级四个行星轮 p_{1i}（$i=1,2,3,4$）汇流到输入级太阳轮 s_1 上。功率流经输入级太阳轮 s_1 传输到中间级行星架 c_2 上。中间级行星架 c_2 功率分流后经中间级三个行星轮 p_{2i}（$i=1,2,3$）汇流到中间级太阳轮 s_2 上，完成行星级载荷的输出。太阳轮 s_2 通过花键驱动输出级主动齿轮 g_1，输出级从动齿轮 g_2 过盈装配在输出轴上，最终通过一对圆柱齿轮传动完成齿轮箱的动力输出。整个齿轮箱通过转矩臂柔性固定在机舱底座上，实现齿轮箱的柔性支承。

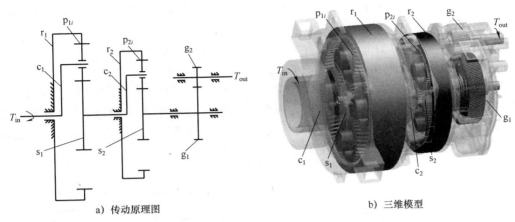

a) 传动原理图　　　　　　　　　　　　　b) 三维模型

图 2-6　NGW 型风电齿轮箱传动结构图

p_{1i}（$i=1,2,3,4$）—输入级四个行星轮　r_1—输入级齿圈　c_1—输入级行星架　s_1—输入级太阳轮

p_{2i}（$i=1,2,3$）—中间级三个行星轮　r_2—中间级齿圈　c_2—中间级行星架　s_2—中间级太阳轮

g_1—输出级主动齿轮　g_2—输出级从动齿轮　T_{in}—输入转矩　T_{out}—输出转矩

NGW 型行星轮系设计时应满足以下要求：

（1）传动比条件　单级 NGW 型行星轮系传动比为

$$i = \frac{z_{rj}}{z_{sj}} + 1 \tag{2-1}$$

式中，z_{rj} 为 NGW 型行星轮系齿圈齿数；z_{sj} 为 NGW 型行星轮太阳轮齿数。

（2）同心条件　为使各齿轮副正确啮合，行星轮和太阳轮、行星轮和内齿圈之间中心距应相等。

（3）邻接条件　为避免相邻的行星轮相碰，相邻的行星轮之间留有大于 0.5×模数的间隙。

（4）装配条件　为保证行星轮正确装配，内齿圈与太阳轮齿数之和应为行星轮个数的整数倍。

2.3.3　NW 型行星轮系方案

NW 型风电齿轮箱的传动原理如图 2-7a 所示。NW 型风电齿轮箱采用内齿圈旋转的 NW 型行星轮+一级平行轴传动结构，结构如图 2-7b 所示。输入空心轴 1 通过螺栓 11 和销轴 10 与内齿圈 2 联接，内齿圈 2 驱动行星轮轴 3 旋转。此结构中行星架 9 固定不动，行星轮轴 3 为定轴传动，行星轮轴上通过过盈方式安装有行星轮 4，将转矩传给太阳轮 5，完成行星级载荷的输出。太阳轮通过花键驱动输出花键轴 6，输出齿轮 7 过盈装配在输出花键轴 6 上，最终通过一对圆柱齿轮传动完成齿轮箱的动力输出。整个齿轮箱通过转矩臂 12 柔性固定在机舱底座上，实现齿轮箱的柔性支承。

NW 型行星轮系设计时应满足以下要求：

（1）传动比要求　传动比为

$$i_{BA}^{X} = \frac{z_B \cdot z_C}{z_D \cdot z_A} \tag{2-2}$$

式中，z_A 为太阳轮的齿数；z_B 为内齿圈的齿数；z_C 为行星轮的齿数；z_D 为行星轮轴的齿数；X 为固定不动的行星架。

（2）同心条件　为了保证正确啮合，内齿圈 B 与行星轮轴 D 的中心距 a_{BD} 应等于行星轮 C 与太阳轮 A 的中心距 a_{CA}，即 $a_{BD}=a_{CA}$。

（3）邻接条件　必须保证相邻两行星轮齿顶互不干涉，并留有大于 0.5×模数的间隙。

（4）装配条件　为了使 NW 型行星轮系装配简单，通常情况下，行星轮轴 D 与行星轮 C 的相对位置应该使其各有一个齿槽的对称线位于同一个轴平面内，且应位于行星轮轴线的两侧。对齿要求如图 2-7c 所示，装配要求如图 2-7d 所示。

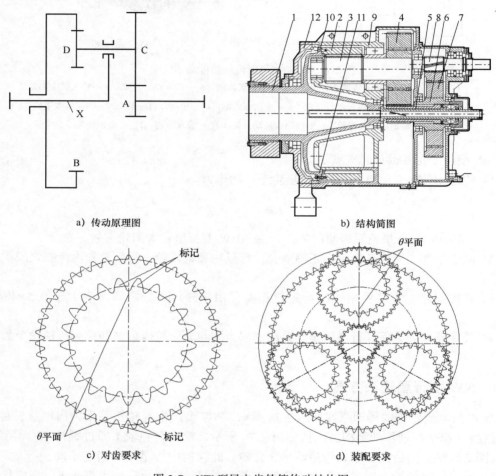

a）传动原理图　　　　　　　　　　b）结构简图

c）对齿要求　　　　　　　　　　d）装配要求

图 2-7　NW 型风电齿轮箱传动结构图

1—输入空心轴　2—内齿圈　3—行星轮轴　4—行星轮　5—太阳轮　6—输出花键轴　7—输出齿轮
8—输出轴　9—行星架　10—销轴　11—螺栓　12—转矩臂

与 NGW 型行星传动结构对比，NW 型行星传动结构更加复杂，制造难度更高。但 NW 型行星传动结构具有行星轮单向受载、零部件个数更少、适用传动比更大、均载性能更好等优点，适用于功率更大、载荷要求更高、效率更高的大型风电增速齿轮箱。

（1）承载力高、噪声低、可靠性高　与 NGW 型行星传动结构中行星轮承受双向载荷不同，NW 型行星传动行星轮为单向受载，具有承载能力高的特点；旋转的内齿圈安装于固定的行星架内，对齿轮啮合噪声起到一定的屏蔽作用，有助于降低噪声；同时，行星轮内齿圈采用渗碳淬火和磨削等表面强化加工工艺，表面硬度较高，具有较强的耐磨性，可靠性有大幅度提高。

（2）传动效率高　内齿圈旋转 NW 型行星轮+一级平行轴传动结构风电齿轮箱中，齿轮啮合点数量为 7 个，轴承数量为 14 个，比 NGW 型行星结构风电齿轮箱中齿轮啮合点和轴承数量要少，因此运行过程中的功率损失少，传动效率高。通过现场测试，NW 型行星轮+一级平行轴传动结构风电齿轮箱的传动效率一般大于 98%，而 NGW 型行星传动结构风电齿轮箱的传动效率只有 97%。

（3）均载性能好　NW 型行星传动结构利用太阳轮浮动和内齿圈悬臂结构的方式进行载荷均衡，整个齿轮箱利用转矩臂为整个风电齿轮箱提供柔性支承。这种方式能够缓解行星轮系的啮合冲击，提高行星轮系的承载能力，同时能够降低齿轮箱运转过程中产生的振动与噪声。

两种风电增速齿轮箱的方案性能对比见表 2-2。

表 2-2　两种风电增速齿轮箱的方案性能对比

序　号	项　目	两级 NGW 型行星轮系（三行星）+一级平行轴	一级双联齿轮 NW 型（三行星）+一级平行轴
1	驱动方式	行星架	内齿圈
2	啮合点	13（12+1）	7（6+1）
3	轴承数量	18/22（平行级 4 个）	15
4	行星轮受载	双向受载	单向受载
5	传动效率	中/低	高

2.3.4　柔性销轴+功率分流行星齿轮传动构型

对于超大兆瓦功率级的风电增速齿轮箱而言，一方面，齿轮箱输入转矩大，载荷变化幅度、频度大，常规串行传动结构不但造成齿轮箱体积大、成本高，而且会导致服役工况下的均载性能降低；另一方面，常规的整体跨坐式行星架无法对内部齿轮系统受风载冲击起到保护作用，其尺寸大、精度难以保证的问题也使得齿轮箱无法满足对高功率密度及均载的需求。柔性销轴与功率分流相融合的行星齿轮传动构型是解决这两个问题的有效途径之一。

在风电、航空航天等大功率的行星（星型）齿轮传动系统中，为保证系统整体结构的强度、刚度和稳定性，往往采用跨坐式行星架结构（图 2-8a），但由于行星架体积大，其制造精度难以保证，为了提高传动系统载荷分布均匀性、运动平稳性，需要严格控制销孔中心距偏差及其位置偏差，对制造工艺提出了非常高的要求。虽然中心轮浮动技术可以有效提高传动系统均载特性，但会受到行星轮个数的限制，当行星轮个数超过 3 个时，系统均载性能将显著恶化。为此，迫切需要增加弹性元件均载机构来进一步改善载荷分布状况，而使用柔性销轴支承就是其中一种简单有效的方式（图 2-8b）。该技术使改善 4 个乃至更多复合行星轮系的均载性能成为可能，其在风电齿轮箱中的应用如图 2-8c 所示。

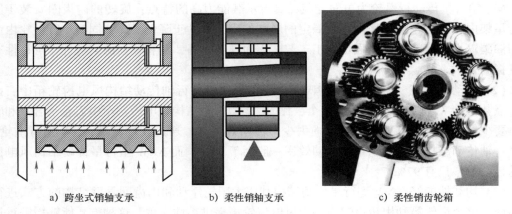

a) 跨坐式销轴支承　　　　b) 柔性销轴支承　　　　c) 柔性销齿轮箱

图 2-8　柔性销轴及其齿轮箱

  柔性销轴与功率分流相融合的行星齿轮传动构型是目前国际上处于领先地位的超大功率风电齿轮箱设计思想之一，可以在提高行星轮均载效果的同时，使功率密度最大化。功率分流构型的目的是通过功率分流减小各个啮合齿轮副传递的载荷，从而减小传动齿轮的尺寸；而柔性销轴的目的在于改善均载的同时，保护齿轮的内部系统。

  国外对于柔性销轴的研究比较早。早在 1967 年，英国发明家 Hicks 就提出了柔性销轴的概念并申请了专利（图 2-9a），但由于缺乏相关的理论和试验研究，柔性销轴仅仅作为一个技术尝试，在工程实际应用中并未显示出其优越性。2006 年，Fox 和 Jallat 在 Hicks 柔性销轴的基础上增加了卸荷槽（图 2-9b），但这样却导致了销轴的强度被削弱，经过后续优化设计，使作用在销轴中心的弯矩为零。这种悬臂销轴可以被用在柔性支承类型的行星架中，但在悬臂类型行星架中，由于斜齿行星齿轮传递转矩时会产生轴向运动，因此该销轴仅适用于直齿或人字齿行星轮系。2011 年，在 Fox 和 Jallat 模型的基础上，Montestruc 进一步改进了卸荷槽结构（图 2-9c），采用有限元方法对比了该结构与实心销轴、Hicks 柔性销轴和 F&J 柔性销轴的强度和刚度，并通过建立某八行星轮（直齿轮）系统有限元模型，研究了销轴结构、啮合刚度和轴承刚度对系统均载性能的影响。研究结果表明，柔性销轴可以明显

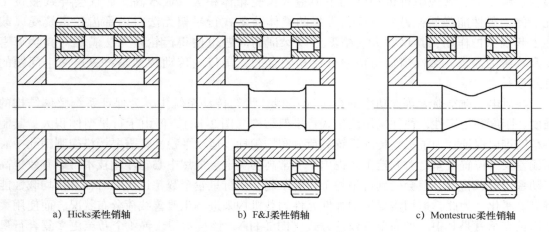

a) Hicks柔性销轴　　　　b) F&J柔性销轴　　　　c) Montestruc柔性销轴

图 2-9　不同悬臂销轴几何模型

改善系统均载性能，改进的 Montestruc 柔性销轴方案均载性能最佳，系统的均载系数随输入转速增加呈增大趋势，共振会导致系统的均载性能急剧下降，均载性能随系统承载功率增大而变好，且功率变小，柔性销轴对系统的均载性能改善的优势更加明显。关于柔性销轴对行星轮系均载性能的影响机理详见第 6 章。

柔性销轴与功率分流相融合的行星齿轮传动构型存在的主要问题如下：

1）制造与装配精度要求高，其制造精度难以保证。

2）柔性销轴虽然可以保护内部齿轮系统免受来自外部的无规律风载的影响，降低多行星轮传动载荷分配不均匀性，但很难满足实际条件下多柔性支承式悬臂销轴行星架大刚度要求，特别是六、七行星轮等行星齿轮较多的系统中销轴柔性与系统大刚度之间的矛盾尤为突出。

3）目前对柔性销轴和功率分流传动相融合为核心的传动机理、功率流与各级传动比的优化匹配等问题仍缺乏研究，可在多行星轮柔性销轴行星齿轮系统的均载机理研究的基础上，寻求提高风电齿轮箱均载性能的优良构型。

2.3.5　机电集成式紧凑型传动构型

大功率、高效率和轻量化的风力发电机组将是今后风电市场需求的方向，但在目前技术水平下，采用常规技术路线，单机容量 5 MW 及以上的风力发电机组在经济可行性上遇到了困难。另一方面，随着风电产业的规模化，特别是边远地区和海上风力发电的发展，对单机容量 10 MW 以上的风力发电机组提出了迫切的需求。据初步预测，未来较经济的风力发电机组容量应在 10~30 MW，质量在 300~500 t，同时具有更高的可靠性与适应性（年有效发电时间超过 3500 h）和更长的使用寿命（35~50 年）。为满足这些技术要求，必须在风力发电机组整机和关键部件上实现重大突破，对齿轮箱、发电机等关键部件的功率密度、效率、稳定性和可靠性提出更高要求。

德国 ZF 公司为 MHI Vestas 研发的 8~9.5MW 风电齿轮箱采用了齿轮箱与发电机集成设计方案。Winergy 公司半直驱齿轮箱 PZFG2456、PZFG2535 采用两级行星一体化紧凑结构，即将齿轮箱与发电机一体化设计，将两级行星齿轮箱与永磁发电机直接相连，缩短传动链长度超过 35%。2016 年，Adwen 和 Winergy 宣布研制出一种适用于 Adwen AD8-180 海上风机的齿轮箱，该齿轮箱输入转矩接近 10^7 N·m，质量约为 86 t。这些大型风电机组均采用半直驱紧凑型方案。该类型风电齿轮箱的传动形式：采用两级行星传动（NGW 构型），两级均以行星架输入、太阳轮输出（图 2-10）。其传动原理：主轴承 14 外圈、一级内齿圈 13 和二级内齿圈 8 固定在中箱体 9 上，中箱体 9 固定在发电机壳体 23 上，同时发电机壳体 23 固定在风电塔基的后机座 24 上。齿轮箱端盖 16 与叶片的轮毂 22 相连，二级太阳轮输出轴 1 通过联轴器与发电机输入轴相连。风作用于叶片时，驱动叶片旋转，由于叶片的轮毂 22 与齿轮箱端盖 16 相连，齿轮箱端盖 16 与主轴承 14 相连，除一个方向的有效转矩作用于两级行星轮系上，其余五个自由度的力和力矩通过主轴承 14 传递到中箱体 9 上，直至传递到风电塔基上。叶片其中的一个有效转矩通过齿轮箱端盖 16 作用于一级行星轮 12、一级内齿圈 13 和一级太阳轮 18，同时，一级太阳轮 18 的有效转矩通过一级传动内花键 19 和一级内花键输出轴 20 作用于二级行星架 2，二级行星架 2 的有效转矩作用于二级行星轮 7、二级内齿圈 8 和二级太阳轮输出轴 1，二级太阳轮输出轴 1 通过联轴器最终将有效转矩传递到发电机上，将风能通过机械传动传递到发电机上，最终转化为电能。

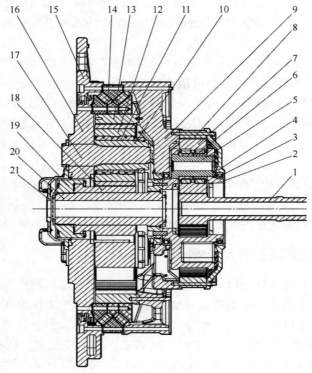

a）传动原理图

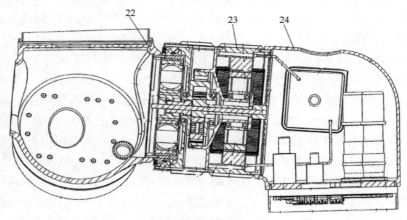

b）风力发电机传动链

图 2-10　某大型风电机组半直驱紧凑型方案

1—二级太阳轮输出轴　2—二级行星架　3—二级行星架轴承　4—齿轮箱后端盖　5—二级行轮轴
6—二级行星轮轴承　7—二级行星轮　8—二级内齿圈　9—中箱体　10—弹性销轴套　11—一级行星轮轴承
12—一级行星轮　13—一级内齿圈　14—主轴承　15—风轮锁定法兰　16—齿轮箱端盖　17—弹性销轴
18—一级太阳轮　19—一级传动内花键　20—一级内花键输出轴　21—齿轮箱前端盖　22—轮毂
23—发电机壳体　24—风电塔基的后机座

国内，广东明阳智能等公司采用了这种半直驱紧凑型传动技术路线，由于传动链很紧凑、载荷传递路径短，整机部件承载小，并且风电机组整体结构极其紧凑，尺寸小、重量轻，运输和吊装也很方便。紧凑型风电齿轮箱结构与传统型风电齿轮箱差异较大，且包含部分整机传动链的设计内容，如风机主轴承、主轴承与轮毂连接、齿轮箱和发电机连接等。

由于特殊的结构型式，集成式半直驱传动构型结构极其紧凑。以某两级行星（第一级为 4 个行星轮，第二级为 3 个行星轮）+一级平行轴行星齿轮箱为例，一台 2.3 MW 的传统双馈式风电机组的齿轮箱所占据的空间位置，可以放置一台 3.5 MW 集成式半直驱行星齿轮箱+永磁发电机，如图 2-11 所示。同时，轴承数量由 26 个减少到 11 个，齿轮啮合点数量由 15 个减少到 6 个，在相同的机组额定功率百分比条件下，集成式半直驱传动构型中齿轮箱的效率要比传动双馈式的效率高 3%～6%。在额定负载下，齿轮箱的工作效率由 96.5%～97.0%提高到 99.3%，整机效率也由 90%提高到 93%以上，体积大幅度减小、功率密度与效率将大大提高。半直驱紧凑型与传统双馈式方案性能对比见表 2-3。随着集成式半直驱紧凑型风力发电机成本优势的逐渐显露，该传动技术路线将成为主要发展方向。

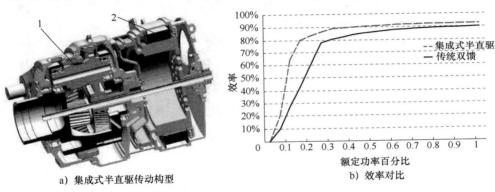

a）集成式半直驱传动构型　　　　　b）效率对比

图 2-11　集成式半直驱传动构型及其效率对比

1—行星齿轮箱　2—永磁发电机

表 2-3　半直驱紧凑型与传统双馈式方案性能对比

序号	项　目	传统双馈式	半直驱紧凑型
1	轴承数量	26	11
2	齿轮啮合点数量	15（两级行星（第一级 4 行星，第二级 3 行星）+一级平行轴）	6
3	效率范围	96.5%～97.0%	99.3%
4	整机效率	90%	93%

不同传动构型的风电增速齿轮箱可以实现的功率密度是不同的。总体来说，紧凑型风电机组的功率密度大于双馈式的风电机组，复合轮系方案的功率密度大于 NW 型行星轮系方案，NW 型行星轮系的功率密度大于 NGW 型行星轮系方案。对于齿轮箱制造厂商来说，究竟采用何种传动构型的大型风电增速齿轮箱，一方面取决于风电机组的规格大小和传动链方案，即采用双馈式方案还是半直驱方案、传统型方案还是紧凑型方案；另一方面还取决于齿轮箱的传动方案，即根据给定的空间尺寸、传动比和载荷条件，采用 NGW 型行星轮系、

NW 型行星轮系，还是采用复合轮系或者其他传动方案。

2.3.6 无外圈轴承的行星轮系方案

无外圈轴承的行星轮系方案目前仅在 3 MW 及以上功率的风电机型中使用。顾名思义，无外圈轴承只有内圈以及滚动体，没有外圈。无外圈轴承安装在行星轮内，以行星轮内孔作为轴承的外圈，采用无外圈轴承的行星齿轮（滚道行星轮）如图 2-12 所示。与有外圈的行星轮轴承相比，在行星轮尺寸相同的情况下，无外圈轴承的滚子更多，承载能力更大，适用于大兆瓦级的风电齿轮箱，可以将齿轮箱的功率密度大幅度提高。该方案的缺点是，由于采用行星轮内孔作为轴承的外圈滚道，因此对行星轮的材料、热处理、行星轮内孔的表面粗糙度以及几何公差要求较高，国内目前对于这种行星轮内孔的高精度加工还只能依靠轴承厂家或极少数加工精度高的厂家，制造成本高、加工周期也较长。

图 2-12　采用无外圈轴承的行星齿轮（滚道行星轮）

在实际应用中，借鉴航空动力传动中齿轮传动的轻量化解决方案，可以将双列满滚子轴承的外圈集成于行星轮内孔上，形成齿轮与轴承集成化设计方案。无外圈轴承的行星轮系方案一般有两种：双列满圆柱滚子轴承与双列满圆锥滚子轴承。集成后的无外圈轴承的行星轮系方案分别是采用无外圈圆柱滚子轴承设计结构及无外圈圆锥滚子轴承结构。

2.4 以减振减重为目标的系统宏观参数集成优化设计

大型风电增速齿轮箱齿轮的高强度设计制造方法和其他齿轮传动系统类似。因此，提高齿轮齿根弯曲强度可以从设计与制造两方面入手。高强度齿轮弯曲强度设计方法有：采用正变位设计、增大模数、增加齿数、增大压力角（非标准压力角）、选择高强度齿轮材料、增大齿根过渡圆角半径、采用斜齿轮或人字齿轮、增大螺旋角（斜齿轮）或采用高强度仿生齿根技术等。从制造角度提高齿轮弯曲强度的手段有：提高齿轮制造及装配精度、提高热处理工艺水平使齿轮芯部具有足够韧性或采用喷丸与滚压等工艺对齿根表面进行强化处理等。提高齿轮齿面接触强度的主要方法有：提高齿轮表面加工的精度（精度高会改善啮合性能，进而改善接触强度），采用合适的热处理方式（一般为中碳钢，调质后表面高频感应淬火，提高硬度；低速重载的齿轮低碳合金钢渗碳淬火，使齿面具有更高的硬度，接触强度提高），采用齿面修形技术（尤其重要的一个环节，同样可以改善啮合性能，避免产生冲击，后面将重点阐述），采用合理的润滑方式与润滑油（润滑油质量对提高齿轮接触强度同样起到很大的作用，高质量的润滑油更抗氧化、更容易产生油膜且更容易散热等）或采用齿面改性与表面强化技术等。

前文提到的提高齿轮弯曲强度与接触强度的方法中，有一些技术手段是与轻量化设计互相矛盾、不可兼得的，如增加模数和齿数，虽然可以提高齿轮的弯曲强度与接触强度，但将导致其分度圆直径增加，齿轮系统的质量势必随之增加。如何在提高齿轮强度的同时减轻齿轮系统的重量，这实际是一个多目标优化的问题。本书主要根据大型风电齿轮箱的特点，采用最优化方法处理大型风电齿轮传动系统的宏观参数集成优化设计问题，基于现代计算机技术寻求最优设计方案。

2.4.1　多目标优化设计

最优化问题广泛存在于工程应用的各个领域中，通常是在满足一定的约束条件下使设计达到预定的最优目标。在许多工程实际问题中，同时要求两项或两项以上目标函数达到最优值，这类问题称为多目标优化问题。如在设计齿轮传动装置时，希望实现重量轻、承载能力高和寿命长等多个目标。

多目标优化的数学模型一般表示为

$$\left.\begin{array}{ll} \min & \boldsymbol{F}(\boldsymbol{x})\,(\boldsymbol{x} \in \mathbf{R}^n) \\ \text{s.t.} & g_j(\boldsymbol{x}) \leqslant 0\ (j=1,2,\cdots,p) \\ & h_t(\boldsymbol{x}) = 0\ (t=1,2,\cdots,q<n) \end{array}\right\} \qquad (2\text{-}3)$$

式中，$\boldsymbol{F}(\boldsymbol{x}) = \{f_1(\boldsymbol{x}), f_2(\boldsymbol{x}), \cdots, f_m(\boldsymbol{x})\}$ 为目标矢量。

在多目标优化设计过程中，使多个目标同时达到最优值是比较困难的，有时甚至是不可能的，多个优化目标中可能出现矛盾现象，一个目标达到最优时另一个目标可能偏离最优值。求解多目标优化问题时，往往需要对问题进行等效处理。处理多目标优化问题的方法有约束法、评价函数法和功效系数法。在求解多目标优化问题时，需要在各分目标之间进行协调，其求解的基本思想是构造适当的评价函数，将多目标优化问题转化为单目标优化问题，求解单目标优化问题，将该最优解作为多目标优化问题的最优解。常用的构造评价函数法有理想点法、线性加权法和乘除法。

采用线性加权法处理时，对于多目标优化问题的 m 个目标按照其重要程度赋予加权系数 ω_i $(i=1,2,\cdots,m)$，且 $\sum\limits_{i=1}^{m} \omega_i = 1$。这样多目标优化问题就转化为下面的线性加权的单目标问题：

$$\min_{x \in \Omega} \sum_{i=1}^{m} \omega_i f_i(\boldsymbol{x}) \qquad (2\text{-}4)$$

通常，多目标优化问题中各分目标的物理意义是不同的，量级也不一样，这给加权系数的选择带来困难。工程问题中，需要将各分目标统一量纲。首先在各分目标函数值上加一个足够大的正数，把各分目标函数值都转化为正值，使得各分目标函数值 $f_i(\boldsymbol{x})>0$ 对于任意 $\boldsymbol{x} \in \Omega$ 都成立。然后设某点 $\tilde{\boldsymbol{x}}$ 在可行域内，取各分目标函数为

$$f_i'(\boldsymbol{x}) = \frac{f_i(\boldsymbol{x})}{f_i(\tilde{\boldsymbol{x}})}\ (i=1,2,\cdots,m) \qquad (2\text{-}5)$$

选取 $\tilde{x} = x_0$，使各分目标函数的函数值达到同一个量级，单目标问题转化为如下函数：

$$\min_{x \in \Omega} \sum_{i=1}^{m} \omega_i f'_i(x) \tag{2-6}$$

多目标优化设计分为多目标静态优化设计与多目标动态优化设计。

2.4.2 多目标静态优化设计

大型风电齿轮多目标静态优化设计的目的是，通过齿轮宏观参数优化增加齿轮的承载能力、降低系统的振动水平，尽可能提高齿轮齿根弯曲疲劳强度安全系数、齿面接触疲劳强度安全系数、齿轮胶合承载能力安全系数和齿轮微点蚀安全系数，保证传动系统在设计寿命周期内不出现疲劳失效。

1. 设计变量

（1）模数 m_n 为了保证传动比不变，将初始设计的齿轮齿数作为定值，不进行优化，取模数为优化变量。

（2）压力角 α 随着压力角的增大，齿轮齿根弯曲强度安全系数增大。齿轮压力角的变化会影响齿根弯曲强度，因此把压力角作为优化变量。

（3）螺旋角 β 对于斜齿轮，螺旋角的变化不仅影响轴向重合度及总重合度，而且影响齿轮副的中心距，同时影响齿根弯曲强度安全系数和齿面接触强度安全系数，因此将螺旋角作为优化变量。

（4）变位系数 x 无论对于直齿轮还是斜齿轮，变位系数的变化均对齿根弯曲接触应力安全系数和齿面接触应力安全系数有直接影响，正变位增大齿根弯曲强度，负变位减小齿根弯曲强度。

多目标静态优化设计变量为

$$X = [X_1, X_2, X_3, X_4]^T = [m, \beta, x, \alpha]^T \tag{2-7}$$

当然，可以根据实际需要进行设计变量的调整，如还可以把齿数、齿宽等作为设计变量进行优化。

2. 目标函数

以最小重合度系数、最小齿根弯曲强度安全系数和最小齿面接触强度安全系数等取最大值为目标函数进行优化。

（1）重合度系数 斜齿轮端面重合度的计算公式为

$$\varepsilon_{\alpha} = \frac{[z_1(\tan\alpha_{a1} - \tan\alpha') + z_2(\tan\alpha_{a2} - \tan\alpha')]}{2\pi} \tag{2-8}$$

式中，z_1 为齿轮 1 齿数；z_2 为齿轮 2 齿数；α_{a1} 为齿轮 1 齿顶圆压力角；α_{a2} 为齿轮 2 齿顶圆压力角；α' 为啮合角。

轴向重合度为

$$\varepsilon_{\beta} = \frac{b\sin\beta}{\pi m_n} \tag{2-9}$$

斜齿轮总的重合度系数为

$$\varepsilon_{\gamma} = \varepsilon_{\alpha} + \varepsilon_{\beta} \tag{2-10}$$

（2）最小齿根弯曲强度安全系数　轮齿折断是齿轮众多失效形式中最主要的形式之一，轻则导致传动系统卡死，重则导致整个传动系统报废。各级齿轮的疲劳强度均应满足 GB/T 19073—2018《风力发电机组　齿轮箱设计要求》中弯曲强度安全系数 $S_{Fmin} \geqslant 1.56$ 的设计要求。对于圆柱齿轮而言，齿根弯曲强度安全系数的计算方法为

$$\sigma_F = \frac{KF_t Y_{Fa} Y_{Sa} Y_\beta}{bm_n \varepsilon_\alpha} \qquad (2\text{-}11)$$

$$S_F = \frac{\sigma_F}{[\sigma_F]} \qquad (2\text{-}12)$$

式（2-11）和式（2-12）中，K 为载荷系数；F_t 为圆周力；Y_{Fa} 为齿形系数；Y_{Sa} 为齿根应力修正系数；Y_β 为螺旋角系数；σ_F 为齿轮弯曲应力；$[\sigma_F]$ 为许用齿根弯曲应力。

（3）最小齿面接触强度安全系数　齿轮传动中，点蚀也是一种常见的齿轮失效形式，它是限制齿轮承载能力和使用寿命的关键问题。各级齿轮的疲劳强度均应满足 GB/T 19073—2018《风力发电机组　齿轮箱设计要求》中接触强度安全系数 $S_{Hmin} \geqslant 1.25$ 的设计要求。对于圆柱齿轮而言，齿面接触强度安全系数的计算方法为

$$\sigma_H = \sqrt{\frac{KF_t}{bd_1 \varepsilon_\alpha} \frac{u \pm 1}{u}} \cdot Z_H Z_E Z_\varepsilon Z_\beta \qquad (2\text{-}13)$$

$$S_H = \frac{\sigma_H}{[\sigma_H]} \qquad (2\text{-}14)$$

式（2-13）和式（2-14）中，Z_H 为节点区域系数；Z_E 为弹性系数；Z_ε 为重合度系数；Z_β 为螺旋角系数；σ_H 为齿轮接触应力；$[\sigma_H]$ 为许用接触应力。

在满足承载能力的条件下，以齿轮重合度最大、最小齿根弯曲强度安全系数 S_F 最大和最小齿面接触强度安全系数 S_H 最大为优化目标，建立优化目标函数。

（4）滑动系数　滑动系数（滑差率）就是轮齿接触点 K 处两齿面间的相对切向速度（即滑动速度）与该点切向速度的比值。一对齿轮啮合，在同一啮合点上两齿轮的齿廓线速度并不相同（节点除外），因此齿廓间存在滑动，从而导致齿面的磨损或胶合破坏。通常用滑动系数表示齿面间相对滑动的程度。

一对啮合的齿轮，小齿轮 1 齿面滑动系数为

$$\eta_1 = \frac{(v_{t2} - v_{t1})}{v_1} \qquad (2\text{-}15)$$

大齿轮 2 齿面滑动系数为

$$\eta_2 = \frac{(v_{t1} - v_{t2})}{v_{t2}} \qquad (2\text{-}16)$$

式（2-15）和式（2-16）中，v_{t1} 为齿轮 1 在啮合点处的切向速度；v_{t2} 为齿轮 2 在啮合点处的切向速度。

3. 约束条件

（1）行星传动配齿约束条件

1）传动比条件。为使行星级达到预先分配的传动比，应满足以下传动条件：

$$i = 1 + \frac{z_{rj}}{z_{sj}} \qquad (2\text{-}17)$$

2）同心条件。为使行星级各齿轮副正确啮合，行星轮和太阳轮、行星轮和内齿圈之间的中心距必须一致，即

$$\frac{(z_{sj} + z_{pj})}{\cos(\alpha_{psj})} - \frac{(z_{rj} - z_{pj})}{\cos(\alpha_{rpj})} = 0 \tag{2-18}$$

3）邻接条件。为避免相邻的行星轮相碰，相邻两行星轮之间需要留有大于 0.5×模数的间隔，即

$$d_{apj} - (z_{sj} + z_{pj}) m_{tj} \sin\left(\frac{\pi}{N}\right) \leqslant 0 \tag{2-19}$$

4）装配条件。为保证行星轮的正确装配，内齿圈与太阳轮齿数之和应为行星轮个数的整数倍，即

$$\frac{(z_{sj} + z_{rj})}{N} = 整数 \tag{2-20}$$

式（2-17）~式（2-20）中，z_{pj}，z_{rj}（$j = 1, 2$）分别表示行星级行星轮、内齿圈的齿数；α_{rpj} 表示行星级内齿圈与行星轮的啮合角；m_{tj} 表示端面模数；N 表示行星级行星轮的个数。

（2）疲劳强度约束条件

1）齿面接触强度条件为

$$S_{Hmin} - S_{H\kappa} \leqslant 0 \ (\kappa = sj, \ pj, \ rj, \ g1, \ g2) \tag{2-21}$$

2）齿根弯曲强度条件为

$$S_{Fmin} - S_{F\kappa} \leqslant 0 \ (\kappa = sj, \ pj, \ rj, \ g1, \ g2) \tag{2-22}$$

式中，$S_{H\kappa}$（$\kappa = sj, \ pj, \ rj, \ g1, \ g2$）表示各齿轮的接触疲劳安全系数；$S_{F\kappa}$（$\kappa = sj, \ pj, \ rj, \ g1, \ g2$）表示各齿轮的弯曲疲劳安全系数；$S_{Hmin}$ 表示接触疲劳许用最小安全系数；S_{Fmin} 表示弯曲疲劳许用最小安全系数。

（3）几何约束条件

1）齿数约束。根据齿轮不发生根切的最小齿数要求和风机齿轮传动设计要求，选取齿数的范围为

$$17 \leqslant z_{sj} \leqslant 45 \tag{2-23}$$
$$17 \leqslant z_{g2} \leqslant 50 \tag{2-24}$$

2）模数约束。传递动力齿轮的模数一般选取为大于 2 mm。根据风机齿轮传动系统特性，选取模数在 6~20 mm 之间。

$$6 \leqslant m_{nj} \leqslant 20 \tag{2-25}$$
$$6 \leqslant m_{ng} \leqslant 20 \tag{2-26}$$

3）螺旋角约束。斜齿轮的螺旋角不宜选取过大，否则容易产生较大的轴向力。螺旋角选取过小不能体现斜齿轮的优点。

$$6° \leqslant \beta_j \leqslant 20° \tag{2-27}$$
$$4° \leqslant \beta_g \leqslant 20° \tag{2-28}$$

4）变位系数约束。综合考虑根切、齿面强度等要求，变位系数应在一定范围内变化，选取变位系数约束为

$$-0.5 \leqslant x_{nsj} \leqslant 1.2 \tag{2-29}$$
$$0.5 \leqslant x_{nsj} + x_{npj} \leqslant 0.8 \tag{2-30}$$

$$-0.5 \leqslant x_{\mathrm{nr}j} - x_{\mathrm{np}j} \leqslant 0.4 \tag{2-31}$$
$$-0.7 \leqslant x_{g2} \leqslant 1.0 \tag{2-32}$$

式中，$x_{\mathrm{np}j}$，$x_{\mathrm{nr}j}$ 分别表示行星级行星轮、内齿圈变位系数。

5）啮合角约束。根据变位齿轮齿面强度的要求，齿轮啮合角应选取适当的范围。

$$20° \leqslant \alpha_{\mathrm{ps}j} \leqslant 27° \tag{2-33}$$
$$18° \leqslant \alpha_{g12} \leqslant 27° \tag{2-34}$$

6）重合度约束。为保证齿轮传动平稳性，斜齿轮副的端面和纵向重合度应在适当范围内变化。

$$1 - \varepsilon_{\beta\kappa} \leqslant 0 \ (\kappa = \mathrm{ps}j, \ \mathrm{rp}j, \ g12) \tag{2-35}$$
$$1.2 \leqslant \varepsilon_{\alpha\kappa} \leqslant 2.2 \ (\kappa = \mathrm{ps}j, \ \mathrm{rp}j, \ g12) \tag{2-36}$$

式中，$\varepsilon_{\beta\kappa}$（$\kappa = \mathrm{ps}j$，$\mathrm{rp}j$，$g12$）分别表示行星级外啮合、内啮合和输出级的纵向重合度；$\varepsilon_{\alpha\kappa}$（$\kappa = \mathrm{ps}j$，$\mathrm{rp}j$，$g12$）分别表示行星级外啮合、内啮合和输出级的端面重合度。

7）齿顶厚约束。正变位的变位系数过大时可能导致齿顶过薄，达不到强度要求，通常表面淬火齿轮的齿顶厚要大于模数的 2/5，即

$$0.4m_{\mathrm{r}j} - S_{\mathrm{a}\kappa} \leqslant 0 \ (\kappa = \mathrm{s}j, \ \mathrm{p}j, \ \mathrm{r}j) \tag{2-37}$$
$$0.4m_{\mathrm{rg}} - S_{\mathrm{a}\kappa} \leqslant 0 \ (\kappa = g1, \ g2) \tag{2-38}$$

式中，$S_{\mathrm{a}\kappa}$（$\kappa = \mathrm{s}j$，$\mathrm{p}j$，$\mathrm{r}j$，$g1$，$g2$）表示各齿轮的齿顶厚；m_{rg} 表示输出级端面模数。

8）宽径比约束。在选择齿宽时，需要考虑载荷分布情况。增大齿宽可以增加承载能力，但齿宽越大载荷分布越不均匀，因此需要选择合理的宽径比。

$$0.125 \leqslant \frac{b_1}{d_{\mathrm{r}1}} \leqslant 0.35 \tag{2-39}$$

$$0.15 \leqslant \frac{b_2}{d_{\mathrm{r}2}} \leqslant 0.25 \tag{2-40}$$

$$0.65 \leqslant \frac{b_{\mathrm{g}}}{d_{\mathrm{g}2}} \leqslant 1.4 \tag{2-41}$$

式中，$d_{\mathrm{r}1}$，$d_{\mathrm{r}2}$，$d_{\mathrm{g}2}$ 分别表示第一级内齿圈节圆直径、第二级内齿圈节圆直径和输出级从动轮节圆直径。

9）不产生过渡曲线干涉约束。太阳轮齿根与行星轮齿顶不发生过渡曲线干涉的约束条件为

$$\tan\alpha + \frac{z_{\mathrm{p}j}}{z_{\mathrm{s}j}}(\tan\alpha_{\mathrm{ap}j} - \tan\alpha_{\mathrm{ps}j}) - \tan\alpha_{\mathrm{ps}j} - \frac{4(h_{\mathrm{an}}^* - x_{\mathrm{ns}j})\cos\beta_j}{z_{\mathrm{s}j}\sin2\alpha_{\mathrm{ps}j}} \leqslant 0 \tag{2-42}$$

行星轮齿根与太阳轮齿顶不发生过渡曲线干涉的约束条件为

$$\tan\alpha + \frac{z_{\mathrm{s}j}}{z_{\mathrm{p}j}}(\tan\alpha_{\mathrm{as}j} - \tan\alpha_{\mathrm{ps}j}) - \tan\alpha_{\mathrm{ps}j} - \frac{4(h_{\mathrm{an}}^* - x_{\mathrm{np}j})\cos\beta_j}{z_{\mathrm{p}j}\sin2\alpha_{\mathrm{ps}j}} \leqslant 0 \tag{2-43}$$

式中，α，$\alpha_{\mathrm{as}j}$，$\alpha_{\mathrm{ap}j}$ 分别表示太阳轮与行星轮的啮合端面压力角、太阳轮齿顶圆压力角和行星轮齿顶圆压力角。输出级不产生过渡曲线干涉约束可参照式（2-42）和式（2-43）。

10）内齿圈不发生径向干涉的约束条件为

$$z_{\mathrm{r}j}(\mathrm{inv}\alpha_{\mathrm{ar}j} + \delta_{\mathrm{r}j}) - z_{\mathrm{p}j}(\mathrm{inv}\alpha_{\mathrm{ap}j} + \delta_{\mathrm{p}j}) - (z_{\mathrm{r}j} - z_{\mathrm{p}j})\mathrm{inv}\alpha_{\mathrm{rp}j} \leqslant 0 \tag{2-44}$$

式中，$\delta_{\mathrm{p}j} = \arccos\dfrac{r_{\mathrm{ar}j}^2 - r_{\mathrm{ap}j}^2 - a_{\mathrm{rp}j}^2}{2r_{\mathrm{ap}j}a_{\mathrm{rp}j}}$，$\delta_{\mathrm{r}j} = \arccos\dfrac{r_{\mathrm{ar}j}^2 - r_{\mathrm{ap}j}^2 + a_{\mathrm{rp}j}^2}{2r_{\mathrm{ar}j}a_{\mathrm{rp}j}}$；$\alpha_{\mathrm{ar}j}$ 表示内齿圈齿顶圆压力角；

r_{arj}，r_{apj}，a_{rpj} 分别表示内齿圈、行星轮齿顶圆半径和内齿圈行星轮实际中心距。

11）内齿圈不发生齿廓重叠干涉的约束条件为

$$\frac{z_{rj}}{z_{pj}}\left[\arcsin\sqrt{\frac{\left(\frac{\cos\alpha_{arj}}{\cos\alpha_{apj}}\right)^2-1}{\left(\frac{z_{rj}}{z_{pj}}\right)^2-1}}+\mathrm{inv}\alpha_{arj}-\mathrm{inv}\alpha_{rpj}\right]-\left[\arcsin\sqrt{\frac{1-\left(\frac{\cos\alpha_{apj}}{\cos\alpha_{arj}}\right)^2}{1-\left(\frac{z_{pj}}{z_{rj}}\right)^2}}+\mathrm{inv}\alpha_{apj}-\mathrm{inv}\alpha_{rpj}\right]\leqslant0$$

$$(2\text{-}45)$$

对于斜齿轮，改变螺旋角和变位系数时，中心距也会变化。为了保证传动系统整体尺寸不发生变化，将初始设计的中心距设为定值，不进行优化。

4. 静态优化设计结果与分析

某型风电齿轮箱采用两级行星轮系+一级平行轴传动方案，其各级齿轮初始设计参数见表 2-4。以输入级行星轮系设计参数为例进行静态优化设计，主要通过取模数、螺旋角、压力角和变位系数为优化变量，保持中心距和传动比不变，以重合度、最小齿根弯曲强度安全系数和最小齿面接触强度安全系数等取最大值为目标函数进行优化。在不改变初始设计中心距和传动比的前提下，对各级齿轮副进行优化，各得出多组符合约束条件的优化结果。综合初始设计参数，通过比较各组优化参数下所有齿轮的滑动系数、重合度以及各项安全强度系数，选取比较满意的优化结果。

表 2-4　某型风电齿轮箱各级齿轮初始设计参数

齿　　轮	第一级行星轮系啮合齿轮			第二级行星轮系啮合齿轮			平行级啮合齿轮	
	太阳轮	行星轮	内齿圈	太阳轮	行星轮	内齿圈	输入级	输出级
齿数 z	25	38	103	23	49	121	35	119
齿轮数量	1	3	1	1	3	1	1	1
中心距 a/mm	510			414			650	
法向模数 m_n/mm	16			11.25			8.2	
压力角 α/(°)	25			25			25	
螺旋角 β/(°)	6			8			12.5	
螺旋方向	左	右	右	左	右	右	左	右
齿宽/mm	430	420	410	200	190	180	205	200

在保证初始中心距、法向模数和齿数不变的前提下，通过改变压力角、螺旋角以及变位系数，设置约束条件 $S_{Hmin}\geqslant1.32$，$S_{Fmin}\geqslant1.65$，得到符合约束条件的较优化参数有多组优化解，取其中的 10 组优化结果。优化后的设计参数见表 2-5，优化后的目标函数结果见表 2-6。表 2-5 和表 2-6 中，a 为中心距；m_n 为法向模数；α 为压力角；β 为螺旋角；z_1、z_2、z_3 分别为太阳轮、行星轮和内齿圈齿数；x_1、x_2、x_3 分别为太阳轮、行星轮、内齿圈的变位系数；k_{11}、k_{12} 分别为太阳轮-行星轮齿轮副中太阳轮、行星轮的齿顶滑动系数；k_{21}、k_{22} 分别为行星轮-内齿圈齿轮副中行星轮、内齿圈的齿顶滑动系数；ε_1 为太阳轮-行星轮齿轮副重合度；ε_2 为行星轮-内齿圈齿轮副的重合度；S_{Fmin}、S_{Hmin} 分别为最小齿根弯曲强度

安全系数和最小齿面接触强度安全系数；$S_{\text{int-min}}$ 为最小齿轮胶合承载能力安全系数；$S_{\text{lam-min}}$ 为最小齿轮微点蚀安全系数。表中第 0 组为初始设计参数。

表 2-5 优化后的设计参数

编号	a/mm	m_n/mm	$\alpha/(°)$	$\beta/(°)$	z_1	z_2	z_3	x_1	x_2	x_3
0	510	16	25	6	25	38	103	0.052	0.152	0.604
1	510	16	27	7	25	39	103	−0.144	−0.213	0.570
2	510	16	26.5	7	25	39	103	−0.140	−0.216	0.573
3	510	16	27	7	25	39	103	−0.244	−0.113	0.470
4	510	16	25.5	6	25	38	103	0.168	0.037	0.722
5	510	16	26	5.5	25	38	103	0.076	0.157	0.578
6	510	16	25.5	6	25	38	103	0.068	0.137	0.622
7	510	16	25.5	6.5	25	38	103	0.156	0.017	0.768
8	510	16	26	6	25	39	103	−0.014	−0.281	0.576
9	510	16	26.5	7	25	39	103	−0.240	−0.116	0.473
10	510	16	26	6	25	39	103	−0.214	−0.081	0.376

表 2-6 优化后的目标函数结果

编号	k_{11}	k_{12}	k_{21}	k_{22}	ε_1	ε_2	$S_{\text{F min}}$	$S_{\text{H min}}$	$S_{\text{int-min}}$	$S_{\text{lam-min}}$
0	0.257	0.281	0.122	0.011	2.307	2.429	1.659	1.341	2.775	1.179
1	0.263	0.276	0.067	0.075	2.471	2.574	1.815	1.360	2.747	1.169
2	0.267	0.280	0.068	0.077	2.485	2.597	1.802	1.356	2.712	1.117
3	0.239	0.301	0.073	0.067	2.474	2.553	1.830	1.361	2.728	1.088
4	0.280	0.248	0.113	0.041	2.289	2.443	1.659	1.344	2.806	1.340
5	0.253	0.270	0.117	0.031	2.206	2.321	1.662	1.335	2.868	1.323
6	0.257	0.273	0.119	0.032	2.294	2.414	1.669	1.344	2.809	1.256
7	0.281	0.249	0.113	0.041	2.364	2.515	1.678	1.357	2.782	1.322
8	0.281	0.246	0.060	0.082	2.346	2.498	1.727	1.327	2.711	1.179
9	0.243	0.305	0.074	0.069	2.489	2.575	1.819	1.357	2.694	1.042
10	0.246	0.245	0.060	0.081	2.356	2.453	1.766	1.328	2.699	1.024

根据表 2-5 和表 2-6 可知，针对同一组优化参数，很难保证齿根弯曲强度安全系数、齿面接触强度安全系数、齿轮胶合承载能力安全系数与齿轮微点蚀安全系数同时达到最优。如第 3 组优化设计参数，虽然得到了较优的齿根弯曲强度安全系数、齿面接触强度安全系数与齿轮胶合承载能力安全系数，但齿轮微点蚀安全系数仅为 1.088。第 5 组优化设计参数可以得到较高的齿轮胶合承载能力安全系数与齿轮微点蚀安全系数，分别为 2.868 与 1.323，但齿根弯曲强度安全系数与齿面接触强度安全系数却较低，分别为 1.662 与 1.335。而每一种参数均较优的是第 7 组优化设计参数，相应的安全系数分别为 1.678、1.357、2.782 与 1.322。究竟选取哪一组设计参数取决于该齿轮箱的实际工作条件与工程师考虑的相关因素。

2.4.3 多目标动态优化设计

随着静态结构系统分析、优化理论的发展，机械系统的动态优化设计方法也得到了发展，动态优化设计是指将优化方法与机械系统动态性能数值计算结合而形成的设计方法。传统的设计方法主要是依据静态设计准则设计出结构，再进行动力学性能分析。有时根据静态设计准则设计出来的系统的动态性能可能不满足要求。动态优化设计相比于传统的方法有比较明显的优点，在设计阶段将系统的动力学性能考虑进去，可缩短设计周期并提高系统的动态性能。

动态优化设计是建立在系统动力学模型基础上的，根据系统动力学微分方程，可以求出系统的动态响应，将动态响应作为优化设计的目标函数或约束条件。

系统动力学微分方程一般形式为

$$\left.\begin{array}{l} M\ddot{x} + C\dot{x} + Kx = F \\ x(0) = x_0 \\ \dot{x}(0) = \dot{x}_0 \end{array}\right\} \tag{2-46}$$

动态优化设计可以看成通过确定系统参数 M、C、K，使得目标函数 $F = f(t, x(t), M, C, K)$ 在满足时间区间 $[0, T]$ 内动态性能约束条件 $g_j(t, x(t), M, C, K) \leq 0 (j = 1, 2, \cdots, p)$ 时最小，即

$$\left.\begin{array}{ll} \min & F = f(t, x(t), M, C, K) \\ \text{s. t.} & g_j(t, x(t), M, C, K) \leq 0 \ (j = 1, 2, \cdots, p) \\ & h_t(t, x(t), M, C, K) = 0 \ (t = 1, 2, \cdots, q < n) \end{array}\right\} \tag{2-47}$$

2.4.4 传动系统多目标动态优化模型

1. 设计变量

如前所述，风电增速齿轮箱的类型多样，这里以采用两级 NGW 型行星斜齿轮+一级平行轴斜齿轮传动形式的风电齿轮传动系统为例说明其设计变量。该风电齿轮箱的两级 NGW 型行星轮系的行星级采用行星架输入、太阳轮输出和内齿圈固定的结构，输入级太阳轮与中间级行星架固连，输入级和中间级行星轮系分别采用 4 个和 3 个行星轮进行功率分流，承担整个齿轮箱的载荷，参见图 2-6。

现以该风电齿轮传动系统初始设计参数为基础，采用动态设计方法进行设计参数的多目标优化。对于齿轮传动系统，主要的参数包括齿数、模数、齿宽、变位系数、螺旋角和压力角等，通常选取这些量作为设计参数，其他相关参数可以通过计算得到。为了减少设计变量，应在优化设计之前预先分配各级传动比，而不是在优化中得到，这样既可保证符合传动比分配，也可简化优化过程。

选取输入和中间行星级太阳轮齿数 $z_{sj}(j=1,2)$，法向模数 m_{nj}，齿宽 b_j，螺旋角 β_j，太阳轮变位系数 x_{nsj}，太阳轮与行星轮啮合角 α_{psj}，输出级从动轮齿数 z_{g2}，法向模数 m_{ng}，齿宽 b_g，螺旋角 β_g，从动轮变位系数 x_{ng2} 和主动轮从动轮啮合角 α_{g12} 作为设计变量，即

$$\begin{aligned} X &= [X_1, X_2, X_3, X_4, X_5, X_6, X_7, X_8, X_9, X_{10}, X_{11}, X_{12}, X_{13}, X_{14}, X_{15}, X_{16}, X_{17}, X_{18}]^{\mathrm{T}} \\ &= [z_{s1}, m_{n1}, b_1, \beta_1, x_{ns1}, \alpha_{ps1}, z_{s2}, m_{n2}, b_2, \beta_2, x_{ns2}, \alpha_{ps2}, z_{g2}, m_{ng}, b_g, \beta_g, x_{ng2}, \alpha_{g12}]^{\mathrm{T}} \end{aligned} \tag{2-48}$$

2. 目标函数

为满足轻量化的设计要求，在风电齿轮箱的设计阶段，需要在满足可靠性和预期寿命的前

提下，使结构简化并且重量最轻。选取传动系统中齿轮构件体积最小作为静态优化目标。齿轮传动系统的动态性能指标主要包括最大动载荷、动载系数、最大振动加速度和振动加速度均方根值等，选取最大振动加速度作为动态优化目标。选取两行星级的太阳轮、行星轮和输出级从动轮的扭转加速度的峰值作为动态优化目标。通过线性加权法将各分目标函数叠加起来，即

$$f = \omega_{v1}f_{v1} + \omega_{v2}f_{v2} + \omega_{v3}f_{v3} + \omega_{s1}f_{s1} + \omega_{p1}f_{p1} + \omega_{s2}f_{s2} + \omega_{p2}f_{p2} + \omega_{g2}f_{g2} \quad (2\text{-}49)$$

式中，f_{v1}，f_{v2}，f_{v3} 分别为输入级、中间级、输出级体积分目标函数；f_{s1}，f_{p1}，f_{s2}，f_{p2}，f_{g2} 分别为输入级太阳轮、输入级行星轮、中间级太阳轮、中间级行星轮和输出级从动轮扭转振动加速度峰值分目标函数，即 $\max(\ddot{\theta}_{s1})$，$\max(\ddot{\theta}_{p1i})$，$\max(\ddot{\theta}_{s2})$，$\max(\ddot{\theta}_{p2i})$，$\max(\ddot{\theta}_{g2})$；$\omega_{v1}$，$\omega_{v2}$，$\omega_{v3}$，$\omega_{s1}$，$\omega_{p1}$，$\omega_{s2}$，$\omega_{p2}$，$\omega_{g2}$ 为相应的加权系数。

体积分目标函数分别为

$$\begin{cases} f_{v1} = \dfrac{\pi b_1 (d_{as1}{}^2 + 4d_{ap1}{}^2 + d_{fr1}{}^2 - d_{ar1}{}^2)}{4} \\[3mm] f_{v2} = \dfrac{\pi b_2 (d_{as2}{}^2 + 3d_{ap2}{}^2 + d_{fr2}{}^2 - d_{ar2}{}^2)}{4} \\[3mm] f_{v3} = \dfrac{\pi b_g (d_{ag1}^2 + d_{ag2}^2)}{4} \end{cases} \quad (2\text{-}50)$$

式中，$d_{a\kappa}$（$\kappa = $ s1，p1，r1，s2，p2，r2，g1，g2）分别为各齿轮的齿顶圆直径；d_{frj}（$j = 1, 2$）为内齿圈齿根圆直径。

由于各分目标的物理意义不同，量级也不一样。对各分目标进行统一量纲处理，处理后得

$$f' = \omega_{v1}f'_{v1} + \omega_{v2}f'_{v2} + \omega_{v3}f'_{v3} + \omega_{s1}f'_{s1} + \omega_{p1}f'_{p1} + \omega_{s2}f'_{s2} + \omega_{p2}f'_{p2} + \omega_{g2}f'_{g2} \quad (2\text{-}51)$$

式中，f'_{v1}，f'_{v2}，f'_{v3}，f'_{s1}，f'_{p1}，f'_{s2}，f'_{p2}，f'_{g2} 分别为统一量纲后的目标函数。

考虑到各分目标的重要程度，经过多次计算比较分析之后，选取各加权系数为

$$\omega_{v1} = \omega_{v2} = \omega_{v3} = 0.1, \quad \omega_{s1} = \omega_{p1} = \omega_{s2} = \omega_{p2} = \omega_{g2} = 0.14 \quad (2\text{-}52)$$

3. 约束条件

（1）行星传动配齿约束条件 与静态优化设计的行星传动配齿约束条件相同。

（2）疲劳强度约束条件 与静态优化设计的疲劳强度约束条件相同。

（3）几何约束条件 与静态优化设计的几何约束条件相同。

（4）可靠性约束条件 风电传动系统对可靠性要求较高，在优化设计中应将齿轮的接触疲劳强度可靠度和弯曲疲劳强度可靠度作为约束条件：

$$z_R \leqslant z_{RH} \quad (2\text{-}53)$$
$$z_R \leqslant z_{RF} \quad (2\text{-}54)$$

式中，z_{RH} 为接触疲劳强度可靠度的联结系数；z_{RF} 为弯曲疲劳强度可靠度的联结系数。

针对风机齿轮传动系统应满足可靠性约束为

$$z_R - z_{RH\kappa} \leqslant 0 \quad (\kappa = psj, \ rpj, \ g12) \quad (2\text{-}55)$$
$$z_R - z_{RF\kappa} \leqslant 0 \quad (\kappa = sj, \ pj, \ rj, \ g1, \ g2) \quad (2\text{-}56)$$

式中，$z_{RH\kappa}$（$\kappa = psj, \ rpj, \ g12$）表示各齿轮副接触疲劳强度可靠度；$z_{RF\kappa}$（$\kappa = sj, \ pj, \ rj, \ g1, \ g2$）表示各齿轮弯曲疲劳强度可靠度；$z_R$ 表示约束可靠度对应的联结系数，计算中用到的使用系数和动载系数由 2.4.5 节相关公式计算得到。

由于优化设计变量较多，动态性能指标计算量大，这里没有考虑动态性能约束条件。

2.4.5　载荷系数

1. 使用系数

使用系数 K_A 是考虑由于原动机和工作机械的载荷变动、冲击和过载等对齿轮产生的外部附加动载荷的系数。K_A 与原动机和工作机械的特性、质量比、联轴器的类型以及运行状态等有关。对于风机齿轮传动系统，外部附加的动载荷主要是由输入风载的变化引起的。计算各齿轮副的使用系数时主要考虑外部激励，啮合刚度取平均啮合刚度，啮合误差取零。使用系数的计算公式为

$$K_A = \frac{F_t + F_A}{F_t} \tag{2-57}$$

式中，$F_A = K_i \delta_{iA}$，F_A 为外部附加动载荷，K_i 为齿轮副的平均啮合刚度，δ_{iA} 为由外部激励引起的啮合线方向相对位移；F_t 为传递切向载荷，其值根据 GB/T 3480—1997 计算。

通过动力学方程计算系统在外部激励作用下的外部附加动载荷，根据式（2-57）可以确定系统中各齿轮副的使用系数曲线。

2. 动载系数

动载系数 K_V 是考虑齿轮传动在啮合过程中，大小齿轮啮合振动所产生的内部附加动载荷影响的系数。影响 K_V 的主要因素有基节误差、齿形误差、圆周速度、大小齿轮的质量、轮齿的啮合刚度及其在啮合过程中的变化等。对于风机齿轮传动系统，内部附加的动载荷主要是由内部激励（时变啮合刚度、啮合误差）引起的。动载系数 K_V 显著影响齿轮的承载能力，根据 IEC 61400-4 规定，应根据 ISO 6336-1：2019 的方法 B 计算 K_V，如果计算值 $K_V <$ 1.05，则除非通过实际测试，否则应使用最小值 $K_V = 1.05$ 进行计算。计算各齿轮副的动载系数时主要考虑内部激励。动载系数的计算公式为

$$K_V = \frac{F_t + F_V}{F_t} \tag{2-58}$$

式中，$F_V = K_i \delta_{iV}$，F_V 为内部附加动载荷，δ_{iV} 为内部激励引起的啮合线方向相对位移。

通过动力学方程计算系统在内部激励作用下的内部附加动载荷，根据式（2-58）可以确定系统中各齿轮副的动载系数曲线。根据求解出的各齿轮副的使用系数和动载系数曲线的变化范围，即可确定系统中各齿轮副的动载系数和使用系数的取值。

2.4.6　动态优化设计结果与分析

1. 优化方法

针对最优化问题，MATLAB 提供了优化工具箱（Optimization Toolbox）用于求解各种优化问题。MATLAB 优化工具箱包括优化计算的一系列函数，如求解线性规划问题的 linprog 函数、无约束非线性问题的 fminsearch 函数和有约束非线性问题的 fmincon 函数等。

这里采用的优化模型属于有约束非线性问题，选取 fmincon 函数进行求解。对于中等规模的优化问题，fmincon 函数采用 SQP 序列二次规划算法，在每一步迭代中求解二次规划子问题，确定搜索方向进行一维搜索，逼近优化问题的最优解。fmincon 函数的调用格式为

$$[\boldsymbol{x},\text{favl}] = \text{fmincon}(\text{fun},\boldsymbol{x}_0,\boldsymbol{A},\boldsymbol{b},\boldsymbol{Aeq},\boldsymbol{beq},\boldsymbol{lb},\boldsymbol{ub},\text{nonlcon},\text{options})$$

输入参数表示的含义如下：$\boldsymbol{x}_0$ 为给定初值；$\boldsymbol{A}$，$\boldsymbol{b}$ 为线性不等式约束条件，$\boldsymbol{A}*\boldsymbol{x} \leqslant \boldsymbol{b}$；$\boldsymbol{Aeq}$，$\boldsymbol{beq}$ 为线性等式约束条件，$\boldsymbol{Aeq}*\boldsymbol{x}=\boldsymbol{beq}$；$\boldsymbol{lb}$，$\boldsymbol{ub}$ 为设计变量的下限和上限；nonlcon 参数中提供非线性不等式约束 $\boldsymbol{c}(\boldsymbol{x})$ 或等式约束 $\boldsymbol{ceg}(\boldsymbol{x})$，要求 $\boldsymbol{c}(\boldsymbol{x}) \leqslant 0$ 且 $\boldsymbol{ceq}(\boldsymbol{x})=0$；fun 为目标函数；options 为优化选项参数，用于定义优化函数的参数。

2. 结果分析

根据 ISO 81400-4：2005《风力发电机—第四部分：齿轮箱的设计和规格》可知，设计风电齿轮传动系统可靠度要求为 0.99 条件下，寿命为 20 年（海上大型风电一般为 25 年）。系统可靠性约束的总体可靠度取 0.99，按照等同分配法对传动系统中的齿轮单元分配以相等的可靠度，每个单元的可靠度指标为 $R_i = 0.99875$，相应的联结系数 $z_R = 3.03$。

通过对优化模型进行求解，得到优化后传动系统的参数。输入行星级优化前后参数对比见表 2-7，中间行星级优化前后参数对比见表 2-8，输出级优化前后参数对比见 2-9。

表 2-7　输入行星级优化前后参数对比

参　数	优化结果	圆整结果	原始设计	参　数	优化结果	圆整结果	原始设计
太阳轮齿数	24.464	24	28	螺旋角/(°)	6.919	6.9	7.5
行星轮齿数	29.525	30	34	啮合角/(°)	21.517	21.5	21.8
内齿圈齿数	83.515	84	96	太阳轮法向变位系数	0.534	0.534	0.122
法向模数/mm	18.103	18	20	行星轮法向变位系数	−0.275	−0.275	0.154
齿宽/mm	505	505	480	内齿圈法向变位系数	−0.016	−0.016	0.518

表 2-8　中间行星级优化前后参数对比

参　数	优化结果	圆整结果	原始设计	参　数	优化结果	圆整结果	原始设计
太阳轮齿数	36.698	37	25	螺旋角/(°)	7.622	7.7	8.5
行星轮齿数	61.600	62	42	啮合角/(°)	20.887	20.89	21.78
内齿圈齿数	159.898	160	109	太阳轮法向变位系数	0.457	0.457	0.286
法向模数/mm	9.008	9	16	行星轮法向变位系数	−0.218	−0.218	0.142
齿宽/mm	231	231	270	内齿圈法向变位系数	0.021	0.021	0.525

表 2-9　输出级优化前后参数对比

参　数	优化结果	圆整结果	原始设计	参　数	优化结果	圆整结果	原始设计
从动轮齿数	35.534	36	40	螺旋角/(°)	10.836	10.8	12.5
主动轮齿数	104	104	117	啮合角/(°)	21.336	21.336	21.649
法向模数/mm	8.275	8	12	从动轮法向变位系数	0.386	0.386	0.363
齿宽/mm	319	319	250	主动轮法向变位系数	0.010	0.010	0.226

优化前后传动系统各构件的各自由度方向上振动加速度峰值的对比情况见表 2-10。表中转角加速度的单位为 $\text{rad} \cdot \text{s}^{-2}$，平移位移加速度的单位为 $\text{m} \cdot \text{s}^{-2}$。根据可靠性评估模型，对优化前后的参数进行齿轮可靠性评估，得到各级齿轮联结系数和可靠度。优化前后可靠度结果对比见表 2-11。

表 2-10　优化前后传动系统各构件的各自由度方向上振动加速度峰值的对比情况

参　数		$\ddot{\theta}_{c1}$	$\ddot{x}_{c1}$	$\ddot{y}_{c1}$	$\ddot{z}_{c1}$	$\ddot{\theta}_{s1}$	$\ddot{x}_{s1}$	$\ddot{y}_{s1}$	$\ddot{z}_{s1}$
峰值	优化前	0.8645	0.0056	0.0056	0.0262	3.3726	0.0076	0.0076	0.0111
	优化后	0.8286	0.0084	0.0083	0.0229	3.3116	0.0896	0.0848	0.0865
参　数		$\ddot{\theta}_{p1i}$	$\ddot{\xi}_{p1i}$	$\ddot{\eta}_{p1i}$	$\ddot{z}_{p1i}$	$\ddot{\theta}_{c2}$	$\ddot{x}_{c2}$	$\ddot{y}_{c2}$	$\ddot{z}_{c2}$
峰值	优化前	2.1860	0.0065	0.0495	0.0021	6.0026	0.2563	0.2328	0.7469
	优化后	2.0601	0.0633	0.0370	0.0260	5.7289	0.4482	0.4173	0.1181
参　数		$\ddot{\theta}_{s2}$	$\ddot{x}_{s2}$	$\ddot{y}_{s2}$	$\ddot{z}_{s2}$	$\ddot{\theta}_{p2i}$	$\ddot{\xi}_{p2i}$	$\ddot{\eta}_{p2i}$	$\ddot{z}_{p2i}$
峰值	优化前	23.8790	0.1466	0.1538	0.4903	25.4924	1.0992	1.0306	0.4238
	优化后	20.0111	0.2233	0.2381	0.0730	19.5038	0.0775	0.4469	0.0273
参　数		$\ddot{\theta}_{g1}$	$\ddot{x}_{g1}$	$\ddot{y}_{g1}$	$\ddot{z}_{g1}$	$\ddot{\theta}_{g2}$	$\ddot{x}_{g2}$	$\ddot{y}_{g2}$	$\ddot{z}_{g2}$
峰值	优化前	78.0002	12.3071	31.0032	6.9290	1574.2	8.9145	22.4563	5.0188
	优化后	47.0502	1.9880	5.0894	0.9807	777.0140	1.6207	4.1492	0.7995

表 2-11　优化前后可靠度结果对比

参　数		输入级可靠性指标				
		s-p 接触强度	r-p 接触强度	s 弯曲强度	p 弯曲强度	r 弯曲强度
联结系数	优化前	4.103	13.172	6.757	6.778	10.876
	优化后	3.054	12.111	6.200	6.220	10.302
可靠度	优化前	$0.9^48186$①	≈1	≈1	≈1	≈1
	优化后	$0.9^28856$②	≈1	≈1	≈1	≈1
参　数		中间级可靠性指标				
		s-p 接触强度	r-p 接触强度	s 弯曲强度	p 弯曲强度	r 弯曲强度
联结系数	优化前	5.306	14.582	7.905	7.953	10.535
	优化后	4.665	13.939	5.166	5.215	7.773
可靠度	优化前	≈1	≈1	≈1	≈1	≈1
	优化后	$0.9^58494$③	≈1	≈1	≈1	≈1
参　数		输出级可靠性指标		
		g_1-g_2 接触强度	g_1 弯曲强度	g_2 弯曲强度
联结系数	优化前	5.525	4.195	4.527
	优化后	5.473	4.966	5.299
可靠度	优化前	≈1	$0.9^48605$④	$0.9^57051$⑤
	优化后	≈1	$0.9^66652$⑥	≈1

① 0.9^48186 表示 0.99998186。

② 0.9^28856 表示 0.998856。

③ 0.9^58494 表示 0.999998494。

④ 0.9^48605 表示 0.99998605。

⑤ 0.9^57051 表示 0.999997051。

⑥ 0.9^66652 表示 0.9999996652。

根据表 2-10 可知，优化后大部分构件的振动加速度峰值有所减小，传动系统的振动水平降低。由表 2-11 可以看出，原设计参数可靠度较高，优化后部分齿轮副的可靠度有所降低，但仍满足系统要求的总体可靠度。

依据上述建立的模型及优化方法进行系统的优化设计。优化前使用系数和总可靠度分别按 0.99、0.999、0.9999 优化后结果的使用系数对比见表 2-12。为直观地对比不同可靠度下的使用系数，将其绘制成图，如图 2-13 所示。

表 2-12　优化前后使用系数对比

传 动 级	传 动 副	优 化 前	$R = 0.99$	$R = 0.999$	$R = 0.9999$
输入级	太阳轮与行星轮	1.10	1.13	1.10	1.11
	行星轮与内齿圈	1.10	1.16	1.11	1.13
中间级	太阳轮与行星轮	1.10	1.13	1.10	1.13
	行星轮与内齿圈	1.12	1.11	1.10	1.11
输出级	大齿轮与小齿轮	1.26	1.25	1.25	1.26

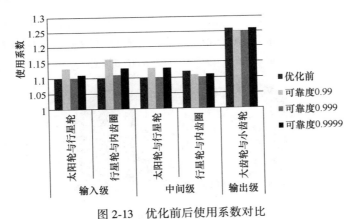

图 2-13　优化前后使用系数对比

优化前使用系数和总可靠度分别按 0.99、0.999、0.9999 优化后结果的动载系数对比见表 2-13。为了直观地对比不同可靠度下的动载系数，将其绘制成图，如图 2-14 所示。

表 2-13　优化前后动载系数对比

传 动 级	传 动 副	优 化 前	$R = 0.99$	$R = 0.999$	$R = 0.9999$
输入级	太阳轮与行星轮	1.05	1.06	1.05	1.07
	行星轮与内齿圈	1.05	1.06	1.04	1.06
中间级	太阳轮与行星轮	1.08	1.08	1.11	1.10
	行星轮与内齿圈	1.07	1.07	1.09	1.10
输出级	大齿轮与小齿轮	1.36	1.09	1.10	1.12

优化前后各齿轮副的使用系数变化不大，原因是系统的使用系数主要是由外部附加动载荷决定的。优化前后输出级齿轮的使用系数均比较大，说明外部激励对输出级附加动载荷影响较大。优化前后输入级的动载系数最小，输出级的动载系数最大，这与随着齿轮转速的增

加动载系数也逐渐增加是吻合的。优化前后，输入级和中间级的动载系数变化不大，输出级动载系数有所下降，主要是由于优化后输出级参数变化较大所导致的。

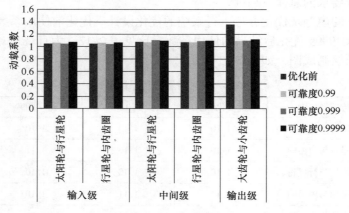

图 2-14　优化前后动载系数对比

图 2-15 所示为优化前后所有齿轮副的体积对比。通过图 2-15 可知：随着系统总体可靠度的增加，各部分分配到的可靠度相应提高，设计所需材料增多，体积增大，但均小于原始设计；而随着设计可靠度的提高，系统的体积呈逐渐增加趋势。

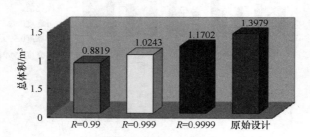

图 2-15　优化前后所有齿轮副的体积对比

事实上，还可以从动力学角度出发，计算行星轮系均载系数、动载系数与使用系数，考虑应力循环对各路功率分流齿轮寿命的影响，计算出各级齿轮的齿轮强度安全系数，以各级齿轮强度安全系数差和传动系统体积最小为目标函数，建立各级齿轮等强度多目标优化设计数学模型，经优化得到各级齿轮设计参数，可以在保证强度的前提下有效减小传动机构的体积，并提高系统的可靠性，降低制造、安装和维护成本。

2.5　以高承载为目标的齿轮副全齿面拓扑修形

从 19 世纪 50 年代以来，世界各工业强国开始采用轮齿修形技术，并已取得了明显的效果。生产实践表明，对渐开线齿轮从齿向和齿高两个方向适当地进行齿面修形，可以提高承载能力，延长使用寿命。齿轮修形技术之所以得到重视是因为实践证明，由于轮齿受载下的变形加上加工制造误差，当轮齿进入啮合和脱离啮合区时，不可避免地会产生冲击和噪声，同时沿齿向的载荷分布也不是完全均匀的。过去人们总是力求提高齿轮加工精度，使之沿齿高方向尽可能接近于理论齿形，沿齿向方向尽可能平直。但是试验、分析和生产实践均表明：在高速、重载条件下，符合理论齿形的轮齿反而不能满足设计要求，而采用齿向和齿高修形的轮齿，其承载与啮合性能反而大幅改善。这是因为齿轮承受载荷时会发生弯曲和扭转弹性变形，齿轮制造中的齿向误差、轴平行度误差以及齿轮箱轴承座孔误差，箱体在受力时的扭转变形，高速齿轮离心力引起的变形和热变形等，都会引起沿齿向啮合接触不均匀，造成轮齿偏载接触。

大量的试验与生产实践表明，合理的齿向和齿廓修形参数能使齿轮啮合噪声下降 2~5 dB，齿轮传动的动载荷可降低 30%~50%，承载能力提高 20%~50%。因此，可通过齿轮副全齿面拓扑修形来降低由于系统和轮齿变形而引起的齿轮啮合错位，改善齿面压力分布情况，减轻齿面偏载、提高齿轮的承载能力，以及改善啮合刚度波动、降低传动误差，进而降低振动与噪声等。根据 ISO 2177：2007，齿轮副修形分为齿轮齿廓修形与齿向修形。齿廓修形主要包括轮齿修缘及修根、压力角修形和齿廓鼓形修形等；齿向修形主要包括齿端修形、螺旋角修形和齿向鼓形修形等。关于大型风电齿轮箱齿轮齿廓与齿向微观修形参数的计算方法详见本书第 3 章，这里不再赘述。

2.6　以轻量化/高承载为目标的结构优化

结构优化设计（Optimum Structural Design）是指在给定约束条件下，按某种目标（如重量最轻、成本最低或刚度最大等）求出最好的设计方案。若以结构重量最小为目标，则称为轻量化设计。计算机化的结构优化设计首先在航空工业中得到重视和应用，后又逐渐推广到建筑、造船和机械制造等领域。结构优化设计只是工程系统设计中的一个环节，结构优化应包括在大系统的优化之中。即使只考虑结构本身优化，也要经历许多层次。层次越高，在优化中可变参数的范围越广，不仅结构截面参数可变，结构的几何形状、组合方式以至各部分材料也是可变的。

工程设计中，计算机化的结构优化设计主要包括拓扑优化、形状优化与尺寸优化。拓扑优化对象为产品的拓扑结构，在优化前只知道产品形状的设计域，通过优化设计确定设计域内部的材料分布情况。形状优化的对象为产品结构的形状，如：已知板内部有一个孔洞，通过优化设计确定该孔洞的形状。针对大型风电增速齿轮箱来说，齿轮和轴承等零部件为标准件，而箱体和行星架等为结构件，可以通过结构优化的方式实现轻量化。尺寸优化的对象为结构尺寸设计参数，如长度、宽度、板厚和梁的截面宽度等结构参数值。

1. 结构拓扑优化

拓扑优化的基本思想是将寻求结构的最优拓扑问题转化为在给定的设计区域内寻求最优材料的分布问题。结构拓扑优化方法，简单地说，就是在一个给定的空间区域内，依据已知的负载或支承等约束条件，解决材料的分布问题，从而使结构的刚度达到最大或者使输出位移、应力等达到规定要求的一种结构设计方法，是有限元分析和优化方法有机结合的新方法。寻求一个最佳的拓扑结构有两种基本的方法：一种是退化法，另一种是进化法。退化法即传统的拓扑优化方法，一般通过求目标函数导数的零点或者一系列迭代计算过程求最优的拓扑结构，主要分为基结构法、均匀化法、变密度法和变厚度法等。进化法是一类全局寻优方法，目前常用于拓扑优化的进化法主要有遗传算法、模拟退火算法和渐进结构优化法。

连续体结构拓扑优化设计，就是在给定的载荷和约束条件下选取设计变量来建立目标函数并使其获得最优值。对于连续体结构拓扑优化设计问题，首先需要利用基结构法确定设计区域及设计变量。设计区域称为基结构，确定设计区域是为了定义载荷和边界条件。

指定设计区域 Ω，设计变量 E_{ijkl}，弹性体内力虚功表达为

$$a(u,v) = \int_\Omega E_{ijkl}(x)\varepsilon_{ij}(u)\varepsilon_{kl}(v)\,\mathrm{d}\Omega \qquad (2\text{-}59)$$

式中，u 为实际位移；v 为虚位移。

$$\varepsilon_{ij}(u) = \frac{1}{2}\left(\frac{\partial u_i}{\partial x_i} + \frac{\partial u_j}{\partial x_j}\right) \qquad (2\text{-}60)$$

表示线应变，载荷的线性形式（外力势能）为

$$l(u) = \int_\Omega fu\,\mathrm{d}\Omega + \int_\tau tu\,\mathrm{d}s \qquad (2\text{-}61)$$

式中，f 为体力；t 为边界牵引力。

由虚功原理可知，对任一弹性体有

$$a(u,v) = l(v) \qquad (2\text{-}62)$$

确定目标函数，使其在外载荷作用下满足一定的拓扑结构，这是拓扑优化的关键。在一定条件下，变形能最小的结构就是拓扑优化结构，所以，选取结构的变形能最小就是柔度最小作为目标函数，对应的结构设计问题的优化数学模型表达式为

$$\begin{cases} \min\limits_{v\in U, E} l(u) \\ \mathrm{s.t.}\ a_E(u,v) = l(v),\ v\in U,\ E\in E_\mathrm{ad} \end{cases} \qquad (2\text{-}63)$$

式中，E_ad 为弹性模量的集合。

结构的拓扑优化从根本上讲就是在设计区域内寻找一个最优的材料布局，即确定设计区域内哪些点是材料点，哪些是孔洞（无材料），其对应的数学模型为

$$\begin{cases} E_{ijkl} = l_{\Omega^\mathrm{mat}}E_{ijkl}^0 \\ l_{\Omega^\mathrm{mat}} = \begin{cases} 1 & x\in\Omega^\mathrm{mat} \\ 0 & x\in\Omega\setminus\Omega^\mathrm{mat} \end{cases} \\ \int_\Omega l_{\Omega^\mathrm{mat}}\,\mathrm{d}\Omega = \mathrm{Vol}(\Omega^\mathrm{mat}) \leqslant V \end{cases} \qquad (2\text{-}64)$$

式中，E_{ijkl}^0 为所选材料的弹性模量；区域 Ω^mat 表示的是材料区域；V 为设计区域 Ω 所占体积，不等式表示对材料用量的一个约束。

连续化方法虽然解决了离散函数的求解困难问题，但在优化过程中产生了许多介于 0 和 1 之间的单元，这种结构制造困难，并且在现实中也找不到相应的材料。为了解决这一问题，通常采用惩罚因子的办法来抑制这种结构的产生。惩罚形式能实现拓扑优化结果的二值化，即得到 0、1 值，则优化模型转化为连续变量的优化模型，即

$$\begin{cases} E_{ijkl}^0 = \eta(x)^p E_{ijkl}^0 \quad p\geqslant 1,\ \eta(x)\in L^\infty(\Omega) \\ 0 < \eta_\mathrm{min} \leqslant \eta(x) \leqslant 1.0 \\ \int_\Omega \eta(x)\,\mathrm{d}\Omega \leqslant V \end{cases} \qquad (2\text{-}65)$$

目前连续体拓扑优化常见的材料插值模型有 SIMP（Solid Isotropic Material with Penalization）材料插值模型、RAMP（Rational Approximation of Material Properties）插值模型及 Voigt-Reuss 材料插值模型。选用 SIMP 材料插值模型时，可利用美国 Altair 公司的分析软件 HyperMesh 进行拓扑优化。该模型假设材料的弹性模量 $E(\rho)$ 是各向同性的，泊松比为常量且与密度 ρ 无关。材料弹性模量 $E(\rho)$ 随 ρ 的变化公式为

$$E(\rho_i) = E^{\min} + \rho_i(E^0 - E^{\min}) \tag{2-66}$$

式中，E^0 和 $E^{\min}$ 分别为固体和低强度材料的弹性模量；$E(\rho_i)$ 表示在密度为 ρ_i 时的弹性模量。

现以风电齿轮箱箱体为例说明结构拓扑优化在轻量化设计中的应用。箱体组件是整个风电齿轮箱外壳，同时又是行星架的支承体。某型号风电齿轮箱箱体组件是由前箱体、第一级内齿圈、中箱体、第二级内齿圈、后箱体和后箱盖组成。图 2-16 所示为拓扑优化用的箱体几何模型。针对原始设计参数和模型，通过有限元建模分析，在满足箱体强度和刚度要求的前提下，对箱体进行拓扑优化，以减少多余材料，达到减轻重量、缩小体积的目的。在建立有限元模型时，考虑到实际工作过程中，前箱体、第一级内齿圈、中箱体、第二级内齿圈、后箱体和后箱盖等各组件通过螺栓紧密地连接在一起，不允许有任何相对运动，各组件之间协调一致共同支承内部部件，因此，在拓扑优化分析中把各组件当作一个整体进行分析的方案比较符合实际情况。为确保主要装配关系，将箱体上各轴承孔和齿轮轴孔等保持原始构型，作为非优化区域，而将除此之外的结构部分作为设计优化区域。在此模型中只保留结构的主要特征，忽略细小局部特征。图 2-17 所示为箱体组件非优化区域模型。

| a）箱体组件前端 | b）箱体组件后端 |

图 2-16　拓扑优化用的箱体几何模型

| a）箱体组件前端 | b）箱体组件后端 |

图 2-17　箱体组件非优化区域模型

采用高阶 20 节点六面体固体结构单元 Solid186，该单元每个节点有沿着 X、Y、Z 方向的平移自由度，具有二次位移模式，可以更好地模拟不规则的形状（例如通过不同的 CAD/CAM 系统建立的模型），并且支持大变形和大应变。设置箱体组件单元大小为 20 mm，划分类型为六面体网格，软件统计出共有 840889 个单元和 2829935 个节点，箱体组件所使用的材料为 QT400-18AL，弹性模量 $E=169$ GPa，泊松比 $\mu=0.275$，密度为 7100 kg/m^3。以减少 20% 优化区域材料为目标，对箱体组件可优化区域进行拓扑优化，在分析结果中，深色部分表示可去除材料区域，浅色部分表示不可去除材料的区域，中间部分是过渡区域。整个箱体拓扑优化结果如图 2-18 所示。

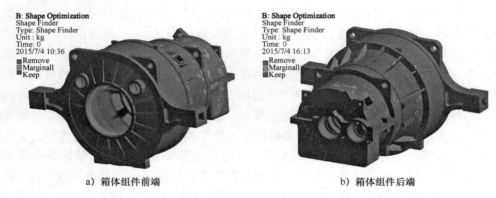

a）箱体组件前端　　　　　　　　　b）箱体组件后端

图 2-18　箱体拓扑优化结果

根据图 2-18 所示的拓扑优化结果可以看出，可去除材料的区域主要发生在安装齿轮轴、轴承、筋板和固定约束的位置，但从保证箱体结构和固定的角度出发，这些部分的材料不可去除。从中箱体的拓扑优化结果可以看出，其可去除材料的位置几乎都发生在固定、安装轴承和具有装配尺寸的位置处，并且中箱体的厚度很小，从保证其强度的角度出发，中箱体几乎没有可以拓扑优化的空间。对于前箱体、后箱体和后箱盖而言，除去安装齿轮轴、轴承、筋板和固定约束的位置之外，这三个组件仍然具有少部分可以拓扑优化的区间。鉴于以上拓扑优化结果，可以对前箱体、后箱体和后箱盖进行形状优化和尺寸优化，对其进一步减重。

再以行星架的拓扑优化为例，在行星架不受力的位置可以将其设计为空心结构，设置改变材料布局得到新的行星架结构。行星架结构拓扑优化结果如图 2-19 所示。其重量得到了大幅度减轻，达到了轻量化设计的目的。

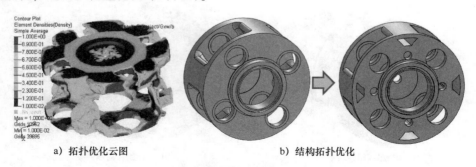

a）拓扑优化云图　　　　　　　　　b）结构拓扑优化

图 2-19　行星架结构拓扑优化结果

2. 结构形状优化

结构形状优化是通过调整结构内外边界形状来改善结构性能和达到节省材料的目的。结构形状优化从对象上区分，主要有桁架类的杆系结构和块体、板和壳类的连续体结构。对于连续体结构，设计变量是有限元网格的边界节点坐标。它的缺点是设计变量数十分庞大，优化过程中设计边界上光滑连续性条件无法保证，致使边界产生锯齿形状。为解决这一问题，逐步形成用边界形状参数化描写的方法，即采用直线、圆弧、样条曲线、二次参数曲线和二次曲面及柱面来描述连续体结构边界，结构形状由顶点位置、圆心位置、半径、曲线及曲面插值点位置或几何参数决定。

HyperMesh 软件中的形状优化是基于摄动向量方法的非参数化的优化方法（图 2-20），将设计空间分成若干控制区域，每个区域的形状简化为控制关键节点位置，通过移动这些关键节点，产生边界形状的变化。形状设计变量为关键节点的位置，其关系可以表示成式（2-67）。

$$x^{(s)} = x^{(0)} + \sum p_j \frac{\mathrm{d}x}{\mathrm{d}p_j} \tag{2-67}$$

式中，$\mathrm{d}x/\mathrm{d}p_j$ 为形状摄动矢量；$x^{(s)}$ 是第 j 点变形后的位置；$x^{(0)}$ 是该点的位置初值；p_j 是作用于该点的应变能。

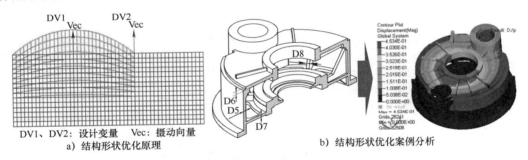

DV1、DV2：设计变量　Vec：摄动向量
a）结构形状优化原理　　　　　　b）结构形状优化案例分析

图 2-20　结构形状优化

3. 结构尺寸优化

尺寸优化的对象为结构尺寸设计参数，如长度、宽度、板厚和梁的截面宽度等结构参数值。风电齿轮箱箱体、行星架等结构件尺寸优化的性能要求如下：

1）极限工况下箱体或行星架最大等效应力不超过其屈服极限或抗拉压极限，且越小越好（注：这里没有考虑箱体材料分项系数的影响）。

2）在满足强度条件的情况下，整体重量越小越好。

3）优化后的总体变形量不大于初始设计的结果。

根据上述优化设计的技术要求，取齿轮箱箱体主要结构厚度作为设计变量。待优化的尺寸变量示意如图 2-21 所示。设计变量集合 $D = \{D_1, D_2, \cdots, D_n\}$，$n$ 为设计变量规模。则结构优化设计描述模型如下：

求箱体结构优化设计方案 $D \in \mathbf{R}_n$。

目标函数为

$$\min_{D \in \Omega} y = f(D) \tag{2-68}$$

式中，Ω 表示变量的可行域；y 表示目标函数，即齿轮箱的质量。约束条件：强度要求为

$$g_1(X) = |\sigma| \leqslant \Delta\sigma \qquad (2\text{-}69)$$

式中，σ 是齿轮箱在极限工况下的最大等效应力，$\Delta\sigma = 250$ MPa 为应力允许值。

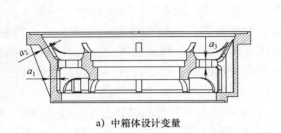
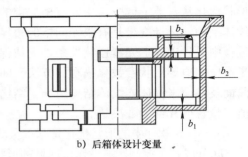

a) 中箱体设计变量　　　　　　　　　　　b) 后箱体设计变量

图 2-21　待优化的尺寸变量示意图

基于上述优化模型，采用 ANSYS 中提供的结构优化求解器进行优化。采用中心组合设计（Central Composite Design）方法在设计变量空间进行采样，然后对采样数据利用神经网络构建响应面，针对构建的响应面模型利用多目标遗传算法（Multi-Objective Genetic Algorithm）进行优化模型的求解。尺寸优化结果见表 2-14，中箱体初始方案与优化方案性能对比见表 2-15，后箱体初始方案与优化方案性能对比见表 2-16。

表 2-14　尺寸优化结果　（单位：mm）

变量集合	D_1	D_2	D_3	D_4	D_5	D_6
对应尺寸	a_1	a_2	a_3	b_1	b_2	b_3
原始设计	25	30	25	35	35	40
优化方案	19.55	27.081	15.914	29.12	30.878	36.75

表 2-15　中箱体初始方案与优化方案性能对比

变量集合	质量/kg	等效应力/MPa	变形/mm	减小质量/kg	减重幅度（%）
初始设计	1414.2	52.954	0.62504	—	—
优化方案	1339.0	48.166	0.62501	75.2	5.32

表 2-16　后箱体初始方案与优化方案性能对比

变量集合	质量/kg	等效应力/MPa	变形/mm	减小质量/kg	减重幅度（%）
初始设计	1363.1	48.397	0.74465	—	—
优化方案	1294.6	46.88	0.74366	68.5	5.03

由表 2-15 和表 2-16 可知，优化后中箱体与后箱体的质量总和相对于原始设计减小了 143.7 kg，减重幅度达 5.17%。当然，这里仅是针对其中的 6 个尺寸参数进行优化，还可以对其他尺寸进行优化，从而达到进一步减重的目的。

2.7　齿轮齿面改性与强化技术

齿轮的齿面强度除了受到齿轮几何参数的影响外，还受材料、热处理、表面改性、齿面精度和润滑等诸多因素的影响。提高齿轮表面强度已成为提高齿轮副的承载能力、可靠性和延长其使用寿命的有效途径。为了达到这一目的，必须对齿轮进行表面强化处理。除采用常规表面热处理手段外，日益成熟的各种表面强化新技术也获得了广泛应用。目前，齿轮表面强化处理技术主要有渗碳、渗氮、碳氮共渗、渗金属、激光表面强化和热喷涂等。

齿轮表面强化技术是利用陶瓷、合金涂层或超硬膜本身的高硬度、高黏着强度、低摩擦系数和良好耐蚀性等特点，采用电阻加热、离子束和激光束等能源作为蒸发源或溅射源，在齿轮表面涂敷一层或多层涂层，以提高齿轮表面硬度，降低摩擦系数，增加耐磨性，延长齿轮使用寿命。在齿面涂层强化方面，可将其归纳为以下四类：

1）通过化学转化原理生成的磷酸锰涂层。磷酸锰转化涂层技术首次应用于汽车自动变速器齿轮上，发现由于涂层表面多孔储油结构使得齿轮副啮合初期的磨合性有明显改善，降低了齿面的局部最大接触应力、摩擦系数以及齿轮的最高本体温度，提升了两倍以上的齿轮疲劳点蚀寿命。

2）以二硫化钼（MoS_2）为代表的固体润滑涂层。采用磁控溅射法在齿面沉积 MoS_2/Ti 涂层（晶内层间易滑移），经 FZG 齿轮试验机测试，得出涂层可以有效地提高齿轮的传动效率和抗胶合能力，在高速情况下（5 级载荷，3000 r/min）尤为显著。日产和马自达汽车公司在变速器齿轮的开发实践中同样应用了表面 MoS_2 镀膜处理技术来减小齿面摩擦。

3）以氮化钛（TiN）为代表的陶瓷涂层。它具有硬度高、耐磨性好等优点，是目前在刀具行业应用最为普遍、技术最为成熟的陶瓷涂层。较为典型的是采用多弧离子镀膜技术在32Cr2MoV 滚子上生成氮化钛涂层，对其进行滚动接触疲劳试验，发现在接触应力低于 2 GPa 时，氮化钛涂层可延缓表面疲劳点蚀；在较大应力下，试样表面局部出现小块材料剥落。

4）以类金刚石 DLC（Diamond Like Carbon）为代表的碳基涂层。近年来，以 DLC 为代表的硬质碳覆膜引起人们的关注，目前正在进行各种覆膜的开发以及针对高强度齿轮零部件的应用。它主要是由金刚石与石墨碳原子构成的相互混杂的复合结构，具有减摩、耐磨、耐腐蚀和抗黏结等特点。NASA（美国国家航空航天局）率先通过加速疲劳试验得出表面沉积有 W-DLC 涂层（掺杂钨）的 AISI 9310 齿轮接触疲劳强度大约是无涂层齿轮的 7 倍。研究表明：表面均镀有 W-DLC 涂层的齿轮副，配以环保型润滑油，在高负荷状态下显现出优异的抗胶合性能，但也伴随着涂层剥落失效的产生。

为充分利用以上涂层的优点，发展当今主流的功能化梯度多层构筑碳基复合涂层不失为一种较好的选择，如将新型 Ti-B-N 等多元复合涂层引入齿轮表面改性工程。黏结层为纯金属以提高界面结合强度，承载层为氮化物陶瓷涂层，过渡层为固体润滑涂层以提高内部韧性，外表面为碳基涂层。该复合涂层中各层薄膜皆可通过低温气相沉积技术（易于控制工艺参数）获得。

2.8 高强度与轻量化材料及其应用

选用高强度与密度更低的材料是实现高功率密度设计的有效手段。从经济性考虑，风电增速齿轮箱中齿轮与轴的材料通常选择 17CrNiMo6、18CrNiMo6、31CrMoV9、34CrNiMo6、42CrMoA、20Cr2Ni4 等几种。所用的材料力学性能要求见表 2-17。经表面渗碳淬火处理后，齿面表面硬度达 58~63 HRC，齿面接触疲劳极限应力达 1450~1500 MPa、齿根弯曲疲劳极限应力达 450~520 MPa。

表 2-17　风电增速齿轮箱常用齿轮材料力学性能要求

牌　　号	弹性模量 E/GPa	泊松比 ν	密度/ kg/m³	规定塑性延伸强度 R_p/MPa	抗拉强度 R_m/MPa	伸长率 A（%）	断面收缩率 Z（%）
18CrNiMo6	208	0.295	7870	≥785	≥980	≥9	≥40
17CrNiMo6	208	0.295	7870	≥835	≥1180	≥7	≥30
31CrMoV9	210	0.28	7730	≥800	≥1100	≥10	≥40
34CrNiMo6	206	0.277	7870	≥900	≥1100	≥10	≥45
42CrMoA	206	0.3	7820	≥930	≥1080	≥12	≥45
20Cr2Ni4	206	0.3	7900	≥1079	≥1177	≥10	≥23

　　如果仅从高功率密度角度出发，可以选择强度更高的齿轮钢材料，如特级优质的高强度航空齿轮钢 16Cr3NiWMoVNbE，其强度高，抗拉强度 R_m = 1241 MPa、规定塑性延伸强度 R_p = 1168 MPa，远高于目前常用的 17CrNiMo6、18CrNiMo6 等材料，渗碳层抗热性能好，具有优良的淬透性，经渗碳淬火后，齿面接触疲劳极限应力可达 1650～1900 MPa，齿根弯曲疲劳极限应力可达 550～650 MPa。但 16Cr3NiWMoVNbE 钢的价格远高于前述几种材料，经济性低，因此在风电增速齿轮箱上没有广泛应用。

　　工业发达国家在严格控制齿轮用钢冶金质量的基础上，不断开发新材料，特别是非金属材料和高强度球墨铸铁（ADI）在齿轮制造业的应用发展很快，成果显著。和金属齿轮相比，塑料齿轮可以通过偏转变形来吸收冲击载荷的作用，能较好地分散轴偏斜和错齿造成的局部偏载。尤其是磁性材料的加入，使塑料齿轮可制成无侧隙啮合和非接触啮合，这不仅使齿轮的传动精度大大提高，消除反行程中的空回现象，而且使齿轮传动的噪声大大降低，是很有发展前途的。但目前，塑料齿轮的强度还远未达到合金钢的强度，因此在工业齿轮箱中没有得到大面积推广与应用。

　　高强度球墨铸铁作为齿轮的新材料，具有重量轻（为钢的91%）、加工工艺性好、滚齿精度高、缓冲吸振能力强、弹性模量小、传动效率高、噪声小、韧性好以及强度高等一系列优点，得到了日益广泛的应用。

　　在轴承材料方面，不同轴承厂家风电齿轮箱的轴承材料元素稍有不同，但其弹性模量与泊松比变化不大，滚子、外圈和内圈材料一般是 GCr15/GCr15SiMn。GCr15/GCr15SiMn 材料的抗拉强度≥1175 MPa，屈服强度≥1080 MPa，滚道表面经淬火后约 60 HRC，屈服强度≥1400 MPa。与普通轴承钢 AISI52100（GCr15）、不锈钢 AISI440（9Cr18）、氮化硅（Si_3N_4）和氧化锆（ZrO_2）四种轴承材料相比，陶瓷轴承作为一种重要的机械基础件，由于其具有金属轴承所无法比拟的优良性能，如抗高温、超强度等，在新材料领域独领风骚，近十多年来，在国计民生的各个领域中得到了日益广泛的应用。除了抗高温、超强度等优点外，陶瓷滚动小球由于密度比钢低，且重量轻得多，因此转动时对外圈的离心作用可降低 40%，进而使用寿命可大大延长，未来将有广泛的应用空间。

　　图 2-22 所示为几种新材料及其应用。风电齿轮箱箱体材料一般用 QT400-18AL 或 QT500-7，行星架材料一般用 QT400-18AL 或 QT700-2A，缓冲吸振能力强、弹性系数小。QT400-18AL 抗拉强度一般为 360～400 MPa，与铸造铝合金 2A12 的抗拉强度相当。常见球磨铸铁附铸试件的牌号及力学性能见表 2-18。铝合金材料密度为 2700～2840 kg/m³，2A12

的抗拉强度可达390~420 MPa，是工业中应用最广泛的一类有色金属结构材料，在航空航天、汽车、机械制造、船舶及化学工业中已大量应用。尽管采用铝合金代替钢板材料，可使箱体等结构件的总重量可减轻50%以上，但大型铝合金铸件铸造能力有限、成本较高（采用铝合金材料单位重量的价格是QT400、QT700等铸铁材料的5倍左右），且铝合金弹性模量低，对箱体刚度影响较大，无法在价格竞争异常激烈的风电齿轮箱中使用与推广。

a) 塑料齿轮　　　　　b) 高强度球墨铸铁齿轮　　　　　c) 陶瓷轴承

图 2-22　新材料及其应用

表 2-18　球磨铸铁附铸试件的牌号及力学性能

牌　号	弹性模量 E/GPa	泊松比 ν	密度 kg/m³	铸件壁厚 t/mm	抗拉强度 R_m/MPa	规定塑性延伸强度 R_p/MPa	伸长率 A（%）	BS EN 1563 标准
QT400-18AL	169	0.275	7100	≤30	400	240	18	
				>30~60	380	230	15	
				>60~200	360	220	12	70mm 附铸
QT700-2A	174	0.27	7300	≤30	700	420	2	
				>30~60	700	400	2	40mm 附铸
				>60~200	650	380	1	70mm 附铸
QT500-7	170	0.275	7150	—	500	320	7	
QT600-3	173	0.275	7200		600	370	3	
QT800-3A	174	0.27	7300	60~200	750	440	1.5	70mm 附铸

注：1. 字母"A"表示该牌号在附铸试样上测定的力学性能，以区别单铸试样上测定的力学性能。
　　2. 字母"L"表示该牌号有低温下的冲击性能要求。

2.9　本章小结

　　本章首先阐述了轻量化设计与高功率设计的区别与联系，从设计角度给出了提高大型风电齿轮箱高功率密度的不同措施，主要包括：给出了几种大型风电增速齿轮箱创新传动构型，如何从静态和动态设计角度实现大型风电齿轮传动系统宏观参数的多目标优化，以高承载为目标的齿轮副全齿面拓扑修形技术，以轻量化/高承载为目标的箱体与行星架结构优化，齿轮齿面改性与强化技术以及高强度与轻量化材料及其应用等。这些技术成果工程化和产业化的推广与应用，对我国大型风电齿轮传动系统高功率密度设计水平的提升将起到重要的推动与促进作用。

第3章

大型风电齿轮传动系统齿轮齿面修形技术

3.1 概述

齿轮齿面修形已被证实是改善齿面载荷、提高承载能力、延缓磨损速率、降低振动噪声的有效方法。齿轮齿面微观修形通过有意识地去除齿面上部分材料，以减小由于系统和轮齿变形而引起的齿轮啮合错位，尽可能地使齿轮在发生受载变形后，齿面压力分布均匀，减轻齿面的偏载现象，保证轮齿受载变形后依然能够相对平稳地传递力矩。齿面修形对齿轮传动的平稳性、强度和振动噪声等方面都有非常重要的影响。

3.2 不同类型的齿轮齿面修形方式

修形尺寸一般是将名义的修形量叠加在原始几何尺寸上进而产生修形后的齿轮齿面，通常在齿面横向截面以及渐开线的法向方向上给出。ISO 2177：2007 给出了限制工作齿面的轮齿修形、齿廓修形、齿向修形和曲面修形四大类齿面修形的定义和介绍。但标准中仅给出了不同修形量与变量之间的关系，并未给出具体修形计算公式。而限制工作齿面的轮齿修形（Tooth flank modifications which restrict the usable flank）包括轮齿挖根与齿顶倒角或倒圆，如图 3-1 所示。

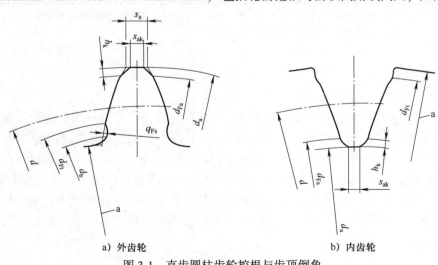

a）外齿轮   b）内齿轮

图 3-1   直齿圆柱齿轮挖根与齿顶倒角

图中，a 表示 d_f 或 d_fE，为外齿轮或内齿轮的齿根圆直径。需要注意的是，ISO 21771：2007 中内齿轮的齿顶与齿根参数定义与 GB/T 3374.1—2010 中是不同的。轮齿挖根与齿顶倒角或倒圆的轮齿修形方式将会减小齿轮重合度、降低传动平稳性与承载能力。

3.2.1 齿廓修形

斜齿轮重合度一般大于 2，因此，在齿轮啮合过程中存在多齿啮合与少齿啮合交替出现的情况，在齿数交替区，由于承载齿数的突变，导致载荷突变，会产生振动和噪声。另外，在齿轮加工制造安装过程中，由于制造误差、安装误差的存在，以及齿轮受力发生接触变形导致实际啮合位置偏离理论啮合位置所造成的齿轮连续啮合条件的误差也会引起齿轮的振动和噪声。

由于齿廓修形后受力状态得到改善，使得齿轮载荷由零逐渐增大的过程中，在相对滑动速度较大的齿顶附近的载荷值很小，降低了齿面瞬时温升（闪温），避免了由于齿轮啮合干涉导致的油膜破坏和齿轮胶合，显著提高了齿轮的抗胶合性能。齿廓修形后，将降低由于齿距误差及弹性变形对齿间载荷的影响，使得齿轮沿接触线长度方向上的载荷分布更加均匀。

齿廓修形的作用可概括如下：

1）降低系统传动误差，消除载荷突变，降低啮合和振动冲击。

2）改善啮合过程中轮齿接触载荷的分布，增强齿根强度和齿面强度。

3）改善齿面摩擦状况和润滑油膜的形成，降低齿面温升，提高齿面的抗胶合能力。

齿轮在啮入点端面如图 3-2a 所示。当齿轮齿对 2-2 在理论啮合线上 K_2 点接触时，齿对 1-1 本应该在理论啮合线上 K_1 点接触。但是由于此时全部载荷由齿对 2-2 承担，齿轮发生赫兹接触变形和轮体变形，使得从动轮实际基圆齿距 P_b2 大于理论基圆齿距，而主动轮实际基圆齿距 P_b1 小于理论基圆齿距，因此，实际啮合线发生偏移，实际节点 O' 也偏离了理论节点 O，位于理论节点的正上方。齿对 1-1 实际啮合点为 M_1。此时，齿轮的瞬时传动比 i'_{12} 可以表示为

$$i'_{12} = \frac{r'_2 - \Delta r}{r'_1 + \Delta r} < i_{12} = \frac{r_\text{b2}}{r_\text{b1}} \tag{3-1}$$

式中，i'_{12} 和 i_{12} 分别为瞬时传动比和理论传动比；r'_1 和 r'_2 分别为主动轮和从动轮的节圆直径；Δr 为实际节点与理论节点的偏移距离。

从式（3-1）可以看出，在啮入时，齿轮瞬时传动比小于理论传动比，说明从动轮瞬时速度增大，因此从动轮齿顶提前在 M_1 点进入了啮合，产生冲击，在进入正常啮合点 K_1 点之前，从动轮齿顶啮合点会在主动轮齿廓上刮行一段距离，造成齿面几何干涉和应力集中，同时产生噪声，这种现象称为啮入冲击。

齿轮在啮出点端面如图 3-2b 所示。当齿轮齿对 2-2 在理论啮合线上 K_2 点接触时，齿对 1-1 本应该在理论啮合线上 K_1 点接触。但是由于齿轮发生赫兹接触变形和轮体变形使得从动轮实际基圆齿距 P_b2 小于理论基圆齿距，而主动轮实际基圆齿距 P_b1 大于理论基圆齿距，因此，实际啮合线发生偏移，实际节点 O' 也偏离了理论节点 O，位于理论节点的正下方。齿对 1-1 实际还未进入啮合。此时，齿轮的瞬时传动比可以表示为

$$i'_{12} = \frac{r'_2 + \Delta r}{r'_1 - \Delta r} > i_{12} = \frac{r_\text{b2}}{r_\text{b1}} \tag{3-2}$$

从式（3-2）可以看出，在啮入时，齿轮瞬时传动比大于理论传动比，说明从动轮瞬时速度减小，因此齿对 2-2 在处于啮出点时，齿对 1-1 还未进入啮合。在齿对 1-1 进入理论啮合点之前，主动轮齿顶啮合点会在从动轮齿廓上刮行一段距离直至齿对 1-1 进入啮合，这种现象称为啮出冲击。

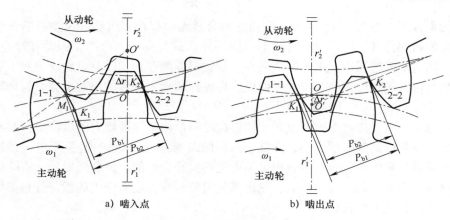

图 3-2　齿轮啮合位置

有效改善齿轮啮入和啮出冲击的办法是对齿轮进行齿廓修形（Transverse profile modification）。图 3-3 所示为一对齿轮的载荷分布。齿轮轮齿沿啮合线进入啮合，A 点为啮入点，D 点为啮出点，啮合线 $ABCD$ 为一个啮合周期。其中 AB 段和 CD 段是双齿啮合区，BC 段是单齿啮合区。当轮齿由单齿啮合区过渡到双齿啮合区或由双齿啮合区过渡到单齿啮合区时，由于齿根、齿顶的几何干涉以及齿面接触变形、弯曲变形，造成了齿对在啮入和啮出位置出现啮合力的骤变，对齿对形成瞬间冲击，载荷分布如图 3-3b 所示。整个啮合过程中轮齿承

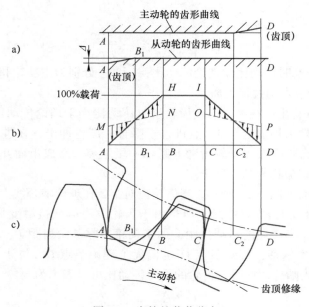

图 3-3　齿轮的载荷分布

担载荷的比例大致如下：A 点载荷约为 40%，由双齿啮合区过渡到单齿啮合区的 B 点，载荷约为 60%，然后急剧转入单齿啮合区 BC 段，载荷达到 100%，最后至 D 点载荷约为 40%。

根据 ISO 21771：2007，齿廓修形有修缘与修根（Tip and root relief）、齿廓边坡修形（Transverse profile slope modification）和齿廓鼓形修形（Profile crowing-barrelling）等几种方式。在国内的一些文献中，有时也将轮齿挖根与齿顶倒角或倒圆作为齿廓修形的一种方式。

1. 齿廓修缘与修根

对齿顶部位齿廓进行修整称为齿顶修缘，对齿根部位齿廓进行修整称为齿根修形，齿廓修缘与修根如图 3-4 所示。可以对主、从动轮分别进行齿顶修缘，也可以只对一个齿轮进行齿顶修缘和齿根修形，为不削弱齿轮齿根弯曲强度，一般采取第一种齿廓修形方法。图 3-1 所示的齿顶倒角与图 3-4 中的齿顶修缘不是一个概念。一般情况下，修缘是从齿顶往下直到节圆附近，有时还要进行修根。修缘的一个重要目的是将载荷从一个轮齿平稳地传递到另一个轮齿上，以消除高频振动。修缘应进行修缘量计算，工艺一般采用剃齿修缘。齿轮齿顶倒角，也称为齿顶倒棱，是沿齿向、齿廓与齿顶圆所交棱线（棱角）处的倒角。

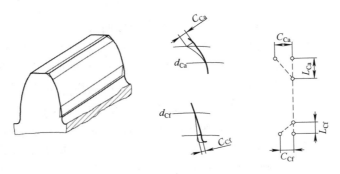

图 3-4　齿顶修缘与修根

d_{Ca}—齿顶修缘起始圆直径　L_{Ca}—修缘长度　C_{Ca}—修缘量
d_{Cf}—修根起始圆直径　L_{Cf}—修根长度　C_{Cf}—修根量

2. 齿廓边坡修形

和齿廓修缘与修根类似，齿廓边坡修形是沿着轴向齿宽方向在每个齿廓截面上最大修形量为 $C_{H\alpha}$ 的修形方式，在截面 I 与截面 II 上修形量分别为 $C_{H\alpha I}$ 与 $C_{H\alpha II}$。齿廓边坡修形如图 3-5 所示。

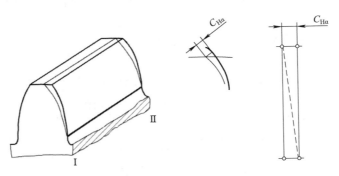

图 3-5　齿廓边坡修形

3. 齿廓鼓形修形

齿廓鼓形修形是指沿着轮齿齿顶与齿根的方向，将齿轮齿面修整成鼓形，如图 3-6 所示。齿廓鼓形修形的修形参数是鼓形量 C_α。齿廓鼓形通常定义成从可用齿廓的中间位置开始分别向齿顶与齿根延伸的抛物线形状，在齿顶和齿根处为最大值 C_α。

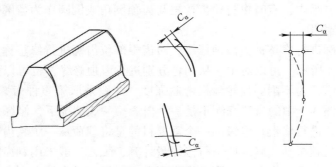

图 3-6 齿廓鼓形修形

齿廓修形的参数主要包括修形量、修形长度和修形曲线。斜齿轮齿廓修形一般可借鉴直齿轮的齿廓修形方法。由于斜齿轮具有逐渐进入啮合和逐渐退出啮合的特点，传动平稳，啮入、啮出冲击小，所以，斜齿轮的齿廓修形量比相同载荷条件下的直齿轮齿廓修形量要小。理论上，齿廓修形量应该等于单双齿啮合交替临界点轮齿的弹性变形量，而在实际修形量的确定中，为了补偿齿轮制造误差的影响，还要考虑齿轮精度（基节误差、齿形误差等）的影响。由于修形量的影响因素很多，准确地计算齿廓修形量较为复杂，在实际生产制造中，许多公司都有结合生产实践经验形成的经验计算公式和标准。据 MAAG 齿轮公司技术资料和有关文献，给出了斜齿轮齿廓修形量的简化计算公式（单位为 mm）：

啮合起始点处齿廓修形量：

$$公差上限 \ \Delta_{1u} = 0.00508 + 0.0406W \times 10^{-3} \tag{3-3}$$

$$公差下限 \ \Delta_{1o} = 0.0127 + 0.0406W \times 10^{-3} \tag{3-4}$$

啮合终止点处齿廓修形量：

$$公差上限 \ \Delta_{2u} = 0.0406W \times 10^{-3} \tag{3-5}$$

$$公差下限 \ \Delta_{2o} = 0.00762 + 0.0406W \times 10^{-3} \tag{3-6}$$

式中，Δ 为修形量；W 为单位齿宽载荷，单位为 N/mm，$W = F_t/B$，其中 B 为齿宽，F_t 为切向力。

相关文献推荐的修形计算公式（单位为 μm）：

啮合起始点处齿廓修形量：

$$公差上限 \ \Delta_{1u} = 2 + 2.8W \times 10^{-3} \tag{3-7}$$

$$公差下限 \ \Delta_{1o} = 5 + 2.8W \times 10^{-3} \tag{3-8}$$

啮合终止点处齿廓修形量：

$$公差上限 \ \Delta_{2u} = 2.8W \times 10^{-3} \tag{3-9}$$

$$公差下限 \ \Delta_{2o} = 3 + 2.8W \times 10^{-3} \tag{3-10}$$

根据修形长度可以分为长修形和短修形。长修形是指由齿轮啮合的起始点或终止点到单对齿啮合点（或临近处），即图 3-3b 中 AB 段（啮入区）与 CD 段（啮出区）。短修形是指由啮合起始点或终止点到长修形位置的一半位置处。在长修形中，两对齿啮合区由于修形失去了理想状态，这就会出现单对齿啮合部分只有在满载状态下重合度为 1，啮合部分等于或小于基节，容易引起啮合不连续而产生振动和噪声。因此，长修形只适用于大螺旋角或大重合度的双斜（人字）齿轮。在短修形中，保留有一半的两对齿啮合区，使两对齿啮合区载荷平缓啮入和啮出，这样啮合部分不小于一个基节，重合度大于 1，不会产生断续啮合现象。因此，短修形适用于直齿或一般螺旋角的单斜齿轮，应用广泛。

齿廓修形曲线主要包括线性和抛物线两种形式，抛物线修形在较宽的载荷范围内都具有较低的动态响应，并且抛物线修形对修形量变化、修形长度变化以及载荷变化的敏感度要低于线性修形。在载荷近似等于设计载荷或略高于设计载荷的情况下，线性修形具有更低的动载荷。在采用线性修形的情况下，修形量过大相比修形量过小将产生更大的动载荷；低于设计载荷工况相比高于设计载荷工况将产生更大的动载荷。

常用的修形曲线有以下几种：

1）直线，其方程为

$$\Delta = \Delta_{max} \frac{x}{L} \tag{3-11}$$

式中，x 为啮合位置的相对坐标，沿啮合线测量，原点在单双啮合的交替点（界点）处，如图 3-3b 中从 B 点开始至 A 点，或由 C 点开始至 D 点中的任一位置；L 为界点到啮合始点（或终点）的距离，如 AB 段或 CD 段的长度；Δ 为距离为 x 时的修形量；Δ_{max} 为最大修形量，下同。

2）Walker 推荐的修形曲线方程为

$$\Delta = \Delta_{max} \left(\frac{x}{L} \right)^{1.5} \tag{3-12}$$

3）明山正元、歌川正博推荐的修形曲线方程为

$$\Delta = \Delta_{max} \left[0.44 \left(\frac{x}{L} \right) + 0.56 \left(\frac{x}{L} \right)^2 \right] \tag{3-13}$$

4）圆弧线，其方程为

$$\Delta = \frac{1}{2} \left(d - \sqrt{d^2 - 4 \frac{x^2}{\cos^2 \alpha}} \right) \tag{3-14}$$

式中，$d = \frac{1}{\Delta_{max}} \left[\left(\frac{L}{\cos \alpha} \right)^2 + \Delta_{max}^2 \right]$，为圆弧线的直径。

3.2.2　齿向修形

当轴承相对于齿轮做不对称配置时，受载前，轴没有弯曲变形，轮齿啮合正常，两个节圆柱恰好相切，如图 3-7a 所示。齿轮受载后，发生弹性变形，加上齿轮齿面的加工制造误差、轴承的平行度误差、轴承不对称布置方式以及制造和装配误差都会使齿轮轴发生弯曲变形和扭转变形，导致齿轮副沿齿宽方向边缘接触，载荷沿接触线分布不均匀，出现偏载现象，接触应力在齿轮边缘处最大，如图 3-7b 所示。

齿向修形［Flank line（helix）modification］主要是对齿轮沿齿向方向进行微量的齿面修

整，使其偏离理论齿面的方法。通过齿向修形可以改善载荷沿轮齿接触线不均匀分布的现象，大大提高齿轮承载能力。根据 ISO 21771：2007，齿向修形有齿向齿端修形（Flank line end relief）、齿向边坡修形［Flank line（helix）slope modification］与齿向鼓形修形［Flank line（helix）crowning］等几种。

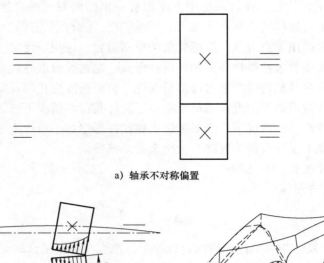

图 3-7　齿向载荷分布不均产生的原因

1. 齿向齿端修形

齿向齿端修形又称齿端修薄，是指针对轮齿的一段或两端同时在一小段齿宽上将齿厚由中间部位向两端逐渐修薄的修形方式，修形曲线可以是直线或抛物线。齿向齿端修形如图 3-8 所示。它是齿轮齿向修形方式中最为简单的修形方式，但整体修整效果较差。

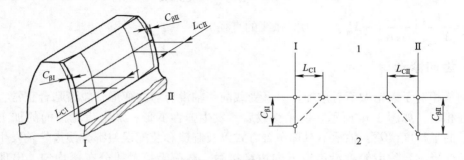

图 3-8　齿向齿端修形

L_{CI}—齿端修形长度（基准面）　$C_{\beta I}$—齿端修形量（基准面）
L_{CII}—齿端修形长度（非基准面）　$C_{\beta II}$—齿端修形量（非基准面）

2. 齿向边坡修形

齿向边坡修形又称螺旋角修形，是指微量改变螺旋角的大小，使得实际齿面偏移理论齿面，弥补齿轮受载后产生弯曲变形和扭转变形带来的啮合偏差，从而改善齿面载荷分布不均匀的修形方法，如图 3-9a 所示。图 3-9a 中，$C_{H\beta}$ 是边坡修形量。齿向边坡修形比齿向齿端修形效果好，由于改变了齿轮螺旋角的大小，对齿面偏载严重的齿轮修形效果比较明显，但修形量不易控制、不易于加工，需要在专用机床上进行修整。

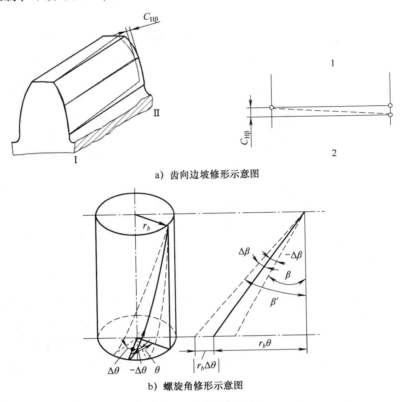

a）齿向边坡修形示意图

b）螺旋角修形示意图

图 3-9　齿向边坡修形

螺旋角修形可以分为正螺旋角修形和负螺旋角修形。正螺旋角修形是指沿螺旋线正向微量调整螺旋角的大小，修形后，实际螺旋角比设计螺旋角值大。负螺旋角修形是指沿螺旋线反向微量调整螺旋角的大小，修形后，实际螺旋角比设计螺旋角值小。修形后螺旋角可以由式（3-15）表示。螺旋角修形示意图如图 3-9b 所示。

$$\begin{cases} \beta' = \beta + \Delta\beta & （正螺旋角修形） \\ \beta' = \beta - \Delta\beta & （负螺旋角修形） \end{cases} \tag{3-15}$$

3. 齿向鼓形修形

齿向鼓形修形是指齿轮在齿宽中央鼓起，两边呈对称形状，修形曲线为圆弧或抛物线，如图 3-10 所示。图 3-10a 中，C_β 是齿向鼓形修形量。齿向鼓形修形后，使得偏载齿轮接触区域向齿宽中部移动，齿面接触状态由相交改善为相切，齿面载荷沿接触线分布均匀，如图 3-10b 所示。这种修形方式的鼓形齿设计方法简单，修形效果明显，加工方便，而且容易控制质量和发现问题，所以应用范围比较广泛。

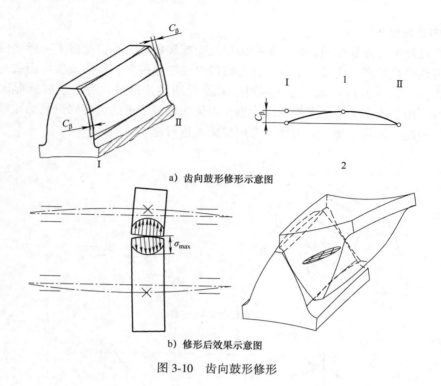

a) 齿向鼓形修形示意图

b) 修形后效果示意图

图 3-10   齿向鼓形修形

3.2.3   曲面修形

如前所述，根据轮齿修形所处部位的不同，修形方法包括齿向修形和齿廓修形，是沿着轮齿的两个方向对齿面进行微观修整的。根据 ISO 21771：2007，还有另外一种修形方式，即曲面修形（Flank face modification，有文献也称混合修形）。曲面修形主要包括拓扑修形（Topographical modification）、对角修形（Triangular end relief）和扭转修形（Flank twist）等几种。

1. 拓扑修形

沿齿廓、齿向方向同时进行三维空间综合曲面修形的方法称为拓扑修形，如图 3-11 所示。它是不同修形方法的合理组合，修形后的曲面是在空间上所有修形点的集合。实现齿面拓扑修形的方法有多种，如可以采用齿向的边坡修形和齿廓齿顶修缘的抛物线修形相结合等方式实现齿面的拓扑修形，还可以采用空间样条曲面进行修形点的曲面拟合等。图 3-11 中，$C_{i,j}$ 中表示点 $p(i,j)$ 的修形量，i 表示沿着轮齿的轴向，j 表示沿着轮齿的齿廓方向，如果需要，可以在已

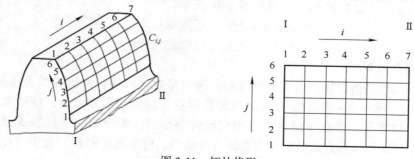

图 3-11   拓扑修形

定义好的不同点 $p(i,j)$ 之间通过插值方式插入其他点。随着拓扑修形齿面技术的不断发展，齿面的整体形貌特征越来越复杂，采用拓扑修形来改善齿轮的传动性能已成为一种发展趋势。

2. 对角修形

斜齿圆柱齿轮与直齿圆柱齿轮的啮入和啮出情况不同。直齿圆柱齿轮的瞬时接触线是沿齿宽方向的直线，其啮入、啮出是在整个齿宽方向上完成的。而斜齿圆柱齿轮由于轮齿与回转轴线偏斜了一个角度，所以轮齿上的瞬时接触线是一系列的斜线，斜齿轮的啮入、啮出是在齿面的齿顶角和齿根角部实现的。对角修形是一种在斜齿轮上采用的三维修形技术，对角修形与常规修形相比，仅对齿轮的啮入和啮出端进行修形，中间部分不修或者少修，其实质是只改变斜齿轮啮入角和啮出角，其余齿面保持不变，如图3-12所示。对角修形保留了齿面更大的有效承载面积，可明显降低齿面接触应力，减小传动误差。但由于这种修形方法的独特性，无法将其他修形方法的公式直接用于对角修形问题。

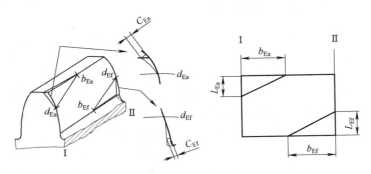

图 3-12 对角修形

C_{Ea}—修形量（齿顶） $\quad d_{Ea}$—基准直径（齿顶） $\quad L_{Ea}$—修形高度（齿顶） $\quad b_{Ea}$—修形长度（齿顶）

C_{Ef}—修形量（齿根） $\quad d_{Ef}$—基准直径（齿根） $\quad L_{Ef}$—修形高度（齿根） $\quad b_{Ef}$—修形长度（齿根）

3. 扭转修形

扭转是指轮齿沿着螺旋线方向在轴向廓形上的旋转作用。轮齿在轴向廓形上的扭转量 S_α 与沿轮齿的齿廓方向上的扭转量 S_β 是不同的，如果没有特别的定义，扭转量沿着可用齿廓的起始位置呈线性变化。扭转修形的符号很重要，直接决定了扭转变形的方向。图3-13中，轮齿沿轴向廓形上的扭转量 S_α 与沿轮齿的齿廓方向上的扭转量 S_β 计算式分别如式（3-16）与（3-17）所示。

$$|S_\alpha| = |C_{H\alpha I} - C_{H\alpha II}| 且 C_{H\alpha I} = -C_{H\alpha II} \quad (3-16)$$

$$|S_\beta| = |C_{H\beta Na} - C_{H\beta Nf}| 且 C_{H\beta Na} = -C_{H\beta Nf} \quad (3-17)$$

式（3-16）与式（3-17）中，$C_{H\alpha I}$ 与 $C_{H\alpha II}$ 为沿轴向在两个端面 I 与 II 上的齿廓最大修形量；$C_{H\beta Na}$ 与 $C_{H\beta Nf}$ 为沿齿廓方向在齿顶与齿根处的齿向边坡修形量。

齿廓修形曲线可以表示成直径 d_y、相关滚动距离或滚动角的函数，齿向修形曲线可以表示成从非基准面方向可用齿宽轴向距离的函数。两者函数关系的合成可以用来描述整个齿廓曲面的修形。

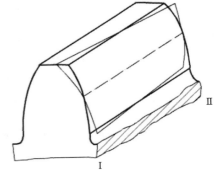

图 3-13 扭转修形

齿廓修形曲线：$C_{ay} = f(d_y)$，还可以写成 $C_{ay} = f(L_y)$ 或 $C_{ay} = f(\xi_y)$。

齿向修形曲线：$C_{\beta y} = f(b_{Fy})$。

齿面修形：$C_{\Sigma y} = f(d_y, b_{Fy})$，还可以写成 $C_{\Sigma y} = f(L_y, b_{Fy})$ 或 $C_{\Sigma y} = f(\xi_y, b_{Fy})$。

3.3　修形斜齿轮啮合刚度与误差非线性耦合解析模型及其参数影响

啮合刚度是齿轮啮合时轮齿抵抗变形的能力。齿轮的啮合刚度可表示为齿轮所受载荷与轮齿啮合变形的比值。时变啮合刚度是齿轮传动系统内部主要的动态激励，对齿轮传动系统的动态特性具有至关重要的影响。在齿轮的传动过程中，齿轮的时变啮合刚度会随着啮合齿数的变化而出现时变周期性，从而导致齿轮传动系统振动响应的变化，是齿轮传动系统产生振动与噪声最主要的内源激励。

3.3.1　斜齿轮接触线长度与接触位置

目前关于接触线长度计算的方法可以分为两类。一类是通过计算斜齿轮重合度，根据重合度与接触线长度之间的关系，推导出接触线长度的计算公式。这种计算方法无法确定啮合线上任意时刻的啮合点位置，因此，无法求解齿轮修形后的接触线长度。另一类是根据斜齿轮啮合点的空间位置，在一个啮合周期内，将主动轮转角划分为 n 等份，联立螺旋渐开线方程和端面啮合线的直线方程，得到空间啮合点笛卡儿坐标 (x, y, z)。这种方法可以确定齿轮啮合过程中每一个转角位置时刻的接触线长度，但其不足是没有充分利用齿轮端面啮合参数之间的关系求解方程组，反而是通过直线方程求解，加大了计算量，无法实现快速计算。这里针对这两种接触线长度计算方法的不足进行了改进，为修形后齿轮时变啮合刚度与传动误差计算以及最佳修形量的求解做准备。

图 3-14a 所示为一对斜齿轮啮合的三维线框模型，主动轮左旋，从动轮右旋，以此为例推导斜齿轮接触线长度和空间位置的数学表达式。图 3-14b 所示为斜齿轮端面啮合示意图，K 为啮合线上任意点，B_2 和 B_1 分别为端面啮合起始点和终止点，N_1 为主动轮基圆与啮合线公切点，P' 为节点，B_2 点和 B_1 点的旋转位置 ω_{B2}、ω_{B1} 可由 ψ_1 和 ψ_2 确定。根据图 3-14b 中的几何关系可以得到

$$
\begin{cases}
\omega_{B2} = \psi_1 - \theta_{B2} \\[4pt]
\omega_{B1} = \psi_2 - \theta_{B1} \\[4pt]
\psi_1 = \dfrac{\pi}{2} + \alpha_t - \arctan \dfrac{N_1 B_2}{r_{b1}} \\[10pt]
\psi_2 = \dfrac{\pi}{2} + \alpha_t - \arctan \dfrac{N_1 B_1}{r_{b1}} \\[10pt]
\theta_{B2} = \tan(\alpha_{B2}) - \alpha_{B2} \\[4pt]
\theta_{B1} = \tan(\alpha_{B1}) - \alpha_{B1} \\[4pt]
\alpha_{B2} = \arctan \dfrac{N_1 B_2}{r_{b1}} \\[10pt]
\alpha_{B1} = \arctan \dfrac{N_1 B_1}{r_{b1}}
\end{cases}
\tag{3-18}
$$

式中，θ_{B2} 和 θ_{B1} 分别为 B_2 点和 B_1 点的展角；α_{B2} 和 α_{B1} 分别为 B_2 点和 B_1 点的压力角；r_{b1} 为主动轮的基圆半径；α_t 为端面啮合角。

现将啮合线 $B_2 B_1$ 划分为 n 等份，以旋转位置和啮合位置两个参数定义啮合点端面位置，则啮合线上任一点 K 的旋转位置 ω_K 和啮合位置 $\tan\alpha_K$ 可以表示为

$$\begin{cases} \tan(\alpha_K) = \dfrac{\left(N_1 B_2 + B_2 B_1 \dfrac{K}{n}\right)}{N_1 O_1} \\ \omega_K = \psi_1 + \alpha_{B2} - \tan(\alpha_K) \end{cases} \tag{3-19}$$

将斜齿轮啮合过程由端面啮合扩展至空间啮合，如图 3-14c 所示。渐开线 MN 上任一点 K 的空间表达式为

$$\begin{cases} x_K = r_b(\theta_K + \alpha_K)\sin(\omega_K + \theta_K + \alpha_K) + r_b\cos(\omega_K + \theta_K + \alpha_K) \\ y_K = -r_b(\theta_K + \alpha_K)\cos(\omega_K + \theta_K + \alpha_K) + r_b\sin(\omega_K + \theta_K + \alpha_K) \\ z_K = 0 \end{cases} \tag{3-20}$$

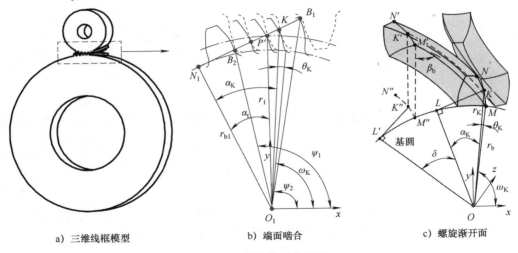

a) 三维线框模型　　　　b) 端面啮合　　　　c) 螺旋渐开面

图 3-14　斜齿轮啮合过程

斜齿轮另一端面相对应的渐开线 $M'N'$ 可以看成由渐开线 MN 沿螺旋线投影得到。因此，对应渐开线 $M'N'$ 上的任一点 K' 的空间坐标可以表示为

$$\begin{cases} x_{K'} = x_K\cos\delta - y_K\sin\delta \\ y_{K'} = x_K\sin\delta + y_K\cos\delta \\ z_{K'} = z_K + p\delta \end{cases} \tag{3-21}$$

式中，δ 为两渐开线 MN 和 $M'N'$ 之间绕 z 轴转过的角度；p 为导程参数，$p = p_z/(2\pi)$，p_z 为螺旋线导程。

将式（3-19）和式（3-20）代入式（3-21），化简得

$$\begin{cases} x_{K'} = r_b(\theta_K + \alpha_K)\sin[\omega_K + \tan(\alpha_K) + \delta] + r_b\cos[\omega_K + \tan(\alpha_K) + \delta] \\ y_{K'} = -r_b(\theta_K + \alpha_K)\cos[\omega_K + \tan(\alpha_K) + \delta] + r_b\sin[\omega_K + \tan(\alpha_K) + \delta] \\ z_{K'} = p\delta \end{cases} \tag{3-22}$$

由于斜齿轮存在轴向重合度，因此，斜齿轮总重合度一般大于 2，这就说明斜齿轮副端面啮合结束时，啮合过程并没有结束，继续转过角度 B/p（B 为齿宽），该齿轮副才结束啮合。从啮合端面上看，整个旋转角度为 $[\omega_{B2}, \omega_{B1} - B/p]$。所以，根据齿宽不同，旋转角度随之改变，齿面接触线会出现如图 3-15 所示的两种情况。当 $|\omega_{B2} - \omega_{B1}| \leqslant B/p$ 时，端面啮合点从 M 点移动到 N 点，接触线另一端 H 点还在 MM' 上，如图 3-15a 所示。当 $|\omega_{B2} - \omega_{B1}| > B/p$ 时，端面啮合点从 M 点移动到 N 点，接触线另一端 H' 点已经移动到另一端面上，如图 3-15b 所示。

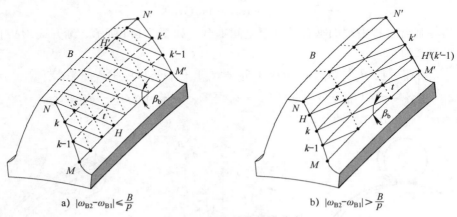

a) $|\omega_{B2} - \omega_{B1}| \leqslant \dfrac{B}{p}$　　　　　　　b) $|\omega_{B2} - \omega_{B1}| > \dfrac{B}{p}$

图 3-15　斜齿轮接触线分布

采用切片法将斜齿轮沿齿宽方向分为 m 等份，相邻斜齿轮薄片之间存在偏转角，记为 $\Delta\lambda$，可以表示为

$$\Delta\lambda = \frac{\dfrac{B}{p}}{m} \tag{3-23}$$

为方便处理，令 $\Delta\lambda = \Delta\omega$，$\Delta\omega = |\omega_{B2} - \omega_{B1}|/n$。取接触线 NH 上的其中一段接触线 st 为研究对象，如图 3-15 所示。则点 s，t 的啮合位置参数和偏转角度可以表示为

$$\begin{cases} \tan(\alpha_s) = \tan(\alpha_k) \\ \tan(\alpha_t) = \tan(\alpha_{k-1}) \\ \lambda_s = (m - k) \cdot \Delta\lambda \\ \lambda_t = (m - k + 1) \cdot \Delta\lambda \end{cases} \tag{3-24}$$

式中，k 点为 s 点在端面上对应啮合点的投影。

根据图 3-15 所示的两种情况，可以确定接触线上任一啮合点的啮合位置参数和偏转角度。将式（3-24）代入式（3-22）中可以得到任意啮合点的空间坐标，则每一旋转位置 i 的接触线长度可以表示为

$$L_i = \sum \sqrt{(x_k - x_{k-1})^2 + (y_k - y_{k-1})^2 + (z_k - z_{k-1})^2} \tag{3-25}$$

根据式（3-25），可以得到一个啮合周期内的接触线总长度。

3.3.2　基于切片法的斜齿轮啮合刚度计算原理

基于切片法和微分思想，将斜齿轮沿齿宽方向划分为 m 份薄片斜齿轮，当 m 足够大时，

由于每个薄片斜齿轮齿宽很短，螺旋角也非常小，因此可以忽略相邻薄片斜齿轮之间的弹性变形耦合作用，每个薄片斜齿轮都可以等效为薄片直齿轮。整个斜齿轮可以等效为 m 份直齿轮的并联。因此，求得每个啮合位置参与啮合的薄片直齿轮的啮合刚度，再通过积分求和就可以得到在此啮合位置时的总啮合刚度。

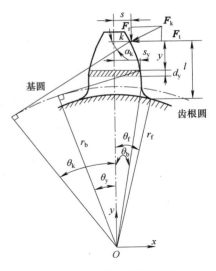

图 3-16 所示为齿轮悬臂梁模型，F_k 表示啮合点 k 所受的啮合力，与齿面垂直，α_k 为啮合力与水平方向的夹角，F_t 和 F_r 分别表示啮合力沿切向和径向的分力，s 表示啮合点处齿厚的一半，l 表示啮合点到齿轮根部的距离，$2s_y$ 和 d_y 分别表示与啮合点相距 y 处的微截面长度和宽度。

图 3-16　齿轮悬臂梁模型

Yang 和 Lin 提出，由于受到啮合力的作用，齿轮发生弹性变形而储存的弹性势能包括赫兹接触势能 U_h、弯曲弹性势能 U_b 和径向压缩弹性势能 U_r。通过这三种势能与轮齿刚度之间的关系可以求得齿轮的赫兹接触变形等效刚度 K_h、弯曲变形等效刚度 K_b 以及径向压缩变形等效刚度 K_r。啮合刚度即为这三部分等效刚度的合成。Tian 基于该理论引入了剪切变形引起的剪切弹性势能 U_s 对剪切变形等效刚度 K_s 的影响。根据上述理论，存储在轮齿中的四种弹性势能与对应等效刚度之间的关系以及材料力学中的梁变形理论可以得到以下表达式：

$$
\begin{cases}
U_b = \dfrac{F_k^2}{2K_b} = \displaystyle\int_0^l \dfrac{M^2}{2EI_y}\mathrm{d}y \\[3mm]
U_s = \dfrac{F_k^2}{2K_s} = \displaystyle\int_0^l \dfrac{1.2F_t^2}{2GA_y}\mathrm{d}y \\[3mm]
U_r = \dfrac{F_k^2}{2K_r} = \displaystyle\int_0^l \dfrac{F_r^2}{2EA_y}\mathrm{d}y \\[3mm]
U_h = \dfrac{F_k^2}{2K_h}
\end{cases}
\tag{3-26}
$$

式中，M 为微截面上的力矩；E 和 G 分别为材料弹性模量和剪切模量；I_y 和 A_y 分别为距啮合点 y 处截面惯性矩和截面积。这些参数的表达式为

$$
\begin{cases}
F_t = F_k\cos\alpha_k \\[2mm]
F_r = F_k\sin\alpha_k \\[2mm]
M = F_t y - F_r s \\[2mm]
I_y = \dfrac{2s_y^3 B}{3} \\[2mm]
A_y = 2s_y B \\[2mm]
G = \dfrac{E}{[2(1+\nu)]}
\end{cases}
\tag{3-27}
$$

式中，ν 为材料泊松比。

根据图 3-16 中的几何关系，y、s、s_y 和 l 可以由式（3-28）确定：

$$\begin{cases} y = r_b\left[\cos\theta_y + (\theta_y + \theta_b)\sin\theta_y\right] - r_b\left[\cos\theta_k + (\theta_k + \theta_b)\sin\theta_k\right] \\ s = r_b\left[(\theta_k + \theta_b)\cos\theta_k - \sin\theta_k\right] \\ s_y = r_b\left[(\theta_y + \theta_b)\cos\theta_y - \sin\theta_y\right] \\ l = r_b\left[\cos\theta_k + (\theta_k + \theta_b)\sin\theta_k\right] - r_f\cos\theta_f \end{cases} \tag{3-28}$$

根据式（3-26）~式（3-28）可以得到齿轮弯曲变形等效刚度、剪切变形等效刚度、径向压缩变形等效刚度和赫兹接触变形等效刚度的计算公式，即

$$\begin{cases} K_b = \dfrac{1}{\displaystyle\int_0^l \dfrac{(y\cos\alpha_k - s\sin\alpha_k)^2}{EI_y}\mathrm{d}y} \\[4ex] K_s = \dfrac{1}{\displaystyle\int_0^l \dfrac{1.2\cos^2\alpha_k}{GA_y}\mathrm{d}y} \\[4ex] K_r = \dfrac{1}{\displaystyle\int_0^l \dfrac{\sin^2\alpha_k}{EA_y}\mathrm{d}y} \\[4ex] K_h = \dfrac{\pi EB}{4(1 - \nu^2)} \end{cases} \tag{3-29}$$

如图 3-16 所示，假设齿轮轮体部分为刚性无变形，但实际上，齿轮轮体变形也会引起齿轮啮合刚度的变化，轮体变形可以表示为

$$\delta_f = \frac{\left[L^*\left(\dfrac{u_f}{S_f}\right)^2 + M^*\left(\dfrac{u_f}{S_f}\right) + P^*(1 + Q^*\tan^2\alpha_k)\right] \cdot F_k}{BE} \tag{3-30}$$

式中，u_f 为啮合力作用方向与轮齿中线交点到齿根圆最高点之间的距离；S_f 为齿根圆上一个轮齿所占的弧长，如图 3-17 所示。系数 L^*、M^*、P^* 和 Q^* 由多项式近似表达为

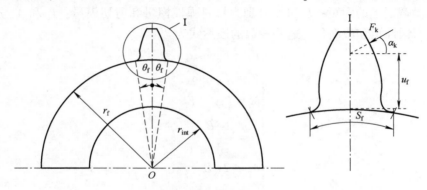

图 3-17　齿轮轮体参数

$$X_i^*(h_{fi}, \theta_f) = \frac{A_i}{\theta_f^2} + B_i h_{fi}^2 + \frac{C_i h_{fi}}{\theta_f} + \frac{D_i}{\theta_f} + E_i h_{fi} + F_i \tag{3-31}$$

式中，X_i^* 表示系数 L^*、M^*、P^* 和 Q^*；$h_{fi} = r_f / r_{int}$；r_f、r_{int} 与 θ_f 如图 3-17 所示。

齿轮设计参数见表 3-1，式（3-31）中的系数见表 3-2。

表 3-1　齿轮设计参数

齿　轮	小 齿 轮	大 齿 轮	齿　轮	小 齿 轮	大 齿 轮
齿数 z	41	145	齿顶高系数 h_a^*	1	
法向模数 m /mm	2		顶隙系数 c^*	0.25	
压力角 α/(°)	20		齿宽 B/mm	50	45
螺旋角 β/(°)	21.56		中心距 a/mm	200	
螺旋方向	左	右	轴孔直径 d_h/mm	28	148
变位系数 x	0.345	−0.345	传递转矩/N·m	681.81	2411.32

表 3-2　式（3-31）中的系数

系　　数	A_i	B_i	C_i	D_i	E_i	F_i
$L^*(h_{fi}, \theta_f)$	$-5.574\mathrm{e}^{-5}$	$-1.9986\mathrm{e}^{-3}$	$-2.3015\mathrm{e}^{-4}$	$4.7702\mathrm{e}^{-3}$	0.0271	6.8045
$M^*(h_{fi}, \theta_f)$	$60.111\mathrm{e}^{-5}$	$28.100\mathrm{e}^{-3}$	$-83.431\mathrm{e}^{-4}$	$-9.9256\mathrm{e}^{-3}$	0.1624	0.9086
$P^*(h_{fi}, \theta_f)$	$-50.952\mathrm{e}^{-5}$	$185.50\mathrm{e}^{-3}$	$0.0538\mathrm{e}^{-4}$	$53.3\mathrm{e}^{-3}$	0.2895	0.9236
$Q^*(h_{fi}, \theta_f)$	$-6.2042\mathrm{e}^{-5}$	$9.0889\mathrm{e}^{-3}$	$-4.0964\mathrm{e}^{-4}$	$7.8297\mathrm{e}^{-3}$	-0.1472	0.6904

由轮体变形引起的刚度称为轮体变形等效刚度，可以表示为

$$K_f = \frac{F_k}{\delta_f} = \frac{BE}{L^*\left(\dfrac{u_f}{S_f}\right)^2 + M^*\left(\dfrac{u_f}{S_f}\right) + P^*(1 + Q^* \tan^2 \alpha_k)} \tag{3-32}$$

综合式（3-26）~式（3-32），可以得到齿轮单齿啮合刚度如下：

$$K_t = \frac{1}{\dfrac{1}{K_{b1}} + \dfrac{1}{K_{s1}} + \dfrac{1}{K_{r1}} + \dfrac{1}{K_{f1}} + \dfrac{1}{K_{b2}} + \dfrac{1}{K_{s2}} + \dfrac{1}{K_{r2}} + \dfrac{1}{K_{f2}} + \dfrac{1}{K_h}} \tag{3-33}$$

式中，下标 1 和 2 分别表示齿轮副中的主、从动轮。

如图 3-15 所示，每一个薄片斜齿轮等效为薄片直齿轮后，根据接触线长度和空间位置的计算方法，可以得到任意时刻接触线上啮合点位置和相邻啮合点之间的距离。取 st 段薄片斜齿轮，将其等效为直齿轮，则齿宽为 s、t 之间的距离，啮合位置参数可以定义为啮合点 s、t 位置参数的均值；偏转角度可以定义为啮合点 s、t 偏转角度的均值，即

$$\begin{cases} \tan(\alpha_k) = \dfrac{\tan\alpha_s + \tan\alpha_t}{2} \\[2mm] \lambda_k = \dfrac{\lambda_s + \lambda_t}{2} \end{cases} \tag{3-34}$$

由此可以得到任意时刻参与啮合的薄片斜齿轮啮合刚度，通过求和就可以得到斜齿轮的啮合刚度。

切片法思想将斜齿轮等效为直齿轮求啮合刚度时忽略了轴向力引起的变形对啮合刚度的影响。传统的材料力学方法在求解斜齿轮啮合刚度时没有考虑这一问题，需要对求得的啮合刚度 K_t 进行修正。

斜齿轮受到的法向载荷为 F_n，可以沿齿面和垂直齿面方向分解为轴向力 F_a 和端面作用力 $F_{t'}$，当斜齿轮薄片等效为直齿轮后，只考虑端面作用力 $F_{t'}$ 引起的端面变形，而忽略了轴向力 F_a 引起的轴向变形，因此求得啮合刚度值偏大。只考虑端面作用力 $F_{t'}$ 引起的弹性变形为 δ_t，得到的啮合刚度为 K_t，考虑轴向力 F_a 之后的弹性变形为 δ_n，啮合刚度为 K_n。斜齿轮齿面受力分析如图 3-18 所示。那么 F_n/K_t 等效到法向上的变形为 $\delta_t\cos\beta_b$，根据图 3-18 所示的几何关系，可以得到修正后的啮合刚度与端面啮合刚度之间的关系，即

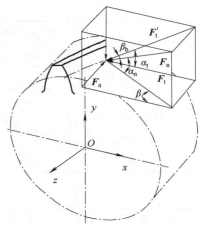

图 3-18　斜齿轮齿面受力分析

$$\frac{1}{K_n} = \frac{\dfrac{1}{K_t}}{\cos^2\beta_b} \tag{3-35}$$

3.3.3　修形斜齿轮啮合刚度与误差非线性耦合解析模型

1. 模型建立

假设当斜齿轮齿廓为理想渐开线时，啮合齿轮副之间没有侧隙。齿轮副不受力时，每一对薄片斜齿轮副沿啮合线在理论位置接触。当齿轮受到法向力作用时，每一对薄片斜齿轮副的法向变形是相等的，即 $\Delta_j = \delta$。δ 为齿轮在受法向力 F 作用时的传动误差，下标表示第 j 对薄片斜齿轮副（$j=1,\cdots,m$）。每一对薄片斜齿轮副可以等效为一段弹簧，整个齿轮相当于多个弹簧的并联，修形齿轮受力后轮齿误差如图 3-19 所示。

斜齿轮齿廓修缘示意图如图 3-20a 所示，虚线表示修形前齿廓，实线表示修形后的实际齿廓。齿顶修缘曲线可以是直线、指数曲线、抛物线或二次曲线，四种修形曲线下齿廓上任一点修形量可以表示为

$$C_{ax} = \begin{cases} C_a\dfrac{L_{ax}}{L_a} \\[2mm] C_a\left(\dfrac{L_{ax}}{L_a}\right)^{1.5} \\[2mm] C_a\left(\dfrac{L_{ax}}{L_a}\right)^2 \\[2mm] C_a\left[0.44\left(\dfrac{L_{ax}}{L_a}\right) + 0.56\left(\dfrac{L_{ax}}{L_a}\right)^2\right] \end{cases} \tag{3-36}$$

式中，C_a 为最大齿顶修缘量；L_a 为修形长度；L_{ax} 为修形点与修形起始点之间的距离。

斜齿轮齿向修鼓示意图如图 3-20b 所示，修形曲线为等半径圆弧曲线，修形齿廓上任意点修鼓量可以表示为

$$C_{cx} = r - \sqrt{r^2 - \left(\frac{L_{cx}}{\tan\beta_b}\right)^2} \qquad (3\text{-}37)$$

式中，L_{cx} 为修形点到齿宽中心的距离；r 为修形圆弧半径。修形圆弧半径可以表示为

$$r = \frac{\left(\frac{b}{2\tan\beta_b}\right)^2 + (C_c)^2}{2C_c} \qquad (3\text{-}38)$$

式中，C_c 为最大修鼓量。

斜齿轮正螺旋角修形示意图如图 3-20c 所示，修形齿廓上任意点的修形量可以表示为

$$C_{\beta x} = \frac{\tan\Delta\beta}{\tan\beta_b} \cdot L_{\beta x} \qquad (3\text{-}39)$$

式中，$L_{\beta x}$ 为修形点到修形起始点之间的距离。

斜齿轮接触线上每个啮合点的空间位置不同，因此在不同旋转位置，每一薄片斜齿轮轮齿误差是变化的。在图 3-19b 中，E_o、E_p 和 E_q 分别表示修形后三对薄片斜齿轮的齿廓误差。E_{min} 为啮合的 n 对薄片斜齿轮齿廓误差最小的一对（$n \leq m$）。修形后任意时刻斜齿轮总啮合刚度可以表示为

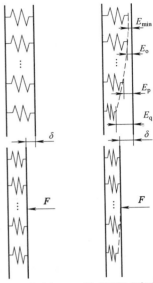

a）理想齿廓受力　　b）修形后齿廓受力

图 3-19　修形齿轮受力后轮齿误差

$$K_i = \frac{F \cdot \sum\limits_{j=1}^{n} k_j}{F + \sum\limits_{j=1}^{n} k_j \cdot (E_j - E_{min})} \qquad (3\text{-}40)$$

式中，E_j 表示修形后每一对薄片斜齿轮在任意时刻的总齿廓误差，是相啮合的两个薄片斜齿轮齿廓误差之和；F 为法向啮合力；k_j 为第 j 对薄片斜齿轮的啮合刚度，当该齿对未接触时（$\delta_j < 0$），$k_i = 0$；i 为旋转位置的序号。

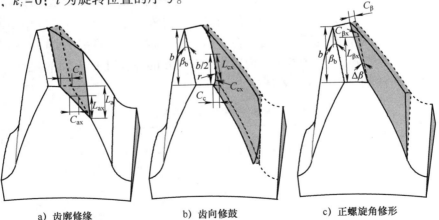

a）齿廓修缘　　　　　b）齿向修鼓　　　　　c）正螺旋角修形

图 3-20　齿轮修形方式三维示意图

当 $F=0$ 时，齿轮无载荷传动误差（NLTE = No Load Transmission Error）可以表示为

$$NLTE = E_{min} \tag{3-41}$$

当 $F>0$ 时，斜齿轮在任意旋转位置时的载荷传动误差（LTE = Load Transmission Error）可以表示为

$$LTE = \frac{F}{K_i} + NLTE \tag{3-42}$$

从式（3-40）~式（3-42）可以看出，当齿廓误差改变时，斜齿轮的传动误差和啮合刚度也随之变化。刚度与误差是相互影响、相互耦合的，具有明显的非线性，而刚度激励与误差激励的非线性耦合将进一步影响斜齿轮传动系统动力学特性。

2. 未修形齿轮时变啮合刚度

当斜齿轮齿廓为理想齿廓时，根据前述所采用的切片法，可以得到修形前斜齿轮啮合刚度。根据表 3-1 中的齿轮设计参数与载荷条件，采用改进的解析法、有限元法以及 ISO 6336-1 标准计算的平均啮合刚度见表 3-3，时变啮合刚度分析如图 3-21 所示。表 3-3 中，K_a 为平均啮合刚度，E_a 为平均啮合刚度误差。未考虑轴向变形的解析法计算的平均啮合刚度为 6.953×10^8 N/m，与 ISO 6336-1 标准相比，平均啮合刚度误差达到了 11.785%；考虑轴向变形后的解析法计算的平均啮合刚度为 6.139×10^8 N/m，与 ISO 6336-1 标准相比，平均啮合刚度误差只有 1.302%，与有限元法计算结果相比，平均啮合刚度误差的差值也只有 0.274%，远小于未考虑轴向变形的解析法计算的平均啮合刚度误差。图 3-21 中，T 为无量纲时间，K_{tn} 为未考虑轴向变形的解析法计算得到的综合时变啮合刚度，K_{tc} 为考虑轴向变形的解析法计算得到的综合时变啮合刚度，K_e 为有限元法计算得到的综合时变啮合刚度，K_{sn} 为未考虑轴向变形的解析法计算得到的单齿啮合刚度，K_{sc} 为考虑轴向变形的解析法计算得到的单齿啮合刚度，K_{tn} 整体均大于 K_{tc}，同理，K_{sn} 整体均大于 K_{sc}；K_{tn} 与 K_e 之间的最大误差达到了 20.133%，K_{tc} 与 K_e 之间的最大误差为 3.554%，远小于未考虑轴向变形时的时变啮合刚度误差，验证了斜齿轮啮合刚度计算的正确性。根据斜齿轮啮合特性可知，其他条件保持不变，螺旋角越大时，轴向力也越大，轴向变形对啮合刚度的影响也就越大。所以，在斜齿轮啮合刚度计算时必须考虑轴向变形的影响。另外，采用有限元法在中小型服务器上计算一个周期的时变啮合刚度所花的时间在一周左右，而采用本章提出的时变啮合刚度解析法在配置为 CPU i5-4590 @ 3.30 GHz，内存为 8.00 GB 的计算机上计算所花的时间大概只需 10 s，实现了斜齿轮啮合刚度的高效计算。

表 3-3 平均啮合刚度

计算方法	ISO 6336-1	有限元法	解析法	
			未考虑轴向变形	考虑轴向变形
$K_a / (10^8$ N/m$)$	6.22	6.122	6.953	6.139
E_a（%）	—	1.576	11.785	1.302

3. 修形齿轮时变啮合刚度

齿轮齿面修形后的计算模型中，由于引入了修形引起的齿廓偏差，所以此时，齿廓偏差的变化会引起齿轮啮合刚度的变化，且呈非线性变化。因此，修形后，齿轮时变刚度和传动误差是相互耦合、相互影响的。直齿轮可以作为螺旋角为零的特殊斜齿轮，而且研究的文献比较多。修缘量 C_a、修缘长度 ΔL_a、修缘量参数 C_n 和修缘长度参数 ΔL_n 可以表示为

$$\begin{cases} C_n = \dfrac{C_a}{C_{a\_max}} \\ \\ \Delta L_n = \dfrac{\Delta L_a}{\Delta L_{a\_max}} \end{cases} \qquad (3\text{-}43)$$

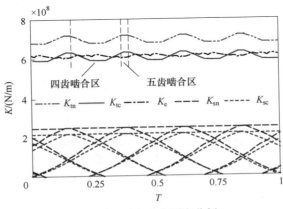

图 3-21 时变啮合刚度分析

由于解析法的研究对象为斜齿轮，修形参数与螺旋角有关，因此在近似为直齿轮时不能直接将螺旋角设为零，而螺旋角非常小时，可近似为直齿轮。

3.3.4 斜齿轮单齿啮合刚度变化规律

当模数、螺旋角、压力角及齿宽依次各自发生变化时，单齿啮合刚度变化曲线如图 3-22 所示。图 3-22a 所示为模数从 1 mm（步长为 1）增大到 6 mm 时的单齿啮合刚度，当其他条件保持不变、仅模数增加时，齿轮的弯曲疲劳强度增大，小齿轮直径增加，因此齿轮接触疲劳强度也增大，齿轮的弯曲变形和接触变形减小，从而单齿啮合刚度随之增大。齿轮端面重合度保持不变，轴向重合度与模数成反比，因此轴向重合度降低，但同时总重合度也在减小，轴向重合度与总重合度的比值即啮入时间与总时间的比值不是单调函数，所以啮入相对时间先随着模数的增大而增加，当模数大于 4 mm 时，啮入相对时间随模数的增大而减小。图 3-22b 所示为螺旋角从 5°（步长为 5）增大到 30°时的单齿啮合刚度，当其他条件不变、螺旋角增大时，总的啮合力和轴向力均会增大，轮齿变之随之增加，从而单齿啮合刚度呈减小趋势。齿轮端面重合度保持不变，轴向重合度与螺旋角成正比，因此轴向重合度增大，但同时总重合度也在增大；螺旋角比较小时，单齿啮合刚度变化趋势比较接近直齿轮，啮入相对时间先随着螺旋角的增大而增加，当螺旋角大于 20°时，啮入相对时间随螺旋角的增大而减小。图 3-22c 所示为压力角从 5°（步长为 5）增大到 30°时的单齿啮合刚度，当其他条件不变、压力角增大时，单齿啮合刚度曲线变化较为复杂，单齿啮合刚度最大幅值随着

压力角增大先减小而后增大，啮入相对时间随着压力角的增大先增加而后又减小。图 3-22d 所示为齿宽从 10 mm（步长为 10）增大到 60 mm 时的单齿啮合刚度，当其他条件不变、齿宽增加时，相当于齿面载荷分布减小了，因此单齿啮合刚度随之增大，当齿宽大于 30 mm 时，单齿啮合刚度增大趋势变平缓。齿宽增加会使得轴向重合度增大，端面重合度不会变化，总重合度也会增大，因此啮入相对时间随着齿宽的增加先增加后减小。

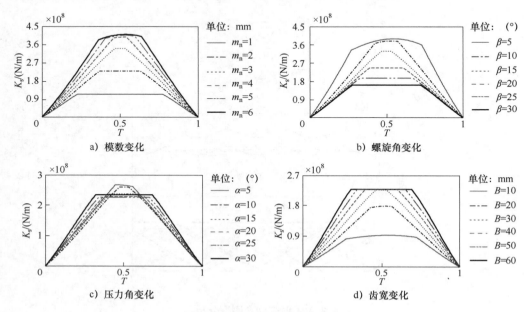

图 3-22　单齿啮合刚度变化曲线

3.3.5　修形参数对斜齿轮综合啮合刚度和传动误差的影响

1. 齿廓修缘

选取四种不同的齿廓修缘曲线：直线、指数曲线、抛物线及二次曲线，保持修形量和修形长度不变，研究不同修形曲线对综合啮合刚度的影响。不同修形曲线的综合啮合刚度和刚度均方差如图 3-23 所示。取齿顶修缘量 $C_a = 10$ μm，齿顶修缘长度 $L_a = 1$ mm。均方差可以反映一组数据的离散程度，因此这里刚度均方差可以用于反映刚度的波动水平，表达式如下：

$$\sigma_k = \sqrt{\frac{1}{N} \sum_i^N (k_i - k_a)^2} \tag{3-44}$$

式中，k_i 为一个啮合周期内任意时刻的啮合刚度；k_a 为一个啮合周期内的平均啮合刚度。

从图 3-23 可以看出，与未修形相比，修形后齿轮综合啮合刚度幅值均有所降低，刚度均方差也都有所减小，在齿数交替区，修形后刚度曲线斜率减小且存在突变的区域变得平缓，表明齿顶修缘可以降低啮合刚度的波动，有效改善齿轮的振动冲击。不同修形曲线的啮合刚度相比较，直线修形后啮合刚度幅值降低最为明显，且刚度均方差最小，然后依次为二次曲线修形、指数曲线修形及抛物线修形，因此，选择修形曲线为直线修形方式。

取齿顶修缘长度 $L_a = 2$ mm，齿顶修缘量 $C_a = 0$ μm、10 μm、20 μm、30 μm、40 μm、50 μm 时，啮合刚度和传动误差幅值以及刚度均方差如图 3-24 所示。T 为无量纲时间，ALTE

表示载荷传动误差幅值（Amplitude of Load Transmission Error）。随着齿顶修缘量的增大，轮齿误差随之增大，啮合刚度随之减小。多齿与少齿交替区啮合刚度波动逐渐减小，当修缘量增大到超过 40 μm 时，刚度波动又增大，表明修形量过大反而影响齿轮啮合性能。传动误差幅值也是随着齿顶修缘量的增大先减小后增大，当齿顶修缘量为 40 μm 时，刚度均方差最小。

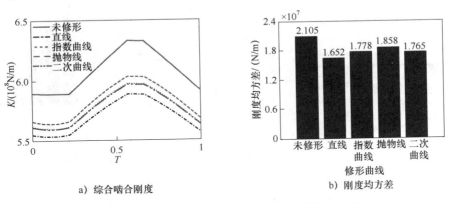

a）综合啮合刚度　　　　　　　b）刚度均方差

图 3-23　不同修形曲线的综合啮合刚度和刚度均方差

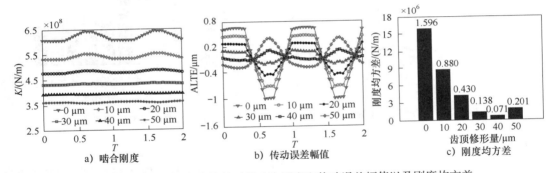

a）啮合刚度　　　　　b）传动误差幅值　　　　　c）刚度均方差

图 3-24　取不同齿顶修缘量时的啮合刚度和传动误差幅值以及刚度均方差

取齿顶修缘量 $C_a = 40$ μm，分别取齿顶修缘长度 $L_a = 0$ mm、0.5 mm、1.0 mm、1.5 mm、2.0 mm、2.5 mm，计算齿轮啮合刚度和传动误差幅值以及刚度均方差，如图 3-25 所示。与齿顶修缘量变化规律类似，随着齿顶修缘长度的增大，轮齿误差随之增大，啮合刚度随之减小；多齿与少齿交替区啮合刚度波动逐渐减小，当齿顶修缘长度增大到超过 4 mm 时，啮合刚度波动又增大，表明修形参数过大反而影响齿轮啮合性能；传动误差幅值也是随着齿顶修缘长度的增大先减小后增大；当齿顶修缘量为 40 μm、修缘长度为 4 mm 时，刚度均方差最小，与未修形相比，刚度均方差减小幅度为 95.551%，即刚度波动最小。

2. 齿向鼓形修形

分别取齿向鼓形修形量 $C_c = 0$ μm、5 μm、10 μm、15 μm、20 μm、25 μm，计算啮合刚度和传动误差幅值以及刚度均方差，如图 3-26 所示。与齿廓修缘后啮合刚度和传动误差变化规律类似的是，随着齿向鼓形修形量的增大，轮齿误差随之增大，啮合刚度随之减小；多齿与少齿交替区啮合刚度波动逐渐减小，当修形量增大到超过 15 μm 时，刚度波动又增大，表明齿向鼓形修形量过大也会影响齿轮啮合性能；传动误差幅值也是随着鼓形修形量的增大先减小后增大；当鼓形修形量为 15 μm 时，刚度均方差最小，与未修形相比，刚度均方差减小幅度为 68.672%，即刚度波动最小。根据图 3-26 可知，虽然齿向鼓形修形在一定程度上也可以减小齿数交替区啮合刚度波动的大小以及传动误差的峰值，但效果没有齿廓修缘那么显著，这是由于鼓形修形主要是调整齿轮在齿向上的接触斑点，改善齿轮偏载情况。

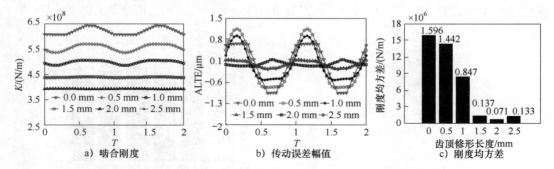

图 3-25　不同齿顶修缘长度时的啮合刚度和传动误差幅值以及刚度均方差

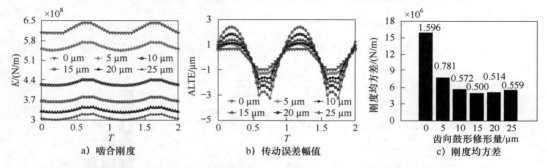

图 3-26　不同齿向鼓形修形量时的啮合刚度和传动误差幅值以及刚度均方差

3. 螺旋角修形

螺旋角修形几乎不改变齿数交替区啮合刚度的斜率，但是对少齿区和多齿区啮合刚度曲线变化趋势影响很大。正螺旋角修形时，在给定修形量的条件下，从啮入端到啮出端，多齿区和少齿区啮合刚度均逐渐增加；负螺旋角修形时，啮合刚度变化趋势正好相反，在给定修形量的条件下，从啮入端到啮出端，多齿区和少齿区啮合刚度均呈减小趋势，螺旋角修形对啮合刚度的影响如图 3-27 所示。因此，对齿轮进行螺旋角修形时，如果主动轮采用正螺旋角修形，则从动轮应采用负螺旋角修形。

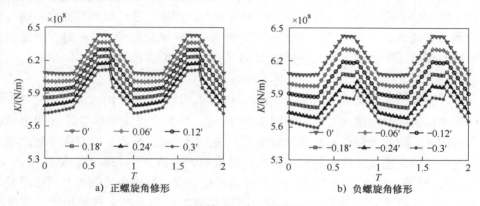

图 3-27　螺旋角修形对啮合刚度的影响

通过上述分析可知，选择合理的修形方式和修形参数可以有效降低斜齿轮啮合刚度的波动以及传动误差峰峰值（PPTE），为大型风电齿轮传动系统齿轮修形量的合理取值及后续动力学与减振降噪提供理论基础。

3.4 应用案例

齿面修形对齿轮的承载能力与振动噪声影响较大。通常应对风电增速齿轮箱的齿轮副进行齿廓修形与齿向修形，以减小齿形偏差、部件弯曲、扭转变形（如齿、轴、轴承和箱体等部件）以及制造和装配误差等产生的不利影响。

3.4.1 齿面修形对齿轮啮合接触状态的影响

齿轮齿面修形能显著改善齿轮的齿面接触，但齿轮副修形参数只能保证在某一个转矩负载下齿面载荷分布为最佳，不能保证在其他工况下也是满齿面接触，大载荷或小载荷均可能使齿面产生严重偏载。可直接通过观测齿面接触印痕检查修形前后的效果。为研究齿轮修形对齿轮啮合接触状态的影响，建立某 5 MW 风电齿轮箱整体分析模型，如图 3-28 所示。5 MW 风电齿轮箱整体分析模型中，箱体材料为 QT400，弹性模量 $E = 161$ GPa，泊松比 $\mu = 0.274$，密度为 7010 kg/m³；行星架材料为 QT700，弹性模量 $E = 169$ GPa，泊松比 $\mu = 0.305$，密度为 7090 kg/m³；输出轴所使用的材料为 17 CrNiMo6，弹性模量 $E = 206$ GPa，泊松比 $\mu = 0.3$，密度为 7830 kg/m³；法兰材料为 42CrMo，弹性模量 $E = 212$ GPa，泊松比 $\mu = 0.28$，密度为 7850 kg/m³。支承臂两端施加全约束，考虑重力影响，重力方向沿 X 轴负向，如图 3-28b、c 所示。

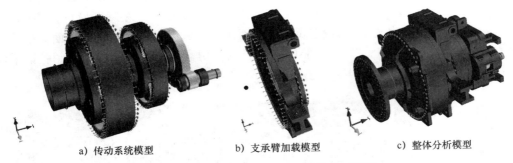

a) 传动系统模型　　　　b) 支承臂加载模型　　　　c) 整体分析模型

图 3-28　某 5 MW 风电齿轮箱整体分析模型

通过分析可知，在不同转矩负载下齿轮齿面的接触状态明显不同。进行齿廓修形与齿向修形计算所使用的设计载荷应选择对齿面疲劳影响最大的载荷段（载荷等级）。但由于齿面修形只能在某个载荷段（载荷等级）下进行计算，修形量过小或过大均会带来不利影响。修形设计需要考虑所有载荷段（载荷等级）的影响、胶合风险、制造误差、较低和变化载荷段（载荷等级）下的噪声和齿轮重合度等问题。本机型的当量负载转矩约为额定负载转矩的 84.5%，也就是说，该风电齿轮箱的理论计算载荷为额定负载转矩的 84.5%。按照当量负载转矩进行风电齿轮箱各级齿轮齿面修形，可以满足绝大部分工况的要求。

这里以修形后的高速级齿轮副接触状态为例进行说明。在 25% 额定负载转矩下，高速级小齿轮只有右侧齿面局部接触，约 50% 的齿面接触，接触应力较大区域仅占齿宽方向的 30% 左右，而其他部位均无接触；在 50% 额定负载转矩下，齿面接触区域继续扩大，基本上整个齿面均有接触，但只有 80% 左右的齿宽方向有较大的接触应力；在 75% 额定负载转矩下，齿面接触区域已经扩展到整个齿面，整个齿面上均有较大的接触应力，接触应力的最大值基本在齿宽方向的中心位置；随着转矩增加到 100% 额定负载转矩，齿面接触区域已经完全扩展到整个齿面，接触应力的最大值已经向齿宽方向左侧位置倾斜。不同负载下齿面接触状态（仿真结果）如图 3-29 所示。

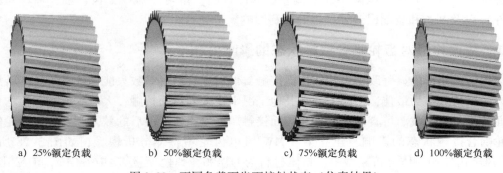

a）25%额定负载　　b）50%额定负载　　c）75%额定负载　　d）100%额定负载

图 3-29　不同负载下齿面接触状态（仿真结果）

将高速级齿轮其中三个轮齿齿面均匀涂上红丹粉后，施加不同的负载转矩以观测齿面接触状况，观察啮合的齿面无红丹粉的面积（斑点面积）占齿面的百分比。不同负载下齿面接触状态-额定负载百分比（试车结果）如图 3-30 所示。在 25% 额定负载转矩下，斑点面积约占齿宽的 50%，左侧均无接触区域；在 50% 额定负载转矩下，齿面接触区域扩大至整个齿面，但左侧还有部分红丹粉，说明在齿高方向上占比较小，左侧区域仅占 70% 齿高；随着负载转矩的增加，直至 100% 额定负载，齿面接触区域已经扩展到整个齿面，齿轮接触斑点沿齿高方向占 90% 以上。负载试验的接触斑点与仿真分析结果基本吻合，验证了修形数据及接触状态的合理性。

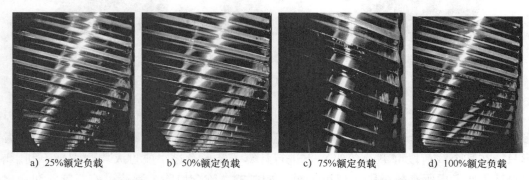

a）25%额定负载　　b）50%额定负载　　c）75%额定负载　　d）100%额定负载

图 3-30　不同负载下齿面接触状态-额定负载百分比（试车结果）

为进一步验证修形参数的合理性，在当量负载转矩下，计算各级齿轮的接触状态与接触应力，如图 3-31 所示。根据图 3-31 可知，各级齿轮的接触状态均比较好，接触应力的最大值一般位于齿宽的中心区域，齿轮齿顶与齿根位置接触应力比较小，大大降低了啮入与啮出冲击；但在100%额定负载下各级齿轮接触应力最大值稍微向一边偏移，接触应力有一定的增加，但总体上依然保持良好的接触状态。100%额定负载下各级齿轮接触状态与接触应力如图3-32所示。

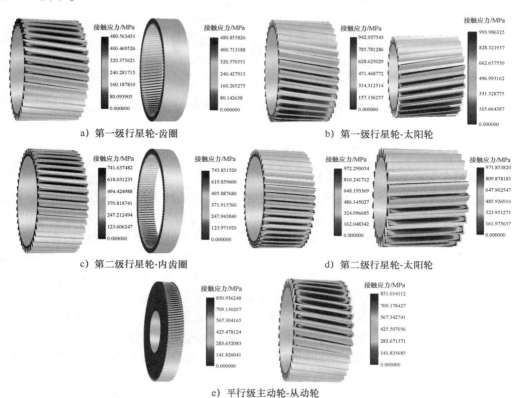

图 3-31　当量负载转矩下各级齿轮接触状态与接触应力

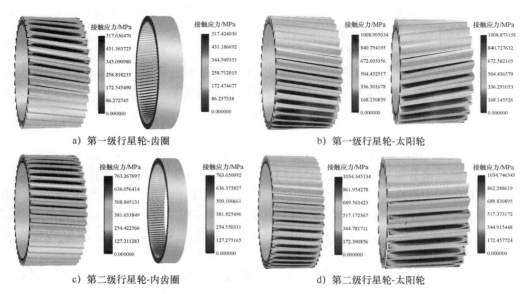

图 3-32　100%额定负载下各级齿轮接触状态与接触应力

e）平行级主动轮-从动轮

图 3-32   100%额定负载下各级齿轮接触状态与接触应力（续）

3.4.2   齿面修形对齿向载荷分布系数的影响

1. 齿向载荷分布系数的影响因素

影响齿向载荷分布系数的因素很多，包括齿轮及箱体的加工及安装误差，齿轮、轴及支承座的刚度，轴承间隙及变形，磨合效果，热膨胀及热变形等。设计齿轮传动装置时，必须尽量使啮合中的载荷均匀分布。对齿轮来说，使载荷沿齿向均匀分布的方法主要有：

（1）轴、小齿轮及大齿轮的合理设计　齿轮轴有适当的弯曲刚度；轴与齿轮分开制造时，小齿轮在轴上的安装应采用适当的方法；适当地选择轮缘厚度或大齿轮的轮辐厚度；适当地确定轴上小齿轮的位置及大齿轮的轮辐位置。

（2）轴承与齿轮箱的合理设计　轴承类型、尺寸系列的合理选择；轴承的合理安装；采用使轴承获得合理刚度的方法；采用加强齿轮箱局部刚度的方法；通过调整轴承布置方式，如相对于齿轮对称布置、改变齿轮的结构型式、避免呈悬臂布置等可以改善齿轮偏载现象。

（3）齿轮设计参数的合理选择　合理选择轮齿类型、螺旋角、模数和变位量等。齿轮设计参数的选择可以改变轮齿啮合刚度值。

（4）轮齿相对位置的预期性改变　合理组配，使主动齿轮与从动齿轮的误差相互抵消；适当地选择齿轮箱轴承座孔的许用误差。

2. 齿向载荷分布系数的理论计算

考虑载荷沿齿宽方向分布不均的影响，计算齿轮强度时，需要首先计算齿向载荷分布系数 K_β。齿向载荷分布系数 K_β 是单位齿宽上的最大载荷与其平均载荷之比，可用下式计算：

$$K_\beta = \frac{\omega_{max}}{\omega_m} \tag{3-45}$$

式中，ω_{max} 为单位齿宽上的最大载荷，单位为 N/mm；ω_m 为单位齿宽上的平均载荷，单位为 N/mm。齿向载荷分布系数在接触强度计算中记为 $K_{H\beta}$，在弯曲强度计算中记为 $K_{F\beta}$。

$K_{H\beta}$ 应按照 ISO 6336-1：2019 中的方法 B 进行计算。考虑的具体因素可参考 GB/T 19073—2018（IEC 61400-4：2012）。根据 GB/T 19073—2018（IEC 61400-4：2012），如果计算的齿向载荷分布系数 $K_{H\beta}<1.15$，则分析评估中需要用 $K_{H\beta}=1.15$ 进行齿轮强度计算。

由于风电机组承受的为变时变载荷，在不同负载下，风电齿轮箱各级齿轮副齿向载荷分布系数 K_β 也是不同的。通常情况下，负载转矩越小，齿向载荷分布系数 K_β 越大，负载转矩越大，齿向载荷分布系数 K_β 越小。合理的齿向修形，将有效地改善齿轮偏载情况，可大幅度减小齿向载荷分布系数 K_β。齿向修形前后（齿向齿端修形、齿向鼓形修形与螺旋角修形），某5MW风电齿轮箱100%额定负载下齿向载荷分布系数 $K_{H\beta}$ 见表3-4。

表3-4 100%额定负载下齿向载荷分布系数（$K_{H\beta}$）计算结果

齿 轮 副		修 形 前	修 形 后
第一级内啮合	内齿圈-行星轮1	3.186	1.308
	内齿圈-行星轮2	3.208	1.338
	内齿圈-行星轮3	3.034	1.363
	内齿圈-行星轮4	3.125	1.335
第一级外啮合	太阳轮-行星轮1	2.202	1.434
	太阳轮-行星轮2	2.416	1.38
	太阳轮-行星轮3	2.427	1.402
	太阳轮-行星轮4	2.376	1.394
第二级内啮合	内齿圈-行星轮1	2.095	1.127
	内齿圈-行星轮2	2.004	1.139
	内齿圈-行星轮3	1.904	1.168
第二级外啮合	太阳轮-行星轮1	1.682	1.116
	太阳轮-行星轮2	1.567	1.130
	太阳轮-行星轮3	1.594	1.122
平行级	主动轮-从动轮	1.808	1.340

通过表3-4可以看出，修形前，在100%额定负载下，该风电齿轮箱内啮合齿轮副的齿向载荷分布系数 $K_{H\beta}$ 均比较大。第一级内啮合达到3.208，主要是因为受载后未修形内啮合齿面偏载比较严重，导致齿面局部应力过大。修形后，第一级内啮合齿轮副的齿向载荷分布系数 $K_{H\beta}$ 大幅度减小，降至1.338，而第二级外啮合齿轮副齿向载荷分布系数 $K_{H\beta}$ 由1.682降至1.116，齿轮偏载情况得到明显改善。

3. 齿向载荷分布系数的试验测试

工程中可以通过在齿轮根部粘贴应变片的方法进行齿向载荷分布系数的测试。具体测试过程与测试方法详见第6章中的6.5节行星轮系均载性能测试方法及其结果分析。

齿向载荷分布系数随应变测点组位置变化而各不相同，在同一测点组位置，各行星轮齿向载荷分布系数也稍有差别，对各行星轮在各测点组位置的齿向载荷分布系数进行平均，得到平均齿向载荷分布系数。现以某两级行星+一级平行轴结构的风电齿轮箱为例说明齿向载荷分布系数测试数据的分析过程。

各工况下第一级行星轮系各组测点齿向载荷分布系数见表3-5~表3-11，各工况下第二级行星轮系各组测点齿向载荷分布系数见表3-12~表3-18。

表 3-5 0%载荷下第一级行星轮系齿向载荷分布系数

测 点	第1组测点	第2组测点	第3组测点	第4组测点	均 值
行星轮 1	1.7384	1.4899	2.0339	1.6845	
行星轮 2	1.8547	1.4633	1.7634	1.1841	1.7994
行星轮 3	1.5751	1.4796	1.9101	1.6889	
行星轮 4	1.9073	1.4907	4.0661	1.4608	

表 3-6 20%载荷下第一级行星传动齿向载荷分布系数

测 点	第1组测点	第2组测点	第3组测点	第4组测点	均 值
行星轮 1	2.1481	1.9948	1.7752	1.2734	
行星轮 2	2.0640	1.7438	1.9692	1.3901	1.8047
行星轮 3	2.2937	1.7857	1.9603	1.3998	
行星轮 4	2.1608	1.8785	1.7649	1.2728	

表 3-7 40%载荷下第一级行星传动齿向载荷分布系数

测 点	第1组测点	第2组测点	第3组测点	第4组测点	均 值
行星轮 1	1.7821	1.4385	1.8285	1.2357	
行星轮 2	1.4744	1.2488	1.7621	1.2491	1.5277
行星轮 3	1.7576	1.2459	2.0640	1.2829	
行星轮 4	1.6992	1.3580	1.7849	1.2314	

表 3-8 60%载荷下第一级行星传动齿向载荷分布系数

测 点	第1组测点	第2组测点	第3组测点	第4组测点	均 值
行星轮 1	1.3944	1.2180	1.7347	1.2130	
行星轮 2	1.1944	1.1702	1.6703	1.2071	1.3859
行星轮 3	1.3727	1.2734	2.0046	1.2526	
行星轮 4	1.3210	1.1478	1.7750	1.2244	

表 3-9 80%载荷下第一级行星传动齿向载荷分布系数

测 点	第1组测点	第2组测点	第3组测点	第4组测点	均 值
行星轮 1	1.1813	1.1514	1.6930	1.1978	
行星轮 2	1.1543	1.2956	1.5058	1.2050	1.3375
行星轮 3	1.1483	1.3842	1.9445	1.2234	
行星轮 4	1.1521	1.2083	1.7527	1.2023	

表 3-10　100%载荷下第一级行星传动齿向载荷分布系数

测　点	第1组测点	第2组测点	第3组测点	第4组测点	均　值
行星轮1	1.1387	1.2673	1.6662	1.1972	
行星轮2	1.1905	1.3936	1.7965	1.1933	
行星轮3	1.1970	1.4741	1.8124	1.2067	1.3749
行星轮4	1.1774	1.3567	1.7305	1.1995	

表 3-11　120%载荷下第一级行星传动齿向载荷分布系数

测　点	第1组测点	第2组测点	第3组测点	第4组测点	均　值
行星轮1	1.1835	1.4011	1.6923	1.1940	
行星轮2	1.2146	1.4843	1.7783	1.1912	
行星轮3	1.2129	1.5643	1.8620	1.2125	1.4137
行星轮4	1.2095	1.4710	1.7446	1.2038	

表 3-12　0%载荷下第二级行星轮系齿向载荷分布系数

测　点	第1组测点	第2组测点	第3组测点	均　值
行星轮1	1.9510	1.9009	1.9415	
行星轮2	1.9265	1.9052	1.9377	1.9289
行星轮3	1.9514	1.9119	1.9344	

表 3-13　20%载荷下第二级行星轮系齿向载荷分布系数

测　点	第1组测点	第2组测点	第3组测点	均　值
行星轮1	1.4492	1.4718	1.4628	
行星轮2	1.4728	1.4123	1.4033	1.4295
行星轮3	1.4076	1.3188	1.4667	

表 3-14　40%载荷下第二级行星轮系齿向载荷分布系数

测　点	第1组测点	第2组测点	第3组测点	均　值
行星轮1	1.1616	1.0272	1.2058	
行星轮2	1.0779	1.4387	1.3514	1.2339
行星轮3	1.1512	1.3091	1.3822	

表 3-15　60%载荷下第二级行星轮系齿向载荷分布系数

测　点	第1组测点	第2组测点	第3组测点	均　值
行星轮1	1.0559	1.1933	1.1190	
行星轮2	1.0502	1.2212	1.2645	1.1232
行星轮3	1.0262	1.0694	1.1094	

表3-16   80%载荷下第二级行星轮系齿向载荷分布系数

测 点	第1组测点	第2组测点	第3组测点	均 值
行星轮1	1.2984	1.2423	1.0851	
行星轮2	1.0454	1.2031	1.0895	1.1301
行星轮3	1.0742	1.1176	1.0157	

表3-17   100%载荷下第二级行星轮系齿向载荷分布系数

测 点	第1组测点	第2组测点	第3组测点	均 值
行星轮1	1.0925	1.0197	1.0974	
行星轮2	1.1227	1.0524	1.1546	1.0816
行星轮3	1.1264	1.0590	1.0097	

表3-18   120%载荷下第二级行星轮系齿向载荷分布系数

测 点	第1组测点	第2组测点	第3组测点	均 值
行星轮1	1.0449	1.1631	1.1039	
行星轮2	1.1494	1.1237	1.0384	1.1079
行星轮3	1.1891	1.1332	1.0252	

经测试，第一级行星齿轮传动在100%额定载荷条件下，内啮合平均齿向载荷分布系数为1.3749，在120%额定载荷条件下，平均齿向载荷分布系数为1.4137；第二级行星齿轮传动在100%额定载荷条件下，内啮合平均齿向载荷分布系数为1.0816，在120%额定载荷条件下，平均齿向载荷分布系数为1.1079。计算结果与测试结果基本吻合。两级行星轮系内齿轮副的齿向载荷分布系数测试结果如图3-33所示。

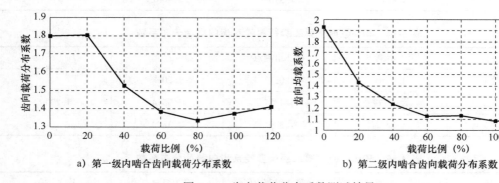

图3-33   齿向载荷分布系数测试结果

3.4.3   齿面修形对承载能力的影响

根据 ISO 6336，齿轮弯曲疲劳应力 σ_F 与接触疲劳应力 σ_H 的计算方法如下：

$$
\begin{cases}
\sigma_{\mathrm{F}} = \dfrac{2000KT_1}{bm^2z_1}Y_{\mathrm{Fa}}Y_{\mathrm{Sa}} \\[4mm]
\sigma_{\mathrm{H}} = Z_{\mathrm{E}}\sqrt{\dfrac{2}{\sin\alpha\cos\alpha}}\sqrt{\dfrac{2000KT_1}{bd_1^2}\dfrac{u\pm1}{u}}
\end{cases}
\tag{3-46}
$$

式中，K 为载荷系数，$K=K_{\mathrm{A}}K_{\mathrm{v}}K_{\alpha}K_{\beta}$，$K_{\mathrm{A}}$ 为使用系数，K_{v} 为动载系数，K_{α} 为齿间载荷分布系数，K_{β} 为齿向载荷分布系数；T_1 为小齿轮传递转矩，单位为 N·m；α 为分度圆压力角，单位为°；d_1 为小齿轮分度圆直径，单位为 mm；Z_{E} 为材料的弹性系数，单位为（MPa）$^{1/2}$；b 为齿轮有效齿宽，单位为 mm；u 为齿数比；Y_{Fa} 为齿形系数；Y_{Sa} 为应力校正系数。

齿面齿向修形对齿向载荷分布系数 K_{β}（包括 $K_{\mathrm{H\beta}}$ 与 $K_{\mathrm{F\beta}}$）有显著影响，齿轮偏载越严重，K_{β} 值越大，载荷系数 K 越大，齿轮弯曲疲劳应力 σ_{F} 与接触疲劳应力 σ_{H} 也越大，疲劳安全系数越低。当齿轮传动结构已定而不能改变时，可以通过齿轮齿向修形的方式改善齿轮偏载情况，减小齿向载荷分布系数 K_{β}，减小齿轮弯曲疲劳应力 σ_{F} 与接触疲劳应力 σ_{H}，进而提高齿轮的承载能力。

考虑动载荷对齿轮接触强度的影响，此处引入了动载系数 K_{v}。动载荷的产生是由于齿轮制造、安装误差以及轮齿受载变形等使得两个啮合轮齿的法节不相等，轮齿不能正常地啮合传动，在啮入、啮出位置产生冲击。由前述修形齿轮的接触分析以及动力学分析结果可以看出，通过齿廓修缘，在啮入位置，从动轮的齿顶不再提前进入啮合，避免了啮合冲击，避免产生剧烈的载荷变化，降低了动载系数 K_{v}。K_{v} 应按照 ISO 6336-1：2019 中的方法 B 进行计算。根据 GB/T 19073—2018（IEC 61400-4：2012），如果按照 ISO 6336-1：2019 中的方法 B 计算出来的结果小于 1.05（即 $K_{\mathrm{v}}<1.05$），则动载系数取值应为 1.05（即 $K_{\mathrm{v}}=1.05$），除非经过试验证明可以选取更小的值。

齿廓修形后，齿面受力状态得到改善，使得齿轮载荷由零逐渐增大的过程中，在相对滑动速度较大的齿顶附近的载荷值很小，降低了齿面瞬时温升（闪温），避免了由于齿轮啮合干涉导致的油膜破坏和齿轮胶合，将显著提高齿轮的抗胶合性能。

齿廓修形对齿间载荷分配系数 K_{α}（包括 $K_{\mathrm{H\alpha}}$ 与 $K_{\mathrm{F\alpha}}$）也有一定的影响。齿廓修形后，将降低由于齿距误差及弹性变形对齿间载荷的影响，使得齿轮沿接触线长度方向上的载荷分布更加均匀，进而降低了齿间载荷分配系数 K_{α}。因此，齿廓修形可以降低动载系数 K_{v} 与齿间载荷分配系数 K_{α}，降低齿轮弯曲疲劳应力 σ_{F} 与接触疲劳应力 σ_{H}，提高齿轮的承载能力。根据 GB/T 19073—2018（IEC 61400-4：2012）规定，如果外啮合齿轮达到 6 级精度、内啮合齿轮达到 7 级精度以上，则齿间载荷分配系数 $K_{\mathrm{H\alpha}}$ 与 $K_{\mathrm{F\alpha}}$ 可以取 1.0。

风电齿轮箱齿面修形（包括齿廓修形与齿向修形）可以显著降低齿轮的载荷系数 K，提高齿轮的承载能力，有效地提高风电齿轮传动系统的承载能力。

3.4.4　齿面修形对振动噪声的影响

风电齿轮箱属于典型的重载齿轮传动，通过齿面修形（包括齿廓修形与齿向修形）可以显著改善齿轮啮入、啮出冲击，降低齿轮传动误差峰峰值（PPTE），有效降低动载荷与振动噪声。关于齿面修形对风电齿轮传动系统振动噪声的影响以及修形量的合理确定将在第 4 章大型风电齿轮箱振动与噪声控制技术中详细阐述。

3.5　修形效果评价

齿面修形的主要目的是减振降噪以及降低齿面偏载、提高齿轮承载能力与抗胶合能力，合理的齿廓修形与齿向修形可以增加齿轮承载能力并降低振动噪声。修形对齿轮齿面的影响通常可用齿面啮合接触状态、传动误差及振动噪声等指标进行评价。

1. 啮合接触状态评价

在某一载荷段（载荷等级）下，齿面边缘接触应力逐渐降低而中部接触应力增加，当齿面接触应力最大值出现在齿面中部且接触应力最大值最小、弯曲应力最大值最小时，即可认为齿向修形效果较优。

2. 传动误差评价

传动误差是衡量齿轮传动装置运行精准度的一个重要指标，等于主、从动齿轮基圆位移之差。合理的齿轮修形可显著降低齿轮传动误差峰峰值（PPTE），进而降低振动噪声。

3. 振动噪声评价

试验测试是检验修形效果最直接的办法，因此，测量修形后的风电齿轮箱的振动和噪声值是检验修形效果的重要手段。可根据 GB/T 6404.2—2005《齿轮装置的验收规范　第 2 部分：验收试验中齿轮装置机械振动的测定》、GB/T 16404.2—1999《声学　声强法测定噪声源的声功率级　第 2 部分：扫描测量》和相关企业测试标准进行测量，针对风电齿轮箱可在额定转速下逐渐增加负载，并记录各种工况负载下的振动与噪声数据。合理的齿面修形可使齿轮振动烈度、振动加速度以及不同频率下自功率谱峰值显著下降，1/3 倍频声强谱最大值显著降低。

为了更好地进行修形前后的效果评价，将上述几项评价指标列出。修形效果评价指标对比见表 3-19。

表 3-19　修形效果评价指标对比

序号	指标	修　形　前	修　形　后	指标描述
1	接触斑点	接触应力/MPa 1638.37 1478.13 1317.89 1157.65 997.42 837.18 676.94	接触应力/MPa 1369.86 1141.55 913.24 684.93 456.62 228.31 0.00	接触斑点居中，应力减小，抗胶合能力提升
2	传动误差	沿啮合线位移/μm 12.3 12.1 11.9 11.7 11.5 11.3 11.1 110.8 111.8 112.8 113.8 大齿轮滚动角/deg	沿啮合线位移/μm 17.4 17.3 17.2 17.1 17.0 16.9 110.8 111.8 112.8 113.8 大齿轮滚动角/deg	传动误差峰峰值减小（PPTE）

（续）

序号	指标	修　形　前	修　形　后	指标描述
3	振动值	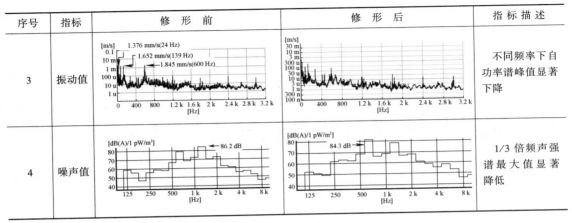		不同频率下自功率谱峰值显著下降
4	噪声值			1/3 倍频声强谱最大值显著降低

3.6　本章小结

　　齿面修形的主要目的是减振降噪以及降低齿面偏载、提高齿轮承载能力与抗胶合能力，合理的齿廓修形与齿向修形可以增加齿轮承载能力并降低振动和噪声。因此，合理的修形可以提高风电齿轮箱的功率密度，也可有效降低系统的振动和噪声。本章给出了不同类型的齿轮齿面修形方式，研究了修形斜齿轮啮合刚度与误差非线性耦合解析模型及其参数影响，并结合具体案例，给出了齿轮齿面修形技术在大型风电齿轮箱中的应用。目前，工程中针对风电齿轮箱的修形，主要采用齿廓修形（齿顶修缘）以及齿向修形（齿向鼓形修形、齿向齿端修形、螺旋角修形）。而 ISO 21771：2007 中给出的修形方式除了齿廓修形与齿向修形外，还有曲面修形（拓扑修形、对角修形和扭转修形），由于曲面修形参数设计及工艺实现较复杂，在大型风电齿轮箱中的应用相对较少，因此，应在曲面修形方面继续加强研究，以实现风电齿轮箱的承载能力与减振降噪等性能的继续提升。

第4章

大型风电齿轮箱振动与噪声控制技术

4.1 概述

风力发电机由风力带动叶轮旋转，经齿轮箱增速后传递至发电机组。风电齿轮箱作为叶轮转轴与发电机转轴之间的传动部件，起着变速连接和承受变化风载的作用，是风电机组中重要的部件。风电齿轮箱一般采用行星齿轮传动与平行轴齿轮传动的组合传动形式，具有结构紧凑、传动比高和功率密度大等特点。在运行过程中，随机风载、各级齿轮副产生的时变刚度、传动误差、啮合冲击和齿面摩擦等因素引起的动态激励将使风电齿轮箱产生复杂的动态响应。作为风力发电机组中的关键部件，风电齿轮箱的动力学特性直接影响整个发电机组的使用寿命及运行可靠性。因此有必要对风电齿轮箱的动力学特性进行预估，以评价风电齿轮箱的振动和噪声，为风电齿轮箱的低振动和低噪声设计提供指导。

4.2 风电齿轮箱动态激励

风电齿轮箱的动态激励包括内部动态激励和外部动态激励两类。内部动态激励是齿轮传动与一般机械的不同之处，它是由于同时啮合轮齿对数的变化、轮齿受载产生的弹性变形、齿轮传动误差等引起啮合过程中的轮齿动态啮合力而产生的，因而在齿轮系统运行过程中，即使没有外部动态激励，系统也会由于这种内部的动态激励而产生振动与噪声。外部动态激励是指除齿轮啮合时产生的内部动态激励外，齿轮系统的其他因素对齿轮啮合和齿轮系统产生的动态激励。就风电机组而言，由于运行环境特殊，外界随机风载引起的风电齿轮箱输入转速及转矩波动是其主要的外部动态激励源。

4.2.1 考虑随机风载的风电增速齿轮箱外部动态激励

1. 随机风速

根据研究，实际的风载模型满足一定的统计规律，具有代表性的有风速概率分布参数预测法、自回归移动平均法、最小二乘法和支持向量机法等。在风速概率分布参数预测法中，双参数威布尔分布模型的应用较为广泛，而在双参数威布尔分布模型参数计算中，又包含均值和方差估计法、极大似然法和最小二乘法等方法。本节采用均值和方差估计法来进行模拟。

大量实测数据表明，风速的双参数威布尔分布概率密度函数表达式为

$$f(v) = \frac{k}{c}\left(\frac{v}{c}\right)^{k-1} e^{-\left(\frac{v}{c}\right)^k} \tag{4-1}$$

式中，k 为形状参数；c 为尺度参数；v 为风速。

由式（4-1）推导出风速的数学期望（平均风速）运算公式为

$$\mu(v) = \int_0^{+\infty} v \cdot f(v)\,\mathrm{d}v = c \cdot \Gamma\left(1 + \frac{1}{k}\right) \tag{4-2}$$

式中，Γ 为 Gamma 函数，其表达式如下：

$$\Gamma(s) = \int_0^{\infty} x^{s-1} \mathrm{e}^{-x}\,\mathrm{d}x, \ (s > 0) \tag{4-3}$$

风速的标准差可以用来反映风速 v 相对于其均值 $\mu(v)$ 的偏离程度，这在风速分布情况的描述中至关重要。对于两个不同风场，风速均值可能相差不大，但其标准差却存在较大差异，这对于风场风能的评估意义重大。计算标准差值的公式如下：

$$\sigma(v) = \left\{\int_0^{+\infty} [v - \mu(v)]^2 f(v)\,\mathrm{d}v\right\}^{\frac{1}{2}} = c\left\{\Gamma\left(\frac{2}{k} + 1\right) - \left[\Gamma\left(\frac{1}{k} + 1\right)\right]^2\right\}^{\frac{1}{2}} \tag{4-4}$$

由式（4-2）及式（4-4）可得

$$\left[\frac{\sigma(v)}{\mu(v)}\right]^2 = \frac{\Gamma\left(\frac{2}{k} + 1\right)}{\Gamma\left(\frac{1}{k} + 1\right)^2} - 1 \tag{4-5}$$

由式（4-5）易知，$\sigma(v)/\mu(v)$ 是 k 的函数，若已知均值 $\mu(v)$ 及标准差 $\sigma(v)$，则可通过公式求得 k 值。若通过式（4-5）计算 k 值，则一般的做法是，取不同的 k 值来计算不同的 $\sigma(v)/\mu(v)$ 值，得到 $\sigma(v)/\mu(v)$ 随 k 变化的曲线，然后将实际的 $\sigma(v)/\mu(v)$ 值代入曲线中，得到对应的 k 值。

也可以利用如下近似函数来求解 k 值：

$$k = \left[\frac{\sigma(v)}{\mu(v)}\right]^{-1.086} \tag{4-6}$$

由式（4-2）可得

$$c = \frac{\mu(v)}{\Gamma\left(\frac{1}{k} + 1\right)} \tag{4-7}$$

根据对风电机组安装地区的长期观察，由风场统计的每月平均风速表可计算出风速的均值和标准差，利用式（4-6）和式（4-7）求解形状参数 k 和尺度参数 c，通过 MATLAB 软件可以得到若干个满足形状参数 k 和尺度参数 c 的特定威布尔分布数据，即可得到如图 4-1 所示的随机风速时域曲线。

2. 随机风速下的时变输入转矩

在风力发电机实际工作的过程中，其工作状态会随着风速值的大小呈现不同的状态，当风速低于切入风速或高于切出风速时，风力发电机会停止运行，此时的输入功率和输入转速

均为 0。当风速高于切入风速，但低于额定风速时，偏航变桨机构会改变风轮叶片的方向，以达到最佳的叶尖速比，从而获得最大的风能利用系数。当风速高于额定风速，但低于切出风速时，偏航变桨机构会改变风轮叶片的方向，使其与风速方向呈一定角度，角度的大小随风速而变化。此时，叶轮的输入功率等于额定输入功率。对于风场正常工作的风力发电机，其输入功率随风速的变化如图 4-2 所示。

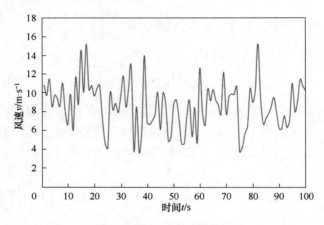

图 4-1　随机风速时域曲线

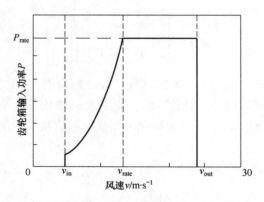

图 4-2　风力发电机输入功率随风速的变化图

风力发电机的原理实质上就是将大自然中的风能转化为可以供发电机使用的机械能，其叶轮的输出功率满足空气动力学理论，如下所示：

$$P_{o} = \frac{1}{2}\rho\pi r^2 v^3 c_{p}(\varphi,\ \beta) \tag{4-8}$$

式中，P_{o} 为风机实际获得的轴功率，单位为 W；ρ 为空气密度，单位为 kg/m³；r 为叶轮半径，单位为 m；c_{p} 为风能利用系数；v 为风速，单位为 m/s。

风能利用系数 c_{p} 的大小与桨叶叶尖速比 φ 和桨距角 β 有关，其近似表达式为

$$c_{p}(\varphi,\ \beta) = (0.44 - 0.0137\beta)\sin\left[\frac{\pi(\varphi-3)}{15-0.3\beta}\right] - 0.00184(\varphi-3)\beta \tag{4-9}$$

叶尖速比定义为叶片叶尖速度同风速的比值，即

$$\varphi = \frac{\omega r}{v} \tag{4-10}$$

式中，ω 为风轮转动角速度，单位为 rad/s。

在不考虑效率的情况下，风机叶轮的转速和输出功率分别等于齿轮系统的输入转速和输入功率。将式（4-10）代入式（4-8）中约掉 v，风电齿轮箱传动系统的输入功率可以表示为

$$P_o = \frac{1}{2}\rho\pi r^5 \frac{c_p}{\varphi^3}\omega^3 \tag{4-11}$$

式（4-11）适用于当风速高于切入速度，但低于额定风速的情况。风电增速齿轮箱的输入功率还可表示为

$$P = \omega T_{in} \tag{4-12}$$

式中，T_{in} 为齿轮箱的输入转矩，单位为 N·m。

联立式（4-11）和式（4-12）可以得到齿轮箱输入转矩与输入转速的关系式，为

$$T_{in} = \frac{1}{2}\rho\pi r^5 \frac{c_p}{\varphi^3}\omega^2 \tag{4-13}$$

可以看到，在这种情况下，输入转矩与输入转速的二次方呈正比，而输入转速与风速呈线性关系，那么输入转矩可以表示成风速的二次函数。输入转矩和额定转矩以及输入转速和额定转速之间的关系可以近似表示为

$$\begin{cases} \omega = \dfrac{\omega_{rate}}{v_{rate}} \cdot v \\[2mm] T_{in} = \dfrac{T_{rate}}{v_{rate}} \cdot v^2 \end{cases} \tag{4-14}$$

式中，T_{rate} 为额定转矩，单位为 N·m；v_{rate} 为额定风速，单位为 m/s；ω_{rate} 为额定转速，单位为 r/min。

如果在风速高于风机额定风速同时又低于切出风速时，风机的输入功率始终恒定在额定功率下，则输入转矩和输入转速分别等于增速齿轮箱的额定转矩和额定转速。

综上所述，风力发电机的输入转矩、输入转速同风速之间存在如下分段函数的关系：

$$\omega_{in} = \begin{cases} 0, & v < v_{in} \\[2mm] \dfrac{\omega_{rate}}{v_{rate}} \cdot v, & v_{in} \leqslant v < v_{rate} \\[2mm] \omega_{rate}, & v_{rate} \leqslant v \leqslant v_{out} \\[2mm] 0, & v > v_{out} \end{cases} \tag{4-15}$$

$$T_{in} = \begin{cases} 0, & v < v_{in} \\[2mm] \dfrac{T_{rate}}{v_{rate}^2} \cdot v^2, & v_{in} \leqslant v < v_{rate} \\[2mm] T_{rate}, & v_{rate} \leqslant v \leqslant v_{out} \\[2mm] 0, & v > v_{out} \end{cases} \tag{4-16}$$

式中，v_{in} 为切入风速，单位为 m/s；v_{out} 为切出风速，单位为 m/s。

图 4-3 所示为随机风速下的时变输入转矩。

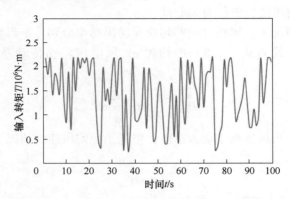

图 4-3　输入转矩时变曲线

4.2.2　风电增速齿轮箱内部动态激励

齿轮是靠轮齿之间的交替啮合来完成动力传输的。即使是理论上完全共轭、无制造误差的齿轮，也会由于轮齿之间同时啮合齿数的不同而使其啮合刚度发生变化并引起啮合力的波动，从而产生振动并向外辐射噪声。而不可避免的制造误差、安装误差和轮齿受力变形将导致实际齿廓在传动过程中偏离理论共轭齿廓，产生时变的动态啮合力，并引起齿轮箱产生振动和噪声。

对于渐开线圆柱齿轮，若不考虑外部条件的影响，则正常情况下产生振动和噪声的激励源主要有以下几个方面：① 轮齿啮合时变刚度；② 齿轮副传动误差；③ 轮齿啮合冲击；④ 由于摩擦力方向的改变而产生的节点冲击。在这些激励的综合作用下，接触齿面间将产生动态啮合力。

为分析传动系统内部动态激励并计算增速齿轮箱动态响应，需要获得箱体与传动系统相连处各个轴承的支承刚度作为计算模型的边界条件。在此基础上，考虑轴承支承刚度、齿轮副时变啮合刚度、齿轮副静态传动误差、轮齿啮合冲击和齿面摩擦等因素，建立风电增速齿轮箱传动系统的动力学模型，求得各级齿轮副动态啮合力。

1. 齿轮箱轴承支承刚度分析

针对图 4-4a 所示的由一级行星齿轮及两级平行轴齿轮传动构成的风电增速齿轮箱，利用 Romax 软件 Designer 模块建立风电增速齿轮箱轴系模型并进行装配，得到图 4-4b 所示的风电增速齿轮箱齿轮系统 Romax 分析模型。

在实际工况中，轴承滚动体与轴承内、外圈并非直接接触，而是由油膜层将两者隔开，滚动轴承内、外圈的相对位移由油膜厚度变化量和滚动体变形量叠加而成，因此滚动轴承的支承刚度可简化成是由内圈接触刚度、油膜刚度与外圈接触刚度共同串联而成的。内圈、滚动体、油膜及外圈之间的整体接触刚度等效公式为

$$\begin{cases} K_{ij} = \dfrac{(K_c)_{ij} \times (K_{oil})_{ij}}{(K_c)_{ij} + (K_{oil})_{ij}} \\ K_{oj} = \dfrac{(K_c)_{oj} \times (K_{oil})_{oj}}{(K_c)_{oj} + (K_{oil})_{oj}} \end{cases} \tag{4-17}$$

式中，$(K_c)_{ij}$、$(K_c)_{oj}$ 分别为轴承滚动体与内、外圈的接触刚度；$(K_{oil})_{ij}$、$(K_{oil})_{oj}$ 分别为轴承滚动体与内、外圈的油膜刚度。

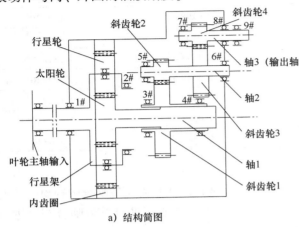

a) 结构简图

b) 齿轮系统Romax分析模型

图 4-4　风电增速齿轮箱

滚动体与内、外圈径向和轴向刚度分量公式为

$$
\begin{cases}
K_{rij} = \dfrac{(K_c)_{ij} \times (K_{oil})_{ij}}{(K_c)_{ij} + (K_{oil})_{ij}} \cos^2 \alpha_{ij} \\[3mm]
K_{aij} = \dfrac{(K_c)_{ij} \times (K_{oil})_{ij}}{(K_c)_{ij} + (K_{oil})_{ij}} \sin^2 \alpha_{ij} \\[3mm]
K_{roj} = \dfrac{(K_c)_{oj} \times (K_{oil})_{oj}}{(K_c)_{oj} + (K_{oil})_{oj}} \cos^2 \alpha_{oj} \\[3mm]
K_{aoj} = \dfrac{(K_c)_{oj} \times (K_{oil})_{oj}}{(K_c)_{oj} + (K_{oil})_{oj}} \sin^2 \alpha_{oj}
\end{cases}
\tag{4-18}
$$

式中，α_{ij}、α_{oj} 分别为滚动体与内、外圈的接触角。

结合上述公式得出滚动轴承径向、轴向刚度计算公式为

$$
\begin{cases}
K_r = \displaystyle\sum_{j=1}^{n} \dfrac{K_{rij} \times K_{roj}}{K_{rij} + K_{roj}} \cos^2 \psi_j \\[4mm]
K_a = \displaystyle\sum_{j=1}^{n} \dfrac{K_{aij} \times K_{aoj}}{K_{aij} + K_{aoj}}
\end{cases}
\tag{4-19}
$$

式中，n 为滚动体个数；ψ_j 为第 j 滚动体角度。

采用 Romax 软件对图 4-4 所示的风电增速齿轮箱静力模型进行力学性能分析，综合考虑轴承受力情况和轴承游隙，得出增速齿轮箱各滚动轴承在 X、Y、Z 向的支承刚度（表4-1），表中各轴承编号参见图 4-4a。

表 4-1　齿轮箱各滚动轴承在 X、Y、Z 向的支承刚度

轴承编号	$k_X / \mathrm{N \cdot m^{-1}}$	$k_Y / \mathrm{N \cdot m^{-1}}$	$k_Z / \mathrm{N \cdot m^{-1}}$
1	1.570×10^8	2.997×10^9	4.150×10^4
2	1.842×10^8	2.973×10^9	4.515×10^4

（续）

轴承编号	$k_X/\mathrm{N \cdot m^{-1}}$	$k_Y/\mathrm{N \cdot m^{-1}}$	$k_Z/\mathrm{N \cdot m^{-1}}$
3	1.004×10^9	4.919×10^9	3.825×10^4
4	2.390×10^9	2.386×10^9	1.151×10^8
5	8.184×10^8	2.159×10^9	1.281×10^8
6	1.052×10^9	2.554×10^9	1.787×10^8
7	1.601×10^9	2.044×10^9	1.672×10^9
8	1.161×10^9	1.021×10^9	2.825×10^4
9	2.968×10^7	2.734×10^7	2.806×10^7

2. 轮齿啮合时变刚度激励

由于轮齿同时参与啮合的对数发生变化，轮齿出现奇、偶数齿交替啮合的现象，从而导致轮齿啮合状态随时间周期性变化。工程上通常采用 ISO 6336 标准对单齿啮合刚度进行计算，其公式为

$$\begin{cases} c' = c'_{\mathrm{th}} C_{\mathrm{M}} C_{\mathrm{R}} C_{\mathrm{B}} \cos\beta \\ c'_{\mathrm{th}} = \dfrac{1}{C_1 + \dfrac{C_2}{z_{n1}} + \dfrac{C_3}{z_{n2}} + C_4 x_1 + \dfrac{C_5 x_1}{z_{n1}} + C_6 x_2 + \dfrac{C_7 x_2}{z_{n2}} + C_8 x_1^2 + C_9 x_2^2} \end{cases} \quad (4\text{-}20)$$

式中，c' 为单齿啮合刚度；c'_{th} 为理论单齿啮合刚度；C_{M} 为修正系数，其值取 0.8；C_{R} 为齿廓系数；β 为螺旋角；$C_1 \sim C_9$ 为方程系数，其值可查手册；x_1、x_2 为齿轮副的变位系数；C_{B} 为基准齿条系数，其公式为

$$C_{\mathrm{B}} = \left[1 + 0.5 \left(1.25 - \frac{h_{\mathrm{fP}}}{m_{\mathrm{n}}} \right) \right] \left[1 - 0.02(20° - \alpha_{\mathrm{Pn}}) \right] \quad (4\text{-}21)$$

式中，h_{fP} 为法向齿根高系数；m_{n} 为法向模数；α_{Pn} 为法向压力角。

通过对图 4-4 所示风电增速齿轮箱传动系统进行静力学分析，得出单齿接触对单位接触线长度啮合刚度。考虑齿轮副接触线长度，可计算单齿啮合刚度。其中，直齿轮啮合接触线长度即为齿宽，斜齿轮啮合时，两齿廓曲面接触线是斜直线，且长度具有时变性。根据各级齿轮副重合度及啮合周期，将单齿啮合刚度按一定时间间隔进行叠加，得出各齿轮副的综合啮合刚度。图 4-5 所示为第一级行星传动齿轮副啮合刚度曲线。

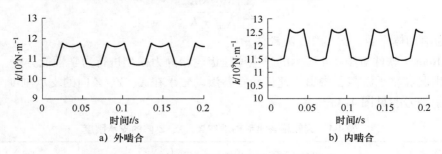

a) 外啮合　　　　　　　　　　　b) 内啮合

图 4-5　第一级行星传动齿轮副啮合刚度曲线

3. 误差激励

齿轮在加工和安装过程中不可避免地会存在误差，使得啮合齿廓偏离理论位置，从而产生误差激励。相关研究表明，齿轮副静态传动误差可近似表示为轴转动频率和啮合角频率谐波函数的叠加，即

$$e(t) = 0.5F_\mathrm{p}\sin(\omega_f + \psi_f) + 0.5f_\mathrm{t}'\sin(\omega_m + \psi_m) \tag{4-22}$$

式中，$e(t)$ 为齿轮静态传动误差；F_p 为齿距累积总偏差；f_t' 为单齿切向公差；ω_f、ψ_f 分别为齿轮轴的转动角频率及其初相位；ω_m、ψ_m 分别为齿轮的啮合角频率及其初相位。

通过对图 4-4 所示的风电增速齿轮箱静力模型进行分析和迭代计算可得各齿轮副静态传动误差。图 4-6 所示为第一级行星传动齿轮副静态传动误差曲线。

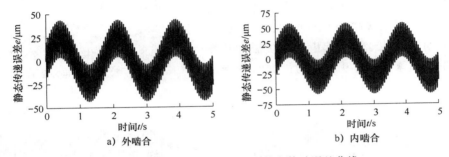

图 4-6　第一级行星传动齿轮副静态传动误差曲线

4. 轮齿啮合冲击激励

在齿轮啮合过程中，由于齿轮的误差和受载弹性变形，当一对轮齿在进入啮合时，其啮入点偏离啮合线上的理论啮入点，引起了啮入冲击；而在一对轮齿完成啮合过程退出啮合时，会产生啮出冲击。这两种冲击激励统称为啮合冲击激励。一般说来，啮入冲击对齿轮啮合过程的影响较大。

本节采用三维冲击动力接触有限元混合法进行数值分析，从而直接求得啮合冲击时的激励。图 4-7 所示为齿轮啮入冲击激励曲线。

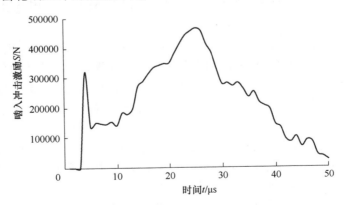

图 4-7　齿轮啮入冲击激励曲线

5. 齿面摩擦激励

在齿轮运转过程中，首先，啮合轮齿在节线两侧滑动方向的变化，将导致摩擦力方向在

节线两侧发生变化，齿轮副接触线长度及节线两端摩擦力方向示意图如图 4-8 所示；其次，对于斜齿轮副而言，接触线长度的变化对齿面摩擦产生较大的影响，还会影响齿轮副时变啮合刚度；另外，轮齿在啮合过程中，齿面摩擦系数受轮齿的相对滑动速度、齿面间的接触应力、系统的润滑情况、轮齿的几何形貌，以及齿面的表面粗糙度等因素的影响而发生变化。综合这些因素，轮齿啮合时齿轮副间摩擦力及摩擦力矩的幅值会发生波动，方向也会改变，形成了一种周期性变化的内部激励。这种内部激励不仅会加速齿轮的磨损，也会引起滚压塑性变形的萌生，还会影响传动系统的动态特性，是引起齿轮系统振动和噪声的一个重要因素。图 4-9 所示为齿面时变摩擦激励曲线。

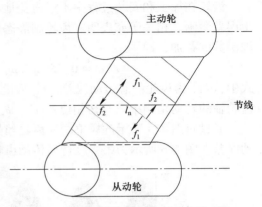

图 4-8　齿轮副接触线长度及节线两端摩擦力方向示意图

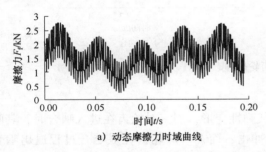

a）动态摩擦力时域曲线

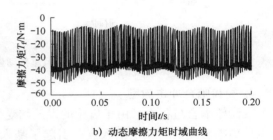

b）动态摩擦力矩时域曲线

图 4-9　齿面时变摩擦激励曲线

6. 系统动力学模型

综合考虑轴承支承刚度、齿轮时变啮合刚度、静态传动误差和齿面摩擦等因素，采用集中参数法建立风电增速齿轮箱传动系统弯-扭-轴耦合分析模型，运用龙格-库塔法求解其动态响应。

（1）第一级行星传动系统动力学模型　行星级齿轮传动系统动力学模型如图 4-10 所示。

行星级齿轮传动系统动力学模型考虑该系统 5 个活动部件的扭转角位移、横向位移和纵向位移，包括行星架、太阳轮以及三个均匀分布的行星齿轮共 15 个自由度，同时，根据轴承支承及齿轮受力情况，采用具有刚度和阻尼的弹簧模拟齿轮动态啮合力和轴承支承力。

太阳轮和行星架坐标系以各自回转中心为坐标原点，行星架为动坐标系 X_cOY_c，其输入转速为 w_c；太阳轮为相对于齿圈旋转的动坐标系 X_sOY_s；以行星轮自转中心为坐标原点，建立相对于行星架切向 η_i 和法向 ξ_i 的坐标系 $\eta_iO_i\xi_i$。

在定义位移方向时，所有构件横向、纵向位移以各自坐标正方向为正，扭转角位移的正方向与输入转速作用下各构件的旋转方向相同，齿轮副啮合线上相对位移以啮合面受压方向为正方向。

1）太阳轮-行星轮的相对位移。太阳轮与行星轮啮合的相对位移 x_{pis} 如式（4-23）所示，由三部分构成，即太阳轮与行星轮相对扭转角位移转换至啮合线方向的位移，太阳轮与行星架横向、纵向相对位移转换至啮合线方向的位移，行星轮相对行星架法向与切向位移转换至啮合线方向的位移。

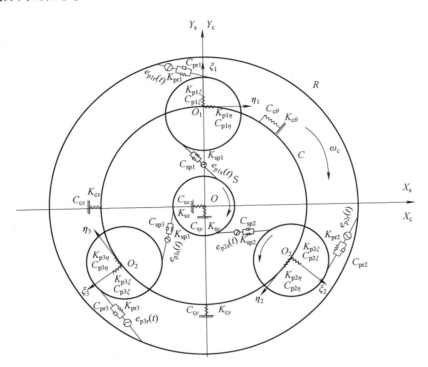

图 4-10　行星级齿轮传动系统动力学模型

$$x_{\mathrm{pis}} = r_{\mathrm{bp}i}\theta_{\mathrm{p}i} - r_{\mathrm{bs}}\theta_{\mathrm{s}} + r_{\mathrm{c}}\theta_{\mathrm{c}}\cos\alpha + (x_{\mathrm{c}} - x_{\mathrm{s}})\cos(\varphi_i + \alpha) -$$
$$(y_{\mathrm{c}} - y_{\mathrm{s}})\sin(\varphi_i + \alpha) + \eta_{\mathrm{p}i}\cos\alpha - \xi_{\mathrm{p}i}\sin\alpha - e_{\mathrm{pis}}(t) \tag{4-23}$$

式中，x_i、y_i（$i = \mathrm{c}$、s）分别为图 4-10 所示坐标系下行星架和太阳轮的振动位移；$\xi_{\mathrm{p}i}$、$\eta_{\mathrm{p}i}$ 分别为行星轮相对于行星架的法向与切向振动位移；θ_{s}、θ_{c}、$\theta_{\mathrm{p}i}$ 分别为太阳轮、行星架、行星轮在各自坐标系下的扭转微角度；$r_{\mathrm{bp}i}$、r_{bs}、r_{c} 分别为行星轮、太阳轮的基圆半径和行星架的当量半径（即行星轮分布半径）；α 为行星级齿轮的传动压力角；φ_i 为第 i 个行星轮的位置角，$\varphi_i = 2\pi(i - 1)/N$，$N$ 为行星轮数目；$e_{\mathrm{pis}}(t)$ 为太阳轮-行星轮齿轮副的法向静态传动误差。

2）行星轮-内齿圈的相对位移。行星轮与内齿圈啮合的相对位移 $x_{\mathrm{p}ir}$ 包括三部分，即行星轮与内齿圈相对扭转角位移转换至啮合线方向的位移，行星架横向、纵向相对位移转换至啮合线方向的位移，行星轮相对行星架法向与切向位移转换至啮合线方向的位移，其表达式为

$$x_{\mathrm{p}ir} = r_{\mathrm{bp}i}\theta_{\mathrm{p}i} - r_{\mathrm{c}}\theta_{\mathrm{c}}\cos\alpha - x_{\mathrm{c}}\cos(\alpha + \varphi_i) + y_{\mathrm{c}}\sin(\alpha + \varphi_i) -$$
$$\eta_{\mathrm{p}i}\cos\alpha + \xi_{\mathrm{p}i}\sin\alpha - e_{\mathrm{p}ir}(t) \tag{4-24}$$

式中，$e_{\mathrm{p}ir}(t)$ 为行星轮-内齿圈齿轮副的法向静态传动误差。

3) 行星传动系统动力学方程。对于多自由度复杂机械系统，直接利用拉格朗日能量方程建立系统的动力学方程十分方便。拉格朗日能量方程通常可表示为

$$\frac{\mathrm{d}}{\mathrm{d}t}\left(\frac{\partial T}{\partial \ddot{x}_i}\right) - \frac{\partial T}{\partial x_i} + \frac{\partial D}{\partial \dot{x}_i} + \frac{\partial U}{\partial x_i} = P_i \tag{4-25}$$

式中，T 为行星传动系统的动能；D 为系统对于黏性阻尼的耗散能；U 为系统的内力势能；x_i 为系统各个广义坐标；P_i 为外力对系统所做的功。

根据拉格朗日能量方程，建立行星传动系统各个构件的动力学方程。行星架动力学方程组为

$$\begin{cases} I_{\mathrm{cp}}\ddot{\theta}_{\mathrm{c}} + K_{c\theta}\theta_{\mathrm{c}} + \sum_{i=1}^{3}K_{\mathrm{sp}}(t)x_{\mathrm{pis}}r_{\mathrm{c}}\cos\alpha - \sum_{i=1}^{3}K_{\mathrm{pr}}(t)x_{\mathrm{pir}}r_{\mathrm{c}}\cos\alpha + \\ C_{c\theta}\dot{\theta}_{\mathrm{c}} + \sum_{i=1}^{3}C_{\mathrm{sp}}\dot{x}_{\mathrm{pis}}r_{\mathrm{c}}\cos\alpha - \sum_{i=1}^{3}C_{\mathrm{pr}}\dot{x}_{\mathrm{pir}}r_{\mathrm{c}}\cos\alpha = T_{\mathrm{in}} \\ m_{\mathrm{cp}}\ddot{x}_{\mathrm{c}} + K_{cx}x_{\mathrm{c}} + \sum_{i=1}^{3}K_{\mathrm{sp}}(t)x_{\mathrm{pis}}\cos(\varphi_i + \alpha) - \sum_{i=1}^{3}K_{\mathrm{pr}}(t)x_{\mathrm{pir}}\cos(\varphi_i + \alpha) + \\ C_{cx}\dot{x}_{\mathrm{c}} + \sum_{i=1}^{3}C_{\mathrm{sp}}\dot{x}_{\mathrm{pis}}\cos(\varphi_i + \alpha) - \sum_{i=1}^{3}C_{\mathrm{pr}}\dot{x}_{\mathrm{pir}}\cos(\varphi_i + \alpha) = 0 \\ m_{\mathrm{cp}}\ddot{y}_{\mathrm{c}} + K_{cy}y_{\mathrm{c}} - \sum_{i=1}^{3}K_{\mathrm{sp}}(t)x_{\mathrm{pis}}\sin(\varphi_i + \alpha) + \sum_{i=1}^{3}K_{\mathrm{pr}}(t)x_{\mathrm{pir}}\sin(\varphi_i + \alpha) + \\ C_{cy}\dot{y}_{\mathrm{c}} - \sum_{i=1}^{3}C_{\mathrm{sp}}\dot{x}_{\mathrm{pis}}\sin(\varphi_i + \alpha) + \sum_{i=1}^{3}C_{\mathrm{pr}}\dot{x}_{\mathrm{pir}}\sin(\varphi_i + \alpha) = 0 \end{cases} \tag{4-26}$$

式中，I_{cp} 为行星架与行星轮综合等效转动惯量；m_{cp} 为行星架与行星轮的综合等效质量；K_{ci}、C_{ci} ($i=x, y$) 分别为行星架的支承刚度和支承阻尼；$K_{c\theta}$、$C_{c\theta}$ 分别为行星架的扭转刚度和扭转阻尼；$K_{\mathrm{sp}}(t)$、$K_{\mathrm{pr}}(t)$ 分别为太阳轮-行星轮和行星轮-内齿圈齿轮副的时变啮合刚度；C_{sp}、C_{pr} 分别为太阳轮-行星轮和行星轮-内齿圈齿轮副的啮合阻尼；T_{in} 为行星架的输入转矩，在工厂试验台架上运行时，输入转矩波动较小，T_{in} 可视为恒定转矩，在野外实际工作时，T_{in} 为随机风载转矩。

太阳轮动力学方程组为

$$\begin{cases} I_s\ddot{\theta}_s + K_{\theta s1}(\theta_s - \theta_1) - \sum_{i=1}^{3}K_{\mathrm{sp}}(t)x_{\mathrm{pis}}r_{\mathrm{bs}} + C_{\theta s1}(\dot{\theta}_s - \dot{\theta}_1) - \sum_{i=1}^{3}C_{\mathrm{sp}}\dot{x}_{\mathrm{pis}}r_{\mathrm{bs}} = 0 \\ m_s\ddot{x}_s + K_{sx}x_s - \sum_{i=1}^{3}K_{\mathrm{sp}}(t)x_{\mathrm{pis}}\cos(\varphi_i + \alpha) + C_{sx}\dot{x}_s - \sum_{i=1}^{3}C_{\mathrm{sp}}\dot{x}_{\mathrm{pis}}\cos(\varphi_i + \alpha) = 0 \\ m_s\ddot{y}_s + K_{sy}y_s + \sum_{i=1}^{3}K_{\mathrm{sp}}(t)x_{\mathrm{pis}}\sin(\varphi_i + \alpha) + C_{sy}\dot{y}_s + \sum_{i=1}^{3}C_{\mathrm{sp}}\dot{x}_{\mathrm{pis}}\sin(\varphi_i + \alpha) = 0 \end{cases} \tag{4-27}$$

式中，I_s 为太阳轮转动惯量；m_s 为太阳轮质量；$K_{\theta s1}$、$C_{\theta s1}$ 分别为连接太阳轮与斜齿轮1的轴1的扭转刚度和扭转阻尼；K_{si}、C_{si}($i=x, y$) 分别为太阳轮的支承刚度和支承阻尼，以较小刚度值表示太阳轮浮动状态。

行星轮动力学方程组为

$$\begin{cases} I_{\text{pi}}\ddot{\theta}_{\text{pi}} + K_{\text{sp}}(t)x_{\text{pis}}r_{\text{bpi}} + K_{\text{pr}}(t)x_{\text{pir}}r_{\text{bpi}} + C_{\text{sp}}\dot{x}_{\text{pis}}r_{\text{bpi}} + C_{\text{pr}}\dot{x}_{\text{pir}}r_{\text{bpi}} = 0 \\ m_{\text{pi}}\ddot{\xi}_{\text{pi}} - K_{\text{sp}}(t)x_{\text{pis}}\sin\alpha + K_{\text{pr}}(t)x_{\text{pir}}\sin\alpha + K_{\text{pi}\xi}\xi_i - \\ C_{\text{sp}}\dot{x}_{\text{pis}}\sin\alpha + C_{\text{pr}}\dot{x}_{\text{pir}}\sin\alpha + C_{\text{pi}\xi}\dot{\xi}_i = 0 \\ m_{\text{pi}}\ddot{\eta}_{\text{pi}} + K_{\text{sp}}(t)x_{\text{pis}}\cos\alpha - K_{\text{pr}}(t)x_{\text{pir}}\cos\alpha + K_{\text{pi}\eta}\eta_i + \\ C_{\text{sp}}\dot{x}_{\text{pis}}\cos\alpha - C_{\text{pr}}\dot{x}_{\text{pir}}\cos\alpha + C_{\text{pi}\eta}\dot{\eta}_i = 0 \end{cases} \tag{4-28}$$

式中，I_{pi}（$i=1$，2，3）为行星轮转动惯量；m_{pi}（$i=1$，2，3）为行星轮质量；$K_{\text{p}ij}$、$C_{\text{p}ij}$（$i=1$，2，3；$j=\eta$，ξ）分别为行星轮的支承刚度和支承阻尼。

（2）第二级斜齿轮传动系统动力学模型　风电增速齿轮箱第二级为斜齿轮传动，其中，斜齿轮 1 为主动轮，与太阳轮同轴。根据轴承支承及齿轮受力情况，采用具有刚度和阻尼的弹簧表示齿轮啮合关系和轴承支承作用，如图 4-11 所示。二级斜齿轮传动系统模型考虑该系统各个活动部件的扭转角位移、横向位移、纵向位移和轴向位移，包括斜齿轮 1、斜齿轮 2 的共八个自由度。斜齿轮 1 和斜齿轮 2 坐标系以各自回转中心为坐标原点，坐标方向参见图 4-10，位移方向的定义方式与行星传动系统一致。

1）第二级斜齿轮副的相对位移。第二级斜齿轮副传动中，齿轮啮合点间由各自由度振动和各类误差产生的沿啮合线方向的相对位移为

$$\begin{aligned} x_{12\text{n}} = &(r_{\text{b}1}\theta_1 - r_{\text{b}2}\theta_2)\cos\beta_{12\text{b}} + \\ &(z_1 - z_2)\sin\beta_{12\text{b}} + (y_1 - y_2)\sin\alpha_{12\text{n}} + \\ &(x_1 - x_2)\cos\alpha_{12\text{t}}\cos\beta_{12\text{b}} - e_{12}(t) \end{aligned} \tag{4-29}$$

式中，$\beta_{12\text{b}}$ 为斜齿轮 1、2 的基圆螺旋角；$\alpha_{12\text{n}}$ 为斜齿轮 1、2 的法向压力角；$\alpha_{12\text{t}}$ 为斜齿轮 1、2 的端面压力角；$r_{\text{b}1}$、$r_{\text{b}2}$ 分别为斜齿轮 1、2 的基圆半径；x_i、y_i、z_i、$\theta_i(i=1,2)$ 分别为斜齿轮 1、2 的横向位移、纵向位移、轴向位移和扭转角；$e_{12}(t)$ 为齿轮副的法向静态传动误差。

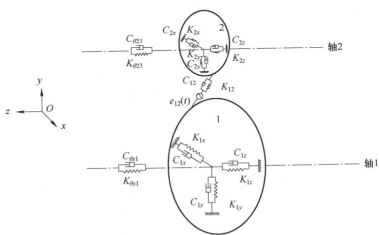

图 4-11　第二级斜齿轮传动系统动力学模型

2）第二级斜齿轮传动系统动力学方程。采用拉格朗日能量方程，建立第二级斜齿轮传动系统动力学方程。

$$
\begin{cases}
I_1\ddot{\theta}_1 - K_{\theta s1}(\theta_s - \theta_1) + K_{12}(t)x_{12n}r_{b1}\cos\beta_{12b} - C_{\theta s1}(\dot{\theta}_s - \dot{\theta}_1) + C_{12}\dot{x}_{12n}r_{b1}\cos\beta_{12b} = 0 \\
m_1\ddot{x}_1 + K_{1x}x_1 + K_{12}(t)x_{12n}\cos\alpha_{12t}\cos\beta_{12b} + C_{1x}\dot{x}_1 + C_{12}\dot{x}_{12n}\cos\alpha_{12t}\cos\beta_{12b} = 0 \\
m_1\ddot{y}_1 + K_{1y}y_1 + K_{12}(t)x_{12n}\sin\alpha_{12n} + C_{1y}\dot{y}_1 + C_{12}\dot{x}_{12n}\sin\alpha_{12n} = 0 \\
m_1\ddot{z}_1 + K_{1z}z_1 + K_{12}(t)x_{12n}\sin\beta_{12b} + C_{1z}\dot{z}_1 + C_{12}\dot{x}_{12n}\sin\beta_{12b} = 0 \\
I_2\ddot{\theta}_2 - K_{12}x_{12n}r_{b2}\cos\beta_{12b} + K_{\theta 23}(\theta_2 - \theta_3) - C_{12}\dot{x}_{12n}r_{b2}\cos\beta_{12b} + C_{\theta 23}(\dot{\theta}_2 - \dot{\theta}_3) = 0 \\
m_2\ddot{x}_2 + K_{2x}x_2 - K_{12}(t)x_{12n}\cos\alpha_{12t}\cos\beta_{12b} + C_{2x}\dot{x}_2 - C_{12}\dot{x}_{12n}\cos\alpha_{12t}\cos\beta_{12b} = 0 \\
m_2\ddot{y}_2 + K_{2y}y_2 - K_{12}(t)x_{12n}\sin\alpha_{12n} + C_{2y}\dot{y}_2 - C_{12}\dot{x}_{12n}\sin\alpha_{12n} = 0 \\
m_2\ddot{z}_2 + K_{2z}z_2 - K_{12}(t)x_{12n}\sin\beta_{12b} + C_{2z}\dot{z}_2 - C_{12}\dot{x}_{12n}\sin\beta_{12b} = 0
\end{cases} \tag{4-30}
$$

式中，$I_i(i=1,2)$ 为斜齿轮 1、2 的转动惯量；$m_i(i=1,2)$ 为斜齿轮 1、2 的质量；K_{ij}、C_{ij} $(i=1,2;j=x,y,z)$ 分别为各齿轮的支承刚度和支承阻尼；$K_{\theta 23}$、$C_{\theta 23}$ 分别为连接斜齿轮 2 与斜齿轮 3 的轴 2 的扭转刚度和扭转阻尼；$K_{12}(t)$、C_{12} 分别为齿轮副的时变啮合刚度和啮合阻尼。

(3) 第三级斜齿轮传动系统动力学模型　风电增速齿轮箱第三级输出级为斜齿轮传动，其中，作为主动轮的斜齿轮 3 与斜齿轮 2 同轴。依照第二级斜齿轮传动系统动力学模型，建立第三级斜齿轮传动系统动力学模型，其中包括斜齿轮 3、斜齿轮 4 的共八个自由度。斜齿轮 3 和斜齿轮 4 坐标系以各自回转中心为坐标原点，坐标方向如图 4-12 所示，位移方向的定义方式与第二级斜齿轮传动一致。

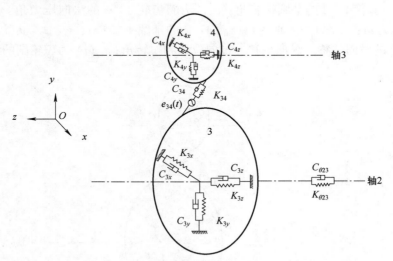

图 4-12　第三级斜齿轮传动系统动力学模型

1) 第三级斜齿轮副的相对位移。第三级斜齿轮传动中，齿轮啮合点间由各自由度振动和各类误差产生的沿啮合线方向的相对位移 x_{34n} 为

$$
x_{34n} = (r_{b3}\theta_3 - r_{b4}\theta_4)\cos\beta_{34b} + (z_3 - z_4)\sin\beta_{34b} + (y_3 - y_4)\sin\alpha_{34n} -
$$
$$
(x_3 - x_4)\cos\alpha_{34t}\cos\beta_{34b} - e_{34}(t) \tag{4-31}
$$

式中，β_{34b} 为斜齿轮 3、4 的基圆螺旋角；α_{34n} 为斜齿轮 3、4 的法向压力角；α_{34t} 为斜齿轮 3、4 的端面压力角；r_{b3}、r_{b4} 分别为斜齿轮 3、4 的基圆半径；x_i、y_i、z_i、$\theta_i (i = 3，4)$ 分别为斜齿轮 3、4 的横向位移、纵向位移、轴向位移和扭转角；$e_{34}(t)$ 为齿轮副的法向静态传动误差。

2）第三级斜齿轮传动系统动力学方程。采用拉格朗日能量方程，建立第三级斜齿轮传动系统动力学方程。

$$
\begin{cases}
I_3 \ddot{\theta}_3 - K_{\theta 23}(\theta_2 - \theta_3) + K_{34}(t)x_{34n}r_{b3}\cos\beta_{34b} - C_{\theta 23}(\dot{\theta}_2 - \dot{\theta}_3) + C_{34}\dot{x}_{34n}r_{b3}\cos\beta_{34b} = 0 \\
m_3 \ddot{x}_3 + K_{3x}x_3 - K_{34}(t)x_{34n}\cos\alpha_{34t}\cos\beta_{34b} + C_{3x}\dot{x}_3 - C_{34}\dot{x}_{34n}\cos\alpha_{34t}\cos\beta_{34b} = 0 \\
m_3 \ddot{y}_3 + K_{3y}y_3 + K_{34}(t)x_{34n}\sin\alpha_{34n} + C_{3y}\dot{y}_3 + C_{34}\dot{x}_{34n}\sin\alpha_{34n} = 0 \\
m_3 \ddot{z}_3 + K_{3z}z_3 + K_{34}(t)x_{34n}\sin\beta_{34b} + C_{3z}\dot{z}_3 + C_{34}\dot{x}_{34n}\sin\beta_{34b} = 0 \\
I_4 \ddot{\theta}_4 - K_{34}x_{34n}r_{b4}\cos\beta_{34b} - C_{34}\dot{x}_{34n}r_{b4}\cos\beta_{34b} = -T_{out} \\
m_4 \ddot{x}_4 + K_{4x}x_4 + K_{34}(t)x_{34n}\cos\alpha_{34t}\cos\beta_{34b} + C_{4x}\dot{x}_4 + C_{34}\dot{x}_{34n}\cos\alpha_{34t}\cos\beta_{34b} = 0 \\
m_4 \ddot{y}_4 + K_{4y}y_4 - K_{34}(t)x_{34n}\sin\alpha_{34n} + C_{4y}\dot{y}_4 - C_{34}\dot{x}_{34n}\sin\alpha_{34n} = 0 \\
m_4 \ddot{z}_4 + K_{4z}z_4 - K_{34}(t)x_{34n}\sin\beta_{34b} + C_{4z}\dot{z}_4 - C_{34}\dot{x}_{34n}\sin\beta_{34b} = 0
\end{cases} \tag{4-32}
$$

式中，$I_i (i = 3，4)$ 为斜齿轮 3、4 的转动惯量；$m_i (i = 3，4)$ 为斜齿轮 3、4 的质量；K_{ij}、C_{ij} $(i = 3，4；j = x，y，z)$ 分别为各齿轮的支承刚度和支承阻尼；$K_{12}(t)$、C_{12} 分别为齿轮副的时变啮合刚度和啮合阻尼；T_{out} 为输出转矩。

7. 风电增速齿轮箱传动齿轮副动态啮合力

在求解风电增速齿轮箱传动系统各级齿轮副动力学微分方程前，需要计算模型中各个阻尼值，并将各级齿轮副时变啮合刚度和静态传动误差按傅里叶级数展开，采用时变函数进行表达。

各级齿轮副的时变啮合刚度、法向静态传动误差分别表示为

$$
\begin{aligned}
K(t) = &\, a_{k0} + a_{k1}\cos(\omega_m t) + b_{k1}\sin(\omega_m t) + \cdots + a_{ki}\cos(i\omega_m t) + b_{ki}\sin(i\omega_m t) + \cdots + \\
&\, a_{kn}\cos(n\omega_m t) + b_{kn}\sin(n\omega_m t)
\end{aligned} \tag{4-33}
$$

$$
\begin{aligned}
e(t) = &\, a_{e0} + a_{e1}\cos(\omega_m t) + b_{e1}\sin(\omega_m t) + \cdots + a_{ei}\cos(i\omega_m t) + b_{ei}\sin(i\omega_m t) + \cdots + \\
&\, a_{en}\cos(n\omega_m t) + b_{en}\sin(n\omega_m t)
\end{aligned} \tag{4-34}
$$

式中，a_{k0}、a_{k1}、b_{k1}、$\cdots$、a_{ki}、b_{ki}、$\cdots$、a_{kn}、b_{kn}、a_{e0}、a_{e1}、b_{e1}、$\cdots$、a_{ei}、b_{ei}、$\cdots$、a_{en}、b_{en} 为傅里叶级数展开项的系数；ω_m 为齿轮副啮合角频率。

各个齿轮副啮合阻尼可表示为

$$
C_{ij} = 2\zeta_g \sqrt{\dfrac{\bar{k}_{ij}}{\dfrac{1}{m_i} + \dfrac{1}{m_j}}} \tag{4-35}
$$

式中，m_i、m_j 分别为主动轮和从动轮的等效质量；$\bar{k}_{ij}$ 为齿轮副的平均啮合刚度；ζ_g 为阻尼比，取值范围为 $0.03 \sim 0.10$。

轴 1、轴 2 的扭转阻尼可表示为

$$C_{\theta ij} = 2\zeta_s \sqrt{\frac{k_{ij}}{\dfrac{1}{J_i} + \dfrac{1}{J_j}}} \qquad (4\text{-}36)$$

式中，J_i、J_j 分别为同轴上两个齿轮的转动惯量；k_{ij} 为轴的扭转刚度；ζ_s 为扭转阻尼比，取值范围为 $0.005 \sim 0.075$。

每根轴上的所有轴承刚度及阻尼等效到动力学模型中各活动构件坐标原点处，得出运动方程中所需轴承支承刚度和阻尼。支承阻尼采用线性阻尼计算，即

$$C = \alpha M + \beta K \qquad (4\text{-}37)$$

式中，M 为轴承的质量；K 为轴承的支承刚度；α、β 为 Rayleigh 阻尼比例系数。

将各参数代入各级传动系统动力学模型中，运用 MATLAB 编程语言采用 4-5 阶龙格-库塔法求解风电增速齿轮箱传动系统的动力学振动微分方程时，需要对二阶振动微分方程进行降阶处理。对于二阶振动微分方程

$$\ddot{\theta} = f(t, \theta, \dot{\theta}) \qquad (4\text{-}38)$$

可令 $x(1) = \theta$、$x(2) = dx(1) = \dot{\theta}$、$dx(2) = \ddot{\theta}$，则该二阶振动微分方程可变为

$$dx(2) = f\{t, x(1), x(2)\} \qquad (4\text{-}39)$$

通过联合求解风电增速齿轮箱传动系统各级齿轮副的动力学微分方程，可得到各传动构件的振动位移、振动速度及振动加速度。图 4-13 所示为斜齿轮 2 振动响应时域曲线。

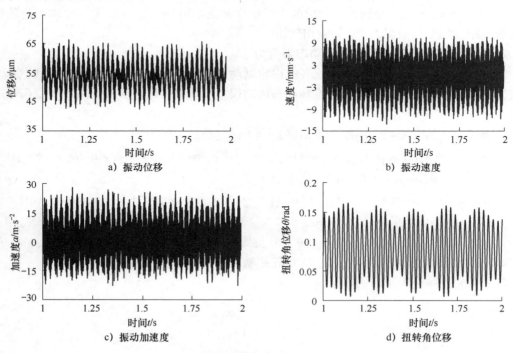

图 4-13　斜齿轮 2 振动响应时域曲线

求解动力学方程后，根据式（4-23）、式（4-24）、式（4-29）和式（4-31）计算出各齿轮副啮合线上的相对位移，然后利用式（4-40）计算得出各级齿轮副的动态啮合力。

$$F(t) = K(t)x(t) + C\dot{x}(t) \qquad (4\text{-}40)$$

式中，$K(t)$、C 分别为时变啮合刚度和啮合阻尼；$x(t)$、$\dot{x}(t)$ 分别为啮合线上相对位移及其一阶导数。

图 4-14 所示为各级齿轮副动态啮合力时域曲线。由图可知，行星级传动动态啮合力的均值约为 380 kN，第二级斜齿轮传动动态啮合力的均值约为 280 kN，第三级斜齿轮传动动态啮合力的均值约为 130 kN，各齿轮副啮合力均值与齿轮法向力的理论值相近。

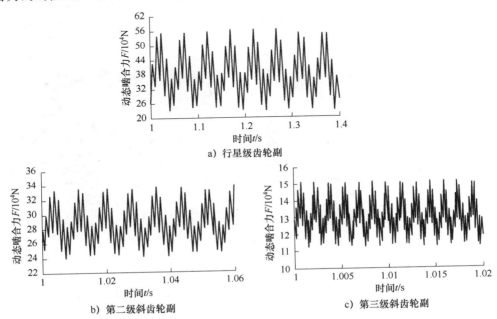

图 4-14　各级齿轮副动态啮合力时域曲线

相对每对轮齿啮合时间而言，啮合冲击激励持续时间很短，可将啮合冲击激励在对应的时刻与动态啮合力合成，以获得风电增速齿轮箱内部动态激励。

4.3　风电齿轮箱动力学性能分析

风电增速齿轮箱动力学性能主要指在内、外部动态激励作用下，系统产生的位移、速度和加速度。在有限元法中，齿轮系统在动态激励作用下的运动方程式为

$$M\ddot{x} + C\dot{x} + Kx = F(t) \qquad (4\text{-}41)$$

式中，M、C、K 分别为系统的质量矩阵、阻尼矩阵和刚度矩阵，均为 $n{\times}n$ 阶矩阵；$\ddot{x}$、$\dot{x}$、x 分别为系统的振动加速度、速度和位移，均为 $n{\times}1$ 阶矩阵；$F(t)$ 为随时间变化的动态激励矩阵，是 $n{\times}1$ 阶矩阵。

4.3.1　风电增速齿轮箱模态分析

模态分析的主要研究内容是确定增速齿轮箱主要部件的固有频率和振型，这两个特性是齿轮箱的动态特性，对系统的动态响应、动载荷的产生与传递，以及系统振动的形式等具有

重要意义。由模态分析结果可对转速是否合理、齿轮箱结构有无薄弱环节做出判断，并可据此合理匹配齿轮箱的转速，优化设计齿轮箱的箱体结构，进而避开其固有频率。

1. 有限元模型

利用 ANSYS 建立的包含箱体、齿轮副、传动轴、行星架和轴承的风电增速齿轮箱有限元模态分析模型如图 4-15 所示，图中 X、Y、Z 方向分别指横向、纵向及轴向。对增速齿轮箱有限元模型进行网格划分，其中实体单元类型为 SOILD185 单元，材料的弹性模量为 $2.06×10^5$ MPa，泊松比为 0.3，密度为 7850 kg/m^3。在增速齿轮箱建模过程中做如下简化：忽略对箱体影响较小的区域，如螺栓孔和倒角等；将轴承简化为内、外圈模型，外圈与箱体固连、内圈与轴固连。

a) 轴系　　　　　　　　　　　　　　b) 整体

图 4-15　风电增速齿轮箱有限元模态分析模型

2. 模态分析结果

为探究风电增速齿轮箱的固有振动特性，对齿轮箱进行振动模态分析，计算各阶固有频率及相应振型。计算约束模态时，在增速齿轮箱的箱体支座节点处施加固定约束。

图 4-16 所示为风电增速齿轮箱前 2 阶固有振型，风电增速齿轮箱前 10 阶固有振动频率及振型见表 4-2。

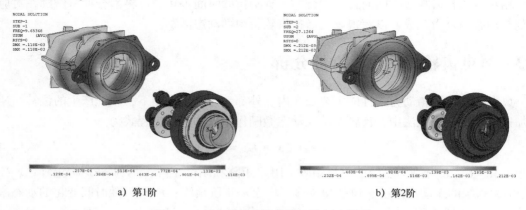

a) 第1阶　　　　　　　　　　　　　　b) 第2阶

图 4-16　风电增速齿轮箱前 2 阶固有振型

由表 4-2 可知，风电增速齿轮传动系统中各部件之间相互影响，振动模式较为丰富。对比表 4-2 中增速齿轮箱前 10 阶固有频率可知，第 3 阶固有频率为 29.19 Hz，与第二级斜齿轮副高速级输出转频（30 Hz）相近，第 3 阶固有频率对应的固有振型主要是输入轴系及箱

体沿 Y 轴的摆动，两者频率相近但振型不一致；第 5 阶固有频率为 42.01 Hz，与行星轮系齿轮副啮合频率的 2 倍频（43.96 Hz）相近，第 5 阶固有频率对应的固有振型主要是行星架及行星轮 1、2、3 沿 Z 轴的伸缩，两者频率相近但振型不一致，因此，增速齿轮箱共振的可能性较小。

表 4-2　风电增速齿轮箱前 10 阶固有振动频率及振型

阶　　数	频率 f/Hz	振　型　描　述
1	9.65	斜齿轮 1 绕 Z 轴的扭转
2	27.13	斜齿轮 2、3 及中间轴绕 Z 轴的扭转
3	29.19	输入轴系及箱体沿 Y 轴的摆动
4	39.45	行星架，行星轮 1、2、3，斜齿轮 1 沿 Z 轴扭转
5	42.01	行星架及行星轮 1、2、3 沿 Z 轴的伸缩
6	52.60	行星架，行星轮 1、2、3，斜齿轮 1 及低速轴沿 Y 轴的摆动
7	68.98	行星架，行星轮 1、2、3，斜齿轮 1 及低速轴沿 X 轴的摆动
8	72.43	行星架，行星轮 1、2、3，斜齿轮 1、2、3 及低速轴中间轴沿 Y 轴的一阶弯曲
9	75.19	行星架，行星轮 1、2、3，斜齿轮 1 沿 Z 轴的伸缩
10	81.60	行星架，行星轮 1、2、3，斜齿轮 1 沿 Z 轴一阶弯曲

4.3.2　振动响应分析

　　风电增速齿轮箱的动力学模型在数学上用多自由度的非齐次常微分方程来表示，对其进行动态响应分析，就是通过求解系统在动态激励下的动力学微分方程并得到系统的振动响应。常用有限元软件中动态响应分析一般采用三种方法：缩减法（Reduced）、模态叠加法（Mode Superposition）及完全法（Full）。完全法通常采用完整的系数矩阵计算系统的振动响应，不涉及质量矩阵的近似方法，不必关心如何选取主自由度或阵型，其缺点是预应力无法使用，计算量比较大。缩减法通过选取主自由度和缩减矩阵大小来减小求解问题的规模，当主自由度处的振动位移计算出来后，其解可以被扩展到初始完整的自由度集上。该方法可以考虑预应力效果，但是不能施加单元载荷。模态叠加法是通过对模态分析得到的振型乘以因子并求和来计算结构的响应，其计算量比前两种方法少，且可以考虑预应力效果和指定阵型阻尼。模态叠加法借助事先计算的结构系统固有频率及固有振型结果来计算整体结构的瞬态振动响应，同时获取模态结果，可以使结构设计避免共振或以特定频率进行振动，是三种方法中所需时间最短、最节省计算空间的方法。因而，这里采用模态叠加法求解增速齿轮箱的瞬态振动响应。

　　风电增速齿轮箱有限元模型较大且结构复杂，采用模态叠加法可以较快速地计算得到动态激励作用下系统的振动位移、振动速度和振动加速度响应，但分析时不可能求出系统所有的固有频率及相应振型，通常仅截取前若干阶固有模态进行叠加计算。分析时，基于图 4-15 所示的模态分析模型，将前述所求得的各级齿轮副动态激励按切向、径向和轴向分力分别施加到齿面的啮合位置，建立图 4-17 所示的齿轮箱振动响应计算模型。

图 4-18 所示为风电增速齿轮箱振动评价点布置。4 个评价点位置与后续振动测试点的位置相同。

利用增速齿轮箱箱体模态分析计算结果，采用模态叠加法对风电增速齿轮箱进行动态响应分析，得到风电增速齿轮箱各评价点振动数据，通过处理振动响应数据，可得出振动速度和加速度的均方根值，见表 4-3。

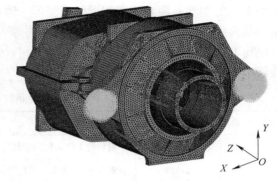

图 4-17 齿轮箱振动响应计算模型

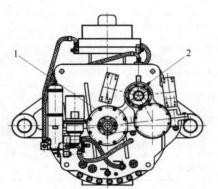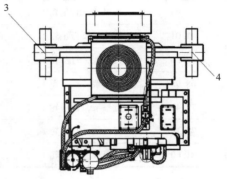

图 4-18 风电增速齿轮箱振动评价点布置图

表 4-3 各评价点纵向（Y 向）振动速度和加速度的均方根值

评 价 点	速度均方根值 $v/$ mm $\cdot$ s^{-1}	加速度均方根值 $a/$ m $\cdot$ s^{-2}
1	5.31	3.06
2	3.43	2.61
3	5.77	3.89
4	5.81	5.02

以齿轮制造精度为 5 级时为例分析某型号风电增速齿轮箱的振动响应。图 4-19 所示为计算所得增速齿轮箱箱体表面振动评价点 1 处的 Y 向时域与频域振动响应曲线。

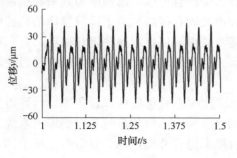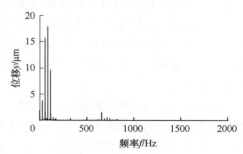

a）振动位移

图 4-19 评价点 1 处的 Y 向时域与频域振动响应曲线

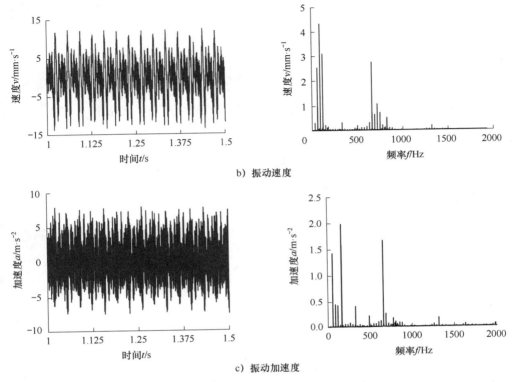

b）振动速度

c）振动加速度

图 4-19　评价点 1 处的 Y 向时域与频域振动响应曲线（续）

由图 4-19 可知，振动响应时域曲线表现出一定的周期性，其频域响应的峰值大多出现在各级齿轮副啮合频率及其倍频处。

4.4　风电齿轮箱辐射噪声分析

风电齿轮箱运行时，动态激励造成啮合齿轮副及轴的振动，通过轴承传到轴承座，最后传到箱体，激起箱体振动并形成辐射噪声。

4.4.1　声学基础

1. 基本声学量概念

声压是衡量声学特性的一个重要物理量。假设流体在静止状态时的压强为 p_0，受到激励作用后压强变化为 $p(t)$，那么，压强变化量 $p(t)-p_0$，即为声压，记为 $P(t)$。以压强为基础进行推导、换算可以得到声强、声功率。在衡量声音的强弱方面，由于人耳能听到的声强范围非常大，用声压或者声强的绝对值很不方便，所以，人们普遍采用对数标度来度量声压、声强和声功率，即声压级、声强级和声功率级。

声压级的表达式为

$$L_p = 20 \lg \frac{p}{p_0} \tag{4-42}$$

式中，p 为实际声压；p_0 为参考声压，是人耳对 1 kHz 空气声所能感觉到的最低声音的声压，通常取 $p_0 = 2 \times 10^{-5}$ Pa。

声强级的表达式为

$$L_I = 10\lg \frac{I}{I_0} \tag{4-43}$$

式中，I 为实际声强；I_0 为基准声强，是人耳可听到的最小声强，通常取 $I_0 = 10^{-12}$ W/m^2。

声功率级的表达式为

$$L_W = 10\lg \frac{W}{W_0} \tag{4-44}$$

式中，W 为实际声功率；W_0 为基准声功率，通常取 $W_0 = 10^{-12}$ W。

2. 声学基本方程

任何一种形式的声学方程均可以从流体的连续方程、运动方程、能量方程、物态方程推导而来。欧拉方程组为

$$\begin{cases} \rho\left(\dfrac{\partial v}{\partial t} + v \cdot \nabla v\right) = -\nabla p + f \\ \dfrac{\partial \rho}{\partial t} + v \cdot \nabla \rho + \rho \cdot \nabla v = \rho q \\ \dfrac{\partial s}{\partial t} + v \cdot \nabla s = 0, \quad c^2 = \left(\dfrac{\partial p}{\partial \rho}\right) \end{cases} \tag{4-45}$$

式中，ρ、v、p、s 分别为流体的密度、速度、压力和熵；f、q 分别为外部环境作用于流体上的力和质量。

由欧拉方程组，经过一系列的线化和假设，可以推导出经典声学的基本方程，也是静止流体介质中的声传播方程。将时域的声学基本方程向频域转化，得到 Helmholtz 方程

$$\nabla^2 p(x, y, z) - k^2 p(x, y, z) = -j\rho_0 \omega q(x, y, z) \tag{4-46}$$

式中，$\omega = 2\pi f$，为角频率，f 为频率；$k = \omega / c$，为波数，c 为声波在空气中的传播速度；ρ_0 为声场介质的密度。

3. 声学计算方法

声学计算方法主要有四种，分别为边界元方法、有限元方法、声线法和统计能量法，这些数值计算方法都是基于 Helmholtz 方程进行求解。统计能量法主要用于解决模态密集的高频振动声学问题，声线法主要解决大型几何声学问题，有限元方法在求解内声场和声辐射方面有极大的优势，但是本书分析的风电增速齿轮箱结构复杂，用有限元方法进行划分体网格时，声学计算量难以实现。

边界元方法分为直接边界元方法和间接边界元方法，前者要求边界元网格封闭，后者对边界元网格的封闭性没有要求。这里采用直接边界元方法进行风电增速齿轮箱的辐射噪声预估。

4.4.2 风电增速齿轮箱声学特性分析

1. 风电增速齿轮箱辐射噪声分析

风电增速齿轮箱在动态激励作用下会产生振动，系统的振动通过介质向外传播，从而引起噪声。齿轮系统辐射噪声是由振动和周围空气的相互作用引起的噪声，一般是通过箱体壁

向增速齿轮箱外传播。建立风电增速齿轮箱的三维声学边界元分析模型，将箱体表面节点位移的频域响应作为边界激励条件，采用 SYSNOISE 软件中的直接边界元法计算增速齿轮箱的表面声压及场点辐射噪声。在分析前，设置风电增速齿轮箱工作环境的空气属性：空气密度为 1.225 kg/m^3，空气中传播的声速为 340 m/s，参考声压为 $2×10^{-5}$ Pa。图 4-20 所示为增速齿轮箱箱体的表面声压云图。

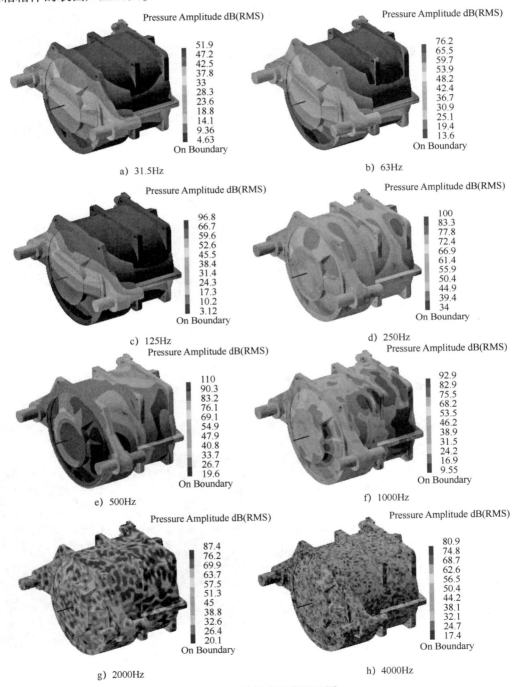

图 4-20 箱体表面声压云图

由图可知，箱体表面声压最大值 110 dB 出现在 500 Hz 频段，主要体现为第三级齿轮啮合频率 660 Hz 的影响；最大表面声压的位置在 1 和 4 号轴承座附近，即位于输入行星架处的轴承和支承轴 1 的轴承处。

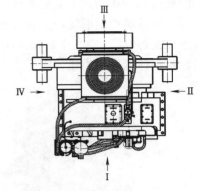

图 4-21　增速齿轮箱噪声测点位置图

2. 风电增速齿轮箱外声场辐射噪声

根据试验测试点分布位置，分别在声学模型中插入图 4-21 所示位置处的 4 个声学场点，计算出这 4 个点的频域声压曲线，通过 1/1 倍频程处理，得到图 4-22 所示的各测点倍频程声压级。由图可知，增速齿轮箱各测点的 A 计权声压级辐射噪声在 500 Hz 频段处达到最大值，其值分别为 79.38 dB（A）、82.64 dB（A）、81.76 dB（A）和 80.85 dB（A）。

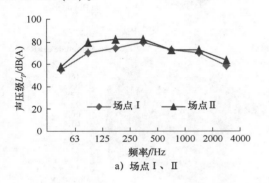

a）场点 Ⅰ、Ⅱ

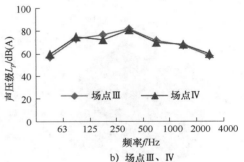

b）场点 Ⅲ、Ⅳ

图 4-22　场点声压级频响曲线

4.5　风电齿轮箱振动噪声测试

振动噪声测试按 GB/T 6404.2—2005《齿轮装置的验收规范　第 2 部分：验收试验中齿轮装置机械振动的测定》、GB/T 6404.1—2005《齿轮装置的验收规范　第 1 部分：空气传播噪声的试验规范》、GB/T 19073—2018《风力发电机组　齿轮箱设计要求》，以及 VDI 3834—2015《带齿轮箱风力发电机及其组件机械振动测量与评价》等的规定进行。在风电齿轮箱试验台架上，对增速齿轮箱进行振动噪声测试，测试现场及台架如图 4-23 所示，试验台架左侧为被测增速齿轮箱，右侧为陪试减速齿轮箱。

图 4-24 所示为齿轮箱振动噪声测试系统框图。

图 4-23　测试现场及台架

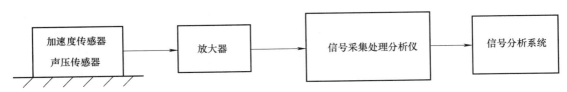

图 4-24　齿轮箱振动噪声测试系统框图

4.5.1　风电增速齿轮箱振动测试分析

在振动测试前，校准整个测试系统，包括各加速度传感器、信号放大器及数据自动采集处理系统。依照标准，选取测点位置时应遵守测点处刚度最大、振动信号传递路径最短的原则。因此，测点选择在尽可能靠近轴承的承载区。根据这个要求，在齿轮箱上共布置 4 个振动测点，如图 4-18 所示。测点编号为 1~4，其中，测点 1 和 2 为轴承座位置，测点 3 和 4 为支承位置，分别对 4 个测点的竖直 Y 方向进行振动测试。

将各测点振动加速度进行处理，得到其有效值和总振级，并与仿真结果对比，见表 4-4。

表 4-4　箱体表面评价点与测点振动加速度的有效值对比

点　号	测点 1	测点 2	测点 3	测点 4
测试值 /m·s⁻²	3.45	2.91	4.55	5.86
仿真值 /m·s⁻²	3.06	2.61	3.89	5.02

图 4-25~图 4-28 所示分别为各测点竖直方向振动加速度频域测试与仿真曲线，对比可得，仿真与实测结果较为吻合。

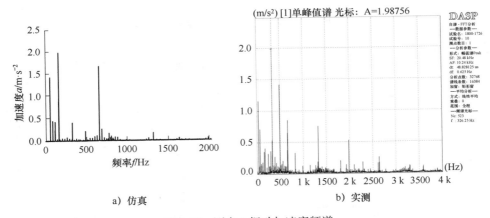

a) 仿真　　　　　　　　　b) 实测

图 4-25　测点 1 振动加速度频谱

由图可知，各测点振动加速度在一、二级啮合频率及其倍频处皆出现峰值，在三级啮合频率处也出现峰值，但仿真所得振动加速度在三级啮合频率的倍频处峰值较小，而实测振动加速度在三级啮合频率的倍频处峰值较大。同时，由于受周围环境影响，与仿真结果相比，实测振动加速度频率成分更丰富。

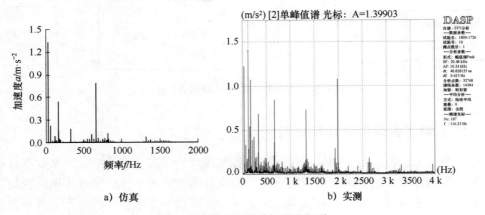

图 4-26　测点 2 振动加速度频谱

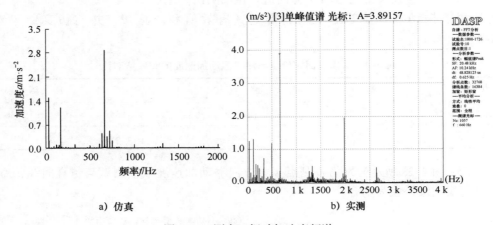

图 4-27　测点 3 振动加速度频谱

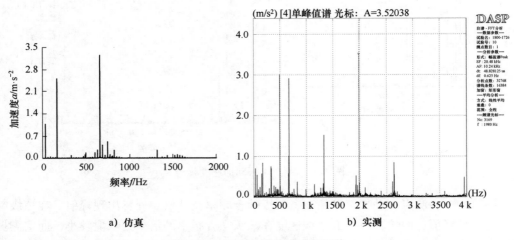

图 4-28　测点 4 振动加速度频谱

4.5.2　风电增速齿轮箱辐射噪声测试分析

在距离增速齿轮箱表面 1 m 处的位置布置 4 个噪声测点，测点编号为 Ⅰ~Ⅳ，如图 4-21 所示。测试前用标准噪声源对声压传感器、放大器及数据自动采集处理系统进行校准。由声压传感器测得声压信号，经信号采集处理分析仪进行采集记录及分析，而后进行 1/1 倍频程分析，得到增速齿轮箱各测点的 A 计权倍频程声压级空气噪声，并与场点辐射噪声仿真值进行对比，如图 4-29 所示。

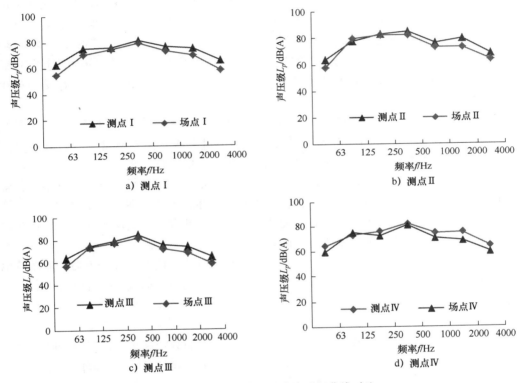

图 4-29　各测点辐射噪声声压级曲线对比

由图可知，测点 Ⅰ~Ⅳ 的 A 计权声压级辐射噪声在 500Hz 频段处达到最大值，分别为 81.48 dB（A）、84.72 dB（A）、83.94 dB（A）及 81.94 dB（A）。将试验值与仿真值进行对比分析，两者在 125~1000 Hz 频段辐射噪声吻合良好且整体曲线规律一致，但仿真值比试验值略低。表 4-5 所列为辐射噪声测试值与仿真值的总声压级对比。

表 4-5　齿轮箱场点计算值与测点辐射噪声测试值与仿真值的总声压级对比

点　号	测点 Ⅰ	测点 Ⅱ	测点 Ⅲ	测点 Ⅳ
测试值/dB（A）	84.75	88.58	86.21	84.56
仿真值/dB（A）	80.51	85.81	82.86	82.80

4.6 风电齿轮箱振动与噪声控制技术

机械振动一般分为自由振动、强迫振动及自激振动。自由振动指的是当系统受到初始干扰而破坏了其平衡状态后，仅靠弹性恢复力来维持的振动，干扰结束后，振动将逐渐衰减直至消失。自由振动频率为机械的固有频率。强迫振动是一种在内、外部动态激励持续作用下系统被迫产生的振动，振动特征与内、外部激励的大小、方向和频率有关。自激振动是一种在系统运行过程中由机械内部运动本身产生的交变力引起的振动。自激振动频率为机械的固有频率（或临界频率），与外部激励无关。机械系统噪声一般分为机械性噪声、空气动力性噪声及电磁性噪声。机械性噪声由固体振动产生，如齿轮、轴承和壳体等振动产生的噪声。空气动力性噪声是由于气体流动过程中的相互作用，或气流和固体介质之间的相互作用而产生的噪声。电磁性噪声是由电磁场交替变化而引发某些机械部件或空间容积振动而产生的噪声。

就齿轮系统而言，振动噪声产生的原因，除了齿轮本身，还有轴、轴承、箱体以及驱动系统和执行机构等方面的影响。若齿轮系统振动噪声过大或者出现异常，一般涉及设计选型、加工制造、装配调整以及输入输出转速/转矩波动等方面的因素。在设计选型方面，可能存在参数选择不当，重合度过小，修形不当或没有修形，轴、轴承、支承刚度不足，轴承回转精度低，齿轮箱结构不合理等因素；在加工制造方面，可能存在加工误差过大、齿侧间隙过大、表面粗糙度值过大等因素；在装配调整方面，可能存在齿轮副装配偏心、接触精度低，轴的平行度差，轴承间隙调整不当等因素。

这里主要介绍针对风电齿轮箱在内、外部动态激励持续作用下系统产生强迫振动并辐射噪声的情况，采取有效措施减弱或消除激起齿轮振动的强制力，达到减振降噪目的。

4.6.1 设计及加工

前面提到，若不考虑外部条件，齿轮箱产生振动噪声的激励源主要包括轮齿啮合刚度的变化、传动误差、轮齿啮合冲击以及齿面摩擦，其中最为主要的是啮合刚度的变化和传动误差的影响。因此，通过在设计阶段选择合理的参数、在加工阶段选择合适的加工精度，可降低齿轮系统激励进而控制风电增速齿轮箱振动噪声。

1. 结构设计

针对齿轮，可以从改变其振动类型或振动模态方面入手进行设计。齿轮的振动模态和衰减特性与轮体的厚度 C、外径 D 和齿宽 B 等密切相关。当 $C/D \leq 1/5$ 或 $C/B \leq 1/3$ 时，可能产生较大的轴向振动；若 $B/D < 1/10$，高速时齿轮圆周振动和径向振动较突出。若采取圆锥形腹板设计，辐条制成交错状或在实心腹板上开不规则的孔、槽，使结构不完全对称，这样可改变齿轮的模态，降低齿轮噪声辐射效率，也可减轻重量，降低其固有频率，从而降低啮合噪声。

对于轴系设计，高速回转的主轴或其他质量较大的传动轴应进行平衡，以减少运动冲击和振动。同时，轴的刚度与齿轮噪声有很大关系。若轴系刚度不足，将由于弯曲和扭转振动使齿轮噪声明显增大，因此，轴的长径比不宜过大。尽量不采用悬臂结构，且齿轮应安装在靠近轴承处。

轴承作为轴系子系统与箱体子系统之间的弹性耦合元件，也是影响齿轮振动和噪声的一个比较重要的因素。在传动系统设计中，应根据轴的转速、受力情况及载荷性质合理选用轴承的类型。一般来说，经过适当预紧的圆锥滚子轴承不仅可以承受较大的径向和轴向载荷，而且减振效果好，并可提高系统刚度，对降低噪声有利。

　　针对齿轮箱，从提高箱体刚度和隔声两方面考虑齿轮箱体的设计。主要包括以下因素：

　　1）在箱体前后壁之间以贯通的筋板连接，在刚性差的部位增加筋条，在轴承座部位增加壁厚并增布加强筋，尽可能缩小窗口的尺寸，并在窗口四周的内壁增布类似裙边的加强筋，这些措施都能较有效地增加箱体的刚度。

　　2）对有较大辐射面的盖板，可设计成带有对角形网状斜筋的结构。

　　3）适当加大壁厚，能提高箱体的隔声能力，有利于噪声的衰减。

　　4）尽量加大箱体内圆角半径，这有利于提高箱体的刚度。

　　5）对同轴孔的同轴度和平行轴孔的平行度都应提高技术要求。

　　6）良好的密封不仅可以防止润滑油的泄漏，而且可以防止噪声的外传。

　　7）采用滑动轴承代替普通的滚动轴承，齿轮振动噪声有比较明显的下降。

2. 参数选择

　　（1）压力角　从压力角的大小来说，若增大压力角，就会减小重合度，增大齿面法向力，相应会增大节线冲击力和啮合冲击力，从而导致振动和噪声的增大；适当减小压力角，可降低轮齿啮合刚度和增大重合度，有利于减小振动。因此，压力角的大小要加以控制。另外据调查发现，精度高的齿轮不一定噪声值低，某些齿轮副虽然齿形误差在允许的误差范围内，但是由于其误差方向不同，它们压力角的相对误差可能很大，噪声值也就明显上升。因此，还应控制相互啮合齿轮的压力角方向。

　　（2）模数及齿数　根据啮合时的冲击看，除了受到压力角影响外，还与模数和齿数有关。由于轮齿的刚度（即轮齿弯曲强度）与齿轮模数成正比，加工误差（如齿距误差和齿形误差）也和模数成正比，所以当齿轮模数较大时，轮齿弯曲强度对齿轮噪声的影响大于加工误差的影响，这时需要增大模数；当齿轮载荷较小时，则加工误差的影响大，这时需要减小模数。

　　齿数对振动噪声的影响较为复杂。当齿轮系统中心距确定时，一方面，在满足弯曲疲劳强度的前提下应以多齿数为好，增加齿数、减小模数不仅能降低齿轮加工成本，还能增加重合度系数，从而降低噪声。但另一方面，齿轮系统内部动态激励的幅值及频率是其振动噪声的主要因素，在转速及动态激励幅值基本相同时，齿数增多，则激励频率增高，可能导致齿轮系统振动噪声增大。若模数不变而改变齿数，则齿轮直径及中心距将改变。而噪声的大小除了与振源能量相关外，更多取决于噪声的辐射面积。从这个角度讲，加大齿轮直径对降低噪声不利。一般配对齿轮齿数应互为质数或两齿轮齿数的最大公约数最小，这样有利于减小或避免周期性振动。

　　（3）齿顶高系数、斜齿轮螺旋角及齿宽　重载齿轮传动中，若条件允许，增大齿顶高系数可提高齿轮传动的平稳性，达到减振降噪的目的。其原因在于增大齿顶高系数，齿轮端面重合度也随之增大。

　　在允许的条件下，合理增大螺旋角，也能减小振动。其原因在于螺旋角增长，轴向重合度也随之增大，接触线长度增加，单位长度上载荷减小。载荷越大，增大螺旋角的效果越好。

增大齿宽能达到增加接触线长度的目的。而事实上，对于不同的齿轮类型，依靠增加齿宽来达到减小振动，其效果有比较明显的差别。对于渐开线直齿轮，从理论上讲，齿宽增大，单位齿宽载荷减小，但齿宽增大的同时也增大了对轴的变形和安装误差的敏感程度，极易发生偏载，这需要比较精确的修形措施来保证。

总的看来，适当增大齿顶高系数、螺旋角及齿宽，可提高齿轮副重合度。重合度越大，振动噪声越小，因为重合度系数越大，齿的弹性变形越小，当齿轮重合度系数在 1~2 之间时，噪声变化不大，若大于 2，噪声可明显减少。当重合度系数接近整数时，时变刚度变化较小，如果此时轮齿误差较小，则齿轮系统振动噪声较小。对于斜齿轮，增大齿宽可加大轴向重合度系数，进而降低振动噪声。当总载荷不变时，随着齿宽和螺旋角增大，重合度增大，可以使振动减小。

3. 控制齿轮的制造精度

齿轮制造精度不仅影响齿面形状，还影响齿距、螺旋线形状、螺旋线角度、齿廓形状、齿廓倾斜度，以及齿轮副实际啮合位置，从而影响齿轮系统的振动噪声。提高齿轮加工精度是降低齿轮振动噪声的重要手段。齿轮的各项误差及表面粗糙度都对振动噪声有较大影响。轮齿误差包括基节偏差、齿距偏差、齿形误差、压力角误差、周节误差、齿距累积误差及齿向误差，误差越大，振动加速度和动应力均越大。

在各种误差中，齿形误差和基节误差的影响最大，它们会导致齿轮的啮合回转不均匀，使相啮合的轮齿间发生碰撞，造成附加的动载荷而产生振动，从而辐射出噪声。齿形误差最敏感，其相位和频率均对振动有影响。当误差的最大值和刚度的最大值相位一致时，误差值大反而会减少动载荷，而一个基节内只有一次循环的齿形误差的动载系数最小。有基节误差就会产生振动，当基节误差较大时，即使重合度较大，也会出现较大的振动。一般情况下，振动噪声与基节误差呈正比增减，当转速增高或载荷增大时，噪声增减的梯度也增大。因此，要尽可能减小基节误差。但齿轮的基节误差是不可能完全消除的，在实际中要特别注意齿轮基节偏差的选取。当一对渐开线齿轮啮合时，如果其基节相符，则传动平稳。当主动轮基节偏差大于从动轮基节偏差时，噪声较小，在受载动态状况下有可能使两者差值趋于零，即基节更接近相等。因此，在规定的齿轮精度等级公差范围内制造时，主动轮的基节偏差应取上偏差，从动轮的基节偏差应取下偏差。控制这两项指标很大程度上取决于机床的精度（尤其是齿距误差）。因此，首先要保持设备精度的稳定，然后要减小齿面误差、基节误差，降低表面粗糙度等，保证加工质量。

齿轮误差一是来源于滚刀制造时的齿距误差及刀槽刃磨后的圆周齿距误差，二是来源于滚刀刃磨后前刀面的非径向性和非轴向性。滚刀刃磨后容屑槽的前面相对内孔中心分布不均匀时，将产生容屑槽周节累积误差。由于滚刀是经过铲背的，因此，刀槽误差会使滚刀切削刃偏离其基本蜗杆的螺旋线位置，并使刀齿厚度各不相同。这样在滚齿时，将产生切削刃的"过切"或"空切"现象，从而引起齿形误差。滚刀安装时如果有偏心（径向跳动、轴线偏斜）和轴向窜动，也将使滚刀在转动时各刀齿产生周期性的"过切"或"空切"现象，从而引起齿轮的齿形误差。在实际加工中需要选用精度较高的滚刀，并定期在专用滚刀刃磨床上刃磨。滚刀在滚齿机上装夹时，要保证滚刀的径向圆跳动与轴向圆跳动分别控制在 0.01 mm 和 0.05 mm 以内。

当齿形偏差与基节偏差一定时，接触精度主要取决于齿向误差。该误差主要来源于机床本身和齿坯安装。当滚齿机刀架导轨相对于工作台回转轴线歪斜时，将直接造成齿向歪斜。安装齿坯时，由于夹具支承面和齿坯端面都有轴向圆跳动，使齿坯基准孔轴线对机床工作台回转轴线产生歪斜，这在滚齿时也将引起齿向误差。

另外，选用同一台机床加工出来的齿轮进行组装，有利于降低齿轮啮合引发的振动噪声。

4. 算例

风电增速齿轮箱内齿轮加工精度通常为 5~6 级，4.3 节已分析得到齿轮制造精度为 5 级时风电增速齿轮箱的振动响应，现针对该增速齿轮箱，在其他参数不变的情况下，考虑齿轮制造精度为 6 级，分析得到增速齿轮箱各评价的振动响应时域及频域加速度曲线，如图 4-30 所示。由图可知：当齿轮制造精度由 5 级降为 6 级时，1~4 号评价点加速度均方根值分别为 4.67 m/s²、4.34 m/s²、6.07 m/s²、7.82 m/s²，振动量增加约 50%；由时域曲线可知，齿轮精度变化时，评价点加速度变化规律基本一致，但峰值随齿轮精度降低而增大；对比频域曲线可知，加速度峰值仍出现在啮合频率及倍频程处，但幅值有较大增加。

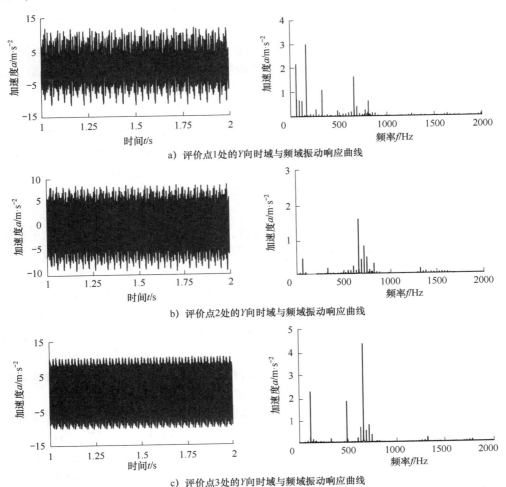

a) 评价点1处的Y向时域与频域振动响应曲线

b) 评价点2处的Y向时域与频域振动响应曲线

c) 评价点3处的Y向时域与频域振动响应曲线

图 4-30 齿轮制造精度为 6 级时各评价点 Y 向时域与频域加速度响应曲线

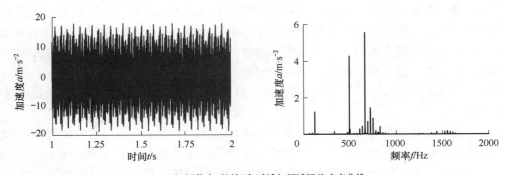

d) 评价点4处的Y向时域与频域振动响应曲线

图 4-30 齿轮制造精度为 6 级时各评价点 Y 向时域与频域加速度响应曲线（续）

4.6.2 轮齿修形

轮齿修形分为齿廓修形及齿向修形，修形会对齿轮副啮合刚度、传动误差等啮合特性产生影响。

针对风电增速齿轮箱行星轮-太阳轮斜齿轮副，运用 MATLAB 软件编程，对行星轮-太阳轮的单齿及综合啮合刚度进行计算，并结合轮齿误差与啮合刚度计算模型，分别分析齿廓及齿向修形参数对齿轮啮合特性的影响。

1. 齿廓修形对斜齿轮副啮合特性的影响

通过齿轮齿廓修形，能减小齿面受力变形、齿面误差对齿轮啮合传动的影响，降低齿轮啮合过程中的啮入与啮出冲击力。齿廓修形可分为长修形、短修形以及螺旋线方向的修整三种。长修形适用于载荷转速相对恒定的工作条件，短修形则一般应用于转速变化较多的情况，从而使工作载荷小于设计载荷，沿螺旋线方向的修整主要是补偿轴的安装误差以及弯曲变形而导致的偏载和振动。

轮齿受载后由于其变形会偏离理论啮合位置，在啮合时产生冲击，合理的修形能够避免啮合时齿顶尖角的接触及热弹变形引起的干涉，从而改善齿轮副的啮合特性，减小齿轮系统的振动。齿顶与齿根修形是目前最为常用的齿廓修形方式。一般情况下，齿根与齿顶修形影响效果相同，故本节仅研究齿顶修形对啮合特性的影响，并假设主、从动轮修形量及修形长度相同。

（1）齿廓修形量对斜齿轮副啮合特性的影响　对主、从动齿轮同时进行线性齿顶修形，即修形量沿啮合线为线性变化。首先取修形长度 L 为 15 mm，修形量 C_a 分别为 0、25 μm、50 μm、75 μm、100 μm、125 μm 时，研究斜齿轮副在不同修形量下轮齿修形对综合啮合刚度及静态传动误差的影响，如图 4-31 所示。

齿廓修形量变化对斜齿轮副综合啮合刚度的影响规律如图 4-31a 所示。当齿廓修形量增加时，在修形区域斜齿轮副综合啮合刚度随修形量的增大而逐渐减小。因为当齿轮传递的载荷保持不变时，综合啮合刚度在轮齿中部未修形区域保持不变，即综合啮合刚度最大值不变；在齿顶啮入与齿根啮出部分随着齿廓修形量增大，修形对综合啮合刚度的影响逐渐变大。修形后轮齿交替区域齿轮啮合刚度曲线变平滑。当修形量超过单齿啮合最高点的变形量，继续增大修形量，综合啮合刚度在轮齿交替区域曲线变得更加陡峭。

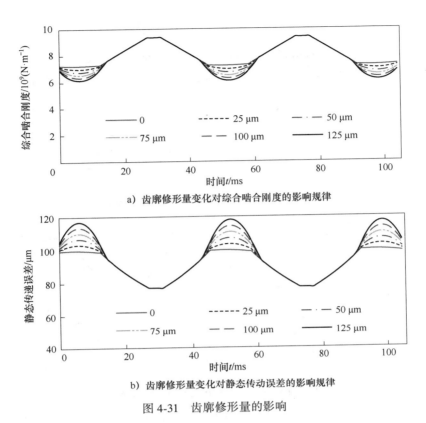

a）齿廓修形量变化对综合啮合刚度的影响规律

b）齿廓修形量变化对静态传动误差的影响规律

图 4-31　齿廓修形量的影响

齿廓修形量变化对斜齿轮副静态传动误差的影响规律如图 4-31b 所示。静态传动误差在修形区域随着修形量的增加而变大，在未修形区域保持不变。由于在修形区域综合啮合刚度变小，当齿轮传递载荷不变时轮齿的变形量增大。在曲线中间部分载荷分布系数不变，是因为当传递的功率保持不变时，载荷分布系数与静态传动误差在轮齿中部未修形区域保持不变。

（2）齿廓修形长度对斜齿轮副啮合特性的影响　对主、从齿轮进行线性齿顶修形，取修形量 C_a 为 75 μm，当修形长度 L 分别为 0、5 mm、10 mm、15 mm、20 mm、25 mm 时，研究不同修形长度对斜齿轮副综合啮合刚度及静态传动误差的影响，如图 4-32 所示。

齿廓修形长度变化对斜齿轮副综合啮合刚度的影响规律如图 4-32a 所示。修形长度增加，在轮齿啮合交替区综合啮合刚度减小，曲线变得更加平滑；当修形长度继续增大时，综合啮合刚度在几乎整个啮合过程中减小。这是由于当修形长度较小时，齿廓修形只对齿顶与齿根区域一小部分产生影响。

齿廓修形长度变化对静态传动误差的影响规律如图 4-32b 所示。在修形区域，随着齿廓修形长度的增加，在轮齿啮合交替区静态传动误差曲线变得平滑。因为随着修形长度的增加齿轮综合啮合刚度变小，而齿轮传递功率不变，在修形区域轮齿的变形量增大。

（3）齿廓修形曲线对齿轮副啮合特性的影响　取修形量 C_a 为 75 μm，修形长度 L 为 15 mm，修形曲线幂指数 n 分别为 0、1、1.22、1.5 与 2 时，研究不同修形曲线（修形曲线幂指数不同时，修形量沿啮合线变化快慢不同）对斜齿轮副综合啮合刚度及静态传动误差的影响，如图 4-33 所示。

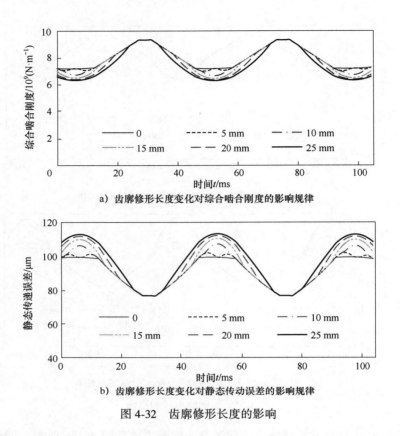

a）齿廓修形长度变化对综合啮合刚度的影响规律

b）齿廓修形长度变化对静态传动误差的影响规律

图 4-32　齿廓修形长度的影响

修形曲线幂指数变化对斜齿轮副综合啮合刚度的影响规律如图 4-33a 所示。随着修形曲线幂指数的增大，综合啮合刚度在轮齿交替区域曲线变得更加平滑，在修形区域内综合啮合刚度值减小。当修形量与修形长度一定时，修形曲线只影响修形量在啮合线方向变化的快慢。修形曲线幂指数对斜齿轮副静态传动误差的影响规律如图 4-33b 所示。在修形区域，随着幂指数的增加，在轮齿啮合交替区静态传动误差曲线变得平滑，其最小值不随幂指数的增加而改变。

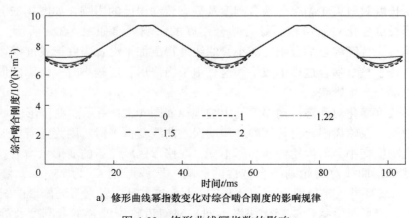

a）修形曲线幂指数变化对综合啮合刚度的影响规律

图 4-33　修形曲线幂指数的影响

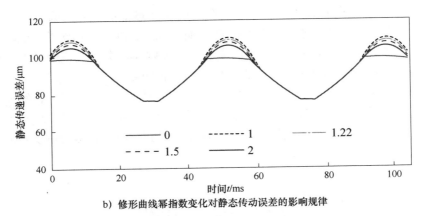

b) 修形曲线幂指数变化对静态传动误差的影响规律

图4-33 修形曲线幂指数的影响（续）

2. 齿向修形对斜齿轮副啮合特性的影响

齿向修鼓是目前最为常用且研究最多的齿向修形方式，而螺旋线倾斜修形对于偏载严重的齿轮副有较好的修形效果。因此，本书主要分析齿向修鼓量与螺旋线倾斜修形量对斜齿轮副啮合特性的影响。

（1）齿向修鼓量对斜齿轮副啮合特性的影响　针对行星轮-太阳轮斜齿轮副，只对主动齿轮进行修鼓。取修鼓量 C_β 分别为 0、10 μm、20 μm、30 μm、40 μm、50 μm 时，研究不同修鼓量 C_β 对斜齿轮副综合啮合刚度及静态传动误差的影响，如图4-34所示。

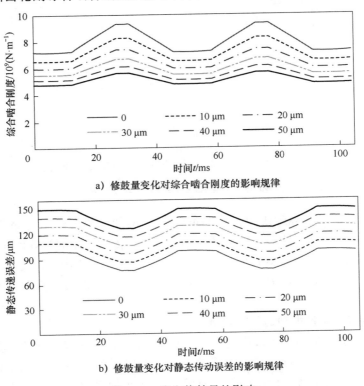

a) 修鼓量变化对综合啮合刚度的影响规律

b) 修鼓量变化对静态传动误差的影响规律

图4-34 齿向修鼓量的影响

由图 4-34 可知，齿向修鼓能够使综合啮合刚度和静态传动误差的峰峰值变小。齿向修鼓会对整个齿面的误差产生影响，修鼓量对综合啮合刚度及静态传动误差影响较大。由于静态传动误差会随斜齿轮修鼓量 C_β 的增加而变大，轮齿侧隙也会变大，所以需要选择合适的修鼓量 C_β，避免斜齿轮由于修鼓量 C_β 太大导致的齿轮侧隙变大。

（2）螺旋线倾斜修形量对齿轮副啮合特性的影响　针对行星轮–太阳轮斜齿轮副，只对主动齿轮进行螺旋线倾斜修形。选取螺旋线倾斜修形量 $C_{H\beta}$ 分别为 0、5 μm、10 μm、15 μm、20 μm、25 μm，研究不同螺旋线倾斜修形量对斜齿轮综合啮合刚度及静态传动误差的影响，如图 4-35 所示。

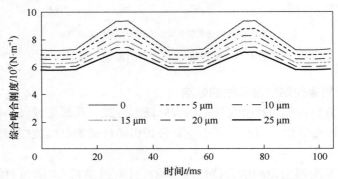

a）螺旋线倾斜修形量变化对综合啮合刚度的影响规律

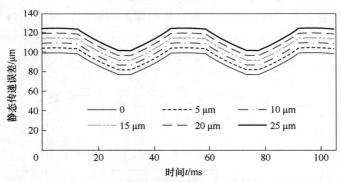

b）螺旋线倾斜修形量变化对静态传动误差的影响规律

图 4-35　螺旋线倾斜修形量的影响

从图 4-35 可知，随着螺旋线倾斜修形量 $C_{H\beta}$ 的增加，斜齿轮副的综合啮合刚度下降，幅值变小。螺旋线倾斜修形能够使综合啮合刚度和静态传动误差的峰峰值变小。由于静态传动误差会随斜齿轮的螺旋线倾斜修形量 $C_{H\beta}$ 的增加而变大，轮齿侧隙也会变大，所以需要选择合适的螺旋线倾斜修形量 $C_{H\beta}$，避免斜齿轮副由于螺旋线倾斜修形量 $C_{H\beta}$ 太大导致的齿轮侧隙变大。

3. 修形对增速齿轮箱振动的影响算例

对齿轮进行齿廓修形后，各级齿轮时变啮合刚度波动值及静态传动误差减小，进而导致齿轮副动态激励减小。将修形后的各级齿轮副动态激励施加到图 4-17 所示的模型中，求解箱体表面振动响应，提取各评价点的 Y 向时域与频域加速度响应曲线，如图 4-36 所示。

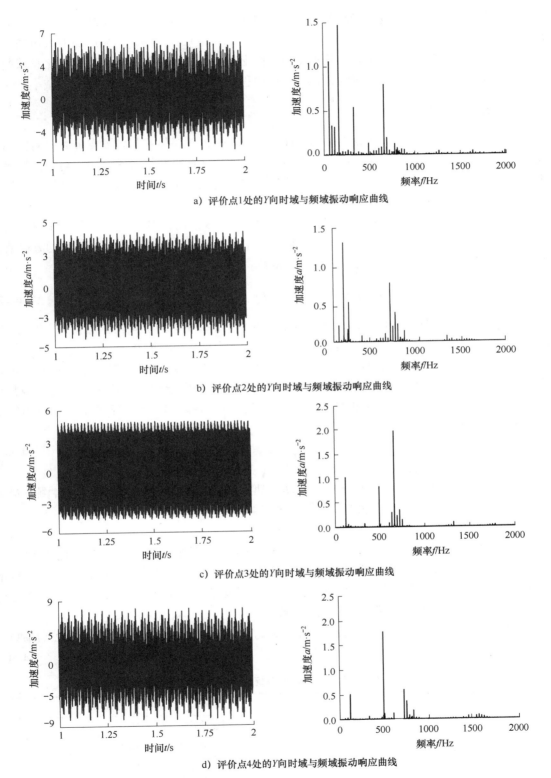

a) 评价点1处的Y向时域与频域振动响应曲线

b) 评价点2处的Y向时域与频域振动响应曲线

c) 评价点3处的Y向时域与频域振动响应曲线

d) 评价点4处的Y向时域与频域振动响应曲线

图4-36 齿廓修形后各节点Y向时域与频域加速度响应曲线

由图可知，对各齿轮进行齿廓修形后，增速和箱振动加速度下降约20%，1~4号节点加速度均方根分别为 2.37 m/s²、2.08 m/s²、2.83 m/s² 和 3.46 m/s²；由时域曲线可知，齿廓修形前后各节点加速度变化规律基本相同，修形后加速度峰峰值有所减小；对比频域曲线可知，振动加速度峰值仍出现在啮合频率及倍频程处，修形后幅值有较大程度的减小。

4.6.3 结构优化

以风电增速齿轮箱结构参数为优化设计变量，增速齿轮箱体积与各测点最大单向振动加速度均方值为状态变量，各评估点的振动加速度均方根值最小及箱体固有频率与特征频率接近率最大为目标函数，建立增速箱齿轮参数化有限元优化模型，对增速齿轮箱进行动力性能优化，实现增速齿轮箱的减振降噪。

（1）目标函数 在 ANSYS 中建立风电增速齿轮箱参数化有限元模型，为保证减小增速齿轮箱的振动及避免箱体固有频率与特征频率过于接近，以各评估点振动加速度均方根值的平均值与箱体固有频率最小接近率建立目标函数：

$$f(x) = w_1 \times \frac{a_{av}}{a_{av0}} - w_2 \times \min\left\{\frac{|\Delta f_m|}{0.15 f_i}\right\} \qquad (4\text{-}47)$$

式中，a_{av} 为各评估点综合振动加速度均方根值的平均值；a_{av0} 为优化初始值；Δf_m 为第 i 阶固有频率 f_i 与特征频率 f_m 的绝对差值；加权系数 w_1 取 0.9，w_2 取 0.1。

（2）状态变量 为避免增速齿轮箱的减振优化导致质量增加的情况发生，在对风电增速齿轮箱进行动力优化时要对箱体进行体积约束，即状态变量约束。状态变量约束函数见式（4-48）。通过状态变量约束能够在实现增速齿轮箱减振的同时实现增速齿轮箱的轻量化，便于提高增速齿轮箱的综合性能。

$$V_{sum}(x) \leqslant V_0 \qquad (4\text{-}48)$$

式中，$V_{sum}(x)$ 为优化过程中增速齿轮箱的体积；V_0 为增速齿轮箱的初始体积。

同时，为避免各测点 x、y 或 z 单向振动加速度均方根值的最大值增大，将各测点最大单向振动加速度均方根值选为状态变量，见式（4-49）。

$$a_{max} \leqslant a_{max0} \qquad (4\text{-}49)$$

式中，a_{max} 为各评估点 x、y 或 z 单向振动加速度均方根值的最大值；a_{max0} 为优化初始值。

（3）设计变量 增速齿轮箱箱体壁厚、箱体筋板、齿轮轮毂厚度、齿轮宽度是影响增速齿轮箱动态特性的重要参数，为了对风电增速齿轮箱进行动力优化，本书将之选取作为优化设计变量。各设计变量的具体含义见表4-6。

$$x = (HxtJ1, HxtZH, HxtH, HxtJ2, ZxtH, ZxtJ1, ZxtJ2, QxtJ, NcqH1, NcqH2, Hw3) \qquad (4\text{-}50)$$

表 4-6 风电增速齿轮箱系统的动力优化设计变量

变 量 名	含 义
$HxtJ1$	后箱体低速轴后轴承筋板厚度
$HxtZH$	后箱体低速轴后轴承轴承座厚度
$HxtH$	后箱体侧壁厚度
$HxtJ2$	后箱体内部筋板厚度

（续）

变　量　名	含　义
$ZxtH$	中箱体壁厚
$ZxtJ1$	中箱体外部筋板厚度
$ZxtJ2$	中箱体内部筋板厚度
$QxtJ$	前箱体外部筋板厚度
$NcqH1$	内齿圈 1 的外径
$NcqH2$	内齿圈 2 的外径
$Hw3$	第 3 级齿轮副的齿宽

4.6.4　相位调谐

据调查，目前大部分投入使用的风电增速齿轮箱中各行星轮在结构上并非严格对称，分布在太阳轮周边的行星轮在啮合时，啮合相位存在一定的差值，它是产生相位调谐现象的根源。

啮合力是一个复杂的周期性函数，在绝对坐标系下观察，各啮合力的大小和方向均在变化。而在系杆动坐标系中观察，行星齿轮传动由周转轮系转化为定轴轮系，因此，动坐标系下各中心构件的啮合力方向不再改变，仅有啮合力的大小在变化。此时，行星传动的各啮合力的对称性主要体现在由基本参数决定的啮合相位上，啮合相位相同，则行星轮的受力呈严格的中心对称形式，否则，其对称性便会受到某种程度的影响。

1. 相位调谐理论基础

为研究由啮合相位决定的各啮合力之间的组合关系，将啮合力在系杆坐标系下用傅里叶级数展开为一系列频率为啮频及其倍频的简谐函数之和的形式。分析作用于同一个中心构件上的各啮合位置的各阶谐波激励力的组合特征，分析构件所受的合力或合力矩的特征，以及由受力特征决定的构件的振动模式，从而建立了以啮合相位为中介的基本参数与不同谐波的振动形式之间的映射关系——相位调谐理论。

相位调谐现象最先是由 Seager 等发现并研究的。Parker 通过啮合力分析对相位调谐开展了深入的研究。王世宇等通过直齿行星系统的弯扭耦合动力学模型对相位调谐进行仿真研究，阐述了相位调谐因子与构件运动特性之间的关系。

Seager 建立 2K-H 直齿行星轮动力学模型，基于行星轮均布对相位调谐理论做了研究，得到的结论见表 4-7。

表 4-7　Seager 所得相位调谐理论

相位调谐条件	中心构件振动状态
$lz_s/N \neq$ 整数	激起平移振动
$(lz_s \pm 1)/N \neq$ 整数	激起扭转振动

Kahraman 研究了斜齿行星传动的相位调谐，他建立的是斜齿行星传动的平移-扭转耦合模型，得到的结论见表 4-8。

表 4-8　Kahraman 所得相位调谐理论

相位调谐因子 k	中心构件振动状态
0	激起沿 z 轴平移振动，激起绕 z 轴扭转振动
1，$N-1$	激起沿 x、y 轴平移振动，激起绕 x、y 轴扭转振动
2，$\cdots$，$N-2$	激起沿 x、y 轴平移振动，抑制绕 x、y 轴扭转振动

Parker 将啮频激励表达为傅里叶级数的形式，经严格数学推导，得到了直齿行星齿轮的相位调谐规律，见表 4-9。

表 4-9　Parker 所得相位调谐规律

相位调谐因子 k	中心构件受力特征	中心构件振动状态
0	$F^l++=0$，$T^l \neq 0$	激起扭转振动，抑制平移振动
1，$N-1$	$F^l \neq 0$，$T^l = 0$	激起平移振动，抑制扭转振动
2，$\cdots$，$N-2$	$F^l = 0$，$T^l = 0$	抑制扭转振动和平移振动

王世宇在三人研究的基础上，明确了啮频激励的三种激振模式与固有特性的三种模式之间的关系，得到的结论见表 4-10。

表 4-10　王世宇所得相位调谐规律

相位调谐因子 k	中心构件受力特征	中心构件振动状态
0	$F^l = 0$，$T^l \neq 0$	激起扭转振动
1，$N-1$	$F^l \neq 0$，$T^l = 0$	激起平移振动
2，$\cdots$，$N-2$	$F^l = 0$，$T^l = 0$	激起行星轮振动

不同研究者的研究思路不同，但所得的结论相同或者相似，即行星传动相位调谐因子的不同会激起或抑制某方面的振动。

2. 行星轮系啮合相位系数计算

为了精确描述各个啮合之间的关系，将啮合相位分为三种，分别为外啮合间的啮合相位、内啮合间的啮合相位、内外啮合间的啮合相位。具体定义如下：

令 λ_{sn} 表示第 n 个 s-p 啮合（即行星轮-太阳轮啮合）与第 1 个 s-p 啮合之间的啮合相位系数；λ_{rn} 表示第 n 个 p-r 啮合（即行星轮-内齿圈啮合）与第 1 个 p-r 啮合之间的啮合相位系数；$\lambda_{rs}^{(n)}$ 表示第 n 个 s-p 啮合与 p-r 啮合之间的相位系数。

行星齿轮中第 n 个行星轮和第 1 个行星轮间的夹角为 φ_n。当太阳轮相对于行星架旋转 φ_n 时，行星轮 n 移动到行星轮 1 的位置，需要的时间 t 为

$$t = \frac{\varphi_n}{\omega_s - \omega_c} \tag{4-51}$$

式中，ω_s、ω_c 分别为太阳轮、行星架的转速。

第 n 个 s-p 啮合和第 1 个 s-p 啮合之间的时间差为 Δt_{sn}，T_m 为啮合周期。

$$\begin{cases} \Delta t_{sn} = \lambda_{sn} T_m \\ T_m = \dfrac{2\pi}{(\omega_s - \omega_c)z_s} \end{cases} \tag{4-52}$$

由式（4-51）和式（4-52）可知

$$\Delta t_{sn} + p_n T_{\mathrm{m}} = t \tag{4-53}$$

即

$$(\lambda_{sn} + p_n) T_{\mathrm{m}} = \frac{\varphi_n}{(\omega_{\mathrm{s}} - \omega_{\mathrm{c}})} \tag{4-54}$$

式中，p_n 为一整数。由式（4-52）和式（4-54）可得

$$\lambda_{sn} = \pm \operatorname{dec}\left(\frac{z_{\mathrm{s}} \varphi_n}{2\pi}\right) \tag{4-55}$$

式中，$\operatorname{dec}(A)$ 为 A 的小数部分。约定只保持 λ_{sn}，λ_{rn}，$\lambda_{rs}^{(n)}$ 的小数部分，因为整数部分代表整数倍的啮合周期，即 $-1 < \lambda_{sn}$，λ_{rn}，$\lambda_{rs}^{(n)} < 1$。当行星轮转动方向为顺时针时，λ_{sn} 取正号；反之，λ_{sn} 取负号。同理，可以得到 λ_{rn} 的计算公式，由于太阳轮和内齿圈相对于行星架的转动方向相反，因此 λ_{rn} 和 λ_{sn} 的符号相反。

因为在行星齿轮传动系统中 Z_{s} 和 Z_{r} 之和必须为 N 的整数倍，所以有如下关系式成立：

$$\lambda_{sn} - \lambda_{rn} = \operatorname{dec}\left[\frac{(z_{\mathrm{s}} + z_{\mathrm{r}})(n-1)}{N}\right] = 0 \tag{4-56}$$

即 $\lambda_{sn} = \lambda_{rn}$。

设 $\lambda_{r1}^{(n)}$ 是第 n 个 p-r 啮合和第 1 个 s-p 啮合之间的啮合相位系数，$\lambda_{rs}^{(1)}$ 是行星轮 1 的 p-r 啮合与 s-p 啮合之间的啮合相位系数，则有

$$\lambda_{rs}^{(n)} = (\lambda_{rn} + \lambda_{rs}^{(1)}) - \lambda_{sn} \tag{4-57}$$

由式（4-56）和式（4-57）可以推出

$$\lambda_{rs}^{(n)} = \lambda_{rs}^{(1)} \tag{4-58}$$

这说明对所有行星轮来说，$\lambda_{rs}^{(n)}$ 都是相等的，即 $\lambda_{rs}^{(n)} = \lambda_{rs}^{(1)}$。

3. 直齿行星轮系相位调谐分析

下面给出直齿行星轮均布安装方式的相位调谐理论的简要推导过程。图 4-37 中，坐标系 $\{o\text{-}i, j\}$ 与 $\{o\text{-}e_1^l, e_2^l\}$ 建于系杆上并以系杆的理想角速度绕其轴心匀速转动（此处把动行星架转换成定行星架），坐标原点位于系杆的轴心，坐标轴 i 和 e_1^l 分别通过第一个与第 i 个行星轮轴心的理想位置，两坐标轴之间的夹角 $\psi_i = 2\pi(i-1)/N(i = 1, 2, 3, \cdots, N)$，$\boldsymbol{F}_i$ 为太阳轮与第 i 个行星轮之间的啮合力。

令行星轮的个数为 n，太阳轮的齿数为 z_{s}，内齿圈的齿数为 z_{r}，太阳轮的转速为 ω_{s}，则啮频定义如下：

$$\omega_m = \frac{z_{\mathrm{s}} z_{\mathrm{r}} \omega_{\mathrm{s}}}{z_{\mathrm{s}} + z_{\mathrm{r}}} \tag{4-59}$$

在坐标系 $\{o\text{-}e_1^l, e_2^l\}$ 中，第 i 个行星轮与太阳轮之间的啮合力可表示为

$$F_i = F_{i1} e_1^i + F_{i2} e_2^i \tag{4-60}$$

写成傅里叶级数形式为

$$\left.\begin{aligned}
F_{i1} &= \sum_{l=1}^{\infty} \left[a_i^l \sin l(\omega_m t + \phi_i) + b_i^l \cos l(\omega_m t + \phi_i) \right] \\
F_{i2} &= \sum_{l=1}^{\infty} \left[c_i^l \sin l(\omega_m t + \phi_i) + d_i^l \cos l(\omega_m t + \phi_i) \right]
\end{aligned}\right\} \tag{4-61}$$

式中，ϕ_i 为第 i 个行星轮的初始啮合相位。

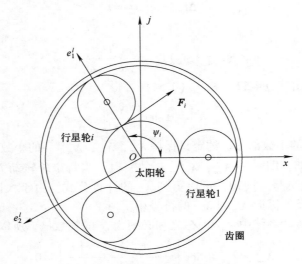

图 4-37　行星传动构件受力分析

如图 4-37 所示，假设太阳轮不动，行星轮绕太阳轮转动，则当行星轮 1 由其初始位置到达行星轮 i 的位置时，它绕太阳轮转过的角度为 ψ_i，即 $\psi_i/(2\pi/z_s)$ 个齿距角。由于行星轮每转过一个齿距角即完成一个完整的啮合周期，所以在此过程中共完成了 $\psi_i/(2\pi/z_s)$ 个啮合过程。对于以啮频为基频的刚度函数而言，每个啮合过程意味着刚度函数经过一个周期，相位变化为 2π，所以若第一个行星轮的啮合相位为 0，那么第 i 个行星轮的啮合相位即为

$$\phi_i = \psi_i z_s \tag{4-62}$$

转换到 $\{o\text{-}i, j\}$ 坐标系下，第 i 个行星轮与太阳轮的啮合力可表示为

$$F_i = F_{ix} i + F_{iy} j \qquad \begin{bmatrix} F_{ix} \\ F_{iy} \end{bmatrix} = \begin{bmatrix} \cos\psi_i & \sin\psi_i \\ -\sin\psi_i & \cos\psi_i \end{bmatrix} \begin{bmatrix} F_{i1} \\ F_{i2} \end{bmatrix} \tag{4-63}$$

则作用在太阳轮上的总啮合力为

$$F_{\text{sun}} = F_x i + F_y j = \sum_{i=1}^{N} \left[F_{ix} i + F_{iy} j \right] \tag{4-64}$$

综合以上各式，作用在太阳轮上的总合力可用傅里叶级数表示为

$$F_x = \sum_{i=1}^{\infty} F_{ix} = \sum_{i=1}^{N} \left[\cos\psi_i F_{i1} + \sin\psi_i F_{i2} \right] = \sum_{l=0}^{\infty} F_x^l$$

$$F_x^l = \sum_{i=1}^{N} \left[\underbrace{a_i^l \cos\psi_i \sin(l\omega_m t + lz_s\psi_i)}_{I} + b_i^l \cos\psi_i \cos(l\omega_m t + lz_s\psi_i) + \right.$$

$$\left. c_i^l \sin\psi_i \sin(l\omega_m t + lz_s\psi_i) + d_i^l \sin\psi_i \cos(l\omega_m t + lz_s\psi_i) \right]$$

$$F_y = \sum_{i=1}^{\infty} F_{iy} = \sum_{i=1}^{N} \left[-\sin\psi_i F_{i1} + \cos\psi_i F_{i2} \right] = \sum_{l=0}^{\infty} F_y^l$$

$$F_y^l = \sum_{i=1}^{N} \left[-a_i^l \cos\psi_i \sin(l\omega_m t + lz_s\psi_i) - b_i^l \cos\psi_i \cos(l\omega_m t + lz_s\psi_i) + \right.$$

$$\left. c_i^l \sin\psi_i \sin(l\omega_m t + lz_s\psi_i) + d_i^l \sin\psi_i \cos(l\omega_m t + lz_s\psi_i) \right] \tag{4-65}$$

式中，F_x^l 和 F_y^l 为太阳轮所受啮合力的第 l 阶谐波分量。将式（4-65）中 I 所表示的部分进一步展开，并积化和差后得

$$I = \sum_{i=1}^{N} a_i^l \left[\cos\psi_i \cos lz_s\psi_i \sin l\omega_m t + \cos\psi_i \sin lz_s\psi_i \cos l\omega_m t \right]$$

$$= \frac{1}{2} \sum_{i=1}^{N} a_i^l \left\{ \left[\cos(\psi_i(lz_s + 1)) + \cos(\psi_i(lz_s - 1)) \right] \sin l\omega_m t + \right.$$

$$\left. \left[\sin(\psi_i(lz_s + 1)) + \sin(\psi_i(lz_s - 1)) \right] \cos l\omega_m t \right\} \tag{4-66}$$

式（4-65）中其他与 I 相对应的部分也可化为同样形式。对于均布安装方式的行星轮，有

$$\psi_i = \frac{2\pi(i-1)}{N} \tag{4-67}$$

由于均布安装方式的对称结构，不同行星轮与太阳轮之间啮合力的傅里叶系数 a_i^l，b_i^l，c_i^l，d_i^l 均相等。令 $a_i^l = a^l$，将式（4-67）代入式（4-66）并整理可得

$$I = \frac{1}{2} a^l \sum_{i=1}^{n} \left\{ \left\{ \cos\left[\frac{2\pi(i-1)(lz_s + 1)}{N} \right] + \cos\left[\frac{2\pi(i-1)(lz_s - 1)}{N} \right] \right\} \sin l\omega_m t + \right.$$

$$\left. \left\{ \sin\left[\frac{2\pi(i-1)(lz_s + 1)}{N} \right] + \sin\left[\frac{2\pi(i-1)(lz_s - 1)}{N} \right] \right\} \cos l\omega_m t \right\} \tag{4-68}$$

定义相位调谐因子

$$k = \mathrm{mod}\left(\frac{lz_s}{N} \right) \tag{4-69}$$

式中，$\mathrm{mod}(a/b)$ 表示 a 除以 b 取余。将式（4-69）代入式（4-68）并整理得

$$I = \frac{1}{2} a^l \sum_{i=1}^{n} \left\{ \left\{ \cos\left[\frac{2\pi(i-1)(k+1)}{N} \right] + \cos\left[\frac{2\pi(i-1)(k-1)}{N} \right] \right\} \sin l\omega_m t + \right.$$

$$\left. \left\{ \sin\left[\frac{2\pi(i-1)(k+1)}{N} \right] + \sin\left[\frac{2\pi(i-1)(k-1)}{N} \right] \right\} \cos l\omega_m t \right\} \tag{4-70}$$

经数学推导可以证明，当 m 为整数时，如下等式成立：

$$\begin{cases} \sum_{i=1}^{N} \cos\left[\frac{2\pi(i-1)m}{N} \right] = \begin{cases} 0, & m/N \neq \mathrm{interger} \\ N, & m/N = \mathrm{interger} \end{cases} \\ \sum_{i=1}^{N} \sin\left[\frac{2\pi(i-1)m}{N} \right] = 0 \end{cases} \tag{4-71}$$

根据式（4-71）可得，当 $k=1$ 或 $N-1$ 时，$m/N = (k-1)/N$ 或者 $(k+1)/N = 0$ 或者 1，此时，式（4-70）和式（4-65）中 I 部分不为 0，所以式（4-65）中作用在太阳轮上的谐波分量也不为 0；当 k 不等于 1 或 $N-1$ 时，$m/N = (k-1)/N$ 或者 $(k+1)/N$，不为整数，所以式（4-70）中 I 为 0，式（4-65）中与 I 对应的部分也为 0，此时，作用在太阳轮上的谐波分量为 0。

作用在太阳轮上的各路啮合力的合力矩为

$$T_{sun} = r_{sun} \sum_{i=1}^{N} F_{i2} \qquad (4-72)$$

把式（4-61）代入式（4-72）得

$$T_{sun} = r_{sun} \sum_{i=1}^{N} \sum_{l=1}^{\infty} \left[c_i^l \sin l(\omega_m t + \phi_i) + d_i^l \cos l(\omega_m t + \phi_i) \right] = \sum_{l=0}^{\infty} T^l$$

$$T^l = r_{sun} \sum_{i=1}^{N} \left[c_i^l \sin(l\omega_m t + lz_s \psi_i) + d_i^l \cos(l\omega_m t + lz_s \psi_i) \right] \qquad (4-73)$$

T^l 为作用在太阳轮上合力矩的第 l 阶分量。式（4-73）适用于任何行星轮安装方式的系统。对于均布安装系统，将式（4-67）代入式（4-73）可得

$$T^l / r_{sun} = \sum_{i=1}^{N} \left\{ \left[c_i^l \cos \frac{2\pi(i-1)lz_s}{N} - d_i^l \sin \frac{2\pi(i-1)lz_s}{N} \right] \sin l\omega_m t + \left[c_i^l \sin \frac{2\pi(i-1)lz_s}{N} - d_i^l \cos \frac{2\pi(i-1)lz_s}{N} \right] \cos l\omega_m t \right\} \qquad (4-74)$$

令 $c_i^l = c^l$，$d_i^l = d^l$，将式（4-69）代入式（4-74）得

$$T^l / r_{sun} = \left[c^l \sum_{i=1}^{N} \cos \frac{2\pi(i-1)k}{N} - d^l \sum_{i=1}^{N} \sin \frac{2\pi(i-1)k}{N} \right] \sin l\omega_m t + \left[c^l \sum_{i=1}^{N} \sin \frac{2\pi(i-1)k}{N} - d^l \sum_{i=1}^{N} \cos \frac{2\pi(i-1)k}{N} \right] \cos l\omega_m t \qquad (4-75)$$

同样，根据式（4-71）所得到的结论可知，当 $k \neq 0$ 时，作用在太阳轮上的合力矩的第 l 阶谐波分量为 0；当 $k = 0$ 时，作用在太阳轮上的合力矩的第 l 阶谐波分量不为 0。

此处以太阳轮为例给出其受力情况与基本参数，以及谐波阶数的对应关系。若以内齿圈、系杆为研究对象，可以得到同样的结论。如果作用在太阳轮上的合力的第 l 阶谐波分量为零，则意味着太阳轮在该阶谐波处不存在径向的平移振动响应，相应的内齿圈、系杆也都不存在径向的平移振动响应。同样如此，若作用在太阳轮上的合力矩的第 l 阶谐波分量为零，则中心构件也不会存在扭转振动响应。

4. 斜齿/人字齿行星轮系相位调谐分析

对于斜齿/人字齿，在不考虑误差、冲击等的理想啮合状态下，行星齿轮系统中啮合力为周期函数。以系统中太阳轮左旋斜齿轮为例，第 n 个 s-p 啮合力 F_{spn} 可以表示成 l 阶啮频谐波傅里叶级数形式，其基频为 ω_m。

$$F_{spn} = F_{sn} + \sum_{l=1}^{\infty} \left[a_n^l \sin(l\omega_m t + lz_s \psi_n) + b_n^l \cos(l\omega_m t + lz_s \psi_n) \right]$$

$$= F_{sn} + \sum_{l=1}^{\infty} F_n^l \qquad (4-76)$$

式中，F_{sn} 为第 n 个 s-p 啮合的啮合力中的不变部分；a_n^l、b_n^l 为第 n 个 s-p 啮合力中第 l 阶傅里叶系数；F_n^l 为第 n 个 s-p 啮合力的第 l 阶谐波分量。

第 n 个 s-p 啮合中，在行星轮 n 的动坐标系 O_n-$x_n y_n z_n$ 下，啮合力可以分解为 x_n、y_n、z_n 三个方向的力，即

$$
\begin{cases}
F_{spnx} = F_{spn}\sin\alpha\cos\beta \\
F_{spny} = F_{spn}\cos\alpha\cos\beta \\
F_{spnz} = F_{spn}\sin\beta
\end{cases}
\tag{4-77}
$$

在绝对坐标系 $O\text{-}XYZ$ 下，太阳轮上在 X、Y、Z 方向上的合力为 F_x、F_y、F_z，太阳轮上的力矩代数和为 T_s，人字齿行星齿轮各个行星轮外啮合均载系数为 Ω_{spn}，即

$$
\begin{cases}
F_x = \displaystyle\sum_{n=1}^{\infty} F_{spnx} = \sum_{n=1}^{N}\left[\cos\psi_n F_{spnx} + \sin\psi_n F_{spny}\right] = \sum_{l=0}^{\infty} F_x^l \\[2mm]
F_y = \displaystyle\sum_{n=1}^{\infty} F_{spny} = \sum_{n=1}^{N}\left[-\sin\psi_n F_{spnx} + \cos\psi_n F_{spny}\right] = \sum_{l=0}^{\infty} F_y^l \\[2mm]
F_z = \displaystyle\sum_{n=1}^{N} F_{spnz} = \sum_{l=0}^{\infty} F_z^l \\[2mm]
T_{sun} = r_{sun}\displaystyle\sum_{n=1}^{N} F_{spny} \\[2mm]
\Omega_{spn} = \dfrac{N F_{spn}}{\displaystyle\sum_{i=1}^{N} F_{spn}} = \dfrac{N\displaystyle\sum_{l=1}^{\infty} F_n^l}{\displaystyle\sum_{l=1}^{\infty} F^l}
\end{cases}
\tag{4-78}
$$

由表 4-9 可得

$$
\begin{cases}
F_x^l,\ F_y^l = 0, \qquad F_z^l,\ T^l \neq 0 \qquad (Z_s/N = \text{interger}) \\
F_x^l,\ F_y^l \neq 0, \qquad F_z^l,\ T^l = 0 \qquad (Z_s/N \neq \text{interger})
\end{cases}
\tag{4-79}
$$

把式（4-79）代入式（4-78）得

$$
\begin{cases}
\dfrac{Z_s}{N} = \text{interger} \begin{cases} F_x = 0 \\ F_y = 0 \\ F_z > N F_{sn}\ T_{sun} > N r_{sun} F_{sn} \\ \Omega_{spn} = 1 \end{cases} \\[10mm]
\dfrac{Z_s}{N} \neq \text{interger} \begin{cases} F_x,\ F_y \neq 0 \\ F_z = N F_{sn}\ T_{sun} = N r_{sun} F_{sn} \\ \Omega_{spn} > 1 \end{cases}
\end{cases}
\tag{4-80}
$$

根据式（4-80）可知，在均布式人字齿行星齿轮系统中，当太阳轮齿数 Z_s 能被行星轮个数 N 整除时，即啮合相位 λ_{sn} 为 0 时，太阳轮上受到的 X、Y 向合力为 0，可以抑制系统的平移振动；太阳轮上力矩代数和大于输入转矩，激起扭转振动；外啮合均载系数为 1。当太阳轮齿数 Z_s 不能被行星轮个数 N 整除时，即啮合相位 λ_{sn} 不为 0 时，太阳轮上受到的 X、Y 向合力不为 0，激起平移振动；太阳轮上力矩代数和等于输入转矩，抑制扭转振动；外啮合均载系数大于 1。同理，可以推出内齿圈情况，非均布式斜齿/人字齿行星齿轮系统中也存在类似结论。

5. 齿数互质对系统振动特性的影响

假设太阳轮的齿数 Z_s 与行星轮的个数 N 有公因子 C，则有

$$Z_{\mathrm{s}} = CZ'_{\mathrm{s}} \tag{4-81}$$

$$N = CN' \tag{4-82}$$

假设

$$Q = \mathrm{int}\,\frac{lZ_{\mathrm{s}}}{N} \tag{4-83}$$

式中，int 为取整商函数，则有

$$Q = \mathrm{int}\,\frac{lZ'_{\mathrm{s}}}{N'} \tag{4-84}$$

假设

$$k' = \mathrm{mod}\,\frac{lZ'_{\mathrm{s}}}{N'} \tag{4-85}$$

则

$$k' \in \{0,\ 1,\ 2,\ \cdots,\ N'-1\} \tag{4-86}$$

综上所述有

$$Z_{\mathrm{s}} = QN + k \tag{4-87}$$

$$Z'_{\mathrm{s}} = QN' + k' \tag{4-88}$$

式（4-88）两边同时乘以公因子 C，得

$$CZ'_{\mathrm{s}} = QCN' + Ck' \tag{4-89}$$

由式（4-81）、式（4-82）和式（4-89），得

$$Z_{\mathrm{s}} = QN + Ck' \tag{4-90}$$

由式（4-87）和式（4-90），得

$$k = Ck' \tag{4-91}$$

由式（4-86）和式（4-91），得

$$k \in \{0,\ C,\ 2C,\ \cdots,\ N-C\} \tag{4-92}$$

因此，当中心轮齿数与行星轮个数的公因子大于 1 时，必然有 $k \neq 1$ 且 $k \neq N-1$，此时行星传动不存在平移振动模式。综上分析可知，当行星轮个数为 2 或 3 时，若中心轮齿数与行星轮个数互质，那么随着啮频谐波阶数的变化将激起扭转振动模式或平移振动模式；若这两个参数的公因子大于 1，那么仅能激起扭转振动模式。当行星轮的个数大于或等于 4 时，若中心轮齿数与行星轮个数互质，随着啮频谐波阶数的变化，将激起扭转振动模式、平移振动模式或行星轮振动模式；若两个基本参数的公因子大于 1，那么仅能激起扭转振动模式或行星轮振动模式，结论见表 4-11。

表 4-11　2K-H 直齿行星传动的相位调谐规律

公因子 C	行星轮个数 N	相位调谐因子 k	中心构件受力特征	振 动 状 态
$C \geqslant 2$	$N=2,\ 3$	0	$F^l=0,\ T^l \neq 0$	扭转振动模式
	$N \geqslant 4$	0	$F^l=0,\ T^l \neq 0$	扭转振动模式
		$[C,\ N-C]$	$F^l=0,\ T^l=0$	行星轮振动模式
$C=1$	$N=2,\ 3$	0	$F^l=0,\ T^l \neq 0$	扭转振动模式
		$1,\ N-1$	$F^l \neq 0,\ T^l=0$	平移振动模式

（续）

公因子 C	行星轮个数 N	相位调谐因子 k	中心构件受力特征	振 动 状 态
$C=1$	$N \geqslant 4$	0	$F^l=0$，$T^l \neq 0$	扭转振动模式
		1，$N-1$	$F^l \neq 0$，$T^l=0$	平移振动模式
		$[2, N-2]$	$F^l=0$，$T^l=0$	行星轮振动模式

因此，在设计阶段通过选择合理的齿数及行星轮数改变行星传动相位调谐因子，进而抑制对增速齿轮箱影响较大的某些振动形式，以达到减振降噪的目的。

4.6.5 均载机构

行星传动通过多个行星轮实现功率分流，以达到提高功率密度的目的，但各行星轮间的均载对传动机构的动静力学性能及安全可靠运行有着较大影响。对于超大功率的风电增速齿轮箱而言，一方面，齿轮箱输入转矩大，载荷变化幅度、频度大，采用常规串行传动结构不但会造成齿轮箱体积大、成本高，而且会导致服役工况下的均载性能降低；另一方面，常规的整体跨坐式行星架无法对内部齿轮系统受风载冲击起到保护作用，其由于尺寸大、精度难以保证的问题也无法满足齿轮箱对高功率密度以及均载的需求。因此，选择合理的均载机构，降低行星轮间载荷分布的不均匀性，对风电增速齿轮箱的减振降噪有着重要的意义。

4.7 本章小结

本章从风电增速齿轮箱内、外源动态激励入手，分析动态激励下风电增速齿轮箱的振动噪声，通过试验来验证仿真分析的可行性，并提出风电增速齿轮箱振动噪声的控制方法。主要内容包括：基于双参数威布尔分布模型模拟外部随机风载；考虑轴承支承刚度、齿轮副时变啮合刚度及静态传动误差等因素，采用集中参数法计算各级齿轮副啮合力；基于有限元法进行风电增速齿轮箱模态及振动特性分析；基于直接边界元法进行辐射噪声预估；并从设计及加工、齿轮修形、结构优化、相位调谐等方面分析振动噪声的影响因素，提出了大型风电增速齿轮箱振动与噪声的有效控制方法。

第5章

大型风电传动链多柔体动力学设计及共振规避方法

5.1 概述

风力发电机系统通常包括塔架、风轮、主轴、增速齿轮箱、发电机等零部件，系统内部有变桨距调节系统和发电机控制系统等。在风力发电机中，传动链的作用是将风载的动能转换为发电机输出的电能。传动链通常包括风轮、主轴、增速齿轮箱、发电机等零部件。工作过程中，传动链同时受到外部激励与内部激励作用。外部激励包括风的动态激励、偏航系统的旋转激励和来自电网的电压波动等；内部激励包括部件柔性变形、齿轮啮合刚度及阻尼、发电机电磁转矩等。复杂的内、外部激励使得风机传动链内部动态受力与动力学特性异常复杂。风机齿轮传动系统包括多个传动级，含有大量的齿轮和轴系零件。建立精确的齿轮系统耦合动力学模型，有利于了解和预测其动态特性，研究传动链的动态特性，对于风机传动链的动力学设计、减振降噪、共振点甄别等具有十分重要的意义，能够节约大量的维修成本。

5.2 动力学建模方法及模型

5.2.1 子结构模态综合法

风机传动链零部件较多，若某些零部件的柔性变形对整个系统的影响达到不能忽略的程度，则必须采用柔性体建模方法。而实际上任何物体都具有柔性变形，因此，柔性多体模型是最符合实际情况的。柔性变形为构件提供了更多的模态信息，但分析时间也会增加，分析不同构件柔性对系统动力学响应的影响，进而提高建模和分析效率显得十分重要。目前，学者已利用多柔体动力学建模方法研究了轮毂、主轴、行星架和内齿圈等部件柔性对系统的影响。仅考虑轴系或箱体的柔性，而将齿轮简化为刚体，难免会影响齿轮啮合特性，降低齿轮的动力学分析精度。

现代工程结构逐渐向大型化和复杂化发展，包括航天器、矿山机械、风力发电系统等。大型机械系统零部件众多且结构复杂，其传动系统的自由度数量可高达上万阶。利用传统的有限元方法求解它们的结构特性以及动力学响应等变得十分困难。采用子结构模态综合法，可以从量级上大幅度缩减系统整体结构的自由度，在计算时并不会改变机械结构的本质特征，具有较高的计算精度。

依据子结构界面的自由度，可将模态综合法主要分为固定界面和自由界面两种类型。根据分析需求或零部件的结构类型及特点，将整机分割成多个子结构，利用有限元法求解子结构的自由模态，然后利用模态综合法理论将子结构模态矢量进行耦合，最终综合得到系统模型。建模步骤如图 5-1 所示。

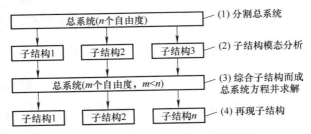

图 5-1　子结构模态综合法建模步骤

取假设模态为若干个独立（线性无关）的假设振型的线性组合：

$$X = a_1\widehat{\psi}_1 + a_2\widehat{\psi}_2 + \cdots + a_s\widehat{\psi}_s = Da(s<n) \tag{5-1}$$

式中，

$$D = \begin{bmatrix} \widehat{\psi}_1 & \widehat{\psi}_2 & \cdots & \widehat{\psi}_s \end{bmatrix} \tag{5-2}$$

$$a = \begin{bmatrix} a_1 & a_2 & \cdots & a_s \end{bmatrix}^{\mathrm{T}} \tag{5-3}$$

代入瑞利商 $R(X) = \dfrac{X^{\mathrm{T}}KX}{X^{\mathrm{T}}MX}$，将原 n 特征值问题转化为近似的 s 阶特征值问题：

$$\begin{cases} (\overline{K} - \overline{\omega}^2\overline{M})a = 0 \\ \overline{K} = D^{\mathrm{T}}KD \\ \overline{M} = D^{\mathrm{T}}MD \end{cases} \tag{5-4}$$

有如下结论：

$$\begin{cases} \overline{\omega}_i^2 = \omega_i^2 & (i = 1, 2, \cdots, s) \\ X_i = Da_i & (i = 1, 2, \cdots, s) \\ X_i^{\mathrm{T}}MX_j = 0 & (i \neq j) \end{cases} \tag{5-5}$$

如图 5-2 所示，将完整的传动链结构拆分为若干个子结构，其中包括齿轮、轴系、箱体三大类部件。

以两个子结构为例进行说明，子结构自由度分为内部自由度 $\{u_I\}$ 和 $\{u_J\}$：

$$\{u^a\} = \begin{Bmatrix} u_I^a \\ u_J^a \end{Bmatrix}, \quad \{u^b\} = \begin{Bmatrix} u_I^b \\ u_J^b \end{Bmatrix} \tag{5-6}$$

根据界面连续性条件，有

$$\{u_J^a\} = \{u_J^b\} \tag{5-7}$$

由力的对接条件，可知界面合力为零，即

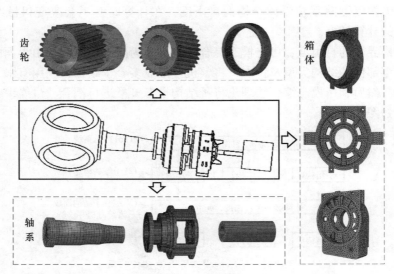

图 5-2 传动链子结构

$$\{f_J^a\} + \{f_J^b\} = \{0\} \tag{5-8}$$

系统动能可表示为

$$T = T^a + T^b = \frac{1}{2}\{\dot{u}^a\}^{\mathrm{T}}[m^a]\{u^a\} + \frac{1}{2}\{\dot{u}^b\}^{\mathrm{T}}[m^b]\{\dot{u}^b\} \tag{5-9}$$

系统势能为

$$V = V^a + V^b = \frac{1}{2}\{u^a\}^{\mathrm{T}}[k^a]\{u^a\} + \frac{1}{2}\{u^b\}^{\mathrm{T}}[k^b]\{u^b\} \tag{5-10}$$

式中，$[m^a]$ 和 $[m^b]$ 为两个子结构的质量矩阵；$[k^a]$ 和 $[k^b]$ 为刚度矩阵。

根据子结构的模态矢量分别得到里兹基 $[\Phi]^a$ $[\Phi]^b$，对式（5-6）进行模态坐标变换，得到

$$\begin{cases} \{u^a\} = [\Phi]^a\{p^a\} \\ \{u^b\} = [\Phi]^b\{p^b\} \end{cases} \tag{5-11}$$

式（5-11）称为第一次坐标变换。通常子结构保留模态的个数少于它们的自由度，即 $\{p^a\}$ 的分量数小于 $\{u^a\}$ 的分量数，也即模态坐标的数量小于物理坐标的数量。

利用式（5-11），式（5-9）和式（5-10）可以分别简化为

$$T = \frac{1}{2}\{\dot{p}\}^{\mathrm{T}}[M]\{\dot{p}\} \tag{5-12}$$

$$V = \frac{1}{2}\{p\}^{\mathrm{T}}[K]\{p\} \tag{5-13}$$

式中，$[M] = \begin{bmatrix} [M]^a & [0] \\ [0] & [M]^b \end{bmatrix}$，$\{p\} = \begin{Bmatrix} p^a \\ p^b \end{Bmatrix}$，$[K] = \begin{bmatrix} [K]^a & [0] \\ [0] & [K]^b \end{bmatrix}$。

基于界面的连续性条件 $\{u_J^a\} = \{u_J^b\}$，得到等式

$$[\Phi_J^a]\{p^a\} = [\Phi_J^b]\{p^b\} \tag{5-14}$$

从而有

$$\left[\, \Phi_j^a \;-\; \Phi_j^b \,\right] \begin{bmatrix} p^a \\ p^b \end{bmatrix} = \{0\} \tag{5-15}$$

$$[\,C\,]\{p\} = \{0\} \tag{5-16}$$

$$[\,C\,] = \left[\, \Phi_j^a - \Phi_j^b \,\right] \tag{5-17}$$

将 $\{p\}$ 拆分为独立的广义坐标 $\{p_I\}$ 和非独立的广义坐标 $\{p_d\}$ 两部分，将式（5-15）改写为

$$\left[\, [\,C_{dd}\,]\;[\,C_{dl}\,] \,\right] \begin{bmatrix} p_d \\ p_I \end{bmatrix} = \{0\} \tag{5-18}$$

令 $[\,S\,] = \begin{bmatrix} -\,[\,C_{dd}\,]^{-1}\,[\,C_{dl}\,] \\ [\,I\,] \end{bmatrix}$。式（5-18）即为第二次坐标变换，在经过两次坐标变换后，系统无阻尼自由振动的运动方程最终可以表达为

$$[\,M\,]^*\{\ddot{q}\} + [\,K\,]^*\{q\} = \{0\} \tag{5-19}$$

式中，

$$\begin{cases} [\,M\,]^* = [\,S\,]^{\mathrm{T}}[\,M\,][\,S\,] \\ [\,K\,]^* = [\,S\,]^{\mathrm{T}}[\,K\,][\,S\,] \end{cases} \tag{5-20}$$

5.2.2　子结构有限元模型

1. 有限元分析理论

有限元方法的思路是通过将构件划分为多个小块，从而将无限自由度降阶为有限个自由度，这个分割的过程被称为"离散化"，分割成的小块称为"单元"，单元之间的连接点称为"节点"。根据分析对象的属性不同，可以划分得到二维或三维单元类型。单元与单元之间通过节点产生约束关系，即通过节点传递载荷、位移等。根据分析对象的力学属性，对离散化后的物体建立质量、刚度和阻尼矩阵，然后利用质量矩阵和刚度矩阵建立包含节点位移的平衡方程，从而计算出每个节点的位移，并且利用插值法求解出节点之间任意点的位移。如果建立的力学方程满足一定的收敛条件，那么随着网格的细化，单元数量的增加，有限元的分析结果会更加准确。

根据有限元的边界条件和节点载荷之间的耦合关系，建立节点载荷与节点位移之间的表达式。对于三角形单元而言，其一共有 3 个节点，编号分别为 i、j、m，在同一个平面内一共有 6 个自由度，用矩阵形式表示为

$$\{\delta\}^e = \begin{bmatrix} u_i & v_i & u_j & v_j & u_m & v_m \end{bmatrix}^{\mathrm{T}} \tag{5-21}$$

同样，每个自由度对应的力也可以用矩阵表示为

$$\{F\}^e = \begin{bmatrix} F_{ix} & F_{iy} & F_{jx} & F_{jy} & F_{mx} & F_{my} \end{bmatrix}^{\mathrm{T}} \tag{5-22}$$

利用弹性力学原理建立力与位移的表达式，得到

$$\{F\}^e = [\,k\,]^e\{\delta\}^e \tag{5-23}$$

式中，$\{k\}^e$ 为单元刚度矩阵。

最后进行系统分析，即依据节点受力矩阵和位移之间的映射矩阵，建立系统的整体线性关系表达式，然后基于变形协调条件或者受力平衡关系来得到系统每个节点在约束和载荷条件下的应力和应变。通过系统分析，可以得到单个零部件或者由数个子部件而组成的系统的

应力、应变和位移等分析结果。节点力与位移的矩阵表达式为

$$[k]\{\delta\} = \{R\} \tag{5-24}$$

式中，$\{R\}$ 表示系统载荷矩阵；$\{\delta\}$ 为系统的位移矩阵；$[k]$ 为系统的刚度矩阵。

载荷矩阵和刚度矩阵均是已知的，因此仅需要把节点位移矩阵代入方程中就可以求得系统的应力矩阵，计算各个节点的应力值。利用这种方法能够分别得到节点的力和位移矩阵，可依据受力和变形完成结构的校核，还可以利用质量矩阵、阻尼矩阵、刚度矩阵和载荷矩阵搭建系统的动力学模型，表达式为

$$[M]\{\ddot{\delta}\} + [C]\{\dot{\delta}\} + [K]\{\delta\} = \{F\} \tag{5-25}$$

2. 有限元模型建立

图 5-3 所示为某 8MW 风力发电机传动链的三维模型，系统中包含了轮毂、主轴、增速齿轮箱、发电机等核心传动构件。

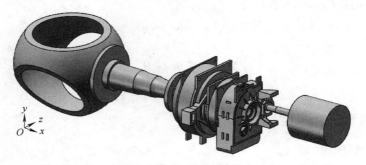

图 5-3　传动链的三维模型

依据功能的不同，将部件划分为三种类型：齿轮转子、轴系与箱体。如图 5-4a 所示，齿轮转子包括两级行星轮系的内齿圈、行星轮、太阳轮以及平行轮系的大齿轮和小齿轮转子。齿轮是增速装置中传递和转换转矩的核心部件，在啮合过程中会产生时变啮合刚度、传递误差等内部激励。尤其是在啮合过程中，齿轮的轮齿部分的周期性变形是齿轮系统产生振动的主要来源。因此，建立齿轮的柔性化模型，并将齿轮的柔性变形考虑在内，对于传动链的内部激励、传动链动力学响应特性的研究尤为重要。此外，为了使齿轮的有限元模型在保证计算效率的前提下尽可能准确，对齿轮采用六面体网格划分，并且在齿轮的轮齿部分采用细化网格，如图 5-4b 所示。

a) 齿轮系统几何模型　　　　　　　　b) 齿轮有限元模型

图 5-4　齿轮模型

轴系零件包括轮毂、主轴、齿轮箱内的行星轴、太阳轴、行星架和电机的转轴。轴系主要依靠轴向旋转来传递载荷，在工作过程中主要承受转矩和弯矩载荷，其柔性变形对于传动比有一定的影响，同时，也能对载荷起到一定的缓冲作用。研究发现，行星架的柔性化会为系统引入新的模态振型，证明了行星架柔性化的重要性。在本书传动链模型中，由于对轮毂和电机均做了较大的简化，故将这二者均建立为刚性体；其他的轴系部件，如主轴、行星轮、太阳轴、行星架等均建立为柔性体。考虑到轴类部件结构的简单性，为了尽可能保证计算精度，在建立轴系部件时也采用六面体网格，如图5-5所示。

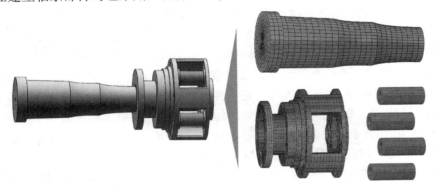

图 5-5 轴系模型

箱体的作用是为齿轮转子、轴系等提供支承，箱体结构复杂，体积庞大，在风机运行过程中承受了轴承载荷、约束力、重力等综合载荷。由于其庞大的外形，箱体在工作过程中不可避免地会产生柔性变形，这种柔性变形会带来齿轮箱内各种零部件位置的细微变化，影响齿轮和轴系的受力。因此，为了使动力学分析更加准确，必须建立箱体的柔性体模型，如图5-6所示。

图 5-6 箱体模型

5.2.3 柔性多点约束的建立

1. 多点约束方法理论

柔性体部件是基于有限元方法，将部件离散化得到的有限元模型，通常在进行有限元分析时，直接利用模型的质量矩阵、刚度矩阵进行计算。而对于多体动力学而言，并不是直接利用刚度矩阵和质量矩阵计算节点位移和应力，而是利用主节点之间的运动关系进行计算的。因此，可以利用多点约束（MPC）方法，将有限元模型的连接面的节点缩聚为一个主节点，用来创建多体耦合连接关系，如图5-7所示。

MPC是用来描述具有不同自由度的节点之间映射关系的方法，根据某种映射算法，为接口界面上的节点与缩聚节点建立连接关系。MPC也可以用来表示不同类型的运动副，如刚性连接、铰接、滑动副、万向联轴器等，此外也可以用来模拟不相容单元之间的连接和载荷传递等，如壳体二维网格和实体三维网格的连接等。RBAR、RBE1和RBE2为刚性多点约束单元，不仅主节点和从节点之间是刚性连接，每个从节点之间也是刚性连接，即整个界面都不可能产生变形，这种方法会增加连接界面的局部刚度。而RBE3和RSPLIBE单元是柔性多点约束单元，主节点按照一定的分配原则将载荷分配到每个从

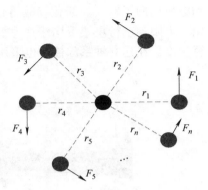

图 5-7　柔性 MPC 连接

节点上，从节点与从节点之间允许有相对位移。不仅如此，从节点之间的某点也可以通过插值法计算，因此，这种方法更贴近实际情况。

多点约束方法常用于以下几种分析中：

1）描述刚性结构。在现实生活中并不存在真正的刚性体，任何部件都会产生柔性变形。在有限元分析中，通常将研究重点集中于容易产生柔性变形的部件，将刚度较大、弹性形变较小的一部分假定为刚体。然而，如果通过增大柔性单元刚度的方式来建立刚性体，会因为刚度矩阵中的对角系数差值增大而无法计算出正确的结果。此时利用刚性MPC，如RBE2，就可以取得良好的建模效果。相比于其他方法，刚性MPC还可以缩减自由度，提高计算效率。

2）在不相容单元之间建立约束。在有限元中，有时候需要将壳体单元与实体单元之间建立连接，但壳体是二维的，实体是三维的，这两种单元属于不相容单元。如果按照普通的连接方式建立连接，会因为刚度矩阵奇异而造成解算失败。为了解决这一类的问题，可以引入MPC连接方法，通过一定的加权算法，将少数节点的载荷或约束施加于多数的节点，消除刚度矩阵的奇异，从而满足解算条件。

3）刚性连杆。这类构件被假定为直径为零、仅具有长度，因此可以等效首尾为两个点，这两个点与其他有限元模型的连接就是典型单点-多点连接模式，这时也需要用到MPC连接。

Helsen等利用建立的风电齿轮箱多柔体模型，研究了行星架的柔性对系统模态的影响，同时也研究了刚性MPC和柔性MPC对计算结果造成的差异。其研究结果表明，刚性MPC会为柔性体引入局部刚度，相对于柔性MPC而言，降低了系统动力学分析的计算精度。

这里采用柔性MPC方法对各子部件进行超单元建模。柔性MPC的从节点与主节点之间的力学映射关系为

$$F_i = \frac{M \cdot \omega_i \cdot r_i}{\omega_1 \cdot r_1^2 + \omega_2 \cdot r_2^2 + \cdots + \omega_n \cdot r_n^2} \tag{5-26}$$

式中，F_i 为作用在主节点上的力；M 为主节点受到的转矩；ω_i 为权重系数；r_i 是从节点 i 到从主节点的距离；n 为连接界面上从节点的数量。

2. 建立柔性多点约束

对于柔性体部件而言，创建 MPC 的目的是将各部件接口界面的众多从节点缩聚为一个主节点，通过主节点将每个部件连接起来，建立整个传动链的耦合动力学模型。

1）齿轮建模。齿轮的 MPC 主节点包括轴孔主节点与轮齿主节点，如图 5-8 所示。将齿轮轴承面的所有节点定义为从节点，在轮缘中心点创建主节点；齿面节点定义为从节点，在轮齿中心创建主节点，每个轮齿创建 3 个主节点。为了将齿轮轮齿部分建立为柔性体，在每个轮齿节圆位置沿齿宽方向创建 3 个均匀分布的 MPC 主节点。如图 5-9 所示，在斜齿轮端面上建立以轮齿对称轴为 y 轴、轴孔中线为 z 轴的笛卡儿坐标系，则同一轮齿内相邻 MPC 点角度差为

$$\Delta p_t = \frac{b}{3} \cdot \frac{360}{p_z} \tag{5-27}$$

式中，b 为齿宽；p_z 为导程。则对于右旋斜齿轮而言，任一轮齿主节点距 y 轴的角度为

$$\varphi_{i,j} = \frac{360}{z} \cdot (i-1) + \Delta p_t \cdot \left(j - \frac{1}{2}\right) \tag{5-28}$$

式中，i 为轮齿编号，$i = 1, 2, \cdots, z$；j 为同一轮齿内主节点编号，$j = 1, 2, 3$；z 为齿数。根据角度计算出任意主节点的坐标为

$$\begin{cases} x_{i,j} = r_p \cdot \cos\varphi_{i,j} \\ y_{i,j} = r_p \cdot \sin\varphi_{i,j} \\ z_{i,j} = \dfrac{b}{3}(i-1) + \dfrac{b}{6} \end{cases} \tag{5-29}$$

式中，r_p 为节圆半径。得到轮齿主节点的坐标，便可创建轮齿主节点，实现齿轮的全柔性建模。

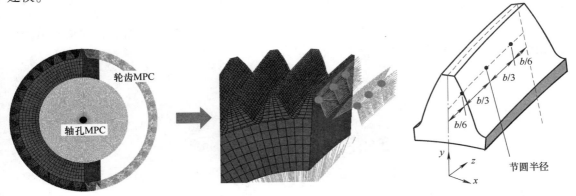

图 5-8 齿轮 MPC 方法   图 5-9 斜齿轮主节点位置

2）轴系建模。轴系包括主轴、行星轴、太阳轴和行星架。某型号 8MW 风机传动链为四点支承式结构，即主轴两个支承轴承点、齿轮箱扭力臂一个液压悬挂支承以及电机一个支承点。如图 5-10a 所示，主轴具有 4 个主节点，分别为轮毂连接点，上风向轴承连接点 1、下风向轴承连接点 2 和齿轮箱低速级行星架连接点。图 5-10b 所示为行星轴的 MPC 连接，行星轴是

用来连接行星架和行星轮的部件，结构较为简单，可以简化为圆柱体。因此，在行星轴中创建 3 个 MPC 主节点，分别为一个齿轮连接点和两个与行星架的连接点。行星架用于支承行星轴和行星轮，也是载荷输入的端口，所以除与行星轴的连接点外，还应在法兰盘中心以及行星架上、下风向轴承处设置 MPC 连接点，用于模拟轴承的支承作用，如图 5-10c 所示。

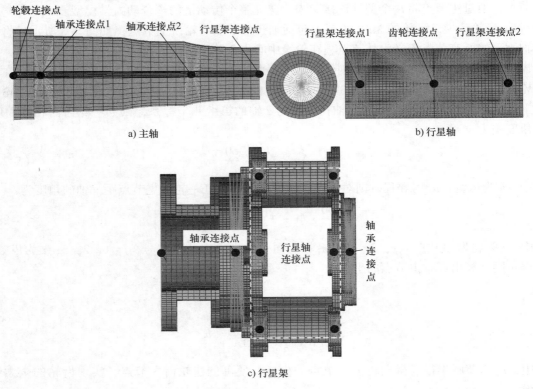

a) 主轴

b) 行星轴

c) 行星架

图 5-10 轴系的 MPC 连接

3）齿轮箱箱体建模。箱体主要起支承作用，在各个轴承座中心和扭力臂支承面中心建立 MPC 连接。箱体扭力臂的 MPC 连接如图 5-11 所示。

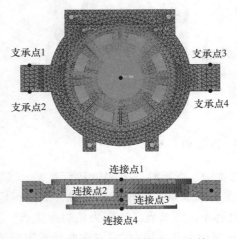

图 5-11 箱体扭力臂的 MPC 连接

5.2.4　多柔体动力学理论

根据相对运动原理，柔性体上某一点 P 的运动可以拆分为随着动坐标系的运动，即牵连运动以及柔性体自身的柔性变形运动。于是，P 点的运动速度及加速度可以根据其空间位置矢量求解得到。

1. 柔性体上任一点的速度与加速度

如图 5-12 所示，假设 P 为柔性体内某点，其空间位置矢量为

$$r_P = R_{O'} + Au' = R_{O'} + A(u_{O'} + u_f) \quad (5\text{-}30)$$

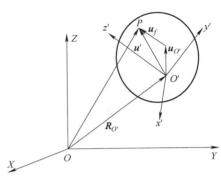

图 5-12　柔性体上任意一点的位置矢量

式中，$R_{O'}$ 为动坐标系相对于定参考系的位置矢量；A 为坐标旋转变换矩阵；u' 为柔性体上点 P 相对于做牵连运动坐标系原点的坐标，它是 P 点变形前的位置矢量 $u_{O'}$ 与变形矢量 u_f 的叠加，u_f 可以用不同的矢量表示。

为了便于计算，令

$$u_f = \Phi q_f \quad (5\text{-}31)$$

式中，Φ 为柔性体部件的模态矩阵；q_f 为 P 点的变形相对坐标。则可以通过微分得到 P 点的速度为

$$\dot{r}_P = \dot{R}_{O'} + \dot{A}u' + A\dot{u}' = \dot{R}_{O'} + \dot{A}u' + A\Phi\dot{q}_f \quad (5\text{-}32)$$

利用欧拉参数来描述动参考系做牵连运动的广义坐标，得到

$$\dot{A}u' = \sum_{k=0}^{3} \frac{\partial}{\partial E_k}(Au')\dot{E}_k \quad (5\text{-}33)$$

或写为

$$\dot{A}u' = B\dot{P} \quad (5\text{-}34)$$

式中，$\dot{P}$ 为欧拉参量 P 对时间 t 的求导，$B = B(P, u')$，即

$$B = \left[\frac{\partial}{\partial E_0}(A \quad u') \; \frac{\partial}{\partial E_1}(A \quad u') \; \frac{\partial}{\partial E_2}(A \quad u') \; \frac{\partial}{\partial E_3}(A \quad u') \right] \quad (5\text{-}35)$$

则式（5-32）可表示为

$$\dot{r}_P = [I \quad B \quad A\Phi] \begin{bmatrix} \dot{R}_{O'} \\ \dot{P} \\ \dot{q}_f \end{bmatrix} \quad (5\text{-}36)$$

柔性体上点的速度也可以用欧拉参数的导数来表示，即

$$\dot{r}_P = R_{O'} + \dot{A}u \quad (5\text{-}37)$$

而

$$\dot{A}u' = \tilde{\omega}u = A\tilde{\omega}'u' = -A\tilde{u}'\tilde{\omega}' = -2A\tilde{u}'\dot{\tilde{G}}\dot{P} \quad (5\text{-}38)$$

式（5-38）右乘 u'，得

$$\dot{A}u' = 2\hat{E}\hat{G}^{\mathrm{T}}u' \qquad (5\text{-}39)$$

联立式（5-34）、式（5-35）及式（5-39），得到

$$B = -2A\tilde{u}'\hat{G} \qquad (5\text{-}40)$$

于是，式（5-35）又可以表示为

$$\dot{r}_P = \begin{bmatrix} I & -2A\tilde{u}'\hat{G} & A\Phi \end{bmatrix} \begin{bmatrix} \dot{R}_{O'} \\ P \\ \dot{q}_f \end{bmatrix} \qquad (5\text{-}41)$$

将角速度代入到式（5-41），则其可表示为

$$\dot{r}_P = \begin{bmatrix} I & -A\tilde{u}' & A\Phi \end{bmatrix} \begin{bmatrix} \dot{R}_{O'} \\ \dot{\omega}' \\ \dot{q}_f \end{bmatrix} \qquad (5\text{-}42)$$

以及

$$\dot{r}_P = \begin{bmatrix} I & -\bar{u} & A\Phi \end{bmatrix} \begin{bmatrix} \dot{R}_{O'} \\ \dot{\omega} \\ \dot{q}_f \end{bmatrix} \qquad (5\text{-}43)$$

对式（5-32）的速度表达式进一步对时间求导，即

$$\ddot{r} = \ddot{R}_{O'} + \ddot{A}u' + 2\dot{A}\dot{u}' + A\ddot{u}' \qquad (5\text{-}44)$$

或者

$$\ddot{r} = \ddot{R}_{O'} + \omega \times (\omega + u) + \varepsilon \times u + 2\omega \times (A\dot{u}') + A\ddot{u}' \qquad (5\text{-}45)$$

式中，$2\omega \times (A\dot{u}')$ 为科氏加速度；最后一项 $A\ddot{u}'$ 为柔性体在 P 点的变形相对加速度。

2. 质量矩阵和动能矩阵

在建立柔性体运动方程和动力学方程时，需要利用质量和动能建立平衡等式，然后基于平衡条件和虚功原理建立方程。

柔性体的动能采用积分形式表达为

$$T = \frac{1}{2}\int_V \rho \dot{r}_P^{\mathrm{T}} \dot{r}_P \mathrm{d}V \qquad (5\text{-}46)$$

式中，V 为柔性部件的体积；ρ 为其材料的密度；$\dot{r}_P$ 为绝对速度。将式（5-35）代入到式（5-40），即得到柔性体用广义速度表示的动能表达式：

$$T = \frac{1}{2}\dot{q}^{\mathrm{T}}M\dot{q} \qquad (5\text{-}47)$$

式中，q 为广义坐标矩阵，其表达式为

$$q = \begin{bmatrix} R_{O'}^{\mathrm{T}} & P^{\mathrm{T}} & q_f^{\mathrm{T}} \end{bmatrix}^{\mathrm{T}} \qquad (5\text{-}48)$$

式中，P 是用来描述动参考系角位置的欧拉参数；R_O^{T} 为动参考系坐标原点的绝对坐标位置；q_f 描述了柔性体中点 P 在相对坐标系中的坐标。柔性体的质量矩阵表示为

$$M = \int_V \rho \begin{bmatrix} I \\ B^{\mathrm{T}} \\ (A\boldsymbol{\Phi})^{\mathrm{T}} \end{bmatrix} \begin{bmatrix} I & B & A\boldsymbol{\Phi} \end{bmatrix} \mathrm{d}V$$

$$= \int_V \rho \begin{bmatrix} I & B & A\boldsymbol{\Phi} \\ & B^{\mathrm{T}}B & B^{\mathrm{T}}A\boldsymbol{\Phi} \\ sys & & \boldsymbol{\Phi}^{\mathrm{T}}\boldsymbol{\Phi} \end{bmatrix} \mathrm{d}V \tag{5-49}$$

式（5-49）可以简化为

$$M = \begin{bmatrix} m_{RR} & m_{R\theta} & m_{Rf} \\ & m_{\theta\theta} & m_{\theta f} \\ sys & & m_{ff} \end{bmatrix} \tag{5-50}$$

式中，m_{RR} 为部件的纯移动惯性，$m_{RR} = \int_V \rho I \mathrm{d}V$；$m_{R\theta}$ 为部件纯移动和纯转动耦合惯性，$m_{R\theta} = \int_V \rho B \mathrm{d}V = m_{\theta R}^{\mathrm{T}}$；$m_{Rf}$ 为部件纯移动和纯变形的耦合惯性，$m_{Rf} = A\int_V \rho \boldsymbol{\Phi} \mathrm{d}V = m_{fR}^{\mathrm{T}}$；$m_{\theta\theta}$ 为部件纯转动的惯性张量，$m_{\theta\theta} = \int_V \rho B^{\mathrm{T}}B \mathrm{d}V$；$m_{\theta f}$ 为部件纯转动和纯变形的耦合惯性，$m_{\theta f} = \int_V \rho B^{\mathrm{T}}A\boldsymbol{\Phi} \mathrm{d}V = m_{f\theta}^{\mathrm{T}}$；$m_{ff}$ 为部件的纯变形惯性，$m_{ff} = \int_V \rho \boldsymbol{\Phi}^{\mathrm{T}}\boldsymbol{\Phi} \mathrm{d}V$。

结合式（5-46）～式（5-50）可以得到柔性体动能表达式：

$$T = \frac{1}{2}(\dot{R}_{O'}^{\mathrm{T}}m_{RR}\dot{R}_{O'} + 2\dot{R}_{O'}^{\mathrm{T}}m_{R\theta}\dot{P} + 2\dot{R}_{O'}^{\mathrm{T}}m_{Rf}\dot{q}_f + \dot{P}^{\mathrm{T}}m_{f\theta}\dot{P} + 2\dot{P}^{\mathrm{T}}m_{\theta f}\dot{q}_f + \dot{q}_f^{\mathrm{T}}m_{ff}\dot{q}_f) \tag{5-51}$$

3. 动力学方程

基于拉格朗日方程，推导出柔性体的运动方程：

$$\begin{cases} \dfrac{\mathrm{d}}{\mathrm{d}t}\left(\dfrac{\partial L}{\partial \dot{q}'}\right) - \dfrac{\partial L}{\partial q'} + \dfrac{\partial \Gamma}{\partial \dot{q}'} + \left[\dfrac{\partial \Psi}{\partial \dot{q}'}\right]^{\mathrm{T}}\lambda - Q = 0 \\ \Psi = 0 \end{cases} \tag{5-52}$$

式中，L 为动力学表达式中的拉格朗日项；Γ 为柔性体的能量损失系数，定义为 $\Gamma = \frac{1}{2}\dot{q}^{\mathrm{T}}D\dot{q}'$；$\Psi$ 为柔性体的约束方程；λ 为拉格朗日乘子。

将 T、W、Γ 等参数代入到能量损失系数表达式中，得到运动微分方程：

$$M\ddot{q}' + M\dot{q}' - \frac{1}{2}\left(\frac{\partial M}{\partial q'}\dot{q}'\right)^{\mathrm{T}}\dot{q}' + Kq' + f_g + D\dot{q}' + \left(\frac{\partial \boldsymbol{\Phi}}{\partial q'}\right)^{\mathrm{T}}\lambda = Q \tag{5-53}$$

式中，$\dot{q}'$ 为柔性体广义坐标的一阶导数，$\ddot{q}'$ 为柔性体广义坐标的二阶导数，分别表示柔性体的速度和加速度；M 为柔性体的质量矩阵；$\frac{\partial M}{\partial q'}$ 为柔性体质量矩阵的偏导数，为 $(i+6) \times (i+6) \times (i+6)$ 维张量，i 表示模态数量。

5.2.5　模型实例

某型 8MW 大型风机传动链主要系统参数见表 5-1，传动链转动惯量参数见表 5-2。

表 5-1　某型 8MW 大型风机传动链主要系统参数

类　　别	参　　数
功率级	8 MW
额定功率/kW	8000
传动类型	2 级行星轮系+1 级平行级
切入转速/(r/min)	2.57
额定输入转速/(r/min)	9
切出转速/(r/min)	21.43
额定输出转速/(r/min)	600
主轴长度/m	3.6
风轮直径/m	175
风轮高度/m	105
叶片长度/m	85.3
齿轮箱-发电机中心距/m	5.3

表 5-2　传动链转动惯量参数

类　　型	转动惯量/kg·m^2
叶片	37747470
叶轮	112924500
主轴	54.7
发电机转子	4500

　　根据表 5-1 可知，传动链额定输入转速为 9 r/min，输出转速为 600 r/min，利用各级齿轮的齿数计算出各级齿轮的啮频、转频以及轴的转频，见表 5-3。

表 5-3　各级齿轮的啮频、转频以及轴的转频

类　　型	符　　号	频率/Hz
第一级太阳轴转频	f_{1s}	0.68
第一级行星架转频	f_{1c}	0.15
第一级行星轮转频	f_{1p}	0.43
第一级啮频	f_{1m}	14.23
第二级太阳轴转频	f_{2s}	3.42
第二级行星架转频	f_{2c}	0.67
第二级行星轮转频	f_{2p}	1.85
第二级啮频	f_{2m}	87.02
低速轴转频	f_{3l}	3.42
高速轴转频	f_{3h}	10
平行级啮频	f_{3m}	260

根据每个零部件之间的运动关系，分别在各部件的 MPC 主节点之间建立相应的力元和约束。其中，力元包括齿轮啮合单元、花键单元和轴承单元。

1. 啮合单元

在 SIMPACK 中，采用柔性齿轮单元，计算时能够考虑齿轮齿侧间隙、轮齿误差、修形，以及轮齿的柔性变形等非线性因素。此外，柔性齿轮力元将齿轮分为若干切片，计算时考虑齿轮偏斜，使其对于柔性齿轮的分析更为准确，如图 5-13 所示。

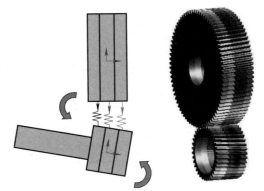

图 5-13　齿轮力元

2. 轴承单元

轴承刚度是齿轮箱内最重要的参数之一。在 8 MW 风机全柔体模型中，利用 6×6 的轴承刚度矩阵来建立齿轮与轴系及箱体之间的耦合关系。轴承的滚动体与内外圈之间的耦合关系为

$$\begin{bmatrix} F_{\text{body, 1}} \\ F_{\text{body, 2}} \end{bmatrix} = K_{\text{bearing}} \begin{bmatrix} q_{\text{body, 1}} \\ q_{\text{body, 2}} \end{bmatrix} + C_{\text{bearing}} \begin{bmatrix} \dot{q}_{\text{body, 1}} \\ \dot{q}_{\text{body, 2}} \end{bmatrix} \tag{5-54}$$

式中，

$$\boldsymbol{F}_{\text{body, 1}} = \begin{bmatrix} F_{X1} F_{Y1} F_{Z1} M_{X1} M_{Y1} M_{Z1} \end{bmatrix}^{\mathrm{T}} \tag{5-55}$$

$$\boldsymbol{F}_{\text{body, 2}} = \begin{bmatrix} F_{X2} F_{Y2} F_{Z2} M_{X2} M_{Y2} M_{Z2} \end{bmatrix}^{\mathrm{T}} \tag{5-56}$$

$$\boldsymbol{q}_{\text{body, 1}} = \begin{bmatrix} x_1 y_1 z_1 \theta_1 \rho_{y1} \rho_{z1} \end{bmatrix}^{\mathrm{T}} \tag{5-57}$$

$$\boldsymbol{q}_{\text{body, 2}} = \begin{bmatrix} x_2 y_2 z_2 \theta_2 \rho_{y2} \rho_{z2} \end{bmatrix}^{\mathrm{T}} \tag{5-58}$$

$$K_{\text{bearing}} = \begin{bmatrix} k_{\text{axial}} & 0 & 0 & 0 & 0 & 0 \\ 0 & k_{\text{radial}} & 0 & 0 & 0 & 0 \\ 0 & 0 & k_{\text{radial}} & 0 & 0 & 0 \\ 0 & 0 & 0 & 0 & 0 & 0 \\ 0 & 0 & 0 & 0 & k_{\text{tilt}} & 0 \\ 0 & 0 & 0 & 0 & 0 & k_{\text{tilt}} \end{bmatrix} \tag{5-59}$$

3. 耦合模型

根据图 5-14 所示的 8 MW 风机齿轮传动系统的拓扑图，基于 MPC 连接点，通过施加齿轮力元、花键力元、轴承力元建立子部件的连接关系，组建系统的全耦合动力学模型。

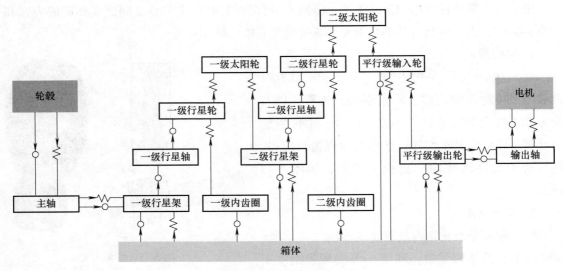

图 5-14　动力学模型拓扑图

5.3　大型风机传动链多柔体系统动力学分析

在目前对风力发电机传动链的多柔体系统动力学研究中，通常将齿轮的轮齿部分视作刚性体，忽视轮齿的柔性变形。然而，轮齿的柔性变形与齿轮的啮合刚度联系紧密，而啮合刚度是齿轮传动系统动力学响应的重要内部激励之一。此外，许多文献并未考虑齿轮箱的箱体柔性，而箱体是整个齿轮传动系统的依托，其柔性变形会导致整个系统动态特性状态的变化，对传动系统的动力学响应造成不容忽视的影响。因此，在研究风力发电机传动链动力学特性时，考虑齿轮轮齿的柔性及箱体的柔性是十分重要的。

为了更全面和准确地分析风机传动链动力学特性，本节基于某型 8MW 大型风力发电系统传动链的多柔体系统动力学仿真模型，求解传动链系统的动力学响应，分析各级齿轮时变啮合刚度、动态最大接触应力、转子的角加速度和振动加速度等。首先根据动力学响应时域分析结果，初步获取传动链的动力学响应规律。其次，利用快速傅里叶变换，将时域结果转化为频谱，探究传动链动力学频率特性，全方位分析传动链的动力学响应。

5.3.1　时域与频域分析方法

1. 时域与频域分析

时域分析基于建立的系统动力学方程组，结合拉氏变换分别求解出系统在不同时间点的动力学分析结果，形成动力学分析结果时间序列。时域图中包含了大量的系统信息，如仿真时间、系统达到平衡的时间，以及从仿真开始到结束过程中不同构件在各个时间点的位置、速度、加速度幅值和均值等信息。时域分析通常分为变步长迭代分析与定步长迭代分析。变步长迭代即求解过程中的迭代步长是随着每一步迭代计算量的变化而变化的，如果某一步迭代涉及的数据变化较大，求解器会自动将迭代步长缩小，从而保证了计算的准确性；反之，若某一步的迭代计算量较小，求解器会将步长增加，以节省计算时间和计算机资源。变步长分析可以合理分配计算机资源，提升分析效率，但是得到的计算结果时间序列的采样频率是变化的，且每秒得到的数据点数并不固定，因此不利于转化为频谱。相反，定步长分析始终保持迭代步长不变。定步长分析保证了数据频谱分析的便捷性，但是会浪费一部分计算机内存等计算资源，这是因为，为了使定步长分析的分析结果尽可能准确，在确定步长或者采样频率时，必须保证系统最微小的细节也分配到了足够的分析步。为了保证动力学仿真从时域结果到频域结果的快速转化，本书采用定步长分析方法进行系统动力学响应分析。

时域分析可以用最直观的方式描述系统中变量的变化，主要表征了系统的瞬态特征，但是仅从瞬态特征去了解系统的动力学特性是不够的，为了更全面地了解系统特性，还需要得到系统的稳态特征，而获得稳态特征的主要手段是对其进行频域分析。

频域分析法是利用频率特性研究信号特性的一种方法，通过一定的转换手段，把时间序列数据转换为不同频率的正弦信号，以正弦波的频率为横轴，幅值为纵轴来描述信号。频域分析的频谱图反映的是频率与幅值之间的关系，在频谱图中，不同幅值的正弦波的频率一目了然。根据频谱中幅值最大的几个点的坐标可以确定这些点的频率，可以迅速确定对该信号影响最大的频率特征，而这些频率特征往往可以通过试验或者理论计算而得到，这对于计算结果的验证以及系统特征分析具有重要的参考价值。

2. 快速傅里叶变换

快速傅里叶变换（Fast Fourier Transform，FFT）能够借助计算机快速高效地完成傅里叶变换，通过改进原本的迭代算法而使得计算速度得到极大的提升。FFT 最早由 Cooley 和 Turky 提出，它并不是傅里叶变换的理论创新，但是对于数字化离散傅里叶变换的计算具有巨大的帮助，如今已成为信号频谱计算、系统分析等领域的重要技术手段。FFT 的应用包括频谱分析、滤波器实现、实时信号处理等，也可以通过硬件电路实现，如 DSP 芯片等。

FFT 算法主要分为时间抽选（DFT）和频率抽选（DIF）两种算法，两者均属于最基本的 FFT 算法，算法的信号流图结构相似，运算量相同，并且都可以视为输入输出的重排。下面以 DIF 的基-2FFT 为例展开详细说明。

设所求时间序列的数据点数为 $M = 2^L$（L 为整数），首先把输入序列按照数据点数的顺序分为两个部分：

$$
\begin{aligned}
X(k) &= \sum_{n=0}^{N-1} x(n) W_N^{nk} \\
&= \sum_{n=0}^{\frac{N}{2}-1} x(n) W_N^{nk} + \sum_{n=0}^{\frac{N}{2}-1} x\left(n+\frac{N}{2}\right) W_N^{\left(n+\frac{N}{2}\right)k} \\
&= \sum_{n=0}^{\frac{N}{2}-1} \left[x(n) + x\left(n+\frac{N}{2}\right) W_N^{\frac{N}{2}k} \right] W_N^{nk}
\end{aligned}
\tag{5-60}
$$

由于 $W_N^{\frac{N}{2}} = \mathrm{e}^{-\mathrm{j}\pi} = -1$，则由 $W_N^{\frac{N}{2}k} = (-1)^k$ 得

$$
X(k) = \sum_{n=0}^{\frac{N}{2}-1} \left[x(n) + (-1)^k x\left(n+\frac{N}{2}\right) \right] W_N^{nk} \quad \left(n = 0,\ 1,\ \cdots,\ \frac{N}{2}-1 \right)
\tag{5-61}
$$

N 点 DFT 可以根据 k 的奇偶性分成两个 $N/2$ 个点的 DFT：k 为偶数，即 $k=2r$ 时，$(-1)^k=1$；

k 为奇数，即 $k = 2r+1$ 时，$(-1)^k = -1$。

此时，$X(k)$ 也被分为两部分：

k 为偶数时

$$X(2r) = \sum_{n=0}^{\frac{N}{2}-1} \left[x(n) + x\left(n + \frac{N}{2}\right) \right] W_N^{2nr}$$

$$= \sum_{n=0}^{\frac{N}{2}-1} \left[x(n) + x\left(n + \frac{N}{2}\right) \right] W_{\frac{N}{2}}^{nr} \qquad (5\text{-}62)$$

k 为奇数时

$$X(2r + 1) = \sum_{n=0}^{\frac{N}{2}-1} \left[x(n) - x\left(n + \frac{N}{2}\right) \right] W_N^{n(2r+1)}$$

$$= \sum_{n=0}^{\frac{N}{2}-1} \left\{ \left[x(n) + x\left(n + \frac{N}{2}\right) \right] W_{\frac{N}{2}}^{nr} \right\} W_{\frac{N}{2}}^{nr} \qquad (5\text{-}63)$$

则有

$$\begin{cases} X(2r) = \displaystyle\sum_{n=0}^{\frac{N}{2}-1} x_1(n) W_{\frac{N}{2}}^{nr} \\ X(2r + 1) = \displaystyle\sum_{n=0}^{\frac{N}{2}-1} x_2(n) W_{\frac{N}{2}}^{nr} \quad \left(r = 0,\ 1,\ 2,\ \cdots,\ \frac{N}{2} - 1\right) \end{cases} \qquad (5\text{-}64)$$

可见，式（.5-64）中的两个式子均是 $\frac{N}{2}$ 点的 DFT，用 FFT 蝶形图描述如图 5-15 所示。

图 5-15　FFT 蝶形图

接下来再将 $\frac{N}{2}$ 个点的 DFT 按照 k 的奇偶性分解为两个 $\frac{N}{4}$ 点的 DFT，如此进行计算，直到最终分解为 2 点 DFT 为止，这样就得到了 DIF 的基-2FFT 变换。

5.3.2　算例与分析

1. 时变啮合刚度

齿轮啮合刚度是齿轮系统动力学分析的重要内部激励来源。一对齿轮在传动的过程中，由于其啮合位置随着时间不断变化，因此，负责传递载荷的齿轮对数也随着时间发生变化，这种时变性反映在齿轮沿着啮合线上的弹性变形便是啮合刚度。在 ISO 6336-1：2019 标准中，齿轮综合啮合刚度的定义为：啮合过程中标准齿轮在 1 mm 轮齿上产生 1μm 的挠度所需要的啮合线载荷。啮合刚度是齿轮系统重要的内部激励之一。学者利用集中参数法求解齿轮系统的动力学响应时，将时变啮合刚度作为输入量便能得到系统的振动响应。已有许多研究表明，齿轮啮合刚度的变化会直接造成系统振动响应的变化，并且减小啮合刚度的波动有利于减小齿轮传动系统的振动响应。

图 5-16 所示分别为传动链齿轮箱内第一级内外啮合、第二级内外啮合和平行级啮合齿轮的时变啮合刚度时域分析结果。对啮合刚度的时域曲线进行初步分析可以发现，仿真开始后，第一级内、外啮合与平行级齿轮副啮合刚度曲线始终保持平稳，而第二级内啮合与外啮合齿轮副均有短暂的波动。平稳状态下，第一级内外啮合、第二级内外啮合与平行级啮合的啮合刚度均值分别为 4.975×10^{10} N/m、4.625×10^{10} N/m、2.725×10^{10} N/m、2.59×10^{10} N/m、1.815×10^{10} N/m。理论上，同一行星轮级内啮合与外啮合载荷与变形相等，啮合刚度也相等，然而计算结果却并非如此。同一行星轮级内啮合的啮合刚度大于外啮合，这表明采用柔性化建模后，行星轮系的啮合特性发生了改变。对比各级时变啮合刚度波动幅度可发现，第一级和平行级波动幅度较小，而第二级内、外啮合的波动幅度较大，可明显看出刚度曲线具有周期性的波动。此外，观察各级啮合刚度放大图，发现第二级的啮合刚度曲线轮廓产生了细微的变化：内啮合在多齿啮合区啮合刚度略微增大，在少齿啮合区略微减小；而外啮合在多齿啮合区啮合刚度减小，在少齿啮合区啮合刚度略微增大。

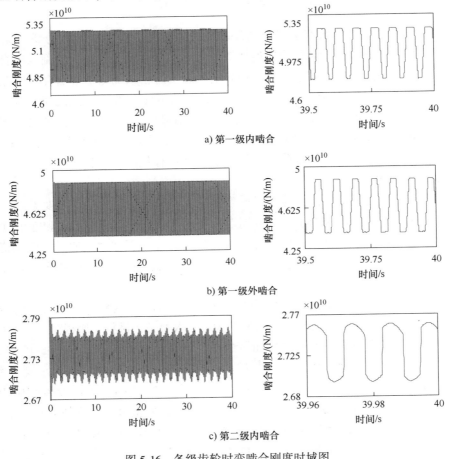

a) 第一级内啮合

b) 第一级外啮合

c) 第二级内啮合

图 5-16　各级齿轮时变啮合刚度时域图

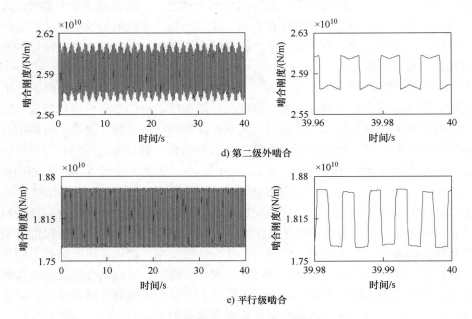

图 5-16　各级齿轮时变啮合刚度时域图（续）

　　利用 FFT 将齿轮时变啮合刚度时域曲线转化为频谱图，得到的频域分析结果如图 5-17 所示。从图中可知，各级齿轮副啮合刚度频谱中频率成分主要为各级齿轮副的啮合频率 f_{1m}、f_{2m} 和 f_{3m} 及其 1 倍频、2 倍频和 3 倍频。计算结果表明齿轮系统均正常啮合，不存在相互干扰，故排除了图 5-16 中第二级受到前后齿轮级影响的可能。值得注意的是，在图 5-17c 和图 5-17d 中，频谱中除第二级本身的啮合外，还有明显的行星架转频，将之与图 5-16c 和图 5-16d 对比可知，时域曲线出现明显周期性波动的波动频率正是行星架的转频，由此可知，第二级行星轮系啮合性质的变化与行星架的柔性具有紧密的关联性。

2. 动态接触应力

　　齿轮接触应力是齿轮副的齿面接触时产生的应力，与齿轮时变啮合刚度类似，由于齿轮副重合度的变化，齿轮接触应力也会呈现周期性变化。并且，由于在啮入和啮出过程中的弹性变形导致的啮合冲击，接触应力在齿对啮入、啮出时会显著增大。通过齿轮动态（最大）接触应力，可以分析齿轮的受力状态、啮合情况和齿轮冲击程度等，对系统的动力学特性分析具有一定的指导价值。

　　利用 SIMPACK 的齿轮力元，求解出各级齿轮副的动态接触应力时域分析结果，如图 5-18 所示。某 8MW 风机传动链的齿轮材料为 17CrNiMo6，材料屈服极限为 1200 MPa，各级齿轮副的最大接触应力均小于材料的屈服极限，均满足强度要求。从图 5-18 可知，除平行级外，两个行星轮级的动态接触应力时域曲线均呈现一定的规律性起伏，第一级内外啮合、第二级内外啮合与平行级的接触应力均值分别为 7.35×10^8 Pa、9.4×10^8 Pa、6.5×10^8 Pa、8.6×10^8 Pa、1.13×10^9 Pa。行星轮系中，外啮合的接触应力均值大于内啮合，表明外啮合时齿轮轮齿的变形是大于内啮合的，根据啮合刚度的定义，相同载荷下轮齿变形更大则意味着啮合刚度更小，从而揭示了图 5-17 中行星轮系内啮合的啮合刚度大于外啮合的原

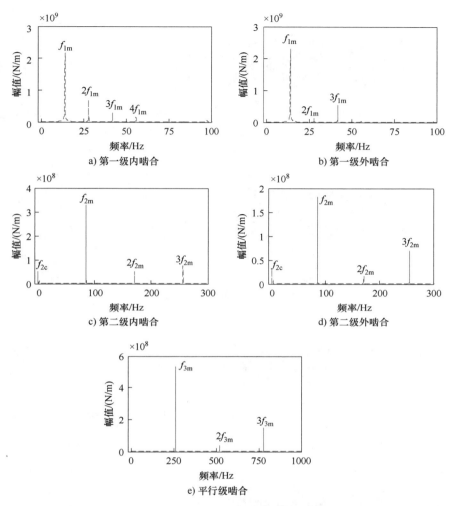

图 5-17　各级齿轮时变啮合刚度频域图

因。从齿轮箱整体来看，接触应力受到转速的影响极大，随着转速增加产生啮合冲击，接触应力显著增加。

从图 5-18c、d 的接触应力放大曲线可知，第二级齿轮的时变接触应力曲线不同于另外两级，将之与啮合刚度对比分析，如图 5-19 所示。在图 5-19 中，根据时变啮合刚度变化划分为多齿啮合区和少齿啮合区。在由少齿啮合过渡为多齿啮合的临界点处，内啮合与外啮合的接触应力曲线均出现极值点，形成了所谓的啮入冲击，由多齿啮合转为少齿啮合时同样出现了一个凸点，形成了啮出冲击，相比之下，内啮合的啮出冲击比外啮合更明显。不同的是，内啮合在啮入冲击发生后，即进入多齿啮合后，接触应力逐渐降低，而外啮合逐渐再次出现了一个极大值的尖点。根据接触应力曲线可解释啮合刚度曲线规律产生的原因：进入多齿啮合区后，内啮合的赫兹接触应力降低，相应的轮齿变形减小，啮合刚度增大；而外啮合中，进入多齿啮合区后，接触应力的增大表明轮齿变形量增加，而刚度则相应减小。通常，啮入冲击与啮出冲击产生的原因与构件的柔性变形有较大关系。

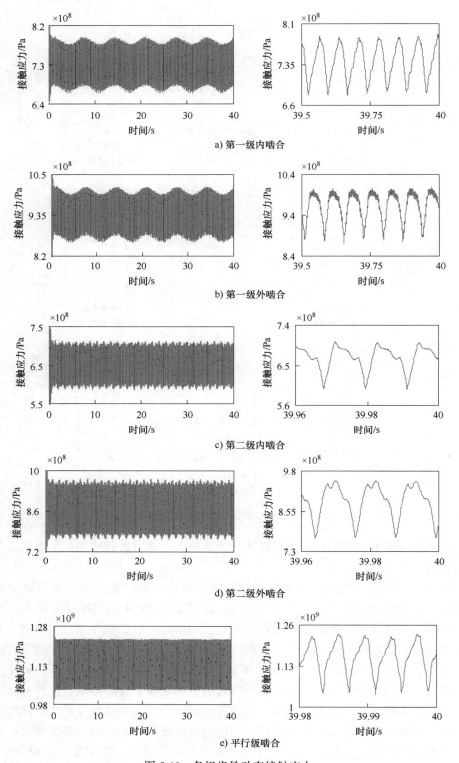

图 5-18 各级齿轮动态接触应力

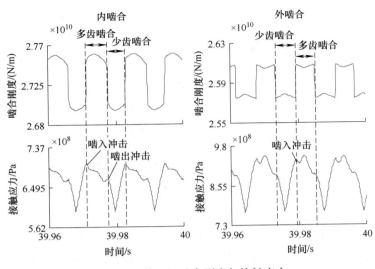

图 5-19　第二级啮合刚度与接触应力

　　动态接触应力经过 FFT 转换后的频域分析结果如图 5-20 所示。从各级齿轮动态接触应力频谱中可以发现，其频率特性与时变啮合刚度的频谱类似，频率成分同样主要为各级齿轮啮合频率及其倍频，不同的是，在第一级和第二级行星轮系动态接触应力中均可以发现明显的行星架转频，同样说明了动态接触应力时域图的波动变化与行星架的柔性有关。此外，在平行级的频谱中发现了第二级的啮合频率，表明平行级的接触特性会受到第二级行星轮系的影响，但考虑到该频率幅值相比平行级本身的啮合较小，其影响十分有限。

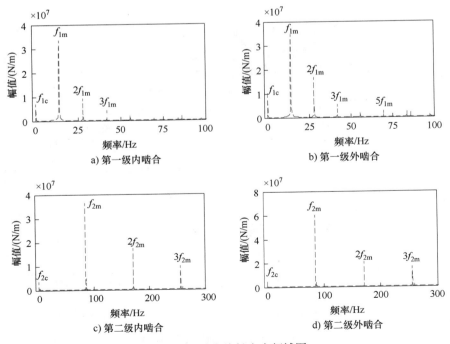

图 5-20　动态接触应力频域图

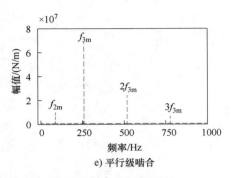

e) 平行级啮合

图 5-20　动态接触应力频域图（续）

3. 齿轮角加速度

角加速度是描述转子角速度变化快慢的物理量，是角坐标对时间的二次导数。角加速度可以反映回转机械的平稳性，角加速度的剧烈变化意味着齿轮、轴系等转子在运行过程中产生了较大的振动。

图 5-21 所示为传动链第一级行星轮、第二级行星轮和平行级大齿轮的角加速度时域和频域分析结果。对比三个传动级，第二级齿轮的角加速度值最大，波动幅值为 150 rad/s^2，约为第一级的 3 倍，波动幅度也最大，时域曲线伴随着大量的毛刺，表明其转速剧烈波动，其次是平行级齿轮，波动最小的是第一级齿轮。可见第二级行星轮系啮合刚度发生异常变化后，齿轮的转速变得极不稳定，角加速度显著增加，而第二级齿轮角加速度的剧烈波动导致平行级齿轮也具有较大的角加速度。

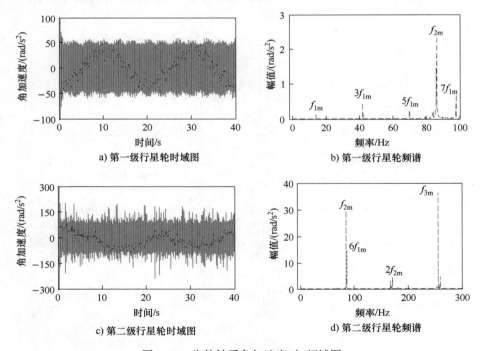

图 5-21　齿轮转子角加速度时/频域图

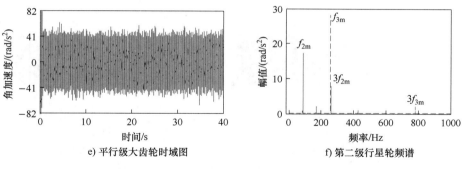

e) 平行级大齿轮时域图　　　　　　f) 第二级行星轮频谱

图 5-21　齿轮转子角加速度时/频域图（续）

根据图 5-21 中齿轮转子角加速度频谱图，在各转子角加速度的频谱中同样可以看到，每一级频谱主要包含各传动级本身的啮频及倍频。特别的，每级频谱中均包含了相邻一个传动级的啮频或其倍频，证明每一级齿轮均会对相邻级的角加速度造成影响。而第二级的情况最为复杂，同时包含三个齿轮级的啮频。作为中间级，受到前后齿轮级的影响是必然的，而根据图 5-21d，频谱中各啮频按幅值从大到小排列依次为平行级>第二级>第一级，可见，平行级对第二级的影响远大于第一级。

4. 振动加速度

振动加速度包括转子在 x、y 和 z 方向的加速度，其中，x 和 y 方向的振动加速度是类似的，而 z 方向为轴向，其振动往往较小，因此仅提取各转子在 x 方向的振动加速度时域仿真结果。

图 5-22 所示为不同的齿轮转子在 x 方向的振动加速度时/频域图。第二级行星轮的振动加速度极不稳定，且振动波动幅值很大，极值为 2000 m/s^2，约为第一级行星轮的 80 倍。可见，第二级行星轮系是齿轮传动系统中振动最大的传动级，其工作状态极不稳定。

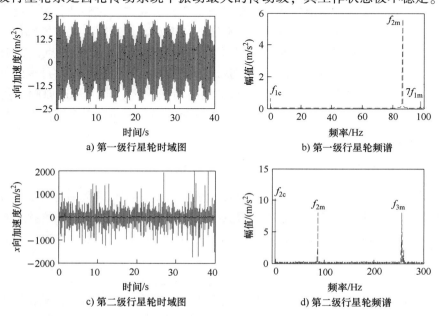

a) 第一级行星轮时域图　　　　　　b) 第一级行星轮频谱

c) 第二级行星轮时域图　　　　　　d) 第二级行星轮频谱

图 5-22　齿轮转子振动加速度时/频域图

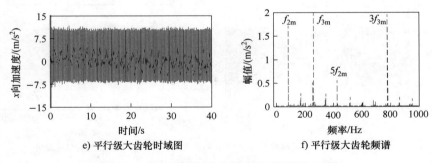

e) 平行级大齿轮时域图 f) 平行级大齿轮频谱

图 5-22 齿轮转子振动加速度时/频域图（续）

各级齿轮转子振动加速度频谱主要含有本传动级的啮频及其倍频，也包含了行星架的轴频及相邻级的啮频或其倍频。综合时变啮合刚度、动态接触应力和齿轮角加速度分析结果表明，导致第二级齿轮振动加速度过大的原因主要是结构的柔性导致齿轮接触特性发生变化，影响到啮合刚度，而最终导致振动加速度增加。

5.4 大型风机传动链共振点甄别

通过对某 8 MW 大型风机传动链的动力学分析可知，齿轮系统在第二级行星轮系具有过大的角加速度和振动加速度波动，基于对不同构件柔性的影响研究也确定了齿轮箱的柔性对系统的重要作用。

受齿轮时变啮合刚度、阻尼、啮合误差和轴承时变刚度等内部激励，以及随机风载、发电机电磁力和部件柔性变形等外部激励的影响，风力发电机传动链可能会在某个转速下发生剧烈的共振，一旦发生共振，将对传动链中的共振部件产生不可逆转的破坏，造成整个风机的停机，因此，共振点的甄别十分重要。在目前学者的研究中，大多是利用系统的固有频率求解的坎贝尔图，结合系统能量分布来对传动链的共振点进行甄别。大型风机传动链固有频率较多，分布密集，采取这种方法可能会使坎贝尔图产生成百上千个交点，共振点难以分辨。为进一步研究系统的动力学特性，以及找出导致第二级行星轮系振动过大的原因，本节将对风机传动链开展共振点甄别研究，运用将频率筛选原则、阻尼筛选原则、能量筛选原则、速度筛选原则和系统坎贝尔图相结合的五大甄别原则，全面排查系统潜在共振点，得到系统共振特性及振型。

5.4.1 频率筛选原则

利用传动链多柔体动力学模型，求解出传动链系统的前 300 阶固有频率，见表 5-4。系统的内部激励以及外部激励的激扰频率会以其 1 倍频、2 倍频和 3 倍频等倍频与系统的固有频率形成共振，在分析时，通常会将激扰频率的上限定为最高转速轴轴频的 6 倍频或者最高转速齿轮啮频的 3 倍频，即

$$f_e = 6f_{xmax} \ \text{或} \ f_e = 3f_{mmax} \tag{5-65}$$

根据风机传动链齿轮传动系统的设计参数，模型中最高转速轴为输出齿轮轴，计算出轴频的 6 倍频为 60 Hz；最高转速齿轮为输出级齿轮，计算出其啮合频率 3 倍频为 780 Hz。为了将

尽可能多的潜在共振点考虑在内,选取最高啮频 3 倍频 780 Hz 为频率筛选上限频率,即考虑到传动系统固有频率的 294 阶。

表 5-4 系统固有频率

阶 次	频率/Hz	阻 尼 比	阶 次	频率/Hz	阻 尼 比
1	0.0022	1	285	730.094	0.0194
2	0.0055	1	286	730.231	0.0196
3	0.0133	1	287	737.337	0.0206
4	0.0326	1	288	739.989	0.0173
5	0.0857	1	289	740.921	0.0193
6	0.2287	1	290	743.621	0.0190
7	0.2566	1	291	756.173	0.0199
8	0.5505	1	292	763.742	0.0193
9	1.89287	0	293	775.352	0.0202
10	1.89344	0.0001	294	780.908	0.0158
11	30.2834	0.0023	295	781.804	0.0196
12	42.8049	0.0200	296	781.876	0.0159
13	45.3335	0.0198	297	787.977	0.0154
14	47.8593	0.0199	298	793.483	0.0170
15	49.602	0.0045	299	795.328	0.0190
⋮	⋮	⋮	300	798.421	0.0149

5.4.2 阻尼筛选原则

阻尼筛选原则主要是通过对比各阶次固有频率对应阻尼比范围来达到缩减固有频率排查范围的目的。

阻尼指的是由于摩擦或其他形式的能量消耗使得振动逐渐减弱的作用,阻尼比定义为阻尼系数与临界阻尼系数之比值。阻尼比 ζ 的数值范围及代表的物理意义见表 5-5。根据机械零部件的物理及机械性质,无阻尼、临界阻尼、过阻尼这三种振动状态实际并不存在,因此其对应的固有频率是无意义的,应该排除。仅留下阻尼比满足 $0<\zeta<1$ 的固有频率阶次,从而达到缩小甄别范围的目的。

表 5-5 阻尼比范围及物理意义

范 围	物 理 意 义	说 明
$\zeta=0$	无阻尼振动	振幅始终不衰减
$0<\zeta<1$	欠阻尼振动	振幅逐渐衰减,超过一个振动周期
$\zeta=1$	临界阻尼振动	振幅衰减为 0 的时间刚好为一周期
$\zeta>1$	过阻尼振动	在一个振动周期内,振幅衰减为 0

在表 5-4 中,首先利用频率筛选原则排除 294 阶以上的系统频率,然后对剩下的频率阶

次运用阻尼筛选原则，即排除阻尼比 ζ 不满足 $0<\zeta<1$ 范围的频率阶次，得到剩下的固有频率见表 5-6。

表 5-6   阻尼筛选后的系统固有频率

阶　　次	频率/Hz	阻　尼　比	阶　　次	频率/Hz	阻　尼　比
10	1.89344	0.0001	286	730.231	0.0196
11	30.2834	0.0023	287	737.337	0.0206
12	42.8049	0.0200	288	739.989	0.0173
13	45.3335	0.0198	289	740.921	0.0193
14	47.8593	0.0199	290	743.621	0.0190
15	49.602	0.0045	291	756.173	0.0199
⋮	⋮	⋮	292	763.742	0.0193
284	720.786	0.0158	293	775.352	0.0202
285	730.094	0.0194	294	780.908	0.0158

5.4.3 能量筛选原则

图 5-23 所示为不同阶次能量分布，从 10 阶到第 18 阶频率系统各部件分别在 x、y、z 的平移运动方向和 α、β、γ 的转动方向，总共六个方向的能量总和。从图 5-23a 中可以看出，各阶次的模态总能量在六个方向上分布并不相同，不同阶次的模态能量的主要分布方向也并不相同。从图 5-23b 的能量在不同方向上的分布比例可以明显看到，系统在旋转方向的总能量占比是比较小的。然而，由于轴承的支承作用，在 x、y、z、α、β 五个方向上的振动能量会由轴承和支承结构迅速吸收，而在旋转方向 γ 的模态能量会在整个系统中传递和累积，因此仅分析 γ 方向的模态能量即可。

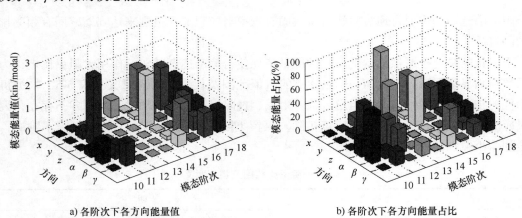

a) 各阶次下各方向能量值　　　　　　　　　　b) 各阶次下各方向能量占比

图 5-23   不同阶次系统能量分布

由于系统激扰频率在利用上述两种方法筛选后还剩余 285 阶，数量仍然十分巨大，其中必然存在许多干扰因素。因此，为了尽可能排除多余的系统激扰频率从而简化分析过程，可以以能量占比为依据对固有频率进行进一步排查。能量筛选的主要理论依据是：同一阶固有

频率中，若分析对象所有旋转零部件在旋转方向的能量总值低于1，表明这一阶次的系统频率不易引发共振，可将其移除，即

$$E_{1\gamma} + E_{2\gamma} + E_{3\gamma} + \cdots + E_{n\gamma} < 1 \qquad (5\text{-}66)$$

式中，$E_{n\gamma}$ 为某阶次频率下传动系统中的第 n 个子结构绕旋转方向的能量。

若在某频率阶次下的系统部件能量满足式（5-66），则该阶次频率不会激起系统的共振，故该阶次频率可以排除。各阶次频率的系统部件在旋转方向上能量分布及能量总和见表 5-7。将能量总和低于 1 的频谱阶次排除后，得到结果见表 5-8 所列的 16 个阶次。如此，激扰频率得到了极大的缩减。

表 5-7 各阶模态能量分布

阶 次	能量（kin./modal）					能量总和（kin./modal）
	前 箱 体	一级内齿圈	⋯	轮 毂	电 机	
10	0	0	⋯	0	0	0
11	0	0.018	⋯	0	0	1.0178
12	0	0	⋯	0	0	0
13	0	0	⋯	0	0	0.0016
14	0	0	⋯	0	0	0.0059
15	0.0001	0.0082	⋯	0	0	0.5022
16	0.0001	0.0001	⋯	0	0	0.0987
17	0	0.0264	⋯	0	0	1.0445
18	0.0009	0.0066	⋯	0	0	1.0084
19	0	0	⋯	0	0	0.2614
20	0.029	0.3379	⋯	0.0006	0	1.4719
21	0.0027	0.0183	⋯	0	0	0.1767
⋮	⋮	⋮	⋮	⋮	⋮	⋮
291	0	0	⋯	0	0	0.0094
292	0	0	⋯	0	0	0.0222
293	0.0022	0	⋯	0.0002	0	0.0891
294	0.0005	0	⋯	0.0001	0	0.1717

表 5-8 能量筛选后的频谱阶次

阶 次	能量（kin./modal）					能量总和（kin./modal）
	前 箱 体	一级内齿圈	⋯	轮 毂	电 机	
11	0	0.018	⋯	0	0	1.0178
17	0	0.0264	⋯	0	0	1.0445
18	0.0009	0.0066	⋯	0	0	1.0084
20	0.029	0.3379	⋯	0.0006	0	1.4719

（续）

阶 次	能量（kin./modal）					能量总和（kin./modal）
	前 箱 体	一级内齿圈	…	轮 毂	电 机	
40	0.9158	1	…	0.0752	0	2.7846
44	0.042	0.1138	…	0.0105	0	1.3382
49	0.1149	0.9898	…	0.0683	0	1.8381
52	0.0715	0.2567	…	0.0148	0	1.1845
54	0.4437	0.2532	…	0.0004	0	1.1169
58	0.0022	0.0701	…	1	0	2.3668
79	0.1027	0.0099	…	0.2481	0	1.0986
95	0.0035	0.1611	…	0.4615	0	2.6932
110	0.323	0.0112	…	0.0121	0	1.0151
164	0.0007	0.0068	…	0.0037	0	1.0464
169	0.0428	0.3577	…	0.2375	0	1.6003
170	0.0613	0.4092	…	0.2247	0	1.1779

5.4.4 速度筛选原则

在经过能量筛选后，潜在共振的模态阶数大量减少，此时利用坎贝尔图，以各传动级齿轮的啮合频率及倍频作为激励频率曲线，可以明确地分析得到系统的潜在共振点，并且可以准确计算出共振点激扰频率和系统转速。然而，此 8 MW 风机的齿轮传动系统具有 3 个传动级，如果以 1 倍频、2 倍频和 3 倍频为激励绘制坎贝尔图，仍然会产生大量交点。但并不是所有的交点都可以激起系统的共振，要得到准确的共振点信息，需要先利用同一速度级原则（简称速度筛选原则），对能量原则筛选后所剩的频率进行更深入的分析，加以筛选。同一速度级原则的内涵是：在某一个潜在共振点的系统频率上，如果与激扰部件在同一速度级别的部件的模态能量值均小于 20%，则该频率不足以激起系统的共振，可以排除。如，若激扰频率为第一级行星轮系啮频的 3 倍频，其同一速度级别的部件应包括第一级行星轮、行星轴和太阳轮，如果这三个部件在该阶次固有频率下的模态能量均小于 20%，那么此共振点可以排除。

考虑到绘制坎贝尔图时的激励均为齿轮啮合频率，因此总共可罗列出的同一速度级激励部件有第一级行星轮、第一级行星轴、第一级太阳轮、第二级行星轮、第二级行星轴、第二级太阳轮、平行级输入轮轴、平行级输出轮轴，一共 8 种部件，如图 5-24 所示。筛选出剩余的 16 阶固有频率下 8 种部件的模态能量占比，见表 5-9，由于行星轮系中行星轮和行星轴不止一个，表中仅给出最大值。

根据表 5-9 可知，有部件的模态能量大于 20% 的阶次仅剩下 11、17、18、44、79 和 164 阶，其中，11、17 和 18 阶模态能量大于 20% 的部件为平行级部件，而 44、79 和 164 阶模态能量大于 20% 的部件为第二级行星轮系。由表 5-9 可知，在所分析的额定转速区间内，11、17 和 18 阶与平行级齿轮啮频并无交点，因此排除；第 44 阶与第二级行星轮系啮合频率 2 倍频激励曲线之间有 1 个交点，即 6 号共振点，此共振点可以激起系统共振；同理，79 阶模态频率与第二级行星轮系 3 倍频激励曲线存在 1 个交点，即 13 号共振点，此共振点可以激起系统共振；而 164 阶模态频率与第二级行星轮系的啮合频率及其倍频均无交点，同样应排除。综上，经过同一速度级原则筛选，系统仅剩下 6 个潜在共振频率。

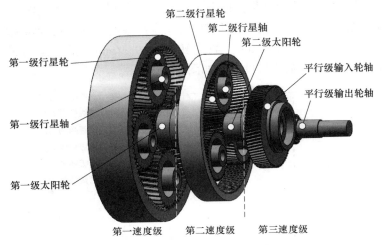

图 5-24　同一速度级激励部件

表 5-9　模态能量占比汇总

阶次	频率/Hz	模态能量占比（%）							
		第一级行星轮	第一级行星轴	第一级太阳轮	第二级行星轮	第二级行星轴	第二级太阳轮	平行级输入轮	平行级输出轮
11	42.805	0.09	0.13	0	0.36	0.16	0	0.57	**95.48**
17	63.979	1.45	4.26	0	9.47	2.93	0	**41.82**	5.87
18	65.608	0.06	1.26	0	14.47	7.34	0	**34.71**	**27.33**
20	76.711	5.73	0.76	0	10.42	5.32	0	2.02	0.26
40	121.670	0.22	3.46	0	1.31	0.46	0	0.04	0.00
44	134.091	0.18	3.75	0	6.44	**21.75**	0	0.07	1.72
49	144.938	1.55	10.85	0	2.14	3.49	0	0.01	0.10
52	151.746	0.88	13.03	0	2.36	0.35	0	10.27	1.92
54	158.300	1.15	8.38	0	2.33	3.28	0	1.24	1.06
58	203.310	3.86	12.30	0	1.61	1.54	0	0.36	0.16
79	222.158	0.43	1.08	0	**29.77**	1.29	0	0.12	0.02
95	257.139	0.32	6.58	0	4.60	3.81	0	0.06	0.00
110	292.340	0.64	6.09	0	6.79	8.48	0	0.74	1.03
164	423.931	0.37	0.13	0	**24.73**	17.73	0	16.17	0.01
169	453.759	9.56	7.19	0	0.17	3.84	0	4.92	0.57
170	459.228	13.90	6.33	0	0.03	0.04	0	0.04	0.66

5.4.5 系统坎贝尔图

坎贝尔图可以将系统固有频率与激扰频率曲线绘制在同一个坐标系内，以工作转速为横坐标，激扰频率为纵坐标，通过寻找固有频率与激扰频率曲线的交点来确定系统的潜在共振点。因此，绘制坎贝尔图是传动系统共振点甄别的核心步骤，通过系统坎贝尔图绘制出曲线交点，就可以找到系统在工作转速区间内潜在的危险共振点。发电机传动系统的切入转速为 2.57 r/min，切出转速为 21.43 r/min，额定转速为 9 r/min，正常运行的范围在 2.57 ~ 21.43 r/min 之间，绘制出的系统坎贝尔图如图 5-25 所示。

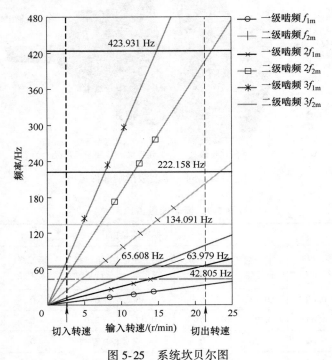

图 5-25　系统坎贝尔图

根据绘制的系统坎贝尔图可知，在系统工作转速区间之内一共有 24 个潜在共振点，其中：第 11 阶固有频率 42.805 Hz 含有 5 个共振点，第 17 阶固有频率 63.979 Hz 含有 4 个共振点，第 18 阶固有频率 65.608 Hz 含有 4 个共振点，第 44 阶固有频率 134.091 Hz 含有 5 个共振点，第 79 阶固有频率 222.158 Hz 含有 4 个共振点，第 164 阶固有频率 423.931 Hz 含有 2 个共振点。24 个共振点的详细信息见表 5-10。

表 5-10　坎贝尔图共振点

编　号	阶　次	固有频率/Hz	输入转速/（r/min）	激励类型
1	11	42.805	19.230	$3f_{1m}$
2	11	42.805	9.425	f_{2m}
3	11	42.805	4.675	$2f_{2m}$
4	11	42.805	3.150	$3f_{2m}$

（续）

编　号	阶　次	固有频率/Hz	输入转速/（r/min）	激 励 类 型
5	11	42. 805	3. 100	f_{3m}
6	17	63. 979	14. 100	f_{2m}
7	17	63. 979	7. 050	$2f_{2m}$
8	17	63. 979	4. 700	$3f_{2m}$
9	17	63. 979	4. 625	f_{3m}
10	18	65. 608	14. 400	f_{2m}
11	18	65. 608	7. 225	$2f_{2m}$
12	18	65. 608	4. 825	$3f_{2m}$
13	18	65. 608	4. 725	f_{3m}
14	44	134. 091	14. 800	$2f_{2m}$
15	44	134. 091	9. 850	$3f_{2m}$
16	44	134. 091	9. 700	f_{3m}
17	44	134. 091	4. 825	$2f_{3m}$
18	44	134. 091	3. 225	$3f_{3m}$
19	79	222. 158	16. 320	$3f_{2m}$
20	79	222. 158	16. 020	f_{3m}
21	79	222. 158	8. 050	$2f_{3m}$
22	79	222. 158	5. 350	$3f_{3m}$
23	164	423. 931	15. 300	$2f_{3m}$
24	164	423. 931	10. 250	$3f_{3m}$

结合表 5-9 和表 5-10 对共振点进行甄别和筛选。表 5-9 中，11、17 和 18 阶固有频率的共振激励源均为第三级（平行级）的啮频，而表 5-10 中的 1、2、3、4、6、7、8、10 号共振点的激励源并不是第三级啮频，可见其同速度级部件的模态振动能量均小于 20%，不足以引起系统振动，可以排除。同理，表 5-9 中 44、79 和 164 阶固有频率的共振激励源均为第二级啮频，而表 5-10 中的 16、17、18、20、21、22、23、24 号共振点的激励源均不是第二级啮频或其倍频，也可以排除。最终，剩下第 5、9、13、14、15、19 号一共 6 个共振点，可能激起系统共振，是潜在的危险共振点，见表 5-11。

表 5-11　系统危险共振点

编　号	阶　次	固有频率/Hz	输入转速/（r/min）	激 励 类 型	振　　型
5	11	42. 805	3. 100	f_{3m}	前箱体扭转
9	17	63. 979	4. 625	f_{3m}	二级齿圈摆动
13	18	65. 608	4. 725	f_{3m}	二级齿圈扩张
14	44	134. 091	14. 800	$2f_{2m}$	后箱体局部变形
15	44	134. 091	9. 850	$3f_{2m}$	后箱体局部变形
19	79	222. 158	16. 320	$3f_{2m}$	后箱体整体变形

表5-11中，各共振点固有频率的振型如图5-26所示，其中，第11阶固有频率的振型为前箱体扭转变形；第17阶固有频率的振型为第二级内齿圈摆动，带动着后面的后箱体以及后箱体所支承的直齿轮副来回摆动；第18级固有频率的振型为第二级内齿圈扩张；第44阶固有频率的振型为后箱体局部变形；第79阶固有频率的振型为后箱体整体变形。

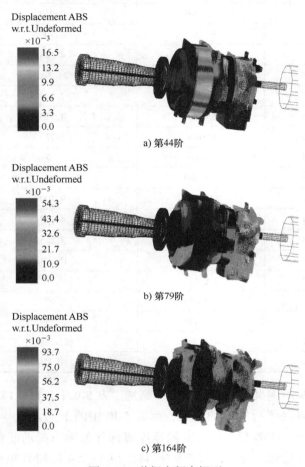

a) 第44阶

b) 第79阶

c) 第164阶

图 5-26　共振点频率振型

5.4.6　扫频时/频域分析

上述五大筛选原则给出的是系统的潜在共振点，若要得到系统的危险共振点，需要对其进行升速扫频分析。限于篇幅，这里以表5-11第一个潜在共振点为例进行分析，此点是固有频率134.048 Hz与齿轮箱第二级啮频的交点，能量主要集中在第一级齿圈，此时轮毂的转动速度为14.14 r/min，该转速附近的角加速度时域图通过FFT变换，图5-27所示为该转速附近第一级齿圈角加速度时/频域图，在135.6 Hz处存在峰值，与该潜在共振点对应频率134.048 Hz重合，故此潜在共振点是危险共振点，会在响应部件处产生共振危险，需要重点关注。通过对其余潜在共振点进行时/频域分析可知，系统共存在两个危险共振点，该模型有发生共振的危险，需要对其进行优化。

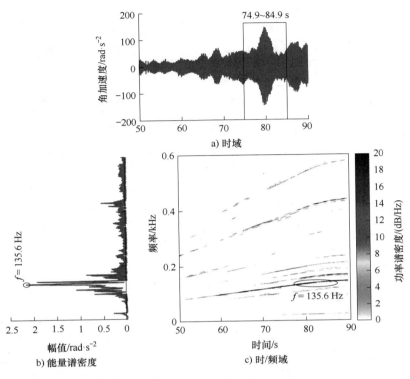

图 5-27 第一级齿圈角加速度时/频域图

5.5 大型风机传动链多柔体动力学优化设计

基于传动链的动力学分析可知，传动链在第二级行星轮系内的齿轮角加速度和振动加速度波动幅度最大，平行级振动幅值最大。传动链在经过共振点甄别后，识别出了 6 个共振点，对应了系统的 5 个固有频率和振型。为了降低传动链发生故障的风险，需要对相应的部件进行适当的优化设计，减小齿轮振动以及系统共振，保证传动链的稳定性和工作寿命。

5.5.1 大型风机传动链动力学优化设计方法

齿轮系统的动力学减振优化设计是以齿轮系统箱体-轴-轴承-齿轮耦合动力学模型为基础，以齿轮、轴的动力学响应为依据，以降低齿轮转子振动为目标的一种系统优化设计方法。主要优化内容包括：轴参数优化、齿轮宏观参数优化、齿轮微观修形、箱体优化、齿轮精度及系统装配参数优化，其优化流程如图 5-28 所示。

轴参数优化主要针对轴的内外径，在轴长一定的情况下，轴径可影响轴系刚度以及齿轮的支承刚度，增大轴径可有效降低系统的扭转振动。然而考虑到系统重量的增加，不可能一味地增大轴径，以系统重量和齿轮振动为边界条件，可得到同时满足轻量化要求和减振要求的轴径参数。

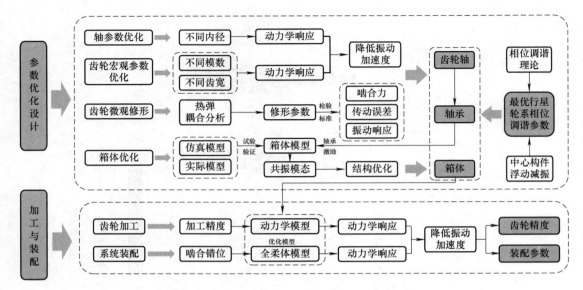

图 5-28 齿轮系统动力学减振优化设计流程

齿轮的动力学减振优化设计包括齿轮宏观参数与微观参数设计。宏观参数包括齿轮的齿数、模数、齿宽、压力角、螺旋角等几何参数，宏观参数关系到齿轮的几何形状，可较大幅度地影响齿轮系统的动力学特性。对于功率或转速既定的齿轮系统而言，为了不影响箱体和轴系等的参数设计，通常将齿轮中心距、齿宽等参数设为定值，对模数或齿数开展动力学减振优化设计。齿轮微观参数设计即齿轮的修形参数设计，包括齿向修形和齿廓修形两部分。齿轮工作时由于弹性变形和热变形等原因，齿轮提前啮入而延迟啮出，齿对互相干涉，形成啮合冲击，如图 5-29 所示。为了消除啮合冲击，需要对齿轮进行齿廓修形，即削去一部分齿面材料，避免齿轮提前进入啮合和延迟退出啮合。齿轮的变形和加工装配原因同样可导致齿轮啮合时出现偏载，此时需要采取齿向修形，削去载荷集中部分的齿面材料，使载荷均匀分布。

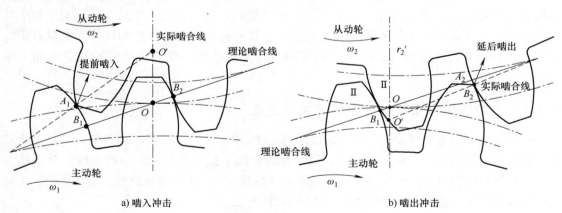

图 5-29 齿轮啮合冲击

齿轮箱主要起支承和保护齿轮传动系统的作用，箱体结构复杂多变，若支承刚度不足，可能使轴承和齿轮发生较大位移，若与齿轮转子形成共振，则会危害整个传动系统。对箱体进行动力学减振设计时，常从共振分析入手，以共振点的振动特性为依据对箱体进行优化，根据情况选择不同的优化手段，包括增加壁厚、改变形状或增设筋板等。

齿轮的加工、装配精度同样也是关系齿轮工作性能的重要参数。提高齿轮加工精度可有效降低齿轮振动，但加工成本也会随之升高。此外，齿轮箱在装配时也有一定的误差，导致齿轮并未完全对中，形成啮合错位。以齿轮动力学响应为依据，研究啮合错位取值范围，可以为加工和装配参数提供设计依据。

基于前文算例中对传动链的动力学分析可知，传动链第二级行星轮系内的齿轮角加速度和振动加速度波动幅度最大，通过对传动链共振点的甄别，发现前箱体、二级齿圈和后箱体发生共振的可能性较大。本节以系统共振和动力学响应作为依据，对箱体参数、第二级齿轮参数以及平行级的啮合错位相关参数进行动力学优化设计。

5.5.2　箱体几何尺寸优化设计

1. 优化方法与模型

对箱体进行尺寸优化的目的主要是保证在能够为齿轮系统提供稳定支承的基础上尽可能地降低传动链系统的共振风险。从甄别出的共振点及其对应的共振频率及振型分析可知，发生共振的部位主要是前箱体、第二级内齿圈及后箱体，故将这三个部件作为箱体优化设计的优化对象。考虑到箱体结构的复杂性以及保证优化后的支承刚度，首先提出最简单的一种优化方法——增加箱体壁厚。第二种优化方法是根据共振频谱对应的振型，在适当的位置设置筋板，从而有针对性地阻止其发生共振变形。

增加箱体壁厚或者设置筋板均可增大箱体的刚度，但都会增加齿轮传动系统的重量。风机机组风轮直径为 182 m，轮毂高度为 101.3 m，对于风机位于高空中的传动系统而言，增加重量无疑也增加了塔架的承载，对于风机的稳定性非常不利。因此，在对箱体进行优化设计时，必须尽量减小重量的增加。

基于已甄别出的共振点，第一种优化方法为增加前箱体和后箱体在发生共振时变形最大的位置处的箱体壁厚，以及齿圈的外圈直径，如图 5-30 所示，将这三个部件的壁厚增加 20%。

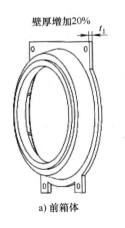 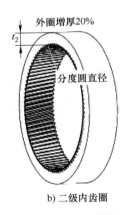 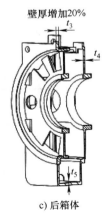

a) 前箱体　　　　b) 二级内齿圈　　　　c) 后箱体

图 5-30　增加箱体壁厚

对于第二种优化方法，考虑到第 11 阶固有频率的振型为前箱体扭转，故在前箱体前端的上、下吊耳处一共设置 8 个筋板，如图 5-31a 所示，从而增加其在扭转方向上的刚度；第 44 阶和 79 阶固有频率的振型均为后箱体的变形，故在后箱体的变形处一共设置 12 个筋板，如图 5-31b 所示。

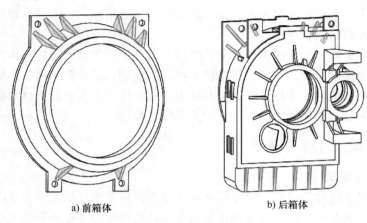

a) 前箱体　　　　　　　　　　　　b) 后箱体

图 5-31　增加筋板

2. 优化结果对比

首先利用共振识别的五大原则对两种优化模型进行共振点甄别，经过频率筛选原则、阻尼筛选原则、能量筛选原则和速度筛选原则四步筛选后，剩下的固有频率分别见表 5-12 和表 5-13。

表 5-12　方法一前四步筛选后结果

阶次	频率 /Hz	模态能量占比（%）							
		第一级 行星轮	第一级 行星轴	第一级 太阳轮	第二级 行星轮	第二级 行星轴	第二级 太阳轮	平行级 输入轮	平行级 输出轮
18	73.3	0.01	0.40	3.11	0.46	6.82	4.54	**34.24**	2.55
35	116	0.00	0.40	0.31	0.24	3.50	5.21	**46.93**	3.71
42	133	0.18	6.01	1.04	1.86	**27.32**	0.13	0.13	0.05
85	239	0.19	3.94	1.34	0.85	12.36	0.94	**26.70**	3.78
159	426	0.48	10.00	0.76	1.64	**23.97**	5.84	1.87	9.19

表 5-13　方法二前四步筛选后结果

阶次	频率 /Hz	模态能量占比（%）							
		第一级 行星轮	第一级 行星轴	第一级 太阳轮	第二级 行星轮	第二级 行星轴	第二级 太阳轮	平行级 输入轮	平行级 输出轮
19	70.6	0.04	0.78	4.05	0.29	4.27	4.43	**33.20**	1.39
33	110	0.06	1.30	0.92	0.58	8.53	6.41	**62.99**	3.61
34	112	0.08	1.79	0.34	0.81	11.84	7.68	**65.09**	0.05

（续）

阶次	频率/Hz	模态能量占比（%）							
		第一级行星轮	第一级行星轴	第一级太阳轮	第二级行星轮	第二级行星轴	第二级太阳轮	平行级输入轮	平行级输出轮
63	196	1.82	**37.90**	4.99	0.09	1.37	0.00	4.23	2.15
65	202	0.53	**23.14**	5.37	0.37	5.52	0.34	9.02	11.03
159	422	0.01	0.15	0.30	1.98	**28.88**	7.09	2.77	6.89

　　基于表 5-12 和表 5-13，分别绘制坎贝尔图，如图 5-32 所示。利用坎贝尔图识别出优化方案一共有 20 个交点，排除激扰部件能量占比小于 20% 的交点，最终得到 8 个共振点；优化方案二坎贝尔图一共有 18 个交点，排除激扰部件能量占比小于 20% 的交点，最终得到 5 个共振点。共振点的详细信息见表 5-14。

　　从优化后对共振点的改善效果来看，方案一并没有减少共振点的个数，不仅如此，其中一个共振点的转速为 9.83 r/min，非常接近额定输入转速，增大了系统产生共振的可能性；而方案二将共振点的个数从 6 个减少为 5 个，各共振点的转速也更加远离额定转速。表 5-15 所列为优化前后箱体的总质量，从表中可看出，采用方案一使总质量增加了 10.69%，远大于第二种方案的 1.95%。综上所述，在变形处增设筋板的优化方法在仅使齿轮箱增加了不到 2% 的质量的情况下，减少了潜在共振点的数量，并使共振转速远离额定转速，是最优的优化方案。

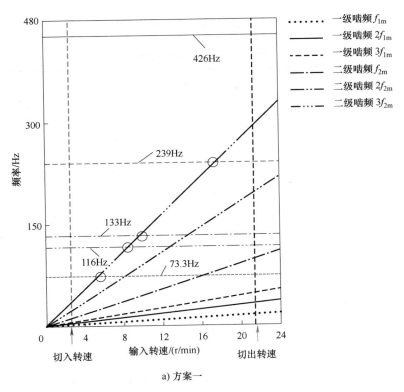

a) 方案一

图 5-32　优化后系统坎贝尔图

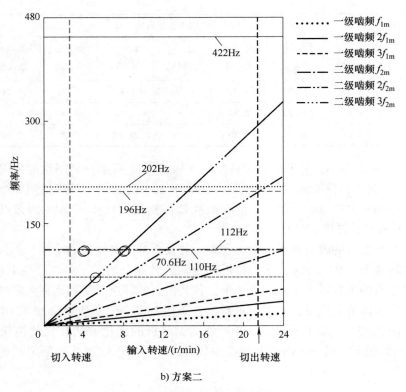

b) 方案二

图 5-32 优化后系统坎贝尔图（续）

表 5-14 共振点详细信息

方 案	频率/Hz	输入转速/（r/min）	激 励	振 型
方案一	73.3	5.53	f_{3m}	二级齿圈扭转
	116	2.85	$3f_{3m}$	平行级大齿轮 z 向移动
	116	4.23	$2f_{3m}$	
	116	8.65	f_{3m}	
	133	9.83	$3f_{2m}$	后箱体摆动变形
	239	5.78	$3f_{3m}$	二级行星轮扭转
	239	8.68	$2f_{3m}$	
	239	17.65	f_{3m}	
方案二	70.6	5.08	f_{3m}	二级齿圈扭转
	110	3.98	$2f_{3m}$	后箱体摆动变形
	110	7.92	f_{3m}	
	112	4.10	$2f_{3m}$	二级齿圈 y 向移动
	112	8.05	f_{3m}	

表 5-15　优化前后箱体总质量

状　　　态	总质量/kg	增量/kg	增幅（%）
优化前	40791.572	—	—
方案一	45152.978	4361.406	10.69
方案二	41587.576	796.004	1.95

5.5.3　齿轮几何参数优化设计

在齿轮副中心距不变的情况下，改变模数或螺旋角可以改变斜齿轮的重合度，进而优化齿轮的啮合特性，达到减小齿轮转子振动幅度的目的。根据传动链动力学分析结果可知，第二级行星轮系的啮合刚度、动态接触应力、齿轮角加速度和振动加速度的波动幅度均远大于第一级和平行级。

第二级行星轮系模数为 18 mm，齿轮的齿高为 40.5 mm。由于宏观参数对齿轮系统的影响远大于微观参数，故对第二级行星轮系开展宏观尺寸优化。

以齿轮模数为优化对象，为了尽可能减小对前后传动级以及箱体的影响，保持齿轮中心距 $a = 723$ mm、有效齿宽 $b = 390$ mm、压力角 $\alpha = 22.5°$、螺旋角 $\beta = 8.5°$ 不变。以齿轮副原始模数 $m_n = 18$ mm 为中心，利用齿轮副设计校核软件 KISSsoft 设计出满足齿轮齿根弯曲强度和接触强度的 5 组参数，具体参数见表 5-16。

表 5-16　不同模数齿轮参数

m_n	z_s	z_p	z_r	x_1	x_2	x_3	S_F	S_H
14	40	63	164	−0.375	−0.044	−0.556	1.683	1.941
16	35	54	145	−0.141	0.337	0.437	1.801	1.958
18	31	47	128	0.328	0.443	−0.295	1.94	1.833
20	28	43	116	−0.101	0.362	0.347	2.136	1.925
22	26	39	106	−0.193	0.196	0.719	2.362	1.910

通过前面的研究可知，传动链动力学模型中，主轴柔性对齿轮传动系统的动力学响应影响甚微。此外，通过分析齿轮箱内部各类构件的柔性化对系统造成的影响可知，齿轮和轴系的柔性会改变齿轮动态接触应力和角加速度总体幅值，并不影响其波动幅度和频谱特性。本节对第二级齿轮系统宏观参数进行优化设计，主要关心齿轮的接触特性，因而可将齿轮和轴系建立为刚性体，仅把箱体建立为柔性体。

齿轮时变啮合刚度是齿轮系统动力学响应最重要的内部激励，时变啮合刚度的波动会对系统振动造成深远影响。因此，以降低第二级太阳轮与内齿圈时变啮合刚度的波动幅度为优化目标。图 5-33 所示为基于表 5-16 中的齿轮参数计算出的第二级外啮合的啮合刚度及其均方根值。根据啮合刚度时域曲线图，齿轮模数从 14 mm 增加到 20 mm 的过程中，啮合刚度幅值增加，模数从 20 mm 增加到 22 mm 时，幅值大幅度降低。根据啮合刚度均方根值计算结果对比分析，模数从 14 mm 增加到 18 mm 的过程中，啮合刚度均方根值逐渐减小，而模数从 18 mm 增加到 22 mm 的过程中，啮合刚度均方根值逐渐增大。综上，啮合刚度在法向模数为 18 mm 时的波动幅度最小。

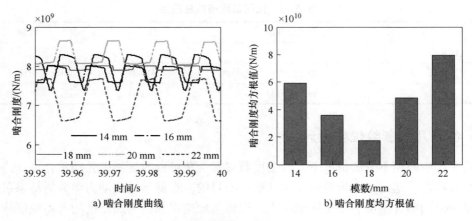

图 5-33　不同模数下的啮合刚度

给出第二级行星轮的角加速度时域分析结果，如图 5-34 所示。根据行星轮角加速度时域图，发现模数从 14 mm 增加到 18 mm 的过程中，行星轮角加速度幅值逐渐减小，模数从 18 mm 增加到 20 mm 时，角加速度激增，而当模数为 22 mm 时，角加速度振幅再次减小。经过对比，在法向模数为 18 mm 时，行星轮角加速度幅值最小。综上，18 mm 为第二级行星轮系最优模数。

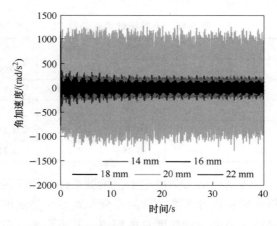

图 5-34　不同模数下行星轮角加速度

5.6　本章小结

本章将传动链内各部件视为子结构，依据部件功能及结构，将所有的部件划分为三种类型：齿轮转子、轴系和箱体，利用有限元方法，在有限元前处理软件中对三种不同类型的构件采用不同的思路进行网格划分，然后将有限元模型导入有限元分析软件中进行主节点分配和模态分析，根据系统拓扑关系，将所有部件耦合成为完整的传动链动力学模型。根据具体算例，首先分析了系统的动态特性；其次分析了不同类型的结构柔性对系统动力学响应的影响规律，并结合五大原则甄别出了系统共振点；最后基于动力学优化设计方法对传动链参数进行了减振/避振优化设计。主要结论如下：

1）传动链系统第二级行星轮系啮合刚度以及第一、二级行星轮系的动态接触应力时域结果均有规律地起伏波动，虽然波动的频率为各自行星架的转频，但这种波动是由齿轮箱的柔性变形导致的。此外，第二级行星轮系啮合刚度和接触应力曲线异于其他齿轮级，表现为啮合刚度和接触应力在多齿啮合区突增，造成这种现象的原因是齿轮的柔性变形。

2）轴系柔性对齿轮箱影响较小。轴系柔性可略微减缓齿轮箱载荷冲击、促进齿轮正常啮合，但并不改变齿轮的啮合特性，对齿轮的角加速度动力学响应影响较小。尽管如此，轴系柔性、箱体柔性与第二级齿轮啮频的边频带有关，通这些频率成分判断行星架、行星轴以及齿轮的工作状态等具有研究价值。

3）齿轮箱的箱体柔性比齿轮柔性和轴系柔性更为重要。通过对比将齿轮箱的箱体建立为刚体后的接触应力和角加速度动力学响应，证明了箱体柔性并不会改变齿轮的啮合特性，但将其建立为刚体会导致接触应力频谱中行星架转频消失以及角加速度频谱中第一级齿轮的啮频消失，因此，箱体柔性对传动链齿轮系统的工作状态判断、共振点识别和动力学减振设计等具有十分重要的作用。

4）基于系统共振点的振型，在箱体的共振位置增加筋板，可以减少系统共振点数量，达到避免共振的效果。轴向和径向啮合错位对啮合刚度、振动响应和转速的影响较小，径向和角度的啮合错位会使响应频谱中出现啮频2倍频，其幅值随着错位量的增大而增加，这种频谱特性可为齿轮系统状态监测和故障诊断等提供参考。

第 6 章

大型风电齿轮箱行星轮系动态均载技术

6.1 概述

行星轮系的"均载"是指不同行星轮之间载荷分布均匀，主要是指行星轮系中各行星轮的啮合力的大小相等。行星轮系常用的均载机构主要采用基本构件浮动的方式，适用于具有三个及以上行星轮的行星传动，主要是靠基本机构（如太阳轮、内齿圈或行星架）没有固定的径向支承，在受力不平衡的情况下做径向移动（又称浮动、自位均载），以使各行星轮均匀分担载荷。均载机构既能提升行星轮传动系统的均载性能，又能降低噪声、提高运转的平稳性和可靠性，因而得到了广泛应用。在风电齿轮箱等采用行星轮系的齿轮传动装置的设计中，如何实现行星轮之间的均载，从而更大程度上提高行星齿轮传动系统的承载能力是一个至关重要的问题。在实际制造与装配中，由于制造、安装误差等因素的影响，各个行星轮间的承载分配不均，导致多行星轮承载的优点难以发挥出来。因此，研究行星轮系的均载特性，对于改善系统的振动噪声、提高承载能力、增加使用寿命、提高功率密度有重要意义。

6.2 行星轮系均载系数定义及其计算方法

6.2.1 行星轮系均载系数定义

对一个给定的行星轮 $i(i=1,2,\cdots,n)$，实际承担的载荷 T_i 与理论上承担的平均载荷 T_a 之比称为该行星轮的均载系数 L_i。

$$L_i = \frac{T_i}{T_a} \quad (i=1,2,\cdots,n) \tag{6-1}$$

其中，平均载荷 $T_a = \frac{1}{n}\sum_{i=1}^{n}T_i$。当每个行星轮的均载系数都为 1 时，说明每个行星轮之间完全均载。

在实际计算过程中，可以根据每个行星轮承担的动态啮合力来计算行星轮系的均载系数。假设各行星轮的内、外啮合力为 F_{rpi}、F_{spi}，根据式（6-2）求得行星齿轮传动中每个行星轮的内、外啮合均载系数 g_{rpi}、g_{spi}，把各行星轮均载系数中最大值定义为该级行星传动的

系统均载系数 G_{rpi}、G_{spi}，见式（6-3）所示，其中，N 为行星轮个数。

$$\begin{cases} g_{rpi} = \dfrac{NF_{rpi}}{\displaystyle\sum_{i=1}^{N} F_{rpi}} \\[6mm] g_{spi} = \dfrac{NF_{spi}}{\displaystyle\sum_{i=1}^{N} F_{spi}} \end{cases} \tag{6-2}$$

$$\begin{cases} G_{rpi} = \dfrac{N \times \max(F_{rpi})}{\displaystyle\sum_{i=1}^{N} F_{rpi}} = \max(g_{rpi}) \\[6mm] G_{spi} = \dfrac{N \times \max(F_{spi})}{\displaystyle\sum_{i=1}^{N} F_{spi}} = \max(g_{spi}) \end{cases} \tag{6-3}$$

6.2.2　NWG 型均载计算数学模型

NGW 型行星轮系等效力学模型如图 6-1 所示，采用太阳轮浮动的方式。其广义坐标系建立在与行星架固连的动坐标系中。根据动坐标系中的坐标变换原则可得各构件绝对速度及绝对加速度在动坐标系中 X_c、Y_c 方向上的分量为

$$\begin{cases} v_x = \dot{x} - \omega_c y \\ v_y = \dot{y} + \omega_c x \end{cases}, \quad \begin{cases} a_x = \ddot{x} - 2\omega_c \dot{y} - \omega_c^2 x \\ a_y = \ddot{y} + 2\omega_c \dot{x} - \omega_c^2 y \end{cases} \tag{6-4}$$

则系统自由度可定义为

$$\delta = (u_c, \ x_c, \ y_c, \ z_c, \ u_r, \ x_r, \ y_r, \ z_r, \ u_{pi}, \ \xi_{pi}, \ \eta_{pi}, \ r_{pi}, \ u_s, \ x_s, \ y_s, \ z_s)^T \tag{6-5}$$

系统共 24 个自由度。其中，x、y、z 分别表示传动构件在动坐标系下沿各自坐标轴方向的振动位移；u 表示传动构件扭转方向振动位移，$u = r_b \omega$；r_b 代表各齿轮基圆半径或行星架半径；下标 s、p、r、c 分别代表太阳轮、行星轮、内齿圈及行星架。

建模时采用假设如下：

1）系统的运动在同一平面 XY 内。

2）将系统看作是由刚体与弹簧组成的集中质量系统，忽略构件的柔性变形，将轮齿间的啮合变形看作弹簧的变形。

3）各行星轮沿中心轮周围均匀分布，具有相同的物理和几何参数，不计齿轮啮合时摩擦力的影响。

对于考虑阻尼系数的多自由度行星轮传动系统，其动力学微分方程矩阵形式如下：

$$[M]\{\ddot{x}\} + [C]\{\dot{x}\} + [K]\{x\} = \{F\} \tag{6-6}$$

行星轮各项自由度等效到内啮合线上位移见式（6-7），下标 j 表示行星传动第 j 个行星轮（$j = 1, 2, 3$）。

$$\delta_{rpj} = u_r - u_{pj} - x_r \sin\theta_{rj} + y_r \cos\theta_{rj} + \xi_{pj}\sin\alpha_{ti} - \eta_{pj}\cos\alpha_t + e_{rpj}(t) \tag{6-7}$$

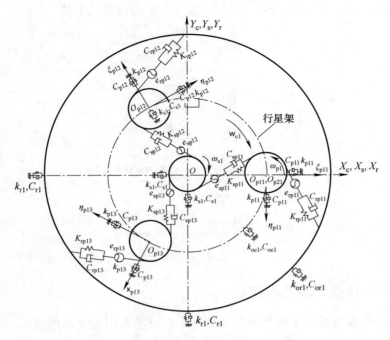

图 6-1　NGW 型行星轮系等效力学模型

行星轮各项自由度等效到外啮合线上位移：
$$\delta_{spj} = -u_s + u_{pj} + x_s\sin\theta_{sj} + y_s\cos\theta_{sj} - \xi_{pj}\sin\alpha_t - \eta_{pj}\cos\alpha_t + e_{spj}(t) \tag{6-8}$$

行星架与各行星轮沿各自行星轮坐标相对位移：
$$\begin{cases} \delta_{c\xi j} = \xi_{pj} - x_c\cos\psi_j - y_c\sin\psi_j \\ \delta_{c\eta j} = \eta_{pj} + x_c\sin\psi_j - y_c\cos\psi_j + u_c \end{cases} \tag{6-9}$$

根据行星轮受力情况，令 k_s、k_p 为太阳轮、行星轮支承刚度，c_s、c_p 为太阳轮、行星轮支承阻尼，建立系统微分方程组：

行星架微分方程：

$$\begin{cases} (I_c/r_c^2)\ddot{u}_c + C_{oc}\dot{u}_c + k_{oc}u_c + \sum_{i=1}^{3}(k_p\delta_{c\eta i} + C_p\dot{\delta}_{c\eta i}) = T_c/r_c \\[2mm] m_c(\ddot{x}_c - 2\omega_c\dot{y}_c - \omega_c^2 x_c) + C_c(\dot{x}_c - \omega_c y_c) + k_c x_c - \\[1mm] k_p\sum_{i=1}^{3}(\delta_{c\xi i}\cos\psi_i + \delta_{c\eta i}\sin\psi_i) - C_p\sum_{i=1}^{3}(\dot{\delta}_{c\xi i}\cos\psi_i + \dot{\delta}_{c\eta i}\sin\psi_i) = 0 \\[2mm] m_c(\ddot{y}_c + 2\omega_c\dot{x}_c - \omega_c^2 y_c) + C_c(\dot{y}_c + \omega_c x_c) + k_c y_c - \\[1mm] k_p\sum_{i=1}^{3}(\delta_{c\xi i}\sin\psi_i + \delta_{c\eta i}\cos\psi_i) - C_p\sum_{i=1}^{3}(\dot{\delta}_{c\xi i}\sin\psi_i + \dot{\delta}_{c\eta i}\cos\psi_i) = 0 \\[2mm] m_c\ddot{z}_c + C_c\dot{z}_c + k_c z_c - k_p\sum_{i=1}^{3}(z_c - z_i) - C_p\sum_{i=1}^{3}(\dot{z}_c - \dot{z}_i) = 0 \end{cases} \tag{6-10}$$

内齿圈微分方程：

$$\begin{cases} (I_r/r_{br}^2)\ddot{u}_r + C_{or}\dot{u}_r + k_{or}u_r + \sum_{i=1}^{3}[k_{rpi}(t)f(\delta_{rpi},\ b_r) + C_{rpi}\dot{\delta}_{rpi}]\cos\beta = 0 \\[2mm] m_r(\ddot{x}_r - 2\omega_c\dot{y}_r - \omega_c^2 x_r) + C_r(\dot{x}_r - \omega_c y_r) + k_r x_r - \\[2mm] \sum_{i=1}^{3}[k_{rpi}(t)f(\delta_{rpi},\ b_r) + C_{rpi}\dot{\delta}_{rpi}]\cos\beta\sin\theta_{ri} = 0 \\[2mm] m_r(\ddot{y}_r + 2\omega_c\dot{x}_r - \omega_c^2 y_r) + C_r(\dot{y}_r + \omega_c x_r) + k_r x_r + \\[2mm] \sum_{i=1}^{3}[k_{rpi}(t)f(\delta_{rpi},\ b_r) + C_{rpi}\dot{\delta}_{rpi}]\cos\beta\cos\theta_{ri} = 0 \\[2mm] m_r\ddot{z}_r + C_r\dot{z}_r + k_r z_r - \sum_{i=1}^{3}[k_{rpi}(t)f(\delta_{rpi},\ b_r) + C_{rpi}\dot{\delta}_{rpi}]\sin\beta = 0 \end{cases} \quad (6\text{-}11)$$

行星轮微分方程：

$$\begin{cases} (I_p/r_{bp}^2)\ddot{u}_{pi} - k_{rpi}(t)f(\delta_{rpi},\ b_r) + C_{rpi}\dot{\delta}_{rpi} + k_{spi}(t)f(\delta_{spi},\ b_{sl}) + C_{spi}\dot{\delta}_{spi} = 0 \\[2mm] m_p(\ddot{\xi}_{pi} - 2\omega_c\dot{\eta}_{pi} - \omega_c^2\xi_{pi}) + C_p(\dot{\delta}_{c\xi i} - \omega_c\delta_{c\xi i}) + k_p\delta_{c\xi i} + [k_{rpi}(t)f(\delta_{rpi},\ b_r) + \\[2mm] C_{rpi}\dot{\delta}_{rpli}]\sin\alpha - [k_{spi}(t)f(\delta_{spi},\ b_s) + C_{spi}\dot{\delta}_{spi}]\cos\beta\sin\alpha = 0 \\[2mm] m_p(\ddot{\eta}_{pi} + 2\omega_c\dot{\xi}_{pi} - \omega_c^2\eta_{pi}) + C_p(\dot{\delta}_{c\eta i} + \omega_c\delta_{c\xi i}) + k_p\delta_{c\eta i} - [k_{rpi}(t)f(\delta_{rpi},\ b_r) + \\[2mm] C_{rpi}\dot{\delta}_{rpi}]\cos\alpha - [k_{spi}(t)f(\delta_{spi},\ b_s) + C_{spi}\dot{\delta}_{spi}]\cos\beta\cos\alpha = 0 \\[2mm] m_p\ddot{\gamma}_{pi} + C_p\dot{\gamma}_{c\gamma i} + k_p\gamma_{c\gamma i} - [k_{rpi}(t)f(\delta_{rpi},\ b_r) + \\[2mm] C_{rpi}\dot{\delta}_{rpi}]\sin\beta + [k_{spi}(t)f(\delta_{spi},\ b_s) + C_{spi}\dot{\delta}_{spi}]\sin\beta = 0 \end{cases} \quad (6\text{-}12)$$

太阳轮微分方程：

$$\begin{cases} (I_s/r_{bs}^2)\ddot{u}_s + C_{os}\dot{u}_s + k_{os}u_s - \sum_{i=1}^{3}[k_{spi}(t)f(\delta_{spi},\ b_s) + C_{spi}\dot{\delta}_{spi}] = -T_s/r_{bs} \\[2mm] m_s(\ddot{x}_s - 2\omega_c\dot{y}_s - \omega_c^2 x_s) + C_s(\dot{x}_s - \omega_c y_s) + k_s x_s + \sum_{i=1}^{3}[k_{sp}(t)f(\delta_{spi},\ b_s) + \\[2mm] C_{spi}\dot{\delta}_{spi}]\cos\beta\sin\theta_{si} = 0 \\[2mm] m_s(\ddot{y}_s + 2\omega_c\dot{x}_s - \omega_c^2 y_s) + C_s(\dot{y}_s + \omega_c x_s) + k_s y_s + \sum_{i=1}^{3}[k_{spi}(t)f(\delta_{spi},\ b_s) + \\[2mm] C_{spi}\dot{\delta}_{spi}]\cos\beta\cos\theta_{si} = 0 \\[2mm] m_s\ddot{z}_s + C_s\dot{z}_s + k_s\dot{y}_s - \sum_{i=1}^{3}[k_{spi}(t)f(\delta_{spi},\ b_s) + C_{spi}\dot{\delta}_{spi}]\sin\beta = 0 \end{cases} \quad (6\text{-}13)$$

以上各啮合线上等效位移均考虑齿轮侧隙非线性的影响，振动位移和轴承游隙，以及齿侧间隙的关系可用下面的分段函数形式来描述：

$$f(\delta) = \begin{cases} \delta - b, & \delta > b \\ 0, & b \leqslant \delta \leqslant -b \\ \delta + b, & \delta < -b \end{cases} \tag{6-14}$$

式（6-10）~式（6-13）中，I_c、I_r、I_p、I_s 分别为行星轮系行星架、内齿圈、行星轮、太阳轮的转动惯量；m_c、m_r、m_p、m_s 分别为各构件的质量；k_{oc}、k_{or} 分别为行星架、内齿圈扭转刚度；k_{os} 为太阳轮轴与后面平行级齿轮的耦合串联扭转刚度；k_c、k_r、k_p、k_s 分别为各构件支承刚度；C_c、C_r、C_p、C_s 分别为各构件的支承阻尼；k_{rpi}、k_{spi} 分别为行星传动内、外啮合刚度；C_{rpi}、C_{spi} 分别为行星传动内、外啮合阻尼；α 为压力角；θ_{si}、θ_{ri} 为啮合相位角；ω_c 为行星架转速。

6.2.3　NW 型均载计算数学模型

NW 型斜齿行星齿轮传动系统等效力学模型如图 6-2 所示。

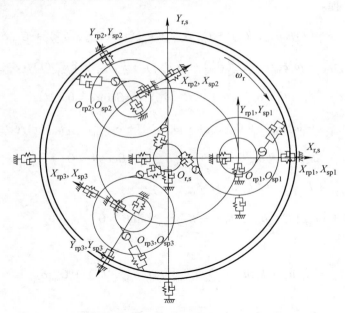

图 6-2　NW 型斜齿行星齿轮传动系统等效力学模型

1）内啮合齿轮副动力学方程组为

$$\begin{cases} (I_r/r_{br}^2)\ddot{u}_r + C_{\theta r}\dot{u}_r + k_{\theta r}u_r + \sum_{i=1}^{3}\left[k_{mpri}(t)f(\delta_{mpri}, b_{pr}) + C_{mpri}\dot{\delta}_{mpri}\right]\cos\beta_{bpr} = T_{in}/r_{br} \\[2mm] m_r\ddot{x}_r + C_r\dot{x}_r + k_rx_r - \sum_{i=1}^{3}\left[k_{mpri}(t)f(\delta_{mpri}, b_{pr}) + C_{mpri}\dot{\delta}_{mpri}\right]\sin\theta_{pri}\cos\beta_{bpr} = 0 \\[2mm] m_r\ddot{y}_r + C_r\dot{y}_r + k_ry_r - \sum_{i=1}^{3}\left[k_{mpri}(t)f(\delta_{mpri}, b_{pr}) + C_{mpri}\dot{\delta}_{mpri}\right]\cos\theta_{pri}\cos\beta_{bpr} = 0 \\[2mm] m_r\ddot{z}_r + C_r\dot{z}_r + k_rz_r + \sum_{i=1}^{3}\left[k_{mpri}(t)f(\delta_{mpri}, b_{pr}) + C_{mpri}\dot{\delta}_{mpri}\right]\sin\beta_{bpr} = 0 \end{cases} \tag{6-15}$$

$$\begin{cases} (I_{rpi}/r_{brp}^2)\ddot{u}_{rpi} + C_{\theta rpi}\dot{u}_{rpi} + k_{\theta rsp}(u_{rpi} - u_{spi}r_{brp}/r_{bsp}) - [k_{mpri}(t)f(\delta_{mpri}, b_{pr}) + \\ C_{mpri}\dot{\delta}_{mpri}]\cos\beta_{bpr} = 0 \\ m_{rp}\ddot{x}_{rpi} + C_{rp}\dot{x}_{rpi} + k_{rp}x_{rpi} + [k_{mpri}(t)f(\delta_{mpri}, b_{pr}) + C_{mpri}\dot{\delta}_{mpri}]\sin\theta_{pri}\cos\beta_{bpr} = 0 \\ m_{rp}\ddot{y}_{rpi} + C_{rp}\dot{y}_{rpi} + k_{rp}y_{rpi} + [k_{mpri}(t)f(\delta_{mpri}, b_{pr}) + C_{mpri}\dot{\delta}_{mpri}]\cos\theta_{pri}\cos\beta_{bpr} = 0 \\ m_{rp}\ddot{z}_{rpi} + C_{rp}\dot{z}_{rpi} + k_{rp}z_{rpi} - [k_{mpri}(t)f(\delta_{mpri}, b_{pr}) + C_{mpri}\dot{\delta}_{mpri}]\sin\beta_{bpr} = 0 \end{cases} \quad (6\text{-}16)$$

2）外啮合齿轮副动力学方程组为

$$\begin{cases} (I_{spi}/r_{bsp}^2)\ddot{u}_{spi} + C_{\theta spi}\dot{u}_{spi} + k_{\theta rsp}(u_{spi} - u_{rpi}r_{bsp}/r_{brp}) + [k_{mpsi}(t)f(\delta_{mpsi}, b_{ps}) + \\ C_{mpsi}\dot{\delta}_{mpsi}]\cos\beta_{bps} = 0 \\ m_{sp}\ddot{x}_{spi} + C_{sp}\dot{x}_{spi} + k_{sp}x_{spi} - [k_{mpsi}(t)f(\delta_{mpsi}, b_{ps}) + C_{mpsi}\dot{\delta}_{mpsi}]\sin\theta_{psi}\cos\beta_{bps} = 0 \\ m_{sp}\ddot{y}_{spi} + C_{sp}\dot{y}_{spi} + k_{sp}y_{spi} + [k_{mpsi}(t)f(\delta_{mpsi}, b_{ps}) + C_{mpsi}\dot{\delta}_{mpsi}]\cos\theta_{psi}\cos\beta_{bps} = 0 \\ m_{sp}\ddot{z}_{spi} + C_{sp}\dot{z}_{spi} + k_{sp}z_{spi} + [k_{mpsi}(t)f(\delta_{mpsi}, b_{ps}) + C_{mpsi}\dot{\delta}_{mpsi}]\sin\beta_{bps} = 0 \end{cases} \quad (6\text{-}17)$$

$$\begin{cases} (I_s/r_{bs}^2)\ddot{u}_s + C_{\theta s}\dot{u}_s + k_{\theta s}u_s + \sum_{i=1}^{3}[k_{mpsi}(t)f(\delta_{mpsi}, b_{ps}) + \\ C_{mpsi}\dot{\delta}_{mpsi}]\cos\beta_{bps} = -T_{out}/r_{bs} \\ m_s\ddot{x}_s + C_s\dot{x}_s + k_s x_s + \sum_{i=1}^{3}[k_{mpsi}(t)f(\delta_{mpsi}, b_{ps}) + C_{mpsi}\dot{\delta}_{mpsi}]\sin\theta_{psi}\cos\beta_{bps} = 0 \\ m_s\ddot{y}_s + C_s\dot{y}_s + k_s y_s - \sum_{i=1}^{3}[k_{mpsi}(t)f(\delta_{mpsi}, b_{ps}) + C_{mpsi}\dot{\delta}_{mpsi}]\cos\theta_{psi}\cos\beta_{bps} = 0 \\ m_s\ddot{z}_s + C_s\dot{z}_s + k_s z_s - \sum_{i=1}^{3}[k_{mpsi}(t)f(\delta_{mpsi}, b_{ps}) + C_{mpsi}\dot{\delta}_{mpsi}]\sin\beta_{bps} = 0 \end{cases} \quad (6\text{-}18)$$

在式（6-15）～式（6-18）中，I_r、I_{rpi}、I_{spi}、I_s 为齿轮转动惯量；m_r、m_{rp}、m_{sp}、m_s 为齿轮质量；$k_{\theta r}$、$k_{\theta s}$ 分别为内齿圈、太阳轮扭转刚度；$k_{\theta rsp}$ 为双联行星齿轮串联扭转刚度；k_r、k_{rp}、k_{sp}、k_s 为齿轮支承刚度；$k_{mpri}(t)$、$k_{mpsi}(t)$ 分别为行星传动的内、外啮合刚度；C_r、C_{rp}、C_{sp}、C_s 为齿轮支承阻尼；C_{mpri}、C_{mpsi} 分别为行星传动的内、外啮合阻尼；β_{bpr}、β_{bps} 分别为行星传动内、外啮合副基圆螺旋角；θ_{pri}、θ_{psi} 分别为内星轮、外星轮啮合相位角；r_{br}、r_{brp}、r_{bsp}、r_{bs} 为各齿轮基圆半径；T_{in}、T_{out} 分别为行星传动输入、输出转矩。δ_{mpri}、δ_{mpsi} 分别为内、外啮合轮齿沿啮合线方向等效位移。

$$\delta_{mpri} = [u_r - u_{rpi} - (x_r - x_{rpi})\sin\theta_{pri} - (y_r - y_{rpi})\cos\beta_{pri}]\cos\beta_{bpr} + (z_r - z_{rpi})\sin\beta_{bpr}$$
$$(6\text{-}19)$$

$$\delta_{mpsi} = [u_{spi} - u_s - (x_{spi} - x_s)\sin\theta_{psi} + (y_{spi} - y_s)\cos\theta_{psi}]\cos\beta_{bps} + (z_{spi} - z_s)\sin\beta_{bps}$$
$$(6\text{-}20)$$

以上各啮合线上等效位移均考虑齿侧间隙非线性的影响，其表达式如式（6-21）所示。

$$f(\delta,\ b) = \begin{cases} \delta - b, & \delta > b \\ 0, & b \leq \delta \leq -b \\ \delta + b, & \delta < -b \end{cases} \tag{6-21}$$

式中，b 为轮齿侧隙，δ 为啮合线方向相对位移。

6.3 行星轮系均载系数的参数灵敏度分析

均载系数体现了含有行星轮系的传动系统中各个行星轮所受载荷分配的均衡与否，这是影响整个传动系统承载能力及稳定性的重要因素。

6.3.1 齿轮误差对均载系数的灵敏度

制造与安装误差的存在是导致行星轮系载荷不均衡的主要原因，均载机构只能够适当补偿误差带来的不均载，但不能完全取代制造精度的作用。而提高所有构件的精度显然难以实现，这时通过均载对误差项的灵敏度计算，能够有效指导行星齿轮传动设计阶段的精度以及工艺方法选择，从而提高设计效率。

由于 $\boldsymbol{M}$、$\boldsymbol{C}_m$、$\boldsymbol{K}$、$\boldsymbol{K}_m$、$\boldsymbol{F}$ 中均不含有误差项，因此它们对误差项的偏导数均为 0，即

$$\frac{\partial \boldsymbol{F}}{\partial \varepsilon} - \left[\frac{\partial \boldsymbol{M}}{\partial \varepsilon} \ddot{\boldsymbol{\delta}} + \frac{\partial \boldsymbol{C}_m}{\partial \varepsilon} \dot{\boldsymbol{\delta}} + \frac{\partial \boldsymbol{K}}{\partial \varepsilon} \boldsymbol{\delta} + \frac{\partial \boldsymbol{K}_m}{\partial \varepsilon} f_1(\boldsymbol{\delta}) \right] = 0 \tag{6-22}$$

另外考虑到 f_1 与 f_2 表达式中都包含综合啮合误差矩阵 $\boldsymbol{e}(\boldsymbol{\varepsilon})$，$\boldsymbol{\varepsilon}$ 为齿轮各类误差项组成的矩阵，则令

$$\frac{\partial f_1}{\partial \boldsymbol{\varepsilon}} = \frac{\partial f_1}{\partial \boldsymbol{\delta}} \frac{\partial \boldsymbol{\delta}}{\partial \boldsymbol{\varepsilon}} + \frac{\partial f_1}{\partial \boldsymbol{e}} \frac{\partial \boldsymbol{e}}{\partial \boldsymbol{\varepsilon}} = \tilde{f}_1(\boldsymbol{\varepsilon}), \quad \frac{\partial f_2}{\partial \boldsymbol{\varepsilon}} = \frac{\partial f_2}{\partial \boldsymbol{\delta}} \frac{\partial \boldsymbol{\delta}}{\partial \boldsymbol{\varepsilon}} + \frac{\partial f_2}{\partial \boldsymbol{e}} \frac{\partial \boldsymbol{e}}{\partial \boldsymbol{\varepsilon}} = \tilde{f}_2(\boldsymbol{\varepsilon}) \tag{6-23}$$

将式（6-22）、式（6-23）代入灵敏度计算公式，并简化可得

$$\boldsymbol{M} \frac{\partial \ddot{\boldsymbol{\delta}}}{\partial \boldsymbol{\varepsilon}} + \boldsymbol{C}_m \frac{\partial \dot{\boldsymbol{\delta}}}{\partial \boldsymbol{\varepsilon}} + \boldsymbol{K} \frac{\partial \boldsymbol{\delta}}{\partial \boldsymbol{\varepsilon}} + \boldsymbol{K}_m \tilde{f}_1(\boldsymbol{\varepsilon}) + \tilde{f}_2(\boldsymbol{\varepsilon}) = 0 \tag{6-24}$$

不难看出，式（6-23）转化为了以 $\dfrac{\partial \boldsymbol{\delta}}{\partial \boldsymbol{\varepsilon}}$ 为自变量的动力学微分方程组，而 $\dfrac{\partial \boldsymbol{\delta}}{\partial \boldsymbol{\varepsilon}}$ 代表着动态响应 $\boldsymbol{\delta}$ 对误差项 $\boldsymbol{\varepsilon}$ 的灵敏度。求解式（6-24）即可得到动态响应对误差的灵敏度。将动态响应对误差的灵敏度带入啮合力的表达式即可得到行星轮系内、外啮合力对误差的灵敏度，这里用 $\dfrac{\partial F_{mj}^{\mathrm{I}}}{\partial \boldsymbol{\varepsilon}}$、$\dfrac{\partial F_{mj}^{\mathrm{II}}}{\partial \boldsymbol{\varepsilon}}$ 表示。则行星轮内、外啮合均载系数对误差的灵敏度表示为

$$g_{j\varepsilon}^{\mathrm{I}} = \frac{\partial g_j^{\mathrm{I}}}{\partial \varepsilon} = N \frac{\dfrac{\partial F_{mj}^{\mathrm{I}}}{\partial \varepsilon} \cdot \displaystyle\sum_{j=1}^{N} F_{mj}^{\mathrm{I}} - F_{mj}^{\mathrm{I}} \cdot \displaystyle\sum_{j=1}^{N} \dfrac{\partial F_{mj}^{\mathrm{I}}}{\partial \varepsilon}}{\left(\displaystyle\sum_{j=1}^{N} F_{mj}^{\mathrm{I}} \right)^2} \tag{6-25}$$

$$g_{j\varepsilon}^{\mathrm{II}} = \frac{\partial g_j^{\mathrm{II}}}{\partial \varepsilon} = N \frac{\dfrac{\partial F_{mj}^{\mathrm{II}}}{\partial \varepsilon} \cdot \displaystyle\sum_{j=1}^{N} F_{mj}^{\mathrm{II}} - F_{mj}^{\mathrm{II}} \cdot \displaystyle\sum_{j=1}^{N} \dfrac{\partial F_{mj}^{\mathrm{II}}}{\partial \varepsilon}}{\left(\displaystyle\sum_{j=1}^{N} F_{mj}^{\mathrm{II}} \right)^2} \tag{6-26}$$

式中，上标Ⅰ、Ⅱ分别表示内、外啮合齿轮副。

1. 制造误差对均载系数的灵敏度

为了方便比较分析，后文中所提的均载系数灵敏度均以该误差项所在齿轮副为主，例如均载系数对内齿圈制造误差的灵敏度，表示内啮合均载系数对其灵敏度，而均载系数对太阳轮制造误差的灵敏度，表示外啮合均载系数对其灵敏度。中心齿轮制造误差对均载系数的灵敏度如图6-3、图6-4所示，行星齿轮制造误差对均载系数的灵敏度如图6-5、图6-6所示。可见，对于齿轮的制造误差而言，均载灵敏度的波动中心为0，行星齿轮中，同一级行星轮的制造误差对该位置的行星轮的均载灵敏度明显大于其他两位置的行星轮。以灵敏度的波动幅值作为参考，按均载对制造误差灵敏度由大到小的顺序依次为 $E_r > E_{p_j}^{\rm I} > E_{p_j}^{\rm II} > E_s$。

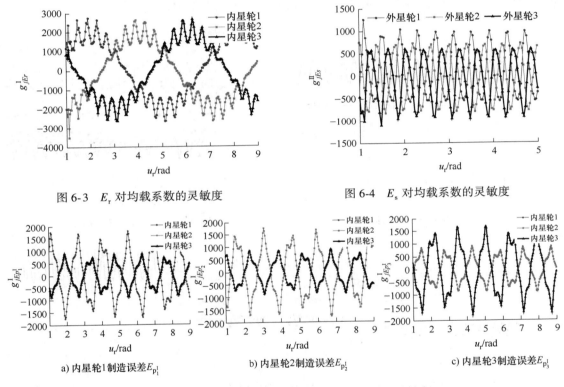

图6-3 E_r 对均载系数的灵敏度　　　　图6-4 E_s 对均载系数的灵敏度

a) 内星轮1制造误差$E_{p_1^{\rm I}}$　　　b) 内星轮2制造误差$E_{p_2^{\rm I}}$　　　c) 内星轮3制造误差$E_{p_3^{\rm I}}$

图6-5 行星轮制造误差 $E_{p_j^{\rm I}}$ 对内啮合均载系数的灵敏度

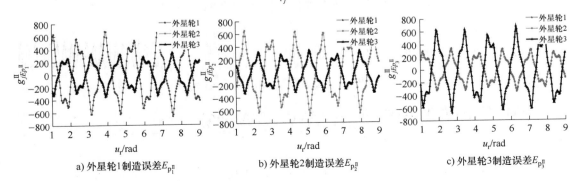

a) 外星轮1制造误差$E_{p_1^{\rm II}}$　　　b) 外星轮2制造误差$E_{p_2^{\rm II}}$　　　c) 外星轮3制造误差$E_{p_3^{\rm II}}$

图6-6 行星轮制造误差 $E_{p_j^{\rm II}}$ 对外啮合均载系数的灵敏度

2. 安装误差对均载系数的灵敏度

与齿轮制造误差不同，安装误差的均载灵敏度受相位影响很大，且中心位置不为0。对于中心轮的安装误差，行星轮灵敏度为正的位置其绝对值也最大，其余位置的灵敏度值为负，也就是说，灵敏度较小的行星轮啮合副的均载系数随中心轮安装误差呈反比例增长。这是由于行星轮的匀称布置，使得安装误差增大了某个位置行星轮的啮合力而导致均载系数增加的同时，又恰巧补偿了其他相反方位的行星轮综合啮合误差，从而导致了负灵敏度的现象。对于行星轮安装误差，同样出现了负灵敏度的现象，但灵敏度最大值发生在它所对应的行星轮位置上。中心齿轮安装误差对均载系数的灵敏度如图 6-7、图 6-8 所示，行星齿轮安装误差对均载系数的灵敏度如图 6-9、图 6-10 所示。综合图 6-7~图 6-10 可知，对于齿轮的安装误差而言，以均载对其灵敏度的波动幅值作为参考，按均载对安装误差灵敏度由大到小的顺序依次为 $A_r > A_{p_j^I} > A_s > A_{p_j^{II}}$。

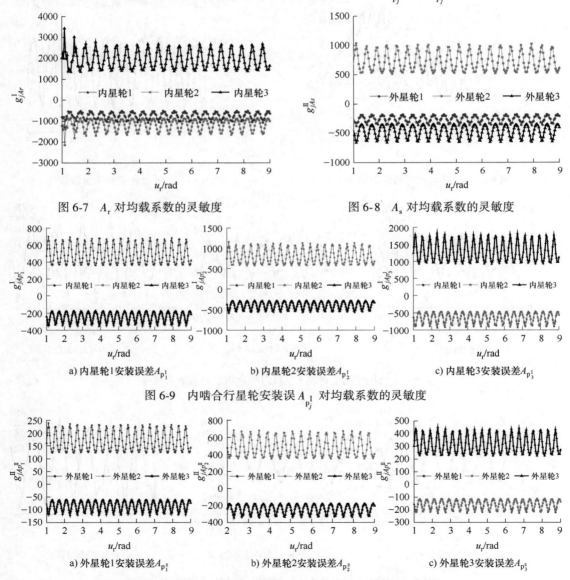

图 6-7 A_r 对均载系数的灵敏度   图 6-8 A_s 对均载系数的灵敏度

a) 内星轮1安装误差$A_{p_1^I}$ b) 内星轮2安装误差$A_{p_2^I}$ c) 内星轮3安装误差$A_{p_3^I}$

图 6-9 内啮合行星轮安装误差 $A_{p_j^I}$ 对均载系数的灵敏度

a) 外星轮1安装误差$A_{p_1^{II}}$ b) 外星轮2安装误差$A_{p_2^{II}}$ c) 外星轮3安装误差$A_{p_3^{II}}$

图 6-10 外啮合行星轮安装误差 $A_{p_j^{II}}$ 对均载系数的灵敏度

6.3.2　齿轮设计参数对均载系数的灵敏度

除了误差对行星轮系的均载性能有着突出影响外，齿轮设计参数同样对均载有一定的影响，可根据分析误差灵敏度的方法来加以分析。同样以法向模数 m_n 为例，m_n 对内、外啮合的均载系数的灵敏度如图 6-11 所示。将齿轮参数对均载系数灵敏度的每个啮合周期幅值的 RMS 值整理成柱状图，如图 6-12 所示。可见，与齿轮误差对均载系数的灵敏度相比，系统设计参数对均载的影响远远小于误差对均载的影响，即在均载性能控制时，提高齿轮加工精度远比优化系统参数更为有效。

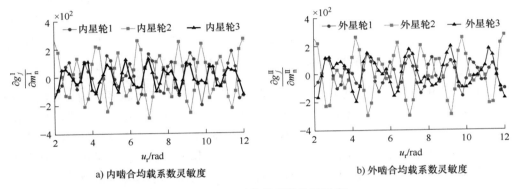

a) 内啮合均载系数灵敏度　　　　　　b) 外啮合均载系数灵敏度

图 6-11　m_n 对均载系数的灵敏度

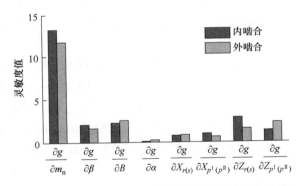

图 6-12　齿轮设计参数对均载系数的灵敏度 RMS 值

6.4　均载机构对行星轮系均载性能的影响

6.4.1　"浮动自位"机构均载机理

1. 行星轮个数的影响

行星轮系结构主要分 NGW 型及 NW 型两类。针对这两种行星结构，在不采用任何均载机构且条件参数相同的前提下，对这两种类型的均载系数均值在不同行星轮个数下进行了对比，如图 6-13 所示。

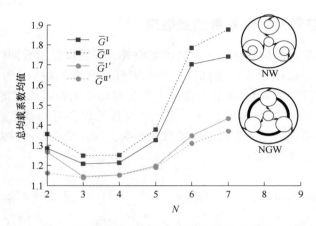

图 6-13　不同行星轮个数下的系统均载系数

图 6-13 中，用方块、圆点标示的线分别表示 NW 和 NGW 行星轮系结构，实线表示内啮合总均载系数均值，虚线表示外啮合总均载系数均值。通过 NGW 型及 NW 型的轮系结构对比可知，相同行星轮个数情况下 NGW 型均载优于 NW 型。这是由于 NGW 型增加了杆系结构，使得内啮合齿轮或外啮合齿轮之间的虚约束减少，起到了平衡各行星轮所受啮合力的作用，使载荷变得均衡。但考虑大功率风电增速齿轮箱对箱体尺寸的要求以及传递效率与可靠性等综合因素，NW 型优势更加明显。而对于均载性能，可通过合理利用均载机构来改善。在对行星轮个数的研究中，系统均载系数在 $N=3,4$ 的位置上出现了最低值，并在大于 5 时呈快速增加的趋势，因此行星轮个数选择 3 或 4 为宜。行星轮个数越多，均载系数越大，均载性能越差。

行星轮系的均载系数与行星轮个数以及齿轮精度有直接关系。根据 IEC 61400-4-2012 风力涡轮机第 4 部分，兆瓦级风电增速齿轮箱外啮合齿轮应满足 ISO 1328-1 中 6 级精度及以上，内啮合齿轮要求满足 7 级精度及以上，光滑表面对于抗微点蚀性尤为重要。对于外齿轮，最大齿面粗糙度应为 $Ra=0.8\ \mu m$。对于内齿轮，最大齿面粗糙度应为 $Ra=1.6\ \mu m$。根据 IEC 61400-4-2012 风力涡轮机第 4 部分风机齿轮箱设计要求，在满足精度要求前提下，均载系数取决于行星轮个数。表 6-1 所列为 IEC 61400-4-2012 中规定的 NGW 型行星轮系行星轮个数与均载系数之间的关系，如果计算中需要用到更小的均载系数，必须通过仿真或实测结果来确定。

表 6-1　行星轮个数与均载系数之间的关系

行星轮个数	3	4	5	6	7
均载系数 K_γ	1.10	1.25	1.35	1.44	1.47

2. 均载机构的影响

（1）"浮动自位"均载机构　"浮动"是指中心构件（中心齿轮或行星架）不加径向支承，允许做径向及偏转位移，以使各行星轮之间实现载荷均衡。实质上是通过基本构件浮动来增加机构的自由度，消除或减少虚约束，从而达到均载目的。针对本书的模型，分别以内齿圈单独浮动、太阳轮单独浮动以及两中心轮同时浮动作为模型的均载机构，来研究浮动式均载机构对本模型行星轮系均载性能的影响。

考虑中心轮浮动时存在最大浮动量的限制，因此在支承作用下中心轮所受支承力为

$$p_{xr, xs} = \begin{cases} k_{xr, xs}(|x_{r, s}| - r_{max}), & |x_{r, s}| \geq r_{max} \\ 0, & |x_{r, s}| < r_{max} \end{cases} \quad (6\text{-}27)$$

$$p_{yr, ys} = \begin{cases} k_{yr, ys}(|y_{r, s}| - r_{max}), & |y_{r, s}| \geq r_{max} \\ 0, & |y_{r, s}| < r_{max} \end{cases} \quad (6\text{-}28)$$

式（6-27）和式（6-28）中，$p_{xr,xs}$、$p_{yr,ys}$表示内齿圈或太阳轮分别在x、y向所受支承力；r_{max}表示双齿联轴器允许的最大径向位移，依据齿轮尺寸取值0.4 mm。将以上两式代入动力学均载模型中，得到不同浮动构件下的总均载系数随内齿圈转角的变化情况，如图6-14所示。可见，浮动任何中心构件都会使原行星轮系的均载系数有不同程度的降低，即浮动中心轮提高了行星轮系的均载性能。为了方便比较不同浮动均载机构均载系数的降低程度，将它们的均载系数按输入转速从小到大的顺序排列，如图6-15所示。可见，不论何种形式的均载机构，随着输入转速的提高，系统均载系数都会随之提高，均载状况恶化。在单独浮动内齿圈或太阳轮时，内齿圈浮动时的内啮合均载系数略低于太阳轮浮动时的内啮合均载系数，太阳轮浮动时的外啮合均载系数略低于内齿圈浮动时的外啮合均载系数，即浮动构件对自身所在的齿轮副的均载系数影响大于其他浮动构件的影响。均载效果最好的还是两中心轮同时浮动，不仅均载系数降低幅度最大（$G^{I} < 1.03$，$G^{II} < 1.06$），且其波动也变得平稳许多。

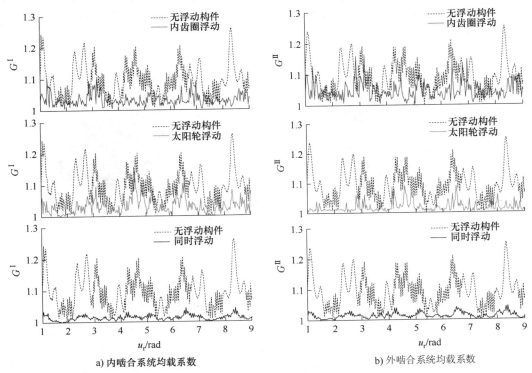

a) 内啮合系统均载系数　　　　b) 外啮合系统均载系数

图6-14　不同浮动构件下的系统均载系数比较

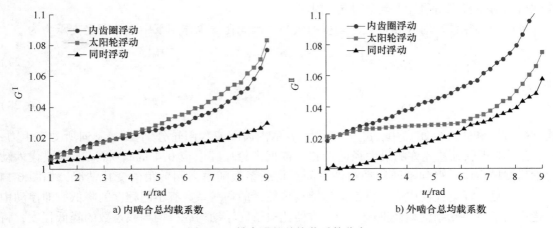

a) 内啮合总均载系数

b) 外啮合总均载系数

图6-15　排序后的总均载系数分布

中心轮作为浮动构件时的径向浮动量如图6-16和图6-17所示，浅色点（中心部位）表示在两中心轮同时浮动时的中心构件浮动量，深色点（边缘部位）表示中心轮单独浮动时的浮动量。可见齿轮的浮动中心均在（0，0）处，且浮动量均在允许值（0.4 mm）范围内。当中心轮单独浮动时，太阳轮的浮动量（图6-17边缘点区域）大于内齿圈（图6-16边缘点区域），这是由于太阳轮质量轻，浮动灵敏；当两中心轮同时浮动时，浮动中心没有发生变化，但两轮的径向浮动量明显减小，见图6-16和图6-17中的浅色点区域。可见，选择中心轮同时浮动的均载机构系统运行更加平稳，这也是浮动构件在均载过程中浮动量应遵循尽量小的原则的原因。

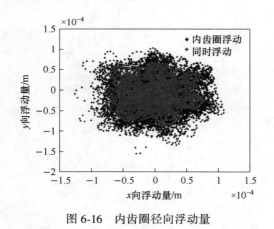

图6-16　内齿圈径向浮动量

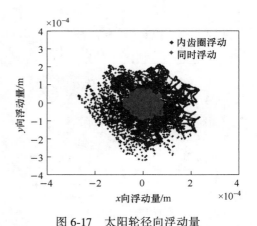

图6-17　太阳轮径向浮动量

（2）弹性支承式均载机构　弹性支承式均载机构是利用起支承作用的弹性元件的弹性变形来达到均载的目的。采用改变行星轮系中各齿轮的支承刚度来模拟弹性支承元件，得到不同弹性支承均载机构下的均载系数，如图6-18所示。可见，对任何齿轮进行弹性支承均能达到降低均载系数的目的。由图6-18可知，弹性支承内齿圈的均载效果最好（G^{I} < 1.040，G^{II} < 1.055），其后依次为太阳轮（G^{I} < 1.075，G^{II} < 1.068）、行星轮（G^{I} < 1.092，G^{II} < 1.090）。与单浮动均载机构相比，弹性支承下的均载系数不仅数值低，且波

动小，这是由于浮动机构存在支承间隙非线性，而单浮动均载机构的浮动量较大，易出现啮合力瞬时改变的冲击现象，从而导致均载波动较大。而双浮动均载机构由于浮动量较小，没有发生啮合力的突变，所以均载系数变化平稳。排序后的弹性支撑系统均载系数分布如图 6-19 所示。比较而言，内齿圈弹性支承的均载效果与双浮动均载机构非常相近，但由于内齿圈并非固定于机体上，因此，内齿圈弹性支承需要靠柔性轮缘来实现，即将内齿圈轮缘减薄，增大柔度，利用啮合点产生的径向力使轮缘产生径向变形，但内齿圈轮缘厚度必须在满足强度要求下减薄，且对弹性轮缘的刚度及制造误差都有较高要求，因此从工艺、成本上考虑较难实现。综合分析上述均载机构的利弊可知，双浮动式均载机构更加有利于行星轮系均载性能的提升。

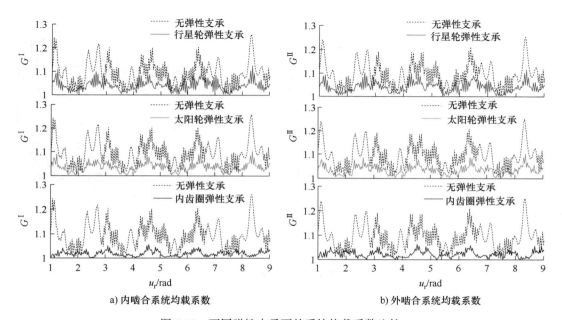

a) 内啮合系统均载系数 b) 外啮合系统均载系数

图 6-18 不同弹性支承下的系统均载系数比较

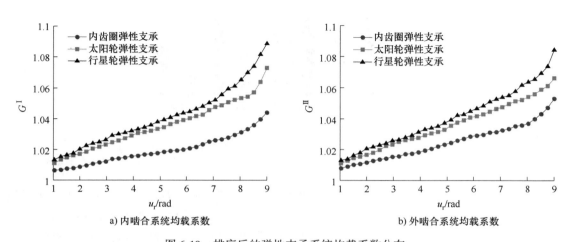

a) 内啮合系统均载系数 b) 外啮合系统均载系数

图 6-19 排序后的弹性支承系统均载系数分布

6.4.2 柔性销轴式行星轮系均载机理

相比于传统的固定销轴，柔性销轴受载后产生"S"形变形，可以保证各齿轮轴线平行，提高单位齿宽承载能力，提高轮系的功率密度（参见第 2 章）。此外，由于柔性销轴的刚度较小，有利于各行星轮的浮动，还可以避免瞬间载荷过大对系统的冲击，增加系统承受冲击载荷的能力，有利于提高整个传动链结构件的使用寿命。

在其他条件相同的前提下，图 6-20 中 4 种不同悬臂销轴的几何模型，在其支承下行星轮系内、外啮合的均载系数如图 6-21 所示。从图 6-21 可以看出，其他 3 种销轴支承下系统均载性能的规律同 Hicks 柔性销轴得到的结果类似，但相比于实心销轴，柔性销轴可以明显改善系统的均载性能，且 Montestruc 柔性销轴均载性能最佳。

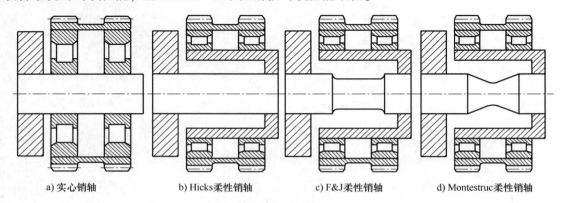

a) 实心销轴　　　　b) Hicks柔性销轴　　　　c) F&J柔性销轴　　　　d) Montestruc柔性销轴

图 6-20　不同悬臂销轴的几何模型

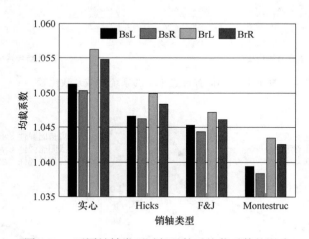

图 6-21　不同销轴类型对行星轮系均载系数的影响

BsL—左侧太阳轮–行星轮　　BsR—右侧太阳轮–行星轮　　BrL—左侧齿圈–行星轮　　BrR—右侧齿圈–行星轮

为了单独分析齿轮的误差对系统均载性能的影响，以 Hicks 柔性销轴支承的人字齿左侧内啮合为例，在制造误差、安装误差作用下得到系统的均载系数随误差变化曲线如图 6-22 所示。从图 6-22 可以看出，随着安装误差和制造误差的增大，系统的均载系数均逐渐增加，且基本上呈现出线性变化趋势。但比较制造误差和安装误差的单独影响发现，制造误差对均载系数的影响要明显大于安装误差。

柔性销轴能够改善系统的均载性能，其本质是改变了齿轮的支承刚度。理论和实践均表明：减小行星传动机构中各主要部件的支承刚度能够有效改善系统均载性能，这主要是由于较低的支承刚度能够有助于各部件自由浮动以补偿由于制造、安装和受载变形等因素造成的各类误差。在相同的载荷作用下得到 4 种销轴的变形，如图 6-23a 所示。相比于实心销轴，柔性销轴的刚度更小，且各种柔性销轴中 Montestruc 柔性销轴挠度最大、刚度最小。此外柔性销轴相比实心销轴会呈现 "S" 形变形，该性能可以保证齿轮轴线的平行，这对于改善人字齿两侧载荷的均匀性是很关键的。4 种不同结构的行星轮销轴下的均载系数随误差变化如图 6-23b 所示。从图 6-23b 可知，相比于悬臂实心销轴，柔性销轴可以明显降低系统

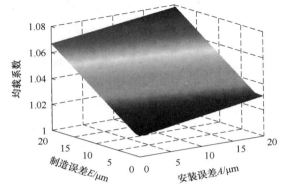

图 6-22 误差对均载系数的影响

对误差的敏感性，改善系统均载性能，且随着销轴柔性的增加，系统均载性能逐渐提高。

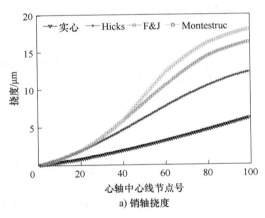

a) 销轴挠度

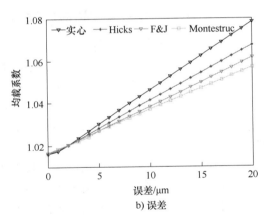

b) 误差

图 6-23 不同柔性销轴结构对系统均载系数的影响

4 种销轴支承下系统的均载性能随着转速和功率变化的趋势基本类似，无论内啮合还是外啮合，采用柔性销轴支承的结构均载性能均要好过实心销轴。各功率下系统的均载系数随着输入转速的提高均呈增大趋势，但在共振点附近会出现均载系数突变的情况，且内、外啮合的变化趋势相反，即内啮合的均载系数大幅度增加，外啮合的则变小，但对整个系统而言，共振大大降低了系统的均载性能。此外，对比不同功率下的均载系数可以看出，随着功率增大，系统的均载性能变好，尤其是在功率较小的情况下，柔性销轴改善系统均载性能的优势则更加突出。不同工况下均载系数随输入转速的变化如图 6-24 所示。

根据上述分析可知，当量啮合误差下系统内啮合的均载系数大于外啮合，随着误差的增大，系统的均载系数呈线性增加趋势，但相比于安装误差，制造误差对均载系数的影响要更大；与实心销轴相比，采用柔性销轴结构可以明显改善系统的均载性能，且随着销轴柔性增

加，系统均载性能逐渐提高，对误差敏感度下降，柔性销轴结构中 Montestruc 柔性销轴刚度最小，均载性能最佳。系统的均载系数随着输入转速的增加呈增大趋势，系统的共振会导致系统的均载性能急剧下降，但对系统内、外啮合的影响相反；在转速一定的条件下，随着系统功率的增大，均载性能变好，但功率较小时，柔性销轴对改善系统均载性能的优势明显。

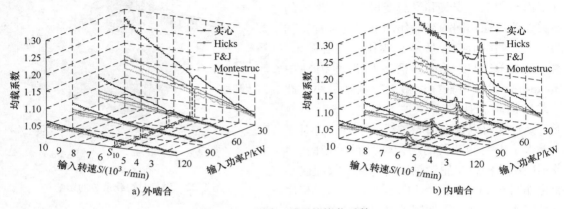

a) 外啮合　　　　　　　　　　　b) 内啮合

图 6-24　不同工况下的均载系数

6.4.3　滑动轴承误差对行星齿轮传动系统均载性能的影响

1. 滑动轴承油膜压力计算

高负荷和轴承寿命要求使得滑动轴承成为大功率行星齿轮传动的首选，且使用滑动轴承作为行星轮的支承，将减小尺寸和空间结构对齿轮箱设计的限制。但滑动轴承对系统的均载特性影响甚大，行星轮轮系各个行星轮间载荷分配不均是造成传动系统振动、噪声、齿面点蚀甚至折断等故障的主要原因，因此，研究滑动轴承差异性导致的载荷不均衡问题十分重要。

滑动轴承在旋转机械中应用广泛，其工作时转子与轴承之间形成压力油膜。油膜不仅起着承受载荷、减轻摩擦、消除磨损等作用，从动力学观点来看，油膜的动力学特性对整个转子系统的动力学特性有很大影响。采用滑动轴承作为支承方案的行星齿轮传动中，受力平衡后的位置如图 6-25 所示。对于滑动轴承的计算，可利用 Simpson 法计算得到油膜压力，最终积分获得油膜刚度及油膜阻尼。首先通过有限差分法求解雷诺方程，其计算公式为

$$\frac{1}{r^2}\frac{\partial}{\partial\varphi}\left(\frac{h^3}{12\mu}\frac{\partial p}{\partial\varphi}\right)+\frac{\partial}{\partial z}\left(\frac{h^3}{12\mu}\frac{\partial p}{\partial z}\right)=\frac{\Omega}{2}\frac{\partial h}{\partial\varphi} \quad (6\text{-}29)$$

计算得到的油膜压力如图 6-26 所示。

滑动轴承的动态特性系数，如刚度、阻尼参数，可通过式（6-30）和式（6-31）计算。

$$\left.\begin{matrix}K_{xx}\\K_{yx}\end{matrix}\right\}=-\int_{-1}^{1}\int_{0}^{2\pi}P_x\left\{\begin{matrix}\sin\varphi\\-\cos\varphi\end{matrix}\right\}\mathrm{d}\varphi\mathrm{d}\lambda$$

$$(6\text{-}30)$$

$$\left.\begin{matrix}K_{xy}\\K_{yy}\end{matrix}\right\}=-\int_{-1}^{1}\int_{0}^{2\pi}P_y\left\{\begin{matrix}\sin\varphi\\-\cos\varphi\end{matrix}\right\}\mathrm{d}\varphi\mathrm{d}\lambda$$

图 6-25　滑动轴承的偏心及定位

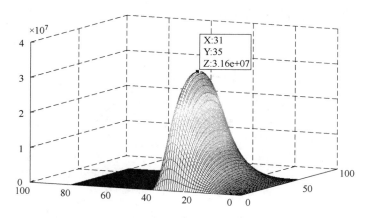

图 6-26 滑动轴承的油膜压力

$$\left.\begin{matrix}C_{xx}\\C_{yx}\end{matrix}\right\} = -\int_{-1}^{1}\int_{0}^{2\pi}P_{x'}\left\{\begin{matrix}\sin\varphi\\-\cos\varphi\end{matrix}\right\}\mathrm{d}\varphi\mathrm{d}\lambda$$

$$\left.\begin{matrix}C_{xy}\\C_{yy}\end{matrix}\right\} = -\int_{-1}^{1}\int_{0}^{2\pi}P_{y'}\left\{\begin{matrix}\sin\varphi\\-\cos\varphi\end{matrix}\right\}\mathrm{d}\varphi\mathrm{d}\lambda \qquad (6\text{-}31)$$

式中，P_x、P_y、$P_{x'}$、$P_{y'}$ 分别为油膜压力 P 对 x、y、x'、y'的偏导；φ 为偏位角。通过积分计算得到滑动轴承的刚度值和阻尼值，便可以应用到仿真计算中。

在实际加工制造及安装过程中，不可避免地会产生误差，而误差的存在将会导致系统的均载性能降低，致使齿轮系统难以发挥应有的优势。如图 6-27 所示，由于制造或者磨损，导致滑动轴承的间隙变化，对行星轮间的均载性能也会产生一定的影响。

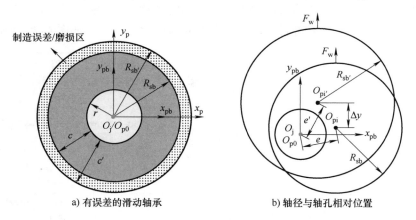

a) 有误差的滑动轴承   b) 轴径与轴孔相对位置

图 6-27 行星轮销轴与行星轮相对位置

2. 滑动轴承误差对系统均载性能的影响

以图 6-28 所示的某行星轮系为例，在额定载荷工况下，该行星轮系中太阳轮转速为 7 500 r/min，转矩为 25 464 N·m，齿圈为动力输出组件，该行星轮系中的行星齿轮采用滑动轴承作为支承。为了研究带有尺寸误差滑动轴承的行星轮系均载性能的变化规律，建立其等效力学模型，如图 6-28 所示。由于误差导致轴承间隙变化，为了研究行星轮轴承误差对系统均载性能的影响，假定行星轮系中存在两种间隙比，其中 P_1 为 1.42‰，其余的四个行星轮为 1.74‰。

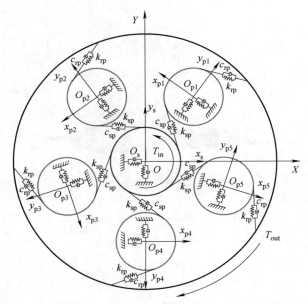

图 6-28　滑动轴承支承方案等效力学模型

（1）转矩对均载性能的影响　当系统输入转速为固定不变，随着转矩在 $[0, 40\ 000]$（单位：N·m）范围内不断增加，各个行星轮的均载系数先靠近 1，而后远离 1，存在一个拐点 14 000 N·m。因此，正确判断出拐点位置，并且合理避开，对于系统设计十分必要。在系统中，各个行星轮内、外啮合的均载性能变化趋势相同。各个行星轮之间均载性能不同，但总体而言，与误差轴承间隔安装的行星轮的均载性能最好，如图 6-29 所示。

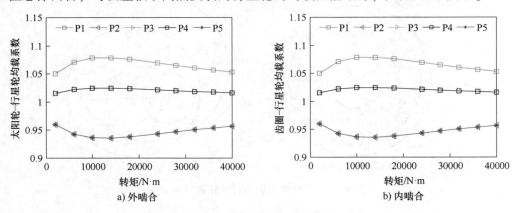

a) 外啮合　　　　　　b) 内啮合

图 6-29　不同行星轮均载系数随转矩的变化

图 6-29a 所示为太阳轮-行星轮均载系数，图 6-29b 所示为齿圈-行星轮均载系数，P1、P2、P3、P4、P5 表示 1~5 号行星轮。

（2）行星轮安装形式对均载的影响　为辨识不同的滑动轴承，将轴承间隙比为 1.74‰ 的轴承命名为 'V'，轴承间隙比为 1.42‰ 的轴承命名为 'Λ'。表 6-2 列出了不同间隙比下的滑动轴承安装形式。深色圆代表'V'，浅色圆代表'Λ'，一共有六种形式。将不占数量优势的轴承定义为误差轴承。

表6-2　不同间隙比下的滑动轴承安装形式

形式编号	组　成	图形表示		误差轴承
		相邻形式	间隔形式	
1	0V5Λ			—
2	1V4Λ			V
3	2V3Λ			V
4	3V2Λ			Λ
5	4V1Λ			Λ
6	5V0Λ			—

如图6-30所示，形式1与形式6无误差，均载性能最好，均载系数为1。当滑动轴承安装类型为形式3和形式4时，相邻安装形式比间隔安装形式的均载性能好。相邻安装形式下，与其他四个行星轮相比，轴承间隙比大的轴承的均载性能优于间隙比小的轴承，如形式

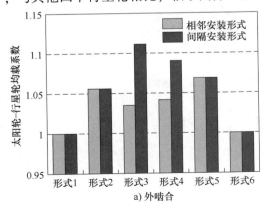

a) 外啮合

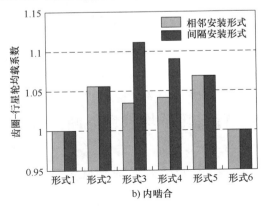

b) 内啮合

图6-30　不同安装形式下的系统均载性能

2 与形式 5，形式 3 和形式 4。对于间隔安装形式而言，增加有误差的轴承数量将导致系统的均载性能更差。

因此，除了提高滑动轴承的加工精度外，改变轴承的安装形式也可以有效提高系统的均载性能。轴承间隙比相同的轴承使用相邻安装的形式，它的均载性能优于间隔安装的均载性能。因此，在工程设计中应充分考虑安装形式对均载性能的影响。

6.4.4 具有柔性浮动和均载作用的行星架结构

行星架是行星齿轮传动系统的重要结构件。由于同一时刻不同行星轮与太阳轮、内齿圈的啮合相位不尽相同，导致各行星轮在齿轮箱运行过程中所受载荷不同，行星轮系齿轮箱极易产生单个行星轮失效、振动冲击过大等问题。为改善行星轮系传动系统的均载问题，降低系统的振动与冲击，合理的行星架结构对提高行星齿轮传动系统的工作性能至关重要。

工程中常用的行星架的连接多为刚性连接，整体刚度较大，导致行星架整体均载效果较差，整体不具备很好的柔性，在高速重载情况下，载荷不均会加剧行星轮系疲劳，大大缩短了行星轮系的寿命。如果能有一种兼具柔性浮动和均载作用的行星架结构，对提高行星轮系的均载性能以及系统的功率密度将具有重要意义。重庆大学魏静等发明了一种具有柔性浮动和均载作用的行星架结构，如图 6-31 所示。该结构使柔性支架与行星架柔性连接，通过行星架轻微摆动均匀单个齿轮轴向齿面载荷。行星架轴向、周向轻微摆动能均匀不同行星轮所受载荷，确保整个行星架具有良好的均载效果。柔性支架设置有阻尼和刚度较小的环形薄壁，起到悬臂梁的作用，当环形薄壁顶部产生振动时，可通过环形薄壁弹性变形消耗一部分振动能量，起到缓减振动与冲击的作用。

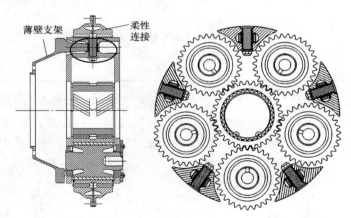

图 6-31　一种具有柔性浮动和均载作用的行星架结构

6.5　行星轮系均载性能测试方法及其结果分析

6.5.1　行星轮均载系数测试方法

1. 试验台架及其测试设备

为了检验风电增速齿轮箱的均载性能，现通过实际测试对行星轮系进行齿根应力应变与均载性能测试，获得与齿轮箱设计相关的重要参数，即动态均载系数和齿向载荷分布系数。应变测量系统由应变片、DRA-30A 动静态应变仪和计算机组成。应变仪采集内齿圈齿根应变信号，并通过接口将信息存储在计算机上。试验台架如图 6-32 所示，主要测试仪器设备及型号见表 6-3。

图 6-32　试验台架

2. 传感器布置

某风电齿轮箱为两级行星及一级平行轴结构，现在以第一级行星轮系为例进行说明。由于第一级行星传动为五行星轮结构，因此第一级齿圈上均匀布置了 10 组应变测点，这 10 组应变测点均布在齿圈周向。每组应变测点沿齿宽方向布置 8 片应变片，以获得齿向载荷分布。

表 6-3　主要测试仪器设备及型号

序　号	设备名称	设备型号	生产厂家	灵 敏 度	量　　程
1	多通道动静态应变仪	DRA-30A	日本 TML 公司	1 με，1 mV	±20000 με，±10 V
2	应变片	C4A-06-125SL-120/23P	冠标 VPG-MM	3%	120 Ω，−51~80 ℃

该风电齿轮箱第一级齿圈共有 113 个齿，按顺时针方向对轮齿进行编号，10 组应变测点布置如图 6-33a 所示，对应的轮齿序号分别为 1、12、24、35、47、58、70、81、93、103。齿向的应变片布置如图 6-33b 所示。为方便齿根应变的数据采集及分析处理，对应变测点进行编号识别，字母表示在齿根中的位置。一个齿圈需要布置 8×10 片应变片，应变片的引线如图 6-33c。应变片的粘贴如图 6-34 所示。

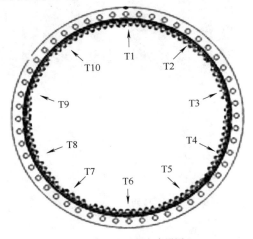

a) 齿圈应变片周向布置图

图 6-33　某行星轮系应变片布置

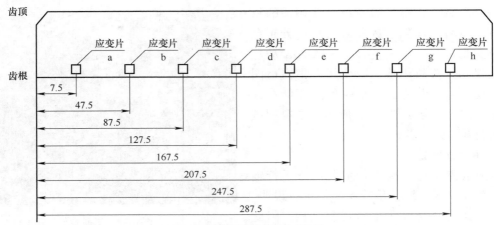

b) 齿圈轮齿齿向应变片布置图

c) 应变片引线

图 6-33 某行星轮系应变片布置（续）

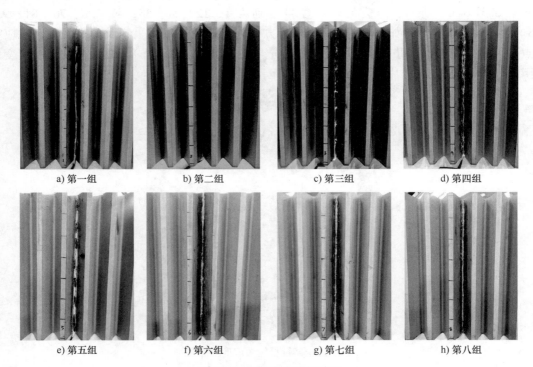

a) 第一组   b) 第二组   c) 第三组   d) 第四组

e) 第五组   f) 第六组   g) 第七组   h) 第八组

图 6-34 齿圈应变片粘贴图

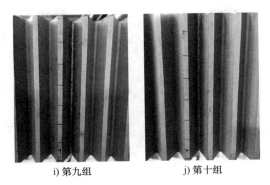

i) 第九组　　　　　　　j) 第十组

图 6-34　齿圈应变片粘贴图（续）

3. 基于应变测试的均载系数计算方法

内齿圈上共布置了 10 组应变片，每组应变片共 8 个测点。行星轮按顺时针方向进行编号，如图 6-35 所示。

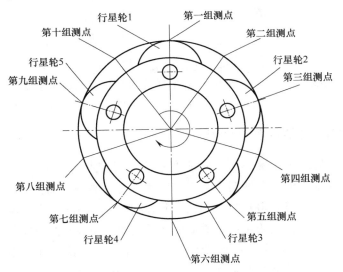

图 6-35　行星轮系应变片测点布置

一级行星传动为五行星轮结构，增速齿轮箱运行时，同一时刻每个行星轮都与相应的齿啮合，即行星轮 1 通过第一组应变测点时，则行星轮 2 通过第三组应变测点，行星轮 3 通过第五组应变测点，行星轮 4 通过第七组应变测点，行星轮 5 通过第九组应变测点。若行星轮 1 通过第二组应变测点时，则行星轮 2 通过第四组应变测点，行星轮 3 通过第六组应变测点，行星轮 4 通过第八组应变测点，行星轮 5 通过第十组应变测点。同一瞬时当每个行星轮经过对应应变片所在齿时，测点的应变曲线将产生谷值和峰值，该峰峰值（峰值与谷值之差）作为该测点位置的负载，每组 8 个测点的负载值之和作为该组测点的载荷，因此，行星架运转数圈下连续的齿根应变曲线将简化为矩阵，矩阵的每一行代表在某一时刻 5 个行星轮在相应测点时的载荷，每一列代表 5 个行星轮依次经过同一组测点时的载荷，将数圈下的应变峰峰值做平均，平均后的矩阵形式如下：

$$E = \begin{bmatrix} \varepsilon_{p1}^{1} & \varepsilon_{p2}^{2} & \varepsilon_{p3}^{3} & \varepsilon_{p4}^{4} & \varepsilon_{p5}^{5} \\ \varepsilon_{p5}^{1} & \varepsilon_{p1}^{2} & \varepsilon_{p2}^{3} & \varepsilon_{p3}^{4} & \varepsilon_{p4}^{5} \\ \varepsilon_{p4}^{1} & \varepsilon_{p5}^{2} & \varepsilon_{p1}^{3} & \varepsilon_{p2}^{4} & \varepsilon_{p3}^{5} \\ \varepsilon_{p3}^{1} & \varepsilon_{p4}^{2} & \varepsilon_{p5}^{3} & \varepsilon_{p1}^{4} & \varepsilon_{p2}^{5} \\ \varepsilon_{p2}^{1} & \varepsilon_{p3}^{2} & \varepsilon_{p4}^{3} & \varepsilon_{p5}^{4} & \varepsilon_{p1}^{5} \end{bmatrix} \tag{6-32}$$

采用每组测点的连续载荷之和对矩阵的每一行进行归一化：

$$L_{pi}^{j} = \frac{\varepsilon_{pi}^{j}}{\dfrac{1}{5} \displaystyle\sum_{i=1}^{5} \varepsilon_{pi}^{j}} \tag{6-33}$$

这样，产生的 5×5 矩阵为

$$E = \begin{bmatrix} L_{p1}^{1} & L_{p2}^{2} & L_{p3}^{3} & L_{p4}^{4} & L_{p5}^{5} \\ L_{p5}^{1} & L_{p1}^{2} & L_{p2}^{3} & L_{p3}^{4} & L_{p4}^{5} \\ L_{p4}^{1} & L_{p5}^{2} & L_{p1}^{3} & L_{p2}^{4} & L_{p3}^{5} \\ L_{p3}^{1} & L_{p4}^{2} & L_{p5}^{3} & L_{p1}^{4} & L_{p2}^{5} \\ L_{p2}^{1} & L_{p3}^{2} & L_{p4}^{3} & L_{p5}^{4} & L_{p1}^{5} \end{bmatrix} \tag{6-34}$$

根据前述均载系数的定义，得到基于应变测试的行星轮系均载系数计算方法：

$$L_x = \max(L_{pi}^{j}), \quad (i, j = 1, 2, 3, 4, 5) \tag{6-35}$$

6.5.2 均载系数测试结果及其分析

第一级齿圈在额定载荷工况下第一组应变片应变时域曲线如图 6-36 所示，其他组应变片的应变分布基本与此形似。根据图中 8 个应变片的时域曲线可知，每一个应变数值均呈现周期性变化，数值大小从−5~700 之间变化，且存在阶跃性冲击变化现象；当齿轮逐渐从非接触状态变为接触状态时，应变从最小值增加到最大值，当齿轮为非接触状态时，齿根应力逐渐减小为零乃至负值。8 个应变片测试结果呈现一定差异，这主要是由应变片粘贴时位置的微小差异导致的，测试结果的差异较小，基本可以忽略不计。

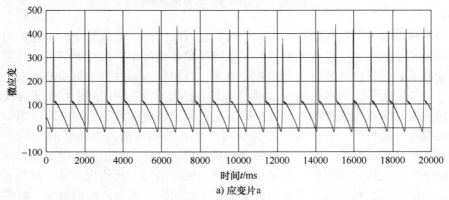

a) 应变片 a

图 6-36　额定载荷工况下第一组应变片应变时域曲线

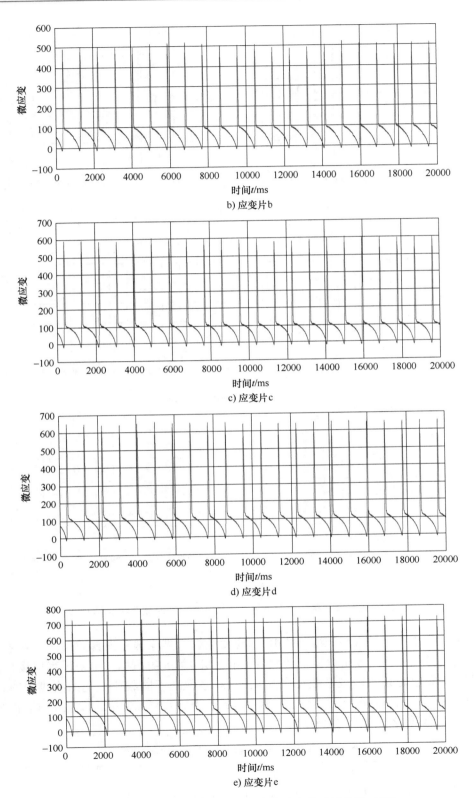

图 6-36　额定载荷工况下第一组应变片应变时域曲线（续）

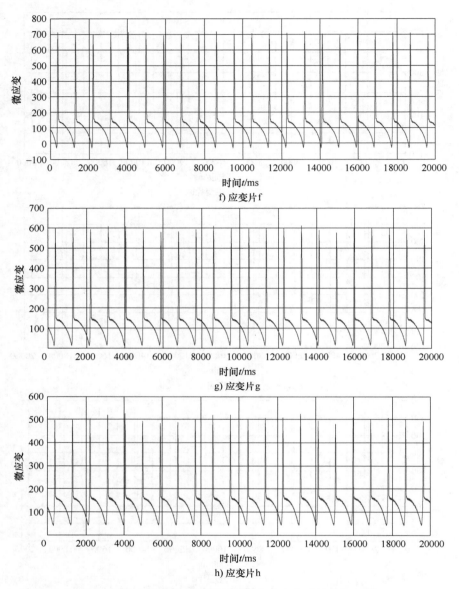

f) 应变片f

g) 应变片g

h) 应变片h

图 6-36　额定载荷工况下第一组应变片应变时域曲线（续）

数据处理过程中，检查测试得到的 10 组应变数据，剔除部分失真数据，得到未出现异常的 5 组完整数据。将这 5 组数据重新命名为第 1 组~第 5 组数据，用来计算均载系数。不同载荷下一级行星轮系的均载系数见表 6-4，均载系数随不同载荷变化的曲线如图 6-37 所示。其中，额定载荷工况下，齿轮箱输入转速为 13.07 r/min，齿轮箱输出转速为 1800 r/min，额定输入转矩为 1768 kN·m。

表 6-4　不同载荷下一级行星轮系的均载系数

载荷比例	0	20%	40%	60%	80%	100%	120%
均载系数	1.786	1.1577	1.1046	1.0858	1.0903	1.0934	1.0975

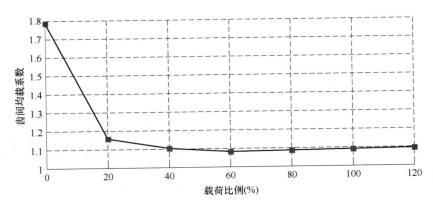

图 6-37 不同载荷下一级行星轮系齿间均载系数

根据表 6-4 与图 6-37 可知：在相同转速条件下，随着转矩的增加均载系数逐渐降低；在空载条件下，由于没有施加载荷，导致均载系数很大，达到 1.786，随着转矩的增加，行星轮系均载系数趋于平稳，当前测试的齿轮箱在 60% 的额定转矩下均载系数达到最低，为 1.0858。通过对应变进行测试分析，在 100% 额定载荷条件下，行星轮系均载系数为 1.0934，120% 额定载荷条件下，行星轮系均载系数为 1.0975。从测试结果可知，行星轮系各行星轮间存在轻微程度载荷分配不均现象，随着载荷的逐渐增大，行星轮系的均载系数逐渐接近 1.1。但如果根据 IEC 61400-4-2012 风力涡轮机第 4 部分风机齿轮箱设计要求，5 个行星轮的均载系数 K_γ 应按 1.35 计算，但这将导致计算出的齿轮安全系数偏低，设计结果偏保守，不利于齿轮箱的轻量化设计。

6.6 本章小结

本章给出了行星轮系均载系数定义及其计算方法，介绍了 NWG 与 NW 型行星轮系均载计算数学模型，以及行星轮系均载系数的参数灵敏度。研究结果表明，与齿轮误差对均载系数的灵敏度相比，系统设计参数对均载的影响远远小于误差对均载的影响，即在均载优化设计时提高齿轮加工与制造精度远比优化系统设计参数更为有效。

本章研究了不同均载机构对行星轮系均载性能的影响，包括"浮动自位"机构均载、柔性销轴式行星轮系均载、滑动轴承误差对行星齿轮传动系统均载性能的影响以及具有柔性浮动和均载作用的行星架结构对行星轮系均载性能的影响等。不同均载机构对行星轮系均载性能的影响不同，总体来说，"浮动自位"均载机构结构简单，实际工程中可同时采用多种浮动式均载形式实现系统的均载性能；柔性销轴式行星轮系均载机构具有良好的改善系统均载性能的作用，但该结构装配复杂，装配精度不易保证；而针对滑动轴承支承的行星轮系，除了提高轴承的加工精度外，改变轴承的安装形式也可以有效提高系统的均载性能，在工程设计中应充分考虑安装形式对均载性能的影响。

本章阐述了行星轮系均载性能测试方法。通过对行星轮系进行齿根应力应变与均载性能测试，获得与齿轮箱设计相关的重要参数，即动态均载系数和齿向载荷分布系数，并对结果进行分析，为齿轮箱的轻量化设计等提供均载系数的实测数据。

第7章

大型风电齿轮传动系统时变可靠性评估与设计方法

7.1 概述

　　风电增速齿轮传动系统的可靠性模型较其他齿轮传动有着特殊之处，主要体现在输入载荷受风速的影响而呈现载荷幅值随机波动的特性，而往往风载荷的随机性不服从某一具体分布。目前研究风电齿轮箱随机风载荷主要是在传统独立失效假设和损伤累积方法的基础上进行的，虽然将随机风载视为载荷随机过程，但采用的还是考虑基本随机变量概率分布类型的一次二阶矩分析方法，即将整个载荷随机过程假设成多个独立正态分布的随机过程。但零件受载只有在变化小且平稳的情况下才可认为其服从正态分布。显然，这种基于正态分布假设的载荷-强度干涉模型不适用于风电齿轮箱的外载荷。而且这种正态分布假设的模型没有考虑不同风场情况或不同地域气候差异下风电传动系统所承受载荷差异对可靠性的影响。另外，也有部分文献利用疲劳累积假说确定当量转矩来模拟变动的风载荷。但此类方法只适用于基于大样本数据的可靠性评估，对于大型机械装备来说，由于试验条件的限制，并不能直接应用。针对上述问题，本章在现有风场的实测风速数据基础上，建立含有未知分布类型参数的风电齿轮传动系统动态可靠性模型。在模型求解上，依据随机摄动技术与 Edgeworth 级数法，将其功能函数近似展开成标准正态分布函数来求解可靠度。同时，将求解可靠度的方法应用在可靠性灵敏度的分析中，提出了风电齿轮系统时变可靠性灵敏度的数值算法，给出其变化规律，有效反映各项齿轮参数的改变对风电系统可靠性的影响程度，为进一步优化设计提供理论依据。

7.2 时变可靠性模型与参数灵敏度

7.2.1 实测风速下的输入载荷

　　在建立风电齿轮传动系统可靠性模型之前，明确齿轮所受载荷的分布情况是关键，它与随机风载荷的分布情况紧密相关。在可靠性的研究中，通常需要以月、年为时间单位来研究风电场的风速分布规律。目前，对年风速分布模型的研究中多数将风速简化为正态分布或对数正态分布，但由于地理环境以及气候的差异，分布类型的选择上差异很大，需要对当地的实测风速进行分布检验。另外，即使风速分布模型已确定，然而对于变速变桨的风力发电机组而言，它的输入载荷分布规律依然需要重新确定，这给确定风电增速齿轮箱中的齿轮应力分布带来困难。为此，这里依据风场的实测风速来确定随机风载下的输入载荷分布规律。

风速受季节变化的影响最为显著，但年与年之间的差距不大，为此，这里将取出每季中一个月份的实测风速结果来代表这一年的风速分布情况，依据变速变桨运行原理及风载荷传递特性，可得到该风场中风电增速齿轮箱的输入转矩。将其整理成概率密度的载荷谱并进行汇总统计成概率密度直方图，如图7-1所示。假设齿轮的各项系数与参数中除尺寸参数为定值外，其余均为服从正态分布的随机参数。以某型号风电增速齿轮箱齿轮传动为例，由一级NW型行星传动与一级平行轴人字齿轮传动串联组成，其结构如图7-2所示。内齿圈作为随机风载荷输入端，一级平行轴人字齿轮作为载荷的输出端，双联行星齿轮个数为3。依据各级齿轮输入转矩与齿轮名义切向力的关系（见式（7-1）），能够得到各级齿轮名义切向力的概率密度曲线，如图7-3所示。由于受随机风载的影响，输入级即内啮合齿轮的名义切向力概率密度的分散度最大。由图中曲线可见，实际测量风速下的各级齿轮名义切向力分布呈现出多峰的特点，经过χ^2检验以及K-S检验，它并不属于任何一种已知类型的分布。因此，以往的按正态分布假设的齿轮强度-应力干涉可靠性模型显然不适用于该风电齿轮传动系统。

$$F_t^{\mathrm{I}} = \frac{2000T_{\mathrm{in}}}{Nd_r}, \quad F_t^{\mathrm{II}} = \frac{2000z_r T_{\mathrm{in}}}{Nz_p^{\mathrm{I}} d_p^{\mathrm{II}}}, \quad F_t^{\mathrm{III}} = \frac{2000z_p^{\mathrm{I}} z_p^{\mathrm{II}} T_{\mathrm{in}}}{z_r z_s d_1} \tag{7-1}$$

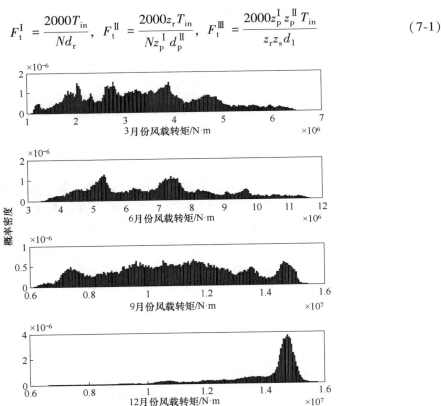

图7-1 不同月份随机风载下的输入转矩

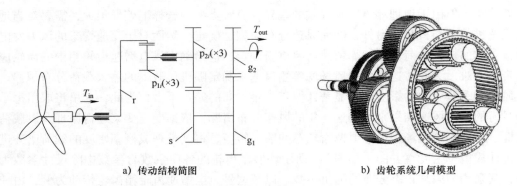

a）传动结构简图   b）齿轮系统几何模型

图 7-2　某型号风电增速齿轮箱的传动结构

T_{in}—输入转矩　r—内齿圈　p_{1i}—内啮合行星轮　s—太阳轮　p_{2i}—外啮合行星轮

g_1—人字齿轮 1　g_2—人字齿轮 2　T_{out}—输出转矩

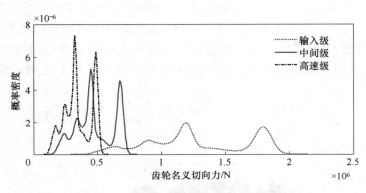

图 7-3　各级齿轮名义切向力概率密度曲线

7.2.2　时变可靠度模型与求解

由于零部件在长期受到小于最大应力的变幅载荷作用后，其可靠度会随着服役时间的增长发生变化，尤其对于风力发电机这种对可靠性要求非常高的系统，这个累计过程不能忽略。另外，由于温度、疲劳、腐蚀、老化等原因，零件自身会出现强度退化现象，由此导致可靠性指标会随着服役期的增加呈递减趋势。综上可见，风电增速齿轮传动系统的可靠度模型必然是时间的函数。

1. 功能函数的建立

风电齿轮传动系统的动态可靠度模型的功能函数可表示为

$$g = \delta(\boldsymbol{X}_1,t) - S(\boldsymbol{X}_2,t) \tag{7-2}$$

式中，$\boldsymbol{X}$ 为随机参数矢量，$\boldsymbol{X}_1$，$\boldsymbol{X}_2 \in \boldsymbol{X}$；$S(\boldsymbol{X}_2,t)$ 为齿轮应力作用效应的随机过程。对于啮合齿轮而言，在偏载、磨损等作用下齿轮接触应力会出现一定程度的线性恶化，尤其对于风电齿轮，它的设计服役期长达 20 年或 25 年，因此，这种应力恶化效应不可忽略。通常应力的线性恶化效应可表述为应力随时间的线性增长，见式（7-3）。系数 a 可由试验或相关工程经验确定。

$$S(\boldsymbol{X}_2,\ t) = S_0(\boldsymbol{X}_2) + at \tag{7-3}$$

$\delta(t)$ 为齿轮强度退化的随机过程，Schaff 提出的剩余强度模型能够很好地描述钢材料的强度退化，其表达式为

$$\delta(\boldsymbol{X}_1,\ n) = \delta_0(\boldsymbol{X}_1) - \left[\delta(\boldsymbol{X}_1) - S_p\right]\left(\frac{n}{N}\right)^c \tag{7-4}$$

式中，δ_0 为材料初始强度；N 为载荷总循环次数，即零件寿命；n 为载荷作用次数；c 为材料指数；S_p 为零部件在疲劳破坏时的载荷峰值，可以以最大等效载荷效应 $\sigma(S_{\max})$ 来代替，即 n 次载荷作用时的最大载荷值。为了将剩余强度模型与时间联系起来，可将 N 看作寿命时间 T，n 看作载荷作用时间 t。则式（7-4）可转化为

$$\delta(\boldsymbol{X}_1,\ n) = \delta_0 - (\delta_0 - \sigma(S_{\max}))\left(\frac{t}{T}\right)^c \tag{7-5}$$

则齿轮考虑应力恶化与强度退化的时变可靠性指标与时变可靠度的计算式可表示为

$$\beta(t) = \frac{\mu_{g(t)}}{\sigma_{g(t)}} = \frac{E[g(\boldsymbol{X},\ t)]}{\sqrt{\mathrm{Var}[g(\boldsymbol{X},\ t)]}} \tag{7-6}$$

若齿轮应力与强度均服从正态分布，则其可靠度可表示为

$$R(t) = \varPhi(\beta(t)) = p\{\delta(\boldsymbol{X}_1,\ t) > S(\boldsymbol{X}_2,\ t)\} \tag{7-7}$$

2. 随机风载作用下齿轮的应力与强度

齿轮的主要失效形式为齿面疲劳点蚀以及齿根断裂，其相应的应力及强度表达式见式（7-8）~式（7-15）。

（1）齿轮接触疲劳应力与初始强度

$$S_H = Z_H Z_E Z\varepsilon Z_\beta \sqrt{\frac{F_t}{db}\cdot\frac{u\pm1}{u}\cdot K_A K_V K_{H\beta} K_{H\alpha}} \tag{7-8}$$

$$\delta_H = \delta_{Hlim} Z_N Z_R Z_V Z_W Z_L Z_X \tag{7-9}$$

$$\overline{\delta}_H = \overline{\delta}_{Hlim} \overline{Z}_N \overline{Z}_R \overline{Z}_V \overline{Z}_W \overline{Z}_L \overline{Z}_X \tag{7-10}$$

$$\sigma_{\delta H} = \left[C_{\delta Hlim}^2 + C_{ZN}^2 + C_{ZR}^2 + C_{ZV}^2 + C_{ZW}^2 + C_{ZL}^2 + C_{ZX}^2\right]^{1/2}\cdot\overline{\delta}_H \tag{7-11}$$

（2）齿轮齿根弯曲疲劳应力及初始强度

$$S_F = \frac{F_t}{b\cdot m_n} Y_{Fa} Y_{sa} Y_\varepsilon Y_\beta K_A K_V K_{F\beta} K_{F\alpha} \tag{7-12}$$

$$\delta_F = \delta_{Flim} Y_{ST} Y_{NT} Y_{\delta relT} Y_{RrelT} Y_X \tag{7-13}$$

$$\overline{\delta}_F = \overline{\delta}_{Flim} \overline{Y}_{ST} \overline{Y}_{NT} \overline{Y}_{\delta relT} \overline{Y}_{RrelT} \overline{Y}_X \tag{7-14}$$

$$\sigma_{\delta F} = \left[C_{\delta Flim}^2 + C_{YST}^2 + C_{YNT}^2 + C_{Y\delta relT}^2 + C_{YRrelT}^2 + C_{YX}^2\right]^{1/2}\cdot\overline{\delta}_F \tag{7-15}$$

以上各式中，S 代表齿轮应力，δ 代表齿轮初始强度，均为随机变量。齿轮初始强度分布与材料、加工方法以及热处理工艺等直接相关，通常令其服从正态分布，其均值 $\overline{\delta}$ 的计算见式（7-10）与式（7-14），标准差 σ_δ 的计算见式（7-11）与式（7-15），其中各项变异系数 C 的含义与取值参考相关文献，此处不再赘述。由于考虑了强度退化，齿轮强度视为一个随机过程，但在每段时间间隔内依旧可看作是服从正态分布的随机变量。在以上齿轮应力与强度的计算式中，除齿轮齿数、行星轮个数与传动比为确定值外，其余参数均假设为服

从正态分布的随机变量，其说明见 GB/T 3480—1997。

（3）Monta Carlo 法确定齿轮的应力分布　这里采用 Monta Carlo 法对随机变量的统计抽样试验功能来估算随机风载下齿轮应力的分布情况。具体步骤如下：

1）确定齿轮应力函数 $S=f(X_1,X_2,\cdots,X_n)$ 中每一随机变量 X_i 的概率函数 $f(X_i)$ 与累积分布函数 $F(X_i)$，由式（7-7）与式（7-11）可知，齿轮应力函数中除了 F_t 外，其余随机变量均属于正态分布。对于风电增速齿轮箱中的齿轮，F_t 虽分布类型不确定，但其概率密度可由前述算法给出。

2）对该函数中每一个 X_i，随机生成 [0,1] 内的伪随机数数列 $RN_{X_{ij}}$，且使其服从均匀分布。由于 $RN_{X_{ij}}=\int_{-\infty}^{X_{ij}}f(X_i)\mathrm{d}X_i$，其中 i 为随机变量标号 $i=1$，2，$\cdots$，n；j 为模拟次数标号，$j=1$，2，$\cdots$，$\geqslant 10000$。因此，对每个随机变量 X_i 模拟一次便得到了一组伪随机数 X_{ij}。

3）把每次模拟得到的 X_{ij} 值代入式（7-8）和式（7-12）中，得出相应的应力值 y_j。

$$y_j = f(X_{1j},\ X_{2j},\ \cdots,\ X_{nj}) \tag{7-16}$$

4）重复上述步骤，直到达到模拟次数为止。一般模拟次数大于 10000 次，得各次函数值 y_1，y_2，$\cdots$，y_{10000}，$\cdots$，并将其从小到大排序。

5）依据 y_j 的直方图拟合出它的概率密度函数以及累计分布函数，若想进一步确定其分布类型，可对其进行 χ^2 检验以及 K–S 检验。

3. 任意分布随机参数的可靠度求解

由前述可知，虽能近似描绘出随机风载荷下的齿轮应力概率分布，但由于它不属于任何已知分布类型，无法用数字特征描述，导致其联合概率密度函数的积分很难进行计算。显然，此时再用基于正态分布的可靠性设计方法是不准确的。考虑到当随机参数均服从正态或对数正态分布时，可靠度与失效概率能够直接求出，本节利用随机摄动理论联合 Edgeworth 级数法，在获得随机参数前四阶矩的前提下，把含有任意分布随机参数分布函数近似地展开成标准正态分布函数，即将含有任意分布随机参数的状态函数转换成"当量"标准正态分布函数，从而求得齿轮的可靠度。这样可以避开求函数分布中遇到的积分困难，提高计算效率。

（1）功能函数 $g(\boldsymbol{X},t)$ 的前四阶矩　依据随机摄动理论，功能函数 $g(\boldsymbol{X},t)$ 可由下式组成：

$$g(\boldsymbol{X},t) = g_d(\boldsymbol{X},t) + \varepsilon g_p(\boldsymbol{X},t) \tag{7-17}$$

式中，ε 为小参数；$g_d(\boldsymbol{X},t)$ 表示含有随机参数 $\boldsymbol{X}$ 的功能函数中的确定部分，即 $g_d(\boldsymbol{X},\ t)=g(\bar{\boldsymbol{X}},t)$；$g_p(\boldsymbol{X},t)$ 表示具有 0 均值的随机部分。

对式（7-17）取数学期望可得

$$E[g(\boldsymbol{X},t)] = E[g_d(\boldsymbol{X},t)] + \varepsilon E[g_p(\boldsymbol{X},t)] = g_d(\boldsymbol{X},t) = g(\bar{\boldsymbol{X}},t) \tag{7-18}$$

则根据 Kronecker 代数理论，$g(\boldsymbol{X},t)$ 的二到四阶矩分别为

$$\mathrm{Var}[g(\boldsymbol{X},t)] = E\{[g(\boldsymbol{X},t) - E(g(\boldsymbol{X},t))]^{[2]}\} = \varepsilon^2\{[g_p(\boldsymbol{X},t)]^{[2]}\} \tag{7-19}$$

$$C_3[g(\boldsymbol{X},t)] = E\{[g(\boldsymbol{X},t) - E(g(\boldsymbol{X},t))]^{[3]}\} = \varepsilon^3\{[g_p(\boldsymbol{X},t)]^{[3]}\} \tag{7-20}$$

$$C_4[g(\boldsymbol{X},t)] = E\{[g(\boldsymbol{X},t) - E(g(\boldsymbol{X},t))]^{[4]}\} = \varepsilon^4\{[g_p(\boldsymbol{X},t)]^{[4]}\} \tag{7-21}$$

式中，$\boldsymbol{A}^{[k]}=\boldsymbol{A}\otimes\boldsymbol{A}^{[k-1]}=\boldsymbol{A}\otimes\boldsymbol{A}\otimes\cdots\otimes\boldsymbol{A}$，表示 $\boldsymbol{A}$ 的 Kronecker 幂；符号 $\otimes$ 表示 Kronecker

积，定义为 $\boldsymbol{A}_{p \times q} \otimes \boldsymbol{B}_{s \times t} = \left[a_{ij}\boldsymbol{B} \right]_{ps \times qt}$。假设随机参数的随机部分比确定部分小很多，则根据矢量值与矩阵函数的 Taylor 展开式，可将 $g_p(\boldsymbol{X},t)$ 在 $E(\boldsymbol{X},t) = (\overline{\boldsymbol{X}},t)$ 处展开到一阶为止，即

$$g_p(\boldsymbol{X}, \ t) = \frac{\partial g_p(\boldsymbol{X}, \ t)}{\partial \boldsymbol{X}^{\mathrm{T}}}\boldsymbol{X}_p \tag{7-22}$$

将式（7-22）代入式（7-18）~式（7-21），可得功能函数 $g(\boldsymbol{X},t)$ 的前四阶矩分别为

$$\mu_{g(t)} = E\left[g(\boldsymbol{X},t) \right] = g_d(\boldsymbol{X},t) = g(\overline{\boldsymbol{X}},t) \tag{7-23}$$

$$\sigma^2_{g(t)} = \mathrm{Var}\left[g(\boldsymbol{X},t) \right] = \left[\frac{\partial g_d(\boldsymbol{X},t)}{\partial \boldsymbol{X}^{\mathrm{T}}} \right]^{[2]} \mathrm{Var}(\boldsymbol{X},t) \tag{7-24}$$

$$\theta_{g(t)} = C_3\left[g(\boldsymbol{X},t) \right] = \left[\frac{\partial g_d(\boldsymbol{X},t)}{\partial \boldsymbol{X}^{\mathrm{T}}} \right]^{[3]} C_3(\boldsymbol{X},t) \tag{7-25}$$

$$\eta_{g(t)} = C_4\left[g(\boldsymbol{X},t) \right] = \left[\frac{\partial g_d(\boldsymbol{X}, \ t)}{\partial \boldsymbol{X}^{\mathrm{T}}} \right]^{[4]} C_4(\boldsymbol{X},t) \tag{7-26}$$

在式（7-23）~式（7-26）中，$\mathrm{Var}(\boldsymbol{X},t)$、$C_3(\boldsymbol{X},t)$、$C_4(\boldsymbol{X},t)$ 表示随机参数矢量 $\boldsymbol{X}$ 的二到四阶矩。见式（7-23）~式（7-26），μ_g、σ^2_g、θ_g、η_g 分别表示功能函数 $g(\boldsymbol{X},t)$ 的均值 E、方差 Var、三阶矩 C_3 和四阶矩 C_4。

（2）随机参数的前四阶矩　在随机参数矢量 $\boldsymbol{X}$ 中，除齿轮名义切向力为未知分布类型的随机过程外，其余参数均为服从正态分布的随机变量。齿轮强度虽为随机过程，但在每个时间间隔内同样服从正态分布。服从正态分布的随机参数 x 的前四阶矩分别为 μ_x、σ^2_x、0、$3/\sigma^4_x$。对于齿轮名义切向力的前四阶矩的求解，本书利用 Monta Carlo 法进行模拟试验。获得一组模拟试验值 F_{r1}，F_{r2}，$\cdots$，$F_{rn}(n \geq 10^5)$，及其相应的概率分别为 $p(F_{r1})$，$p(F_{r2})$，$\cdots$，$p(F_{rn})$，可以估算出 F_r 的均值 $\hat{\mu}_F$、方差 $\hat{\sigma}^2_F$、三阶矩 $\hat{C}_{3F}$ 以及四阶矩 $\hat{C}_{4F}$ 分别为

$$\hat{\mu}_F = \frac{1}{n}\sum_{i=1}^{n} F_{ri} \tag{7-27}$$

$$\hat{\sigma}^2_F = \frac{1}{n-1}\left[\sum_{i=1}^{n} F^2_{ri} - \frac{1}{n}\left(\sum_{i=1}^{n} F_{ri} \right)^2 \right] \tag{7-28}$$

$$\hat{C}_{3F} = \frac{1}{n}\sum_{i=1}^{n} (F_{ri} - \hat{\mu}_F)^3 = \hat{\alpha}^2_3 - 3\hat{\mu}_F\hat{\alpha}_F - 2\hat{\mu}^3_F \tag{7-29}$$

$$\hat{C}_{4F} = \frac{1}{n}\sum_{i=1}^{n} (F_{ri} - \hat{\mu}_F)^4 = \hat{\alpha}^2_4 - 4\hat{\mu}_F\hat{\alpha}_3 + 6\hat{\mu}_F\hat{\alpha}_2 - 3\hat{\mu}^4_F \tag{7-30}$$

其中，

$$\hat{\alpha}_i = \sum_{j=1}^{n} p(F_{rj}) F^i_{rj} \tag{7-31}$$

（3）Edgeworth 级数渐进展开的近似计算模型　Edgeworth 级数是依据 Hermite 多项式的各项级数的数量级展开得到的，大量试验证明，Edgeworth 级数可以任意精确地逼近随机参数的真实分布，当 Edgeworth 级数展开到四阶矩时，该近似算法的计算误差已经能够达到 $\Delta R \leq 5 \times 10^{-4}$。因此，本书应用该方法近似计算含有应力分布情况未知时的齿轮接触疲劳以

及弯曲疲劳的可靠度，即把分布类型未知的齿轮应力的概率分布函数近似展开成为标准正态分布函数，其四阶矩的展开式如下：

$$F(\beta) = \Phi(\beta) - \varphi(\beta) \left[\frac{1}{3!} \cdot \frac{\theta_g}{\sigma_g^3} H_2(\beta) + \frac{1}{4!} \left(\frac{\eta_g}{\sigma_g^4} - 3 \right) H_3(\beta) + \frac{10}{6!} \left(\frac{\theta_g}{\sigma_g^3} \right)^2 H_5(\beta) \right]$$

(7-32)

式中，$F(\beta)$ 为失效率；β 为齿轮接触或弯曲强度可靠性指标，见式（7-7）；$H_j(\beta)$ 为 j 阶 Hermite 多项式，其递推式如下：

$$\begin{cases} H_{j+1}(\beta) = \beta H_j(\beta) - j H_{j-1}(\beta) \\ H_0(\beta) = 1, \ H_1(\beta) = \beta \end{cases}$$

(7-33)

则齿轮的接触疲劳或弯曲疲劳可靠度为

$$R(\beta(t)) = P\{g(\boldsymbol{X}, \ t) > 0\} = 1 - F(-\beta(t))$$

(7-34)

当有 $R>1$ 情况出现时，可采用如下经验公式进行修正：

$$R^*(\beta(t)) = R(\beta(t)) - \frac{R(\beta(t)) - \Phi(\beta(t))}{\{1 + [R(\beta(t)) - \Phi(\beta(t))] \cdot \beta(t)\}^{\beta(t)}}$$

(7-35)

4. 齿轮系统可靠性模型

根据风电增速齿轮箱在运行中的经验数据可知，齿轮的故障率远高于轴类零件以及花键连接。因此，在计算系统可靠度时只考虑各级齿轮的可靠度。假设齿轮的接触疲劳失效与弯曲疲劳失效相互独立，且任意失效模式的发生均会导致齿轮失效，设两种失效模式下的可靠度分别为 $R_{Hi}(t)$ 和 $R_{Fi}(t)$ $(i = r, \ s, \ 1, \ 2)$，则单个齿轮的可靠度为

$$R_i(t) = R_{Hi}(t) \cdot R_{Fi}(t)$$

(7-36)

对于行星轮系而言，若任一行星轮出现弯曲疲劳破坏，则系统失效，而对于接触疲劳，只有当全部行星轮接触疲劳破坏，系统才失效。假设行星轮个数为 N，则行星轮系的可靠度为

$$\begin{cases} R_p^{\mathrm{I}}(t) = \left[1 - \prod_{i=1}^{N} (1 - R_{Hpi}^{\mathrm{I}}(t)) \right] \cdot \prod_{i=1}^{N} (R_{Fpi}^{\mathrm{I}}(t)) \\ R_p^{\mathrm{II}}(t) = \left[1 - \prod_{i=1}^{N} (1 - R_{Hpi}^{\mathrm{II}}(t)) \right] \cdot \prod_{i=1}^{N} (R_{Fpi}^{\mathrm{II}}(t)) \end{cases}$$

(7-37)

式中，$R_p^{\mathrm{I}}(t)$、$R_p^{\mathrm{II}}(t)$ 分别表示内、外啮合行星轮系可靠度；$R_{Hpi}^{\mathrm{I}}(t)$、$R_{Hpi}^{\mathrm{II}}(t)$ 分别表示内、外啮合行星轮系中第 i 个行星轮的接触疲劳可靠度；$R_{Fpi}^{\mathrm{I}}(t)$、$R_{Fpi}^{\mathrm{II}}(t)$ 分别表示内、外啮合行星轮系中第 i 个行星轮的弯曲疲劳可靠度；N 为行星轮个数。

令齿轮间失效模式为相互独立事件，则风电增速齿轮系统的可靠度如式（7-38）所示。

$$R_{\Sigma} = \prod R_i, \ (i = r, \ p^{\mathrm{I}}, \ p^{\mathrm{II}}, \ s, \ 1, \ 2)$$

(7-38)

7.2.3　时变可靠性灵敏度的计算

通过设计参数的动态可靠性灵敏度分析能够准确找出影响系统可靠性的关键参数，从而帮助设计人员更高效合理地控制设计参数的选择范围以确保产品的可靠度达到预计值，同时也能为进一步优化设计提供理论依据。这里提出的灵敏度计算方法采用直接导数法，即求可靠度对设计参数（随机变量）均值的偏导数。

1. 正态分布随机参数的灵敏度

由 7.2.2 节可知，风电齿轮的动态可靠度计算中，除齿轮所受载荷外的其余随机参数均为正态分布。令这些随机参数为 $\boldsymbol{X} = (X_1, X_2, \cdots, X_n)^\mathrm{T}$，则齿轮接触疲劳或弯曲疲劳的时变可靠度对 $\boldsymbol{X}$ 的均值 $\overline{\boldsymbol{X}}$ 的灵敏度为

$$\frac{\mathrm{d}R(t)}{\mathrm{d}(\overline{\boldsymbol{X}},t)^\mathrm{T}} = \frac{\partial R(\beta(t))}{\partial \beta(t)} \cdot \frac{\partial \beta(t)}{\partial \mu_{g(t)}} \cdot \frac{\partial \mu_{g(t)}}{\partial (\overline{\boldsymbol{X}},t)^\mathrm{T}} + \frac{\partial R(\beta(t))}{\partial \beta(t)} \cdot \frac{\partial \beta(t)}{\partial \sigma_{g(t)}} \cdot \frac{\partial \sigma_{g(t)}}{\partial (\overline{\boldsymbol{X}},t)^\mathrm{T}} \tag{7-39}$$

式中的各偏微分项计算式分别为

$$\frac{\partial R(\beta(t))}{\partial \beta(t)} = \varphi(\beta(t)) \tag{7-40}$$

$$\frac{\partial \beta(t)}{\partial \mu_{g(t)}} = \frac{1}{\sigma_{g(t)}} \tag{7-41}$$

$$\frac{\partial \mu_{g(t)}}{\partial (\overline{\boldsymbol{X}},t)^\mathrm{T}} = \left[\frac{\partial \overline{g}}{\partial X_1}, \frac{\partial \overline{g}}{\partial X_2}, \cdots, \frac{\partial \overline{g}}{\partial X_n} \right] \tag{7-42}$$

$$\frac{\partial \beta(t)}{\partial \sigma_{g(t)}} = -\frac{\mu_{g(t)}}{\sigma_{g(t)}^2} \tag{7-43}$$

$$\frac{\partial \sigma_{g(t)}}{\partial (\overline{\boldsymbol{X}}, t)^\mathrm{T}} = \frac{1}{2\sigma_{g(t)}} \left[\frac{\partial^2 g}{\partial (\boldsymbol{X}^\mathrm{T})^2} \otimes \frac{\partial g}{\partial \boldsymbol{X}^\mathrm{T}} + \left(\frac{\partial^2 g}{\partial (\boldsymbol{X}^\mathrm{T})^2} \otimes \frac{\partial g}{\partial \boldsymbol{X}^\mathrm{T}} \right) (\boldsymbol{I}_n \otimes \boldsymbol{U}_{n \times n}) \right]$$
$$(\boldsymbol{I}_n \otimes \mathrm{Var}(\boldsymbol{X}, t)) \tag{7-44}$$

式（7-40）~式（7-44）中，$\varphi(\ )$ 为标准正态分布函数的概率密度函数；$\mu_{g(t)}$、$\sigma_{g(t)}^2$ 的计算见式（7-23）与式（7-24）；$\boldsymbol{I}_n$ 为 $n \times n$ 的单位矩阵；$\boldsymbol{U}_{n \times n}$ 为 $n^2 \times n^2$ 的单位矩阵。依据矩阵微分理论可得到式（7-44），其推导过程参考相关文献，此处不再赘述。

2. 任意分布随机参数的灵敏度

将 7.2.2 节提到的任意分布随机参数的动态可靠度 Edgeworth 级数解法应用到灵敏度的求解中，则依据式（7-39）能够推导出任意分布随机参数均值的可靠性灵敏度表达式为

$$\frac{\mathrm{d}R(t)}{\mathrm{d}(\overline{\boldsymbol{X}},t)^\mathrm{T}} = \frac{\partial R(\beta(t))}{\partial \beta(t)} \cdot \frac{\partial \beta(t)}{\partial \mu_{g(t)}} \cdot \frac{\partial \mu_{g(t)}}{\partial (\overline{\boldsymbol{X}},t)^\mathrm{T}} + \left[\frac{\partial R(\beta(t))}{\partial \beta(t)} \cdot \frac{\partial \beta(t)}{\partial \sigma_{g(t)}} + \frac{\partial R(\beta(t))}{\partial \sigma_{g(t)}} \right] \cdot \frac{\partial \sigma_{g(t)}}{\partial (\overline{\boldsymbol{X}},t)^\mathrm{T}} \tag{7-45}$$

式中，$\dfrac{\partial \beta(t)}{\partial \mu_{g(t)}}$ 见式（7-41）；$\dfrac{\partial \mu_{g(t)}}{\partial (\overline{\boldsymbol{X}}, t)^\mathrm{T}}$ 见式（7-42）；$\dfrac{\partial \beta(t)}{\partial \sigma_{g(t)}}$ 见式（7-43）；$\dfrac{\partial \sigma_{g(t)}}{\partial (\overline{\boldsymbol{X}}, t)^\mathrm{T}}$ 见式（7-44）；

$$\frac{\partial R(\beta(t))}{\partial \beta(t)} = \varphi(-\beta(t)) \left\{ 1 - \beta(t) \left[\frac{1}{3!} \cdot \frac{\theta_{g(t)}}{\sigma_{g(t)}^3} H_2(-\beta(t)) + \frac{1}{4!} \left(\frac{\eta_{g(t)}}{\sigma_{g(t)}^4} - 3 \right) H_3(-\beta(t)) + \right. \right.$$
$$\frac{10}{6!} \left(\frac{\theta_{g(t)}}{\sigma_{g(t)}^3} \right)^2 H_5(-\beta(t)) \left] - \left[\frac{1}{3} \cdot \frac{\theta_{g(t)}}{\sigma_{g(t)}^3} H_1(-\beta(t)) + \right. \right.$$
$$\left. \left. \frac{1}{8} \left(\frac{\eta_{g(t)}}{\sigma_{g(t)}^4} - 3 \right) H_2(-\beta(t)) + \frac{5}{72} \left(\frac{\theta_{g(t)}}{\sigma_{g(t)}^3} \right)^2 H_4(-\beta(t)) \right] \right\} \tag{7-46}$$

$$\frac{\partial R(\beta(t))}{\partial \sigma_{g(t)}} = \varphi(-\beta(t)) \left[\frac{1}{2} \cdot \frac{\eta_{g(t)}}{\sigma_{g(t)}^4} H_2(-\beta(t)) + \frac{1}{6} \frac{\eta_{g(t)}}{\sigma_{g(t)}^5} H_3(-\beta(t)) + \frac{1}{12} \frac{\theta_{g(t)}^2}{\sigma_{g(t)}^7} H_5(-\beta(t)) \right]$$

$$(7-47)$$

当依据式（7-32）估算出齿轮可靠度出现 $R>1$ 时，其灵敏度同样需要进行修正，修正后的 $\frac{\partial R(\beta(t))}{\partial \beta(t)}^*$ 如下式所示：

$$\frac{\partial R(\beta(t))}{\partial \beta(t)}^* = \frac{\partial R(\beta(t))}{\partial \beta(t)} + \left[\frac{\partial R(\beta(t))}{\partial \beta(t)} - \varphi(-\beta(t)) \right] \frac{\beta(t) - (\beta(t)-1)[R(\beta) - \Phi(\beta(t))] - 1}{\{1 + [R(\beta) - \Phi(\beta(t))]\beta(t)\}^{\beta(t)}} +$$

$$\frac{[R(\beta) - \Phi(\beta(t))]^2 \beta(t)}{\{1 + [R(\beta) - \Phi(\beta(t))]\beta(t)\}^{\beta(t)+1}}$$

$$(7-48)$$

7.2.4　算例与分析

1. 风电增速齿轮箱时变可靠度计算

以某型号风电增速齿轮箱的齿轮传动系统为例，齿轮参数取值见表 7-1，接触或弯曲应力与强度的各项系数的变异系数取 0.033，齿轮接触疲劳极限 $\sigma_{Hlim} = 1650$ MPa，弯曲疲劳极限 $\sigma_{Flim} = 1040$ MPa。随机载荷作用的离散时间间隔为 1 年，服役期为 20 年。则按 7.2.2 节的 Monta Carlo 法确定各级齿轮接触应力分布情况如图 7-4 所示，弯曲应力分布情况如图 7-5 所示。由图可知，低速级齿轮的接触应力及弯曲应力分散度最大，这是由于输入级的齿轮应力受随机风载荷的直接影响，其分布近似于风载的分布。但随着随机载荷的逐级传递，这种影响也越来越弱，使得齿轮应力分布越来越集中。从应力分布形态来看，不论接触应力还是弯曲应力都呈现三峰的特征，经过 χ^2 检验与 K-S 检验，它们不属于任何已知类型的分布。可见，对于风电增速齿轮传动系统的可靠性分析，若按正态分布假设的强度干涉模型显然是不正确的。

表 7-1　风电增速齿轮参数取值表

名　称	z	X/mm	m_n/mm	α/(°)	β/(°)	B/mm	m/kg
内齿圈	91	1.14	28	20	4.0	560	5690
内星轮	22	0.60					950
外星轮	83	-0.31	16	20	7.2	410	2320
太阳轮	23	0.5					253
齿轮 1	131	0.52	10	15	32	365	5369
齿轮 2	20	0.50					125

表 7-2 列出了基于实测风载数据的风电增速齿轮初始可靠度计算值（模型 I）与不考虑风载荷随机性的初始可靠度计算值（模型 II）。通过对比可见，不考虑风载荷随机性的可靠度计算值（模型 II）总是大于模型 I 的计算值，尤其对于系统可靠度更加明显，可靠度计算值由 96.16% 变成了 99.68%。这是由于在随机风速的影响下，齿轮受载的分散度变大，

这必然导致计算的可靠度值降低，得到了偏于安全的结果。由此可见，本节针对风电增速齿轮传动系统建立的可靠度计算模型更符合它的实际工况。

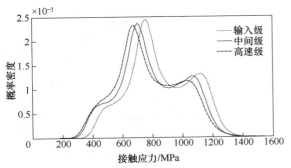

图 7-4　各级齿轮副接触应力分布　　　　　图 7-5　各齿轮弯曲应力分布

表 7-2　风电增速齿轮初始可靠度计算值

可靠度（%）	r	s	g_1	g_2	p^{I}	p^{II}	R_Σ
模型 I	99.89	99.98	99.92	99.99	96.88	96.97	96.16
模型 II	$99.9^2 2$	$99.9^3 1$	$99.9^2 5$	$99.9^3 7$	99.85	99.89	99.68

依据 7.2.2 节提出的可靠性模型计算各级齿轮在服役期（20 年内）的接触强度与弯曲强度可靠性指标如图 7-6 和图 7-7 所示。对于除行星轮系外的单齿轮失效模式按式（7-29）计算，对于行星轮系的失效模式按式（7-30）计算，则各级齿轮的动态可靠度如图 7-8 和图 7-9 所示。可见，单个齿轮的初始可靠度差别很小且接近100%，由于行星轮系的可靠性模型由多个行星轮混联组成，因此，其初始可靠度最低。随着时间的增长，齿轮可靠度开始缓慢下降，当过了一半的服役期后下降速度变快，在快到服役期附近时又开始变得平缓，这与零部件可靠度随时间变化的三个阶段相符，即早期失效期、偶然失效期与耗损失效期。其中，单齿轮随着转速的提高可靠度逐渐减低，高速级齿轮可靠度降低最快。

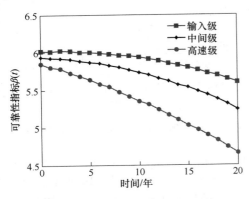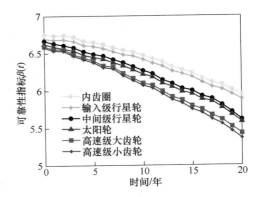

图 7-6　齿轮副接触强度可靠性指标　　　　图 7-7　齿轮弯曲强度可靠性指标

图 7-10 所示为系统动态可靠度随时间的变化曲线。由图中可知，风电增速齿轮传动系统在运行 8 年后的可靠度已经低于90%，这显然低于静态可靠度的设计结果，这是由于考虑

了齿轮接触应力恶化与强度退化共同作用的结果。因此，应用本书中的动态可靠度模型预测风机传动系统的可靠度更符合工程实际，能够得到偏于安全的结果。

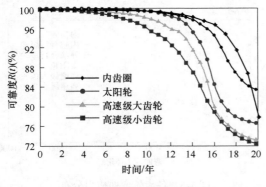

图 7-8　单齿轮的动态可靠度

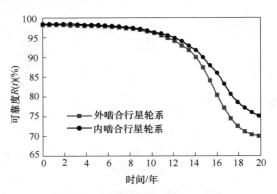

图 7-9　行星轮系的动态可靠度

2. 齿轮参数的可靠性灵敏度分析

（1）任意分布随机参数的可靠性灵敏度　由于随机风载荷属于不确定分布类型的随机过程，它对系统动态可靠度的灵敏度计算应依据 7.2.3 节内容，计算结果如图 7-11 所示。可见，三级齿轮传动系统可靠度对风载荷的灵敏度在服役初期差别不大，其值均在 -1.5×10^{-3} 附近，这表明随机风载的增加会降低齿轮系统可靠度，且在服役初期这种影响很小。但随着时间的增长它呈负增长趋势，输入级最明显，这表明了风载荷对输入级可靠性的影响最大，随着载荷逐级的传递作用，它的影响程度逐渐减弱。

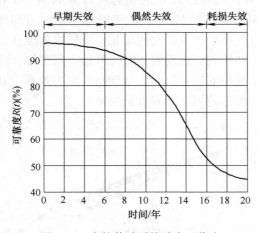

图 7-10　齿轮传动系统动态可靠度

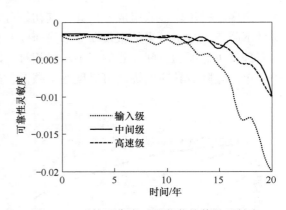

图 7-11　系统可靠度对风载荷均值的灵敏度

（2）正态分布随机参数的可靠性灵敏度　对于假设为服从正态分布的齿轮参数对系统动态可靠度的灵敏度计算应依据 7.2.3 节内容，计算结果如图 7-12 ~ 图 7-14 所示。可以看出，除齿轮的变位系数 X 外，其余参数均值的增加均会使风电齿轮传动系统趋于更加可靠。其中，可靠度对齿宽 B 最不敏感，对于斜齿轮传动而言，可靠度对螺旋角 β 最敏感；对于人字齿轮传动而言，可靠度对模数 m_n 最敏感。图中沿着时间轴可见，随着系统服役期的增长，可靠度对齿轮参数的灵敏度都有呈指数增加的趋势，这表明了风电增速齿轮箱在运行过程中，其可靠度对齿轮参数会变得越来越敏感。显然，在设计阶段，简单地假设风电齿轮可靠性灵敏度为常数的计算会得到偏于危险的结果，应考虑它的动态性质。

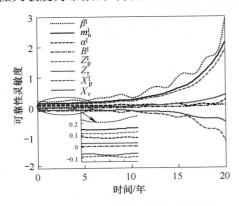

图 7-12　系统可靠度对输入级齿轮
参数均值的灵敏度

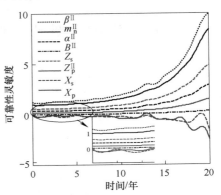

图 7-13　系统可靠度对中间级齿轮
参数均值的灵敏度

本节建立了含有未知分布类型参数的风电齿轮传动系统可靠度模型。在可靠度求解上依据随机摄动技术与 Edgeworth 级数法，将含有未知分布类型随机参数的功能函数近似展开成标准正态分布函数，从而解决了可靠度求解的问题。同时研究了该系统可靠性对各齿轮参数的灵敏度，并研究了这些设计参数对系统可靠度的影响。具体内容如下：

1）以实测风速数据为基础，依据概率统计方法并结合变速变桨的运行原理及风载荷的传递特性，得到了风电增速齿轮箱随机风速下的输入转矩分布规律，并经 χ^2 检验以及 K-S 检验得知其不属于任意一种已知分布类型，因此，以往按正态分布假设的强度干涉模型并不能直接用于本研究对象。

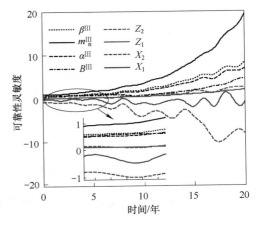

图 7-14　系统可靠度对高速级齿轮
参数均值的灵敏度

2）建立了考虑强度退化的风电齿轮传动系统的时变可靠性模型，在缺少试验数据的情况下，本章利用 Monta Carlo 法获得了齿轮接触应力及弯曲应力的概率分布及其前四阶矩，并利用随机摄动理论联合 Edgeworth 级数法，把含有未知分布类型随机参数的分布函数近似地展开成标准正态分布函数，从而求得了齿轮及传动系统的动态可靠度，并与传统可靠性解法的结果进行了对比。虽然单个齿轮的可靠度值差别不大，但累积成系统可靠度时，由传统解法的 99.68% 降到了 96.16%，可见在考虑实测风载的随机性时会使得齿轮受载分散度增大，导致可靠度降低，这更加符合风电增速齿轮箱的实际工况，得到了偏于安全的结果，证实了可靠度模型的可行性。

3）推导出了系统动态可靠度对齿轮参数灵敏度的数值计算方法。从对可靠性灵敏度的分析可知：对于斜齿轮而言，螺旋角对系统可靠度影响最大；对于人字齿轮而言，模数对系统可靠度影响最大。除变位系数外，其余齿轮参数均值的增加均会使齿轮系统趋于更加可靠，并且随着服役时间的增长表现得更加明显。而齿轮的压力角、齿数对系统可靠度的影响相对较小，因此，在以可靠度为目标的风电增速齿轮箱优化中，可不选其作为设计变量以简化可靠度的优化模型。

7.3 基于可靠性的大型风电增速齿轮箱多目标优化设计方法

对风电增速齿轮箱不同性能指标研究的最终目的是设计出高性能、低成本的对象产品，而优化是设计阶段必不可少的手段。但风电增速齿轮箱的性能优化问题较一般工程优化问题复杂，主要体现在：

1）非稳态特性。由于风载荷的随机性，使得风电增速齿轮箱工作过程中呈现非稳定工况下的动态特性。

2）强非线性特性。由于风电增速齿轮箱属于低速重载的多级行星齿轮传动系统，在求解风电增速齿轮箱动态特性时应充分考虑系统的非线性因素，主要包括齿侧间隙非线性、齿面摩擦非线性、时变啮合刚度非线性等因素，并以此为基础来进行优化设计。

3）高维与强耦合特性。风电增速齿轮箱的齿轮传动系统为多自由度多方位（弯-扭-轴）耦合的多体动力学系统，在动态设计时应予以考虑，以便真实反应动力系统实际的工作情况。

4）目标函数的复杂性。设计变量与风电增速齿轮箱动态性能之间是一种高度非线性映射的关系，无法通过准确的数学函数表达，导致每次优化迭代都需要利用数值法重新求解一次多维非线性微分方程组，使得工作量大大增加，常规的优化算法难以进行。

5）设计变量含离散分量。由于受到行业规定与标准的限制，部分优化变量为离散型（如齿数、模数等），部分优化变量为连续型（如齿宽、螺旋角等）。因此，齿轮传动系统的优化设计属于混合变量型问题。

针对以上问题，本节从优化算法与动态性能指标的确定两个方向进行研究，提出了一套适用于风电增速齿轮箱齿轮传动系统复杂目标下的优化设计方法，并以算例验证了其可行性。

7.3.1 动态性能指标的非线性映射确定方法

齿轮设计变量与动力学性能之间是一种高度非线性映射的关系，能够通过数值方法计算得到，却无法通过准确的数学函数表达。这就导致优化时每次的迭代寻优都需要利用数值法重新求解一次多维非线性动力学微分方程组，使得优化时间大大增加。针对本模型中自由度众多且含有间隙、齿面摩擦等非线性项的复杂动力系统，传统的数据拟合方法，如最小二乘法、多项式回归等对于此类问题的拟合效果都不太理想。在这种情况下，可以采用 BP 神经网络来拟合它们之间的关系。研究表明，含有一个隐层的 BP 网络可以任意精度逼近任意复杂的非线性函数。因此，本节首先建立齿轮参数与动力学性能（包括振动位移、加速度以及均载系数）之间的 BP 网络。然后在进一步的性能优化中直接调用训练好的网络模型，使复杂的动态优化目标函数变得简单。

1. BP 网络初始参数的改进

考虑到 MATLAB 工具箱中 BP 网络的初始权值与阈值是随机产生的，对于风电增速齿轮箱这种复杂的非线性系统，有可能产生较大的预测误差，导致对数据的拟合效果不理想。为此，本节利用 MEA_GA 法（该方法的阐述见 7.3.2 节）首先对 BP 网络的初始权值与阈值进行优化，然后利用优化后的网络权值与阈值进行网络训练，以达到提高数据预测精度的作用。优化权值与阈值的程序流程如图 7-15 所示。

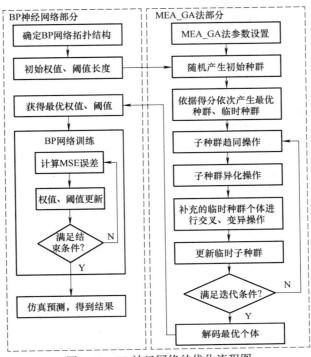

图 7-15　BP 神经网络的优化流程图

2. 动态性能指标的网络拟合

（1）BP 网络的参数设置　为了拟合动态性能指标与齿轮参数间的映射关系，BP 网络选用典型的三层网，即含有一个隐层。为节省篇幅，本节以风电增速齿轮箱的输入级行星传动为例。可作为优化设计变量的齿轮参数有 m_n^I、β^I、α^I、B^I、z_r、z_p^I、X_r、X_p^I，即 BP 网络的输入层节点数 $n_{in} = 8$。可作为优化目标的动力学性能指标有内齿圈与行星轮的综合振动位移幅值的 RMS 值（见式（7-49））、内齿圈与行星轮的综合振动加速度幅值的 RMS 值（见式（7-50）），以及系统均载系数的 RMS 值（见式（7-51））共 5 个动力学性能指标。计算式中"综合"是指动态性能指标沿各方向上的矢量和，N 为时间历程中周期个数。

$$s = \sqrt{\dfrac{\displaystyle\sum_{i=1}^{N}\left(u_i^2 + x_i^2 + y_i^2 + z_i^2\right)}{N}} \tag{7-49}$$

$$a = \sqrt{\dfrac{\displaystyle\sum_{i=1}^{N}\left(\ddot{u}_i^2 + \ddot{x}_i^2 + \ddot{y}_i^2 + \ddot{z}_i^2\right)}{N}} \tag{7-50}$$

$$G_{max}^I = \max\left(\dfrac{\displaystyle\sum_{i=1}^{N}\left(g_{ij}^I\right)^2}{N},\ (j = p1,\ p2,\ p3)\right) \tag{7-51}$$

可见，输出层节点数 $n_{out} = 5$。对于隐层节点个数的选择，先依据现有的经验公式确定大致范围（见式（7-52），式中，n_m 为隐层节点数，α 为常整数且 $\alpha \in [1, 10]$），然后经多次训练试验选择均方误差最小的值作为隐层节点数。经多次计算，本书的隐层节点数选为 6。

最终确定本模型的 BP 网络的拓扑结构为 8-6-5。

$$\begin{cases} n_{\mathrm{m}} \geqslant \sqrt{n_{\mathrm{in}} + n_{\mathrm{out}}} + \alpha \\ n_{\mathrm{m}} \geqslant \sqrt{n_{\mathrm{in}} \cdot n_{\mathrm{out}}} \end{cases} \tag{7-52}$$

令网络学习速率为 0.1，最大训练步数为 1000，隐层、输出层传递函数分别选 tansig、purelin 函数，训练算法选 LM 法。依据齿轮参数的取值范围，随机获取 800 组齿轮参数数据并求出输入级行星齿轮传动动力学性能指标，在所获得的样本数据中取 700 组作为训练样本，其余 100 组作为检测样本来检验训练后神经网络的拟合效果。

（2）BP 网络初始值的优化结果　对于 MEA_GA 法优化网络的参数设置如下：优胜、临时子群体个数为 5，初始群体容量为 200，优胜子种群与临时子种群个数均为 5；迭代次数为 20；交叉概率为 0.5；变异概率为 0.1；以训练得到的均方误差倒数为得分。按图 7-15 所示的计算流程对初始 BP 网络进行权值与阈值的优化。

图 7-16 所示为优化 BP 网络中初始子群体的趋同过程。观察可知：当子群体得分不再有增加时表示各种群在当前代已成熟；当子群体周围没有出现更好的个体时不会进行趋同，如优胜子群体 1。对比两图可发现，在成熟后的子群体中，有临时子群体得分高于优胜子群体的，如临时子群体 2、5 高于优胜子群体 3、4，这时要进行两次异化操作，并按照加入遗传算子的方法补充两个新种群到临时子群体中。

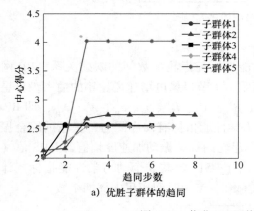

a）优胜子群体的趋同

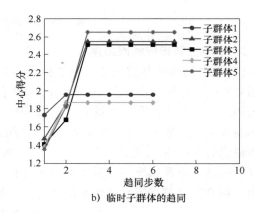

b）临时子群体的趋同

图 7-16　优化 BP 网络中初始子群体的趋同过程

图 7-17 所示为优胜子群体中心在整个优化过程中的得分变化，也就是最优个体的迭代过程。可见，迭代过程结束后，优胜子群体 1 的中心得分最高，将其解码后得到的结果作为权值与阈值的优化结果，其值见表 7-3~表 7-5。

（3）仿真预测　将优化后的权值与阈值代入到按（1）设置好的网络中进行训练，同时也对无优化的 BP 网络进行训练，将无优化和优化后的网络训练过程进行对比。训练中均方根误差的迭代过程如图 7-18 和图 7-19 所示。可见，

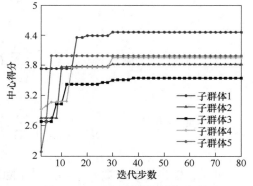

图 7-17　BP 网络优化后优胜子
群体中心的得分结果

优化后的 BP 网络相比优化之前的网络不仅迭代时间短，且均方根误差也明显降低。

表 7-3 输入层到隐含层的权值优化结果

w_{ij}	1	2	3	4	5	6
1	0.6064	−0.6780	0.0254	−0.0381	0.9275	0.3251
2	−0.4148	0.7308	−0.6512	−0.2662	−0.2839	0.0158
3	0.8554	−1.0000	0.7641	−0.4757	−0.4888	−0.5690
4	−1.0000	0.3256	0.5196	−0.0159	−0.7953	0.2381
5	0.9359	−0.6137	0.9724	−0.3058	0.9486	−0.0014
6	0.8483	0.6067	0.8634	0.4893	−1.0000	−0.7145
7	−0.7888	−1.0000	0.2829	0.6023	0.6260	0.1043
8	0.2093	0.5042	0.2648	−1.0000	0.3983	−0.8821

表 7-4 隐含层到输出层的权值优化结果

w_{ij}	1	2	3	4	5	6
1	1.0000	0.3415	−0.7471	0.9084	−0.3049	0.8643
2	1.0000	1.0000	0.1601	1.0000	0.0777	0.4448
3	0.0234	−0.0570	−0.0199	−0.8295	−0.1993	−0.1627
4	0.4429	−1.0000	−0.5955	0.8381	−0.3037	−0.2092
5	0.1782	0.1724	−0.4850	−0.2083	−0.1953	0.5922

表 7-5 阈值优化结果

阈 值 层	1	2	3	4	5	6
B_{1i}[①]	−0.0252	−0.8403	−0.4510	0.4007	−0.3239	−0.3140
B_{2i}[②]	−0.0264	−0.3695	−0.3556	−0.4134	−0.6100	—

① B_{1i}：隐层阈值；

② B_{2i}：输出层阈值。

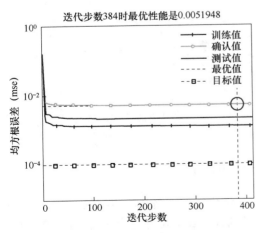

图 7-18 初始 BP 网络的训练误差　　图 7-19 优化后 BP 网络的训练误差

网络训练好后，利用随机选取的100组检验样本分别对优化和未优化的BP网络进行网络预测，为了方便读者观察结果，将检验样本首先进行降序排序并记住序号。将优化前与优化后的网络预测数据结果与样本期望值进行对比，结果如图7-20、图7-21和图7-24所示。并以（预测−期望值）/期望值作为检验样本的检验误差，得到的检验误差对比结果如图7-22、图7-23和图7-25所示。

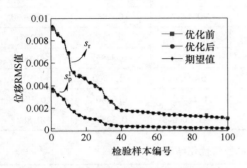

图7-20　齿轮振动位移的网络预测

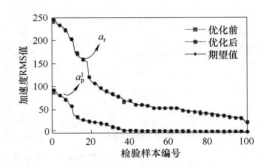

图7-21　齿轮振动加速度的网络预测

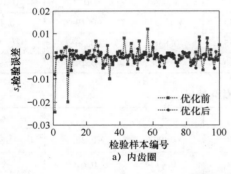

a）内齿圈

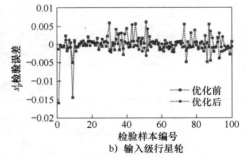

b）输入级行星轮

图7-22　齿轮振动位移的相对检验误差

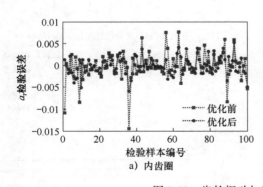

a）内齿圈

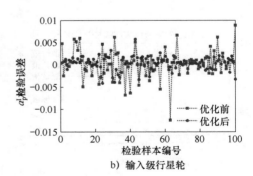

b）输入级行星轮

图7-23　齿轮振动加速度的相对检验误差

对于齿轮的振动位移与振动加速度，优化前的与优化后的网络预测数据的结果都与期望值很吻合。但从图7-22和图7-23可以看出，优化后的检验误差略小于优化前的误差。对于系统均载系数，优化前网络预测的拟合结果并不理想，但优化后的网络预测数据明显比优化前更接近期望值。可见，利用 MEA_GA 法优化 BP 网络后，神经网络对齿轮各动力学性能指标的泛化性能得到了不同程度的提高，同时也证明了利用 BP 网络建立设计变量与齿轮动态性能之间关系的有效性。

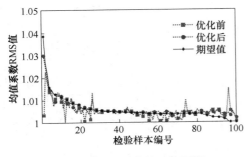

图 7-24　均载系数的网络预测

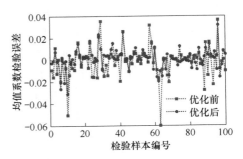

图 7-25　均载系数的相对检验误差

7.3.2　复杂目标下的混合优化算法

风电增速齿轮箱的优化属于混合变量的优化问题，即设计变量中既包含离散变量，如齿轮传动系统中的齿数、模数参数，又包含连续变量，如齿轮传动系统中的齿宽、螺旋角等尺寸参数。通常情况下对齿轮传动系统的优化是利用 MATLAB 自带优化工具箱求出优化解，并采用圆整法将其圆整到最近的整数解上。但这种方法的最大弊端是对于很多非凸规划问题，离散变量在圆整过程中极易偏离最优解使优化失败，而风电增速齿轮箱的性能优化恰好属于优化目标复杂甚至无法用函数表达（如其动力学性能指标）的非凸规划问题。

1. 混合优化算法的构造

求解离散变量优化问题的方法主要有两类，一类是以离散复合型思想为主的直接搜索型方法，一类是以进化算法为主的人工智能算法。理论及实践经验证明，任何一种单一的优化方法都存在优势与局限性，但若能够结合不同优化算法的特点，进行优势互补，便可以大大提高优化算法的准确性与效率。对于进化类优化算法而言，虽然理论上只要足够多新个体的产生就一定会搜索到全局最优解，但随着迭代过程中个体差距逐渐减小，收敛速度会越来越慢。实际上产生新个体的随机性决定了无法百分百保证得到的一定是全局最优解，但可以大致确定出最优解的范围，而此时，再对此进行小范围的一维搜索，便容易得到真正的全局最优解。而直接搜索算法恰恰属于局部搜索能力很强的有效方法，该类算法单独使用时由于对初始点的依赖性强，若初始点选择不当，很容易导致寻优失败，但将此方法与进化算法相结合，取长补短，就能实现快速收敛到全局最优解。

在分析了上述算法的特点后，本节采用两类算法串并联混合的策略。在优化前期，利用遗传算法与思维进化算法从全局把握收敛范围，由于进化算法具有隐含并行的搜索特性，前期搜索速度快，因此能迅速把搜索范围由整个可行域 R_n 缩小到一个较小的可行范围 $\tilde{R}_n$。当两种算法都达到搜索精度后比较两者的目标函数值，选择较小值对应的 $\tilde{X}$ 作为进一步搜索的初始值。然后由局部搜索功能较强的直接搜索法在 $\tilde{X}$ 附近继续搜索。如此循环，当相邻两次的搜索结果之差满足精度要求时优化程序结束，此时的搜索结果便可作为全局最优解。混合优化算法流程如图 7-26 所示。

2. 分支算法的改进

为了解决单一进化算法早熟的问题，作为分支的进化算法从两个方向把握，一是以"优胜劣汰"为本的遗传算法（GA 法），二是以"协同合作"为本的思维进化算法（MEA 法）。为进一步提高混合优化算法的准确性，本书首先对进化算法中的操作做一些改进。对于 GA 法，变异算子采用变化的变异概率以避免后期种群中因个体适应度相差不大而导致的种群停止进化。对于 MEA 法，以风电增速齿轮箱的动态性能或可靠度为优化目标时往往具有多峰值的特征，这样在趋同的过程中，子群体中心本身就是群体中最优秀的个体，那么在它们附近再产生的新个体中由于与它们本身性质相似，也很难出现优于它们的个体。这样就丢掉了寻找远处可能存在的更加优良个体特质的机会，导致子群体的趋同过程提前结束。为此，本节在趋同过程中引入遗传算子中的变异与交叉操作（本书简称为 MEA_GA 法），具体做法是在子群体成熟时对除中心以外的个体做交叉与变异操作，若产生了比中心更优秀的个体则替代之。其中，交叉算子如式（7-53）所示，变异算子如式（7-54）所示。这样便利用遗传算子增强了子种群的多样性，给远离中心的优良个体提供被选的机会，能够有效提高原有 MEA 法的局部搜索能力。

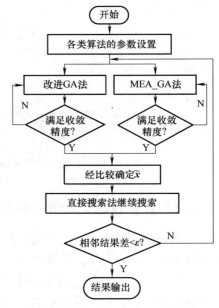

图 7-26　混合优化算法流程图

$$\begin{cases} x_a^{t+1} = r \cdot x_b^t + (1-r)x_a^t \\ x_b^{t+1} = r \cdot x_a^t + (1-r)x_b^t \end{cases} \tag{7-53}$$

式中，r 为 $[0, 1]$ 间的随机数；x_a^t、x_b^t 表示 t 代的两个不同个体；x_a^{t+1}、x_b^{t+1} 表示交叉后产生的 $t+1$ 代的新个体。

$$x_k' = \begin{cases} x_k + (a_{\max} - x_k) \cdot f(g) & (r_1 > 0.5) \\ x_k + (a_{\min} - x_k) \cdot f(g) & (r_1 \leqslant 0.5) \end{cases} \tag{7-54}$$

式中，$[a_{\min}, a_{\max}]$ 为变异点 x_k 的基因值取值范围；x_k' 为变异后新点的基因值；r_1 为 $[0, 1]$ 间的随机数；$f(g)$ 的函数表述为：随着进化代数 g 的增加，其值接近于 0 的概率也随之增加，本书令 $f(g) = r_2(1 - g/g_{\max})^2$，$g$ 为当前进化代数，$g_{\max}$ 为最大进化代数，r_2 为 $[0, 1]$ 间的随机数。引入遗传算子的 MEA 法流程如图 7-27 所示。

3. 目标函数与约束条件的处理

由于风电系统优化的非线性约束条件复杂，对于离散搜索法中搜索可行顶点的难度大大增加，另外，进化算法对约束条件的处理目前也尚无通用方法，需要根据具体问题来选择。为此，利用复合型法中约束的处理方法迫使优化现行设计点很快落入可行域内，从而首先使优化满足可行性条件。定义有效目标函数 $EF(x)$，其表达式如下：

$$EF(x) = \begin{cases} f(x) & (x \in R^n) \\ M + \sum\limits_{j \in p} g_j(x) & (x \notin R^n) \end{cases} \tag{7-55}$$

式中，$f(x)$ 为风电增速齿轮箱性能优化目标函数，对于动力学性能目标优化则表示 BP 网络模型预测数据关系；R^n 为设计变量可行域；$p = \{j \mid g_j(\boldsymbol{x}) > 0\}$（$j = 1, 2, \cdots, m$）；$M$ 为一充分大的正数，取值比 $f(\boldsymbol{x})$ 取值高两个数量级。图 7-28 所示为一维问题的有效目标函数性态，由于 M 是一个定值，不会随着优化进程而无限增大，因此不会造成函数数学性态恶化。对于进化算法，这样可以将约束条件融入目标函数中，在交叉和变异操作的检验时剔除适应度值大于 M 的即可。

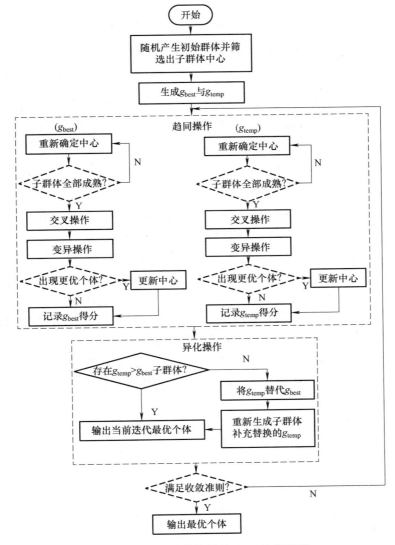

图 7-27　引入遗传算子的 MEA 法流程图

4. 混合变量的处理

对于直接搜索法，由于创造初始复合形时直接形成满足混合变量的初始顶点，因此不需要对混合变量进行处理。对于进化算法，由于采用实数编码，混合变量中的连续变量也无须处理。对于混合变量中离散变量的处理方法如下：在交叉和变异产生新个体后，若其中离散变量基因 x_D 的离散集合为 $[D_1, D_2, \cdots, D_m]$，则寻找使得 $|x_D - D_j|$（$j = 1, 2, \cdots, m$）最

小所对应的 D_j 值，并用此时的 D_j 替换 x_D，然后再对此点进行约束可行性检验，若检验成功，则更新子代个体，完成一次迭代。

7.3.3 优化方法的分析与检验

为验证本章提出的优化方法，以风电增速齿轮箱的输入级斜齿内啮合行星齿轮传动的非线性动力系统为例，利用本章提出的优化方法对不同性能指标分别进行优化来检验优化算法的可行性，并将该优化结果与其中单一优化算法（直接搜索法、遗传算法及 MEA_GA 法）的结果以及常规优化算法的结果进行比较分析。常规优化算法是指利

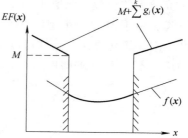

图 7-28　有效目标函数示意图

用 MATLAB 自带优化工具箱求解并最终圆整到附近解的优化算法。为比较 BP 网络提高优化的效率，常规算法中动力学性能目标求解为直接数值求解动力学微分方程组。

1. 设计变量与目标

齿轮参数初始值见表 7-1，输入转速 $n_r = 11.9$ r/min，输入功率 $P_{in} = 5500$ kW。初选设计变量为 $x = [x_1, x_2, \cdots, x_8]^T = [m_n^I, \beta^I, \alpha^I, B^I, z_r, z_p^I, X_r, X_p^I]$。其中离散变量为 m_n^I, z_r, z_p^I，其余为连续变量。对于动态性能目标，分别以齿轮位移均方根值、加速度均方根值以及内啮合系统均载系数最大值对各自初始值的比 s_r/s_{r0}、s_p^I/s_{p0}^I、a_r/a_{r0}、a_p^I/a_{p0}^I、G^I/G_0^I 作为优化目标。由于均载系数值总是在 1 附近的小范围变化，这样会导致优化结果与初始值之比很小，难以分辨优化结果的好坏，为此，G^I/G_0^I 定义为系统均载系数减去 1 后的比值。对于本书提出的算法，采用 7.3.1 节建立的 BP 网络模型来表示设计变量与目标的关系；对于可靠性目标，以齿轮传动系统运行 15 年后的可靠度 $R_{\Sigma 15}^I$ 为优化目标，其公式见式（7-56），并按照前文提出的系统可靠度的求解方法来求解。

$$R_\Sigma^I = [1 - (1 - R_H)^3] R_H R_{Fp}^3 R_{Fr} \times 100\% \tag{7-56}$$

式中，R_H 为齿轮接触强度可靠度；R_{Fr}、R_{Fp} 分别为内齿圈、行星轮的弯曲强度可靠度。

2. 约束条件

（1）不发生根切的齿数条件

$$\begin{cases} 83 \leq z_r \leq 121 \\ 17 \leq z_p^I \leq 39 \end{cases}, \ Z \in \{整数\} \tag{7-57}$$

（2）按标准值选取的模数条件

$$m_n^I \in \{12, 14, 16, 18, 20, 22, 24, 28, 32, 36\} \tag{7-58}$$

（3）螺旋角条件

$$\beta^I \in (3°, 5°) \tag{7-59}$$

（4）宽径比条件

$$\frac{B^I}{d_r} \in [0.12, 0.4]; \frac{B^I}{d_p^I} \in [0.9, 1.4] \tag{7-60}$$

（5）重合度条件

$$1.2 \leq \frac{1}{2\pi}[Z_p^I(\tan\alpha_{atp}^I - \tan\alpha_t^{I'}) - Z_r(\tan\alpha_{atr}^I - \tan\alpha_t^{I'})] \leq 2.2 \tag{7-61}$$

（6）齿顶厚约束条件

$$0.4m_\mathrm{t} - S_\mathrm{ar} \leqslant 0 \tag{7-62}$$

式中，S_ar 为内齿圈齿顶厚；m_t 为端面模数。

（7）内啮合齿轮不发生齿廓重叠干涉条件

$$Z_\mathrm{r}(\mathrm{inv}\alpha_\mathrm{ar} + \delta_\mathrm{r}) - Z_\mathrm{p}^\mathrm{I}(\mathrm{inv}\alpha_\mathrm{ap}^\mathrm{I} + \delta_\mathrm{p}^\mathrm{I}) - (Z_\mathrm{r} - Z_\mathrm{p}^\mathrm{I})\mathrm{inv}\alpha^\mathrm{I} \leqslant 0 \tag{7-63}$$

式中，$\delta_\mathrm{p}^\mathrm{I} = \arccos \dfrac{r_\mathrm{ar}^2 - (r_\mathrm{ap}^\mathrm{I})^2 - (a^\mathrm{I})^2}{2r_\mathrm{ap}^\mathrm{I}a^\mathrm{I}}$；$\delta_\mathrm{r} = \arccos \dfrac{r_\mathrm{ar}^2 - (r_\mathrm{ap}^\mathrm{I})^2 + (a^\mathrm{I})^2}{2r_\mathrm{ar}a^\mathrm{I}}$。

（8）内齿圈不发生径向干涉条件

$$\frac{Z_\mathrm{r}}{Z_\mathrm{p}^\mathrm{I}}\left[\arcsin \sqrt{\frac{\left(\dfrac{\cos\alpha_\mathrm{ar}}{\cos\alpha_\mathrm{ap}^\mathrm{I}}\right)^2 - 1}{\left(\dfrac{z_\mathrm{r}}{z_\mathrm{p}^\mathrm{I}}\right)^2}} + \mathrm{inv}\alpha_\mathrm{ar} - \mathrm{inv}\alpha^\mathrm{I}\right] - \left[\arcsin \sqrt{\frac{1 - \left(\dfrac{\cos\alpha_\mathrm{ap}^\mathrm{I}}{\cos\alpha_\mathrm{ar}}\right)^2}{1 - \left(\dfrac{z_\mathrm{p}^\mathrm{I}}{z_\mathrm{r}}\right)^2}} + \mathrm{inv}\alpha_\mathrm{ap}^\mathrm{I} - \mathrm{inv}\alpha^\mathrm{I}\right]_\mathrm{r} \leqslant 0$$

$$\tag{7-64}$$

（9）齿轮弯曲强度约束条件

$$\frac{F_\mathrm{ti}^\mathrm{I}}{B^\mathrm{I} m_\mathrm{n}^\mathrm{I}}Y_\mathrm{F}Y_\mathrm{S}Y_\beta K_\mathrm{A}K_\mathrm{V}K_\mathrm{F\beta}K_\mathrm{F\alpha} \leqslant [\sigma^\mathrm{I}]_\mathrm{F} \qquad (i = \mathrm{p}^\mathrm{I},\ \mathrm{r}) \tag{7-65}$$

（10）齿轮接触强度约束条件

$$Z_\mathrm{B(D)}Z_\mathrm{H}Z_\mathrm{E}Z_\varepsilon Z_\beta \sqrt{\frac{F_\mathrm{ti}^\mathrm{I}}{d_\mathrm{p}^\mathrm{I} B^\mathrm{I}} \times \frac{z_\mathrm{r}/z_\mathrm{p}^\mathrm{I} - 1}{z_\mathrm{r}/z_\mathrm{p}^\mathrm{I}}}\sqrt{K_\mathrm{A}K_\mathrm{V}K_\mathrm{H\beta}K_\mathrm{H\alpha}} \leqslant [\sigma^\mathrm{I}]_\mathrm{H} \qquad (i = \mathrm{r},\ \mathrm{p}^\mathrm{I}) \tag{7-66}$$

式（7-65）和式（7-66）中，F_ti^I 为内啮合齿轮传动中内齿圈与行星轮 i 的名义切向力均值，$F_\mathrm{ti}^\mathrm{I} = 2000T_i/d_i$，$T$ 为齿轮副额定转矩。

3. 优化结果与分析

（1）单一算法的参数设置　对于直接搜索法的参数设置如下：初始值 $x_0 = [24, 20, 4, 560, 91, 21, 1.123, 0.6]^\mathrm{T}$，满足精度的分量个数 $N = 6$，步长因子 $\alpha = 1.3$，有效函数增量 $M = 100$，连续变量收敛误差 $\varepsilon_i = 10^{-4}$，离散变量收敛误差，$\Delta_\mathrm{mn} = 4$，$\Delta z = 1$。对于改进的遗传算法的参数设置如下：种群规模为 100，最大进化代数为 500，评价系数 $\alpha = 0.2$，交叉概率 $p_\mathrm{c} = 0.5$，变异概率 $p_\mathrm{m} = 0.2$，递减因子 $\tau = 0.9$。对于 MEA_GA 算法的参数设置如下：种群规模为 200，优胜子群体与临时子群体个数均为 5，最大进化代数为 400，搜索半径 $r_1 = 0.5$（$l=1, 2, \cdots, 8$），$p_\mathrm{c} = 0.8$，$p_\mathrm{m} = 0.2$。

（2）单一算法的迭代过程　以内齿圈动力学性能目标优化为例，各单一算法的迭代过程如图 7-29 ~ 图 7-31 所示。其中，图 7-29 所示为直接搜索法的优化迭代过程。可见，当迭代至 150 步附近时，各齿轮的动态响应目标值的最好点与最坏点重合，表明寻优过程结束。从最终收敛的结果可见，齿轮振动加速度经优化后的降低比率高于振动位移，这一结论与 7.2.3 节动态响应的灵敏度分析结论相符。

图 7-30 所示为改进遗传算法最优解的进化过程。当位移目标、加速度目标以及均载目标分别进化至 96 代、283 代以及 200 代时，适应度的最优值与其均值重合，表示优化过程结束。

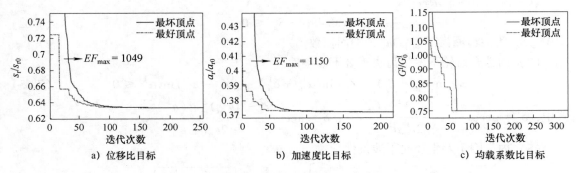

图 7-29　直接搜索法的优化迭代过程

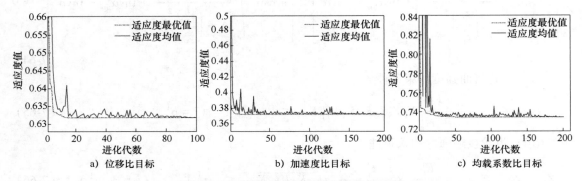

图 7-30　改进遗传算法最优解的进化过程

图 7-31 所示为 MEA_GA 法中优胜子群体的进化过程，位移、加速度、均载系数目标收敛结束时获胜子群体分别为 g_{best1}、g_{best2}、g_{best3}，它们的中心得分的倒数就是内齿圈动态性能目标优化的结果。

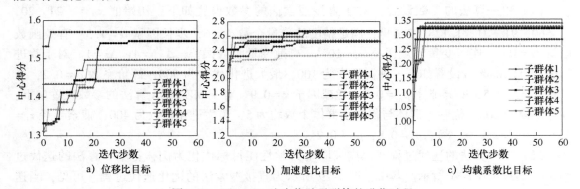

图 7-31　MEA_GA 法中优胜子群体的进化过程

（3）不同算法的结果对比　将单一算法结果、常规算法的优化结果与本书提出的混合优化算法的结果进行对比，目标优化结果见表 7-6 与表 7-7。可以看出，在没有利用 BP 网络模型的优化中（即常规优化算法）优化耗时约 3.5×10^4 s，而利用 BP 网络后（单一算法与混合算法），优化时间缩短到 1051 s，可见 BP 网络的应用提高了优化效率。

表 7-6　不同算法下内齿圈动力学性能目标的优化结果

目　标　项	优化算法	目标值（RMS 值）优化前	优化后	比　值	耗时/s
振动位移（无量纲化）	I	2.305×10^{-3}	1.460×10^{-3}	0.6335	672
	II		1.456×10^{-3}	0.6318	1071
	III		1.456×10^{-3}	0.6332	963
	IV		1.711×10^{-3}	0.7423	3.5×10^{4}
	V		1.449×10^{-3}	0.6298	1051
振动加速度（无量纲化）	I	0.613×10^{-3}	0.328×10^{2}	0.5351	628
	II		0.236×10^{2}	0.3850	985
	III		0.222×10^{2}	0.3619	874
	IV		0.393×10^{2}	0.641	3.5×10^{4}
	V		0.221×10^{2}	0.3608	988
均载系数	I	1.0313	1.0235	0.7522	203
	II		1.0231	0.7379	411
	III		1.0232	0.7418	402
	IV		1.0231	0.7380	3.5×10^{4}
	V		1.0231	0.7379	432

注：方法 I：直接搜索法；方法 II：改进遗传算法；方法 III：MEA_GA 法；方法 IV：常规算法；方法 V：混合优化法。

表 7-7　不同算法下的优化参数结果

参　　数		m_n^I/mm	β^I/(°)	B^I/mm	α^I/(°)	z_r	z_p^I	X_r	X_p^I
初始值		24	4	560	20	91	21	1.123	0.60
位移优化	I	32	3.00	699.99	17.56	121	27	0.84	0.42
	II	32	3.00	699.99	17.77	131	27	0.84	0.45
	III	36	3.14	674.00	19.33	114	23	0.75	0.45
	IV	32	3.00	588.14	19.50	125	21	0.63	0.33
	V	36	3.00	699.99	18.07	131	24	0.75	0.45
加速度优化	I	32	3.00	538.95	20.36	115	21	0.81	0.45
	II	36	3.15	699.32	18.48	92	21	0.75	0.41
	III	36	3.01	642.40	19.45	127	22	0.75	0.45
	IV	32	3.00	588.14	19.50	125	21	0.63	0.33
	V	36	3.00	700.00	18.97	131	21	0.75	0.45
均载系数优化	I	24	6.80	371.26	18.22	128	17	1.25	0.60
	II	22	7.13	407.66	18.52	127	17	1.20	0.65
	III	24	5.54	380.33	19.53	128	17	1.25	0.60
	IV	22	7.52	400.00	18.50	127	17	1.18	0.63
	V	22	7.13	407.63	18.50	127	17	1.20	0.65

注：方法I：直接搜索法；方法II：改进遗传算法；方法III：MEA_GA 法；方法IV：常规算法；方法V：混合优化法。

从表7-6可见，对于动力学性能为目标的优化问题，常规算法的位移、加速度优化结果显然不如其他算法的结果，这是常规算法对离散变量在圆整过程中偏离了最优解所致。从单一算法与混合优化算法的优化结果对比来看，混合优化算法虽然在耗时上不占优势，但它的优化结果优于任何一种单一算法，由此证明了该方法的有效性。表7-7列出了目标优化结果对应的参数优化结果。

对于以可靠度为目标的优化结果见表7-8。在得到 $R^I_{\Sigma 15}$ 的优化参数后，用该参数重新计算该齿轮系统的初始可靠度（$R^I_{\Sigma 0}$），即工作时间为0时的可靠度，将该结果与 $R^I_{\Sigma 15}$ 优化结果一并列入表7-8中。可见 $R^I_{\Sigma 15}$ 优化后，$R^I_{\Sigma 0}$ 也随之有一定的提高。从目标的优化结果来看，对于齿轮系统可靠度的优化，依然是混合优化算法的优化结果最好（此时常规算法的结果与混合优化算法的结果一致）。虽然优化后初始可靠度的提高较小，但服役15年后的可靠度由优化前的79.94%提高到优化后的84.01%，优化效果还是十分明显的。

表7-8　不同算法下齿轮系统可靠度优化结果对比

优化方法	$R^I_{\Sigma 15}$	$R^I_{\Sigma 0}$	耗时/s	参数优化结果							
				m^I_n	β^I	B^I	α^I	z_r	z^I_p	X_r	X^I_p
优化前	79.94%	97.21%		24	3	560	20	91	21	1.12	0.60
I	83.32%	97.76%	63	28	14.99	699.64	17.50	120	29	0.44	0.10
II	83.54%	98.03%	110	28	14.99	699.99	17.50	121	30	0.97	0.10
III	83.74%	97.93%	134	28	14.74	696.88	21.31	121	28	0.73	0.45
IV	84.01%	98.03%	101	28	14.99	699.99	17.50	119	28	0.76	0.10
V	84.01%	98.03%	122	28	15.00	699.99	17.50	119	28	0.78	0.10

注：方法 I：直接搜索法；方法 II：改进遗传算法；方法 III：MEA_GA 法；方法 IV：常规算法；方法 V：混合优化法。

综上，对比所有性能指标的优化结果可见，对于优化目标复杂的优化问题，常规算法在圆整过程中极易偏离最优解（如齿轮振动位移、加速度目标），因此该方法并不适合本书模型的优化问题。对于进化算法，虽可从全局出发，能够迅速锁定最优解的区域范围，但它的寻优存在随机性，想在最优解附近找出最优解需要迭代时间较长，其耗时是各类算法中最长的，因此不适合单独使用。而本章提出的混合优化算法最具有普适性，这正是该算法兼顾了进化算法较强的全局搜索性能与直接搜索法较强的局部搜索性能的结果，适用于任何描述复杂的优化目标。

7.4　工程实例——风电增速齿轮箱综合性能多目标优化

由前述风电齿轮箱的工作环境特点及其传动系统的特殊性可知，风电齿轮箱使用寿命与其自身结构相关，而由随机风速引起的附加动载荷使传动系统产生的振动与冲击也对系统结构强度产生威胁。同时，在设计阶段成本问题不可忽略，由此决定了风电齿轮箱传动系统的优化问题属于综合性能指标下的多目标优化问题。

本节以具体工程实例为研究对象，对某企业 5MW 风电齿轮箱进行综合性能的多目标优化设计。7.3 节已经验证，对于风电齿轮箱的任何性能指标的优化而言，混合优化算法均好于其他单一算法，因此，本节对综合性能的多目标优化采用该方法。设计过程验证了前述理论与方法的可行性。

7.4.1　设计变量的选择

优化模型设计变量越多，意味着神经网络输入越多，越容易影响网络的拟合效果。但变量选择过于简单又会影响整体的优化效果。依据系统参数对性能指标灵敏度的分析可知，各级齿轮的变位系数对性能指标的灵敏度最小，与灵敏度较大的模数、齿数相比小了大约两个数量级，也就是说，变位系数的变异性对性能指标的影响很小，因此，本节的优化设计变量中不考虑齿轮变位系数。综上所述，本节优化的设计变量取为

$$x = [x_1, x_2, \cdots, x_{18}]^T$$
$$= [m_n^{\mathrm{I}}, m_n^{\mathrm{II}}, m_n^{\mathrm{III}}, \beta^{\mathrm{I}}, \beta^{\mathrm{II}}, \beta^{\mathrm{III}}, B^{\mathrm{I}}, B^{\mathrm{II}}, B^{\mathrm{III}}, \alpha^{\mathrm{I}}, \alpha^{\mathrm{II}}, \alpha^{\mathrm{III}}, z_r, z_p^{\mathrm{I}}, z_p^{\mathrm{II}}, z_s, z_1, z_2]^T \quad (7\text{-}67)$$

7.4.2　多目标评价函数的确定

评价风电增速齿轮箱齿轮传动系统的综合性能包括动态性能及系统可靠度两方面，同时为考虑成本问题，零部件重量（体积）也是设计中的重要指标之一。可见，风电增速齿轮传动系统的优化设计为同时具有动态性能指标、可靠性指标及经济指标的多目标优化问题。以齿轮系统总体积 f_v，［见式（7-68）］为经济指标。由灵敏度分析可知，同级齿轮的主、从动齿轮的动态响应受参数影响的变化一致，内、外啮合的均载系数受参数影响的变化也一致。因此，本节以各从动轮振动位移、加速度幅值的 RMS 值 f_{si}、f_{ai} ［见式（7-69）和式（7-70）］为动态响应指标；以行星传动内啮合的 RMS 值 $f_{G^{\mathrm{I}}}$ ［见式（7-71）］为均载指标。也就是式（7-70）~和式（7-71）为本模型的动态性能指标。以第三级齿轮传动系统的初始可靠度 f_{R_Σ} 为本模型的可靠性指标，见式（7-72）。

$$f_v = V^{\mathrm{I}} + V^{\mathrm{II}} + V^{\mathrm{III}}$$
$$= \frac{\pi}{4}(d_{\mathrm{fr}}^2 - d_{\mathrm{ar}}^2 + 3d_{\mathrm{ap}}^{\mathrm{I}2})B^{\mathrm{I}} + \frac{\pi}{4}(d_{\mathrm{as}}^2 + 3d_{\mathrm{ap}}^{\mathrm{II}\,2})B^{\mathrm{II}} + \frac{\pi}{4}(d_{\mathrm{a1}}^2 + 3d_{\mathrm{a2}}^2)B^{\mathrm{III}} \quad (7\text{-}68)$$

$$f_{si} = \sqrt{\sum_{j=1}^{N}(u_{ij}^2 + x_{ij}^2 + y_{ij}^2 + z_{ij}^2)/N}\,(i = \mathrm{p}^{\mathrm{I}},\ \mathrm{s},\ 2) \quad (7\text{-}69)$$

$$f_{ai} = \sqrt{\sum_{j=1}^{N}(\ddot{u}_{ij}^2 + \ddot{x}_{ij}^2 + \ddot{y}_{ij}^2 + \ddot{z}_{ij}^2)/N}\,(i = \mathrm{p}^{\mathrm{I}},\ \mathrm{s},\ 2) \quad (7\text{-}70)$$

$$f_{G^{\mathrm{I}}} = \sqrt{\sum_{j=1}^{N}[\max(g_{ij}^{\mathrm{I}})]/N}\,(i = \mathrm{p}_1,\ \mathrm{p}_2,\ \mathrm{p}_3) \quad (7\text{-}71)$$

$$f_{R_\Sigma} = \prod R_i\,(i = \mathrm{r},\ \mathrm{p}^{\mathrm{I}},\ \mathrm{p}^{\mathrm{II}},\ \mathrm{s},\ 1,\ 2) \quad (7\text{-}72)$$

式（7-68）~式（7-72）中，d_{ar}、$d_{\mathrm{ap}}^{\mathrm{I}}$、$d_{\mathrm{ap}}^{\mathrm{II}}$、$d_{\mathrm{a1}}$、$d_{\mathrm{a2}}$ 为相应齿轮齿顶圆直径；d_{fr} 为齿圈齿根圆直径；u_{ij}、x_{ij}、y_{ij}、z_{ij} 为齿轮 i 在 j 时刻沿各方向的无量纲振动位移幅值；$\ddot{u}_{ij}$、$\ddot{x}_{ij}$、$\ddot{y}_{ij}$、$\ddot{z}_{ij}$ 为齿轮 i 在 j 时刻沿各方向的无量纲振动加速度幅值；g_{ij}^{I} 为内啮合行星轮 i 在 j 时

刻的均载系数；N 为内齿圈一个旋转周期内求得响应或均载系数的个数；R_i 为齿轮 i 的可靠度。

本多目标优化模型分目标分别为 f_v，f_{si}，f_{ai}，f_{G^1}，f_{R_Σ}（$i=\mathrm{p^I}$，s，2）共 9 个。

1. 动力学性能分目标的 BP 网络拟合

对于分目标［式（7-69）~式（7-71）］中的振动位移分量 u，x，y，z、振动加速度分量 $\ddot{u}$，$\ddot{x}$，$\ddot{y}$，$\ddot{z}$ 以及均载系数分量 G^I 与设计变量之间依然利用 7.3.2 节提出的方法通过 BP 神经网络来拟合数据关系。网络的输入层节点数为设计变量个数，即 $n_\mathrm{in}=18$。输出层节点数为各从动齿轮的振动位移与加速度分量，以及内啮合均载系数共 25 个，即 $n_\mathrm{out}=25$。最终 BP 网络拓扑结构为 18-22-25。首先随机获取 800 组齿轮参数数据并利用前述计算方法求出风机齿轮的各动态性能指标，在所获得的样本数据中取 700 组作为训练样本，其余 100 组作为检测样本来检验拟合效果。依据网络优化方法对网络初始权值与阈值进行优化，然后令网络学习速率为 0.1，最大训练步数为 1000，隐层与输出层传递函数分别选 tansig、purelin 函数，训练算法选 LM 法，对该网络模型进行学习训练。训练误差迭代过程如图 7-32 所示，迭代到 327 步时误差不再降低，训练过程结束。其中，系统自动分配的三部分检验结果如图 7-33 所示。可见，训练后的网络拟合效果较好，样本数据与预测值基本吻合。

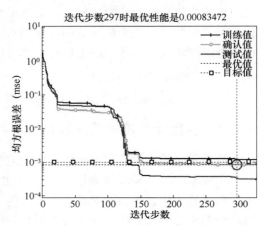

图 7-32　BP 网络误差迭代过程

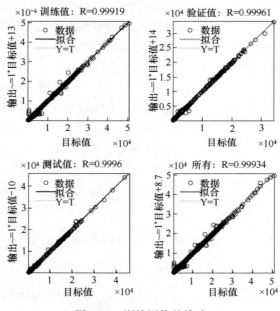

图 7-33　训练网络的检验

2. 统一目标方案

对于多目标优化问题，统一目标方案的处理方法是重新构造一个综合评价函数，将多目标转化为单目标的优化问题。为使各个分目标不受量级和量纲影响，首先对各分目标做统一量纲处理，即将优化的性能指标与初始值下性能指标之比 $[f_v/f_{v0}, f_{si}/f_{si0}, f_{ai}/f_{ai0}, f_{G^1}/f_{G_0^1},$ $f_{R_\Sigma 0}/f_{R_\Sigma}, f_i (i=1, 2, \cdots, 9)]$ 作为优化分目标值，由于可靠度指标是越大越好，因此将其倒数作为优化目标，即 $f_{R_\Sigma 0}/f_{R_\Sigma}$。由于假设本章优化的各指标同样重要，但当选择相同权系数时优化结果并不理想。为此，本章依据灵敏度的分析来初选权系数，参数对分目标灵敏度大的表示该项分目标"易被优化"。依据前述灵敏度的分析内容，令各分目标的参数灵敏度为 $s_i (i=1, 2, \cdots, 9)$，则权系数的初步选定满足下式：

$$
\begin{cases}
w_i = \dfrac{s_i}{\displaystyle\sum_{i=1}^{9} s_i} \quad (i=1, 2, \cdots, 9) \\[4mm]
\displaystyle\sum_{i=1}^{9} w_i = 1 \quad (w_i \geqslant 0)
\end{cases}
$$

然后再通过多次试验计算，对初始权系数加以修正，以得到最好的优化结果。在确定权系数后，其与各自分目标乘积的线性组合就是最终综合性能的评价函数，见式（7-73）。

$$
F(x) = \sum_{i=1}^{9} w_i f_i(x) \rightarrow \min \tag{7-73}
$$

3. 主要目标方案

考虑到统一目标方案的权系数确定困难，需要经多次试验计算。而且通过灵敏度分析可知，设计变量对各优化分目标的灵敏度差异很大，参数在可行域内变化时，有些分目标并不会产生明显变化，如均载系数、振动位移以及系统初始可靠度。此时，若按照前述确定的权系数也是非常小的。本节目标函数的方案中将这些性能指标给予适当的最优估计值范围，作为辅助约束处理，这样可以大大简化目标函数的复杂程度。剩余的性能指标，即体积与齿轮振动加速度，按照前述方法处理成统一目标函数。最终，主要目标方案的优化模型转变为

$$
\begin{cases}
\min F(x) = \sum_{i=1}^{4} f_i(x) \\[2mm]
s.t \quad g_i(x) \leqslant 0 \quad (i=1, 2, \cdots, m) \\[2mm]
\qquad f_i(x) - \beta_j \leqslant 0 \quad (j=5, 6, \cdots, 9) \\[2mm]
\qquad \alpha_j - f_i(x) \leqslant 0 \quad (j=5, 6, \cdots, 9)
\end{cases} \tag{7-74}
$$

式中，m 为约束条件个数；β_j、α_j 分别为作为约束处理的性能指标 f_j 的上、下界。

7.4.3 约束条件的确定

1. 几何边界约束条件

（1）齿数条件　齿数属于离散型变量，依据风电增速齿轮箱传动比的要求以及不发生根切的齿数条件，确定各齿轮齿数的边界范围为

$$\begin{cases} 83 \leqslant z_r \leqslant 121 \\ 17 \leqslant z_p^{\mathrm{I}} \leqslant 39 \\ 79 \leqslant z_p^{\mathrm{II}} \leqslant 113 \\ 17 \leqslant z_s \leqslant 45 \\ 99 \leqslant z_1 \leqslant 141 \\ 17 \leqslant z_2 \leqslant 39 \end{cases} \quad (Z \in \{整数\}) \tag{7-75}$$

在此前提下齿数还需要满足如下关系式：

1）传动比条件：

$$\left| \frac{z_r z_p^{\mathrm{II}} z_1}{z_p^{\mathrm{I}} z_s z_2} - i_{\max} \right| \leqslant 4\% \tag{7-76}$$

2）邻接条件：

$$(z_p^{\mathrm{II}} + z_s) \sin \frac{\pi}{N_p} > z_p^{\mathrm{II}} + 2(h_a^* + x_p^{\mathrm{I}}) \tag{7-77}$$

（2）模数条件 模数为离散型变量，按标准值选取，并参考风电增速齿轮箱设计规范，确定各级法向模数取值为

$$\begin{cases} m_n^{\mathrm{I}} \in \{12,\ 14,\ 16,\ 18,\ 20,\ 22,\ 24,\ 28,\ 32,\ 36\}^{\mathrm{T}} \\ m_n^{\mathrm{II}} \in \{8,\ 9,\ 10,\ 11,\ 12,\ 14,\ 16,\ 18,\ 20,\ 22,\ 24,\ 28\}^{\mathrm{T}} \\ m_n^{\mathrm{III}} \in \{5,\ 5、5,\ 6,\ 7,\ 8,\ 9,\ 10,\ 11,\ 12,\ 14,\ 16,\ 18,\ 20\}^{\mathrm{T}} \end{cases} \tag{7-78}$$

（3）螺旋角条件 考虑风电增速齿轮箱的支承结构特点以及传动平稳性需求，螺旋角 σ_S 取值范围如下：

$$\begin{cases} \beta^{\mathrm{I}},\ \beta^{\mathrm{II}} \in (3°,\ 15°) & （斜齿轮） \\ \beta^{\mathrm{III}} \in (20°,\ 40°) & （人字齿轮） \end{cases} \tag{7-79}$$

（4）齿宽条件 依据齿宽系数上、下界的限制条件，齿宽与分度圆直径比值范围如下：

$$\begin{cases} \dfrac{B^{\mathrm{I}}}{d_r} \in [0.12,\ 0.4] \\[2mm] \dfrac{B^{\mathrm{I}}}{d_p^{\mathrm{I}}} \in [0.9,\ 1.4] \\[2mm] \dfrac{B^{\mathrm{II}}}{d_p^{\mathrm{II}}} \in [0.12,\ 0.4] \\[2mm] \dfrac{B^{\mathrm{II}}}{d_s} \in [0.9,\ 1.4] \\[2mm] \dfrac{B^{\mathrm{III}}}{d_1} \in [0.12,\ 0.4] \\[2mm] \dfrac{B^{\mathrm{III}}}{d_2} \in [0.9,\ 1.65] \end{cases} \tag{7-80}$$

（5）重合度条件

$$
\begin{cases}
1.2 \leqslant \dfrac{1}{2\pi}\left[z_p^{\mathrm{I}}\left(\tan\alpha_{\mathrm{atp}}^{\mathrm{I}} - \tan\alpha_t^{\mathrm{I}'}\right) - Z_r\left(\tan\alpha_{\mathrm{atr}} - \tan\alpha_t^{\mathrm{I}'}\right)\right] \leqslant 2.2 \\[2mm]
1.2 \leqslant \dfrac{1}{2\pi}\left[z_p^{\mathrm{II}}\left(\tan\alpha_{\mathrm{atp}}^{\mathrm{II}} - \tan\alpha_t^{\mathrm{II}'}\right) + Z_s\left(\tan\alpha_{\mathrm{ats}} - \tan\alpha_t^{\mathrm{II}'}\right)\right] \leqslant 2.2 \\[2mm]
1.2 \leqslant \dfrac{1}{2\pi}\left[z_1\left(\tan\alpha_{\mathrm{at1}} - \tan\alpha_t^{\mathrm{III}'}\right) + Z_2\left(\tan\alpha_{\mathrm{at2}} - \tan\alpha_t^{\mathrm{III}'}\right)\right] \leqslant 2.2
\end{cases}
\tag{7-81}
$$

（6）同心条件（角变位）

$$
\left(z_r + z_p^{\mathrm{I}}\right)\frac{m_n^{\mathrm{I}}\cos\alpha_t^{\mathrm{I}}}{\cos\beta^{\mathrm{I}}\cos\beta_t^{\mathrm{I}'}} = \left(z_s + z_p^{\mathrm{II}}\right)\frac{m_n^{\mathrm{II}}\cos\alpha_t^{\mathrm{II}}}{\cos\beta^{\mathrm{II}}\cos\alpha_t^{\mathrm{II}'}}
\tag{7-82}
$$

（7）齿顶厚约束条件

$$
0.4m_t - S_{\mathrm{ar}} \leqslant 0
\tag{7-83}
$$

式中，S_{ar} 为内齿圈齿顶厚；m_t 为端面模数。

（8）外啮合齿轮不产生过渡曲线干涉条件

$$
\tan\alpha^{\mathrm{II}} - \tan\alpha^{\mathrm{II}'} + \frac{z_p^{\mathrm{II}}}{z_s}\left(\tan\alpha_{\mathrm{ap}}^{\mathrm{II}} - \tan\alpha^{\mathrm{II}'}\right) - \frac{4\left(h_{\mathrm{an}}^* - X_{\mathrm{ns}}\right)\cos\beta^{\mathrm{II}}}{Z_s\sin2\alpha^{\mathrm{II}}} \leqslant 0
\tag{7-84}
$$

$$
\tan\alpha^{\mathrm{II}} - \tan\alpha^{\mathrm{II}'} + \frac{z_s}{z_p^{\mathrm{II}}}\left(\tan\alpha_{\mathrm{as}} - \tan\alpha^{\mathrm{II}'}\right) - \frac{4\left(h_{\mathrm{an}}^* - X_{\mathrm{np}}^{\mathrm{II}}\right)\cos\beta^{\mathrm{II}}}{Z_p^{\mathrm{II}}\sin2\alpha^{\mathrm{II}}} \leqslant 0
\tag{7-85}
$$

$$
\tan\alpha^{\mathrm{III}} - \tan\alpha^{\mathrm{III}'} + \frac{z_2}{z_1}\left(\tan\alpha_{\mathrm{a1}} - \tan\alpha^{\mathrm{III}'}\right) - \frac{4\left(h_{\mathrm{an}}^* - X_{\mathrm{n1}}\right)\cos\beta^{\mathrm{III}}}{Z_1\sin2\alpha^{\mathrm{III}}} \leqslant 0
\tag{7-86}
$$

$$
\tan\alpha^{\mathrm{III}} - \tan\alpha^{\mathrm{III}'} + \frac{z_1}{z_2}\left(\tan\alpha_{\mathrm{a2}} - \tan\alpha^{\mathrm{III}'}\right) - \frac{4\left(h_{\mathrm{an}}^* - X_{\mathrm{n2}}\right)\cos\beta^{\mathrm{III}}}{Z_2\sin2\alpha^{\mathrm{III}}} \leqslant 0
\tag{7-87}
$$

（9）内啮合齿轮不发生齿廓重叠干涉条件

$$
z_r\left(\mathrm{inv}\alpha_{\mathrm{ar}} + \delta_r\right) - z_p^{\mathrm{I}}\left(\mathrm{inv}\alpha_{\mathrm{ap}}^{\mathrm{I}} + \delta_p^{\mathrm{I}}\right) - \left(z_r - z_p^{\mathrm{I}}\right)\mathrm{inv}\alpha^{\mathrm{I}} \leqslant 0
\tag{7-88}
$$

式中，$\delta_p^{\mathrm{I}} = \arccos\dfrac{r_{\mathrm{ar}}^2 - \left(r_{\mathrm{ap}}^{\mathrm{I}}\right)^2 - \left(a^{\mathrm{I}}\right)^2}{2r_{\mathrm{ap}}^{\mathrm{I}}a^{\mathrm{I}}}$，$\delta_r = \arccos\dfrac{r_{\mathrm{ar}}^2 - \left(r_{\mathrm{ap}}^{\mathrm{I}}\right)^2 + \left(a^{\mathrm{I}}\right)^2}{2r_{\mathrm{ar}}a^{\mathrm{I}}}$。

（10）内齿圈不发生径向干涉条件

$$
\frac{z_r}{z_p^{\mathrm{I}}}\left[\arcsin\sqrt{\frac{\left(\dfrac{\cos\alpha_{\mathrm{ar}}}{\cos\alpha_{\mathrm{ap}}^{\mathrm{I}}}\right)^2 - 1}{\left(\dfrac{z_r}{z_p^{\mathrm{I}}}\right)^2}} + \mathrm{inv}\alpha_{\mathrm{ar}} - \mathrm{inv}\alpha^{\mathrm{I}}\right] - \left[\arcsin\sqrt{\frac{1 - \left(\dfrac{\cos\alpha_{\mathrm{ap}}^{\mathrm{I}}}{\cos\alpha_{\mathrm{ar}}}\right)^2}{1 - \left(\dfrac{z_p^{\mathrm{I}}}{z_r}\right)^2}} + \mathrm{inv}\alpha_{\mathrm{ap}}^{\mathrm{I}} - \mathrm{inv}\alpha^{\mathrm{I}}\right]_r \leqslant 0
\tag{7-89}
$$

2. 齿轮疲劳强度约束条件

（1）齿轮弯曲强度约束条件

$$
\frac{F_{ti}^{\mathrm{I}}}{B^{\mathrm{I}}m_n^{\mathrm{I}}}Y_F Y_S Y_\beta K_A K_V K_{F\beta}K_{F\alpha} \leqslant \left[\sigma^{\mathrm{I}}\right]_F \qquad \left(i = p^{\mathrm{I}},\ r\right)
\tag{7-90}
$$

$$\frac{F_{ti}^{\text{II}}}{B^{\text{II}} m_{n}^{\text{II}}} Y_{F} Y_{S} Y_{\beta} K_{A} K_{V} K_{F\beta} K_{F\alpha} \leqslant [\sigma^{\text{II}}]_{F} \qquad (i = p^{\text{II}}, \ s) \qquad (7\text{-}91)$$

$$\frac{F_{ti}^{\text{III}}}{B^{\text{III}} m_{n}^{\text{III}}} Y_{F} Y_{S} Y_{\beta} K_{A} K_{V} K_{F\beta} K_{F\alpha} \leqslant [\sigma^{\text{III}}]_{F} \qquad (i = 1, \ 2) \qquad (7\text{-}92)$$

（2）齿轮接触强度约束条件

$$Z_{B(D)} Z_{H} Z_{E} Z_{\varepsilon} Z_{\beta} \sqrt{\frac{F_{ti}^{\text{I}}}{d_{p}^{\text{I}} B^{\text{I}}} \times \frac{z_{r}/z_{p}^{\text{I}} - 1}{z_{r}/z_{p}^{\text{I}}}} \sqrt{K_{A} K_{V} K_{H\beta} K_{H\alpha}} \leqslant [\sigma^{\text{I}}]_{H} \qquad (i = r, \ p^{\text{I}}) \qquad (7\text{-}93)$$

$$Z_{B(D)} Z_{H} Z_{E} Z_{\varepsilon} Z_{\beta} \sqrt{\frac{F_{ti}^{\text{II}}}{d_{s} B^{\text{II}}} \times \frac{z_{p}^{\text{II}}/z_{s} + 1}{z_{p}^{\text{II}}/z_{s}}} \sqrt{K_{A} K_{V} K_{H\beta} K_{H\alpha}} \leqslant [\sigma^{\text{II}}]_{H} \qquad (i = p^{\text{II}}, \ s) \qquad (7\text{-}94)$$

$$Z_{B(D)} Z_{H} Z_{E} Z_{\varepsilon} Z_{\beta} \sqrt{\frac{F_{ti}^{\text{III}}}{d_{2} B^{\text{III}}} \times \frac{z_{1}/z_{2} + 1}{z_{1}/z_{2}}} \sqrt{K_{A} K_{V} K_{H\beta} K_{H\alpha}} \leqslant [\sigma^{\text{III}}]_{H} \qquad (i = 1, \ 2) \qquad (7\text{-}95)$$

式（7-93）~式（7-95）中，$F_{ti}^{\text{I},\text{II},\text{III}}$ 为 I、II、III 级齿轮传动中齿轮 i 的名义切向力均值，$F_{ti} = 2000 T_{i}/d_{i}$，$T_{i}$ 为齿轮副额定转矩。

3. 可靠性约束条件

当采用主要目标方案时，可靠度不作为目标函数而作为约束处理。在此，齿轮的接触强度可靠度和弯曲强度可靠度的约束条件为

$$R(z_{SH}) \geqslant [R]_{H} \qquad (7\text{-}96)$$
$$R(z_{SF}) \geqslant [R]_{F} \qquad (7\text{-}97)$$

式（7-96）和式（7-97）中，$R(z_{SH})$、$R(z_{SF})$ 分别为各个齿轮的接触强度可靠度与弯曲强度可靠度；$[R]_{H}$、$[R]_{F}$ 分别为相应的允许的最小可靠度值，并根据 ISO 81400-4：2005 取值。

4. 行星轮系均载约束条件

当采用主要目标方案时，均载系数不作为目标函数而作为约束处理。平稳工作环境下均载系数满足条件：

$$G^{\text{I}} G^{\text{II}} \in [1, \ 1.10] \qquad (7\text{-}98)$$

综上所述，该风电增速齿轮箱综合性能多目标优化设计的数学模型为

$$\begin{cases} \min \quad f(\boldsymbol{x}) \quad (\boldsymbol{x} \in R^{D \times C}) \\ \text{s. t.} \quad g_{j}(\boldsymbol{x}) \leqslant 0 \quad (j = 1, \ 2, \ \cdots, \ 28) \\ \qquad x_{i\min} \leqslant x_{i} \leqslant x_{i\max} \quad (i = 1, \ 2, \ \cdots, \ 5) \\ \qquad \boldsymbol{x} = (\boldsymbol{x}^{D}, \ \boldsymbol{x}^{C})^{\text{T}} \\ \qquad \boldsymbol{x}^{D} = (x_{1}, \ x_{2})^{\text{T}} \quad (\boldsymbol{x}^{D} \in R^{D}) \\ \qquad \boldsymbol{x}^{C} = (x_{3}, \ x_{4}, \ x_{5})^{\text{T}} \quad (\boldsymbol{x}^{C} \in R^{C}) \end{cases} \qquad (7\text{-}99)$$

式中，R^{D} 为离散变量的可行域；R^{C} 为连续变量的可行域。

7.4.4　优化结果与分析

1. 混合优化算法与常规算法的对比

对于风电增速齿轮箱多目标优化，分别采用传统算法（MATLAB 自带优化工具箱寻优

后对离散解进行圆整）以及本书提出的混合优化算法对 NW 型风电增速齿轮箱的统一目标方案进行多目标优化设计，计算后对两种算法的优化结果进行对比，见表 7-9。优化后的参数值见表 7-10。

表 7-9　不同算法下的目标优化结果

分目标 项		耗时/min	f_{R_Σ}	f_{V_Σ}	f_{ai}			f_{si}			f_{GI}	
					p^I	s	2	p^I	s	2	G^I	G^{II}
目标降低比率（%）	传统算法	1580	0.33	15.73	−230	41.11	13.7	−25.44	56.76	2.03	−0.89	−1.15
	混合优化算法	39.16	−0.39	8.58	33.77	28.47	−0.80	34.49	22.51	24.34	−1.01	0.42

表 7-10　不同算法下的参数优化结果

参　数	m_n^I/mm	m_n^{II}/mm	m_n^{III}/mm	β^I/(°)	β^{II}/(°)	β^{III}/(°)	α^I/(°)	α^{II}/(°)	α^{III}/(°)
初始值	24	16	10	4	7.2	32	20	20	15
混合优化算法	24	16	12	3.06	4.24	20.02	21.12	19.23	15.50
传统算法	24	14	10	2.88	6.63	20.00	18.45	22.50	20.00

参　数	B^I/mm	B^{II}/mm	B^{III}/mm	z_r	z_p^I	z_p^{II}	z_s	z_1	z_2
初始值	560	410	365	91	21	83	23	131	20
混合优化算法	448.6	397.2	325.6	110	17	73	25	139	24
传统算法	398.5	392.8	297.3	93	20	97	21	123	20

从表 7-9 的分目标结果对比可见，传统算法的分目标优化值之间的好坏差异较大，一些动态性能目标不但没有降低，反而增加明显，如输入级行星轮的体积虽然降低了 15.73%，程度较混合优化算法大，但可靠性却也随之降低了；而混合优化算法中虽有些分目标降低比率不如传统算法高，但整体来看，各分目标的优化效果较"均衡"，基本每种分目标都有不同程度的改善，而且混合优化算法由于采用了 BP 网络模型，其耗时由传统算法的 1580 min 降到了不到 40 min，节省了优化时间。综上所述，混合优化算法对风电增速齿轮箱多目标综合性能优化同样适用。

2. 不同多目标方案的优化结果的对比

对本章优化模型分别按照 7.4.2 节提出的两种目标方案进行优化求解。令统一目标方案的编号为 I，主要目标方案的编号为 II。均载系数计算采用双浮动形式。得到优化前后的分目标值对比结果，见表 7-11。两种方案优化下的参数优化结果见表 7-12。

从表 7-11 的结果可知，方案 I 的动态性能指标除均载系数外都得到了很大改善，这也符合灵敏度分析中齿轮参数对均载系数不敏感的结论，因此方案 II 中将其作为约束处理。方案 I 的体积降低了 8.58%，同时系统动态可靠性也得到了提高。虽然初始可靠度提高不明显，但从图 7-34a 中可知，在优化前，系统可靠度下降到 50% 时用了不到 16 年，在方案 I 优化后，下降到 50% 时延长到了 21 年，可见优化后的系统可靠性得到了很大改善。

表 7-11　不同方案的目标优化对比结果

分目标项		f_{R_Σ} (%)	f_{V_Σ} /m³	$f_{ai} \times 10^2$			$f_{si} \times 10^{-3}$			f_{GI}	
				p^I	s	2	p^I	s	2	G^I	G^{II}
优化前		95.33	3.03	0.77	5.83	9.98	2.87	2.31	2.26	1.0387	1.0710
优化后	I	95.71	2.77	0.51	4.17	10.06	1.88	1.79	1.71	1.0492	1.0665
	II	95.14	2.25	0.30	3.98	10.09	2.83	2.25	2.49	1.0401	1.0623
降低比率（%）	I	-0.39	8.58	33.77	28.47	-0.80	34.49	22.51	24.34	-1.01	0.42
	II	0.20	25.61	60.52	33.16	-1.10	1.39	2.59	-10.17	-0.13	0.81

表 7-12　参数优化结果

参　　数	m_n^I /mm	m_n^{II} /mm	m_n^{III} /mm	β^I /(°)	β^{II} /(°)	β^{III} /(°)	α^I /(°)	α^{II} /(°)	α^{III} /(°)
初　始　值	24	16	10	4	7.2	32	20	20	15
方　案　I	24	16	12	3.06	4.24	20.02	21.12	19.23	15.50
方　案　II	24	14	10	3.06	3.03	20.00	20.37	22.50	20.00

参　　数	B^I /mm	B^{II} /mm	B^{III} /mm	z_r	z_p^I	z_p^{II}	z_s	z_1	z_2
初　始　值	560	410	365	91	21	83	23	131	20
方　案　I	448.61	397.18	325.64	110	17	73	25	139	24
方　案　II	407.95	405.08	296.91	109	19	71	21	124	21

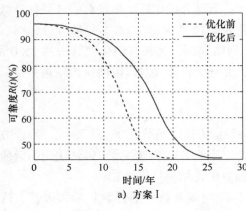

a) 方案 I

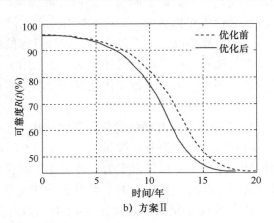

b) 方案 II

图 7-34　系统动态可靠度

　　与方案 I 相比，方案 II 侧重于优化灵敏度较大的体积与齿轮振动加速度，体积降低比率由方案 I 的 8.58% 增加到 25.61%，但动态性能的优化结果不如方案 I。另外，由于方案 II

中将系统可靠性作为约束条件，因此该项指标虽控制在许用范围，但优化结果较优化前略差，偶然失效期较优化前缩短了约2年（图7-34b）。可见，风电增速齿轮箱不同性能指标之间存在对立的情况，如体积与动态性能指标，不可能同时达到最优解。方案Ⅰ各分目标的优化结果较"均衡"，方案Ⅱ更侧重于经济指标。但不论何种优化方案，并没有好坏之分，只是依据企业需求不同而定。

将优化后的齿轮参数带入动力学性能指标的计算模型中（见7.2.1节），得到了方案Ⅰ、Ⅱ的优化前、后各动态性能指标，如图7-35～图7-40所示。

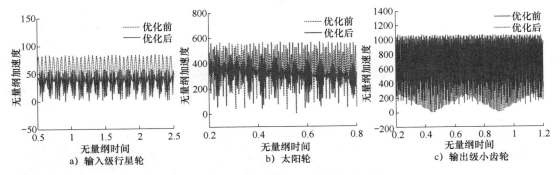

图7-35　统一目标方案下振动加速度指标

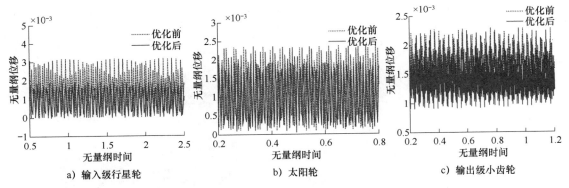

图7-36　统一目标方案下振动位移指标

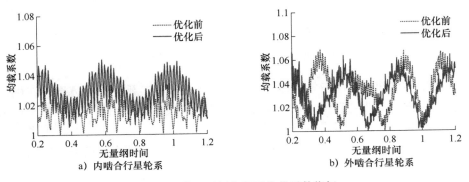

图7-37　统一目标方案下均载系数指标

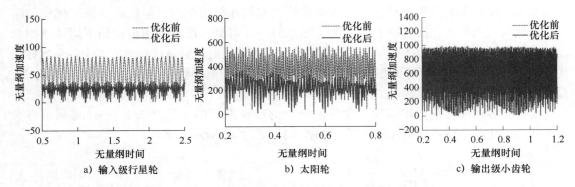

a) 输入级行星轮　　　　　　b) 太阳轮　　　　　　c) 输出级小齿轮

图 7-38　主要目标方案下振动加速度指标

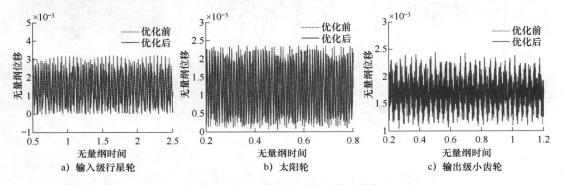

a) 输入级行星轮　　　　　　b) 太阳轮　　　　　　c) 输出级小齿轮

图 7-39　主要目标方案下振动位移指标

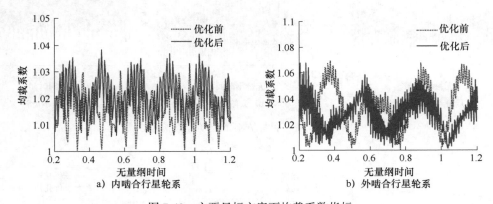

a) 内啮合行星轮系　　　　　　b) 外啮合行星轮系

图 7-40　主要目标方案下均载系数指标

　　根据上述结果可知,对于齿轮的振动位移与加速度而言,不论哪种方案,在优化后都能够得到改善,且方案 I 改善程度大于方案 II;对于均载系数而言,由于其值总是在 1 附近变化,优化前后结果的差距并不明显。从图 7-35～图 7-40 与表 7-12 的结果对比可知,利用神经网络拟合齿轮参数到动态性能之间的映射得到的优化结果与动力学模型求解结果相符,说明建立的 BP 网络模型是有效的。

7.5　本章小结

　　针对风电增速齿轮箱齿轮传动系统特殊的工作环境及设计关键问题，构建了大型风电齿轮传动系统时变可靠性评估与多目标优化模型。结合工程实例，以某 5MW 风电增速齿轮箱齿轮传动系统为研究对象，通过与常规优化算法的对比，验证了大型风电齿轮传动系统时变可靠性评估模型与所提优化方法的可行性。

　　1）建立了风电增速齿轮箱综合性能指标的多目标动态优化模型，并将本书提出的混合优化算法与传统优化算法的结果进行对比。结果表明，将离散变量利用 MATLAB 优化工具箱优化后的结果圆整到最近解，各分目标的优化结果差异很大，一些动态性能指标（如输入级行星轮的振动加速度）甚至增大了 4 倍，会严重影响系统的平稳性，显然，离散变量在圆整过程中偏离了最优解。而利用本书提出的混合优化算法是直接"寻找"离散解，所得优化结果也较"均衡"，虽然体积减小幅度较传统算法小，但风电增速齿轮箱的其他性能指标都有不同程度的改善，因此，本书提出的混合优化算法更适合风电增速齿轮箱的优化模型。

　　2）在多目标优化问题上，采用了两种处理方案。通过对两种优化方案的结果对比可知，统一目标方案侧重于"整体性"，即分目标优化程度较均衡，在体积减小 8.58% 的情况下系统可靠性也得到了少许提高，同时动态性能也有不同程度的改善；而主要目标方案侧重优化灵敏度较大的体积与齿轮振动加速度指标，可靠性由于作为了约束条件而并没有得到改善。由于风电增速齿轮箱不同性能之间存在对立面，因此很难满足所有分目标都得到改善，从改善综合性能的角度来看，"整体性"较好的统一目标方案的结果优于主要目标方案。

　　3）工程实例中的风电增速齿轮箱模型通过本章动态优化设计后在减轻系统总重的同时也提高了传动系统的动态性能，达到了预期目的。

第8章

大型风电齿轮箱结构件疲劳强度工程分析方法

8.1 概述

  大型风电齿轮箱的结构件主要有连接法兰、箱体、行星架、各种轴类结构件等。而强度、刚度和疲劳寿命是对工程结构和机械的三个基本要求。疲劳破坏是工程结构和机械失效的主要原因之一,引起疲劳失效的主要原因是复杂变载荷。机械零件结构破坏80%以上为疲劳破坏,因此,无论风电齿轮箱的设计还是风电齿轮箱的认证评估,对承受复杂交变载荷的风电齿轮箱结构件进行疲劳强度分析、校核并进行疲劳强度优化设计均十分必要。

  本章首先基于 GB/T 19073—2018《风力发电机组 齿轮箱设计要求》,给出了大型风电齿轮箱设计要求及载荷处理方法;以某机型风电齿轮箱的箱体、行星架、输入法兰盘等为例,根据德国劳埃德船级社的 GL2010 认证规范中关于 S-N 曲线详细推导过程,给出了大型风电齿轮箱箱体、行星架等结构件材料的疲劳强度基本参数及 S-N 曲线拟合过程;基于连接法兰盘受力的特殊性,给出了考虑结合面摩擦的法兰盘疲劳强度的分析模型,给出了疲劳强度工程分析具体案例;阐述了风电齿轮箱行星轮系微动–滑动疲劳失效机理,并给出了针对性工程解决方案。

8.2 大型风电齿轮箱设计要求及载荷处理

8.2.1 设计基本要求

  GB/T 19073—2018《风力发电机组 齿轮箱设计要求》中详细规定了风电齿轮箱的认证要求,包括通用规范、载荷规范、试验规范、图样和材料清单、齿轮件分析、轴承分析、其他部件技术要求、热平衡能力计算、运行维护手册、台架试验要求、挂机试验技术要求等,见表8-1。表8-1中,有制定方和接收方文件的说明,关于必要的计算过程和方法可以从相关条款中获得。如针对齿轮件,需要根据 ISO 6336 的接触和弯曲疲劳强度分析、接触和弯曲静强度分析,胶合分析,齿向载荷分布系数 $K_{H\beta}$ 的计算,以及考虑到指定的转速范围内所有齿轮件的啮合频率等;针对轴承分析,包括所有轴承的额定寿命和静强度的计算,轴向承载能力的计算,其他可能失效方式的评估,如打滑、跑圈等,考虑到指定的转速范围内所有轴承内、外圈频率和保持架的旋转频率等;其他部件分析中,包括结构件的疲劳和静强度分析,如轴、轴–

轴套的连接件以及承载螺栓的疲劳和静强度分析，扭力臂、行星架、箱体的疲劳和静强度 FEA 分析，可能引起齿轮和轴承应力分布较大变化的承载件的变形分析等。

表 8-1 设计认证文件

文 件	说 明	制定方	接 受 方
通用规范	运行条件见 GB/T 19073—2018 中的 6.4 节	W	G,(B,L),C
	主要的技术参数，如额定转速和转速范围、速比、名义扭矩等		G,(B,L),C
	制动、联轴器和齿轮支承及安装的类型和布置		G,(B),C
	冷却、润滑和过滤系统的原理描述		G,(B,L),C
	监测（包含传感器的）清单		G,(B,L),C
	附加设备		G,(B,L),C
	试验和计算的要求		G,(B,L),C
	文件的要求		G,(B,L),C
	质量控制的要求		G,(B,L),C
载荷规范	机组的简要描述（包括控制和安全系统）	W	G,(L),C
	疲劳和静强度计算的时间序列		
	按 LDD 和 RFC 格式提供所有相关疲劳载荷		
	极限载荷（包括反转力矩）		
	附加载荷（如由振动和变形引起的）		
试验规范	齿轮箱台架试验的相关要求：试验台、测量设备、试车步骤、评价标准等的设计	G,(B,C)	W,C
	齿轮箱挂机试验的相关要求：位置、测量装置和测量的数据、试车步骤、评价标准等的设计	W	G（B,L),C
	齿轮箱批量出厂试验要求：试验台、测试设备、试车步骤、评价标准等的设计	G,(B,L)	W,C
图样和材料清单	外形图和装配图	G	W,B,C
	齿轮件的图样和规范，包括材料和热处理、刀具参数和齿廓及齿向修形	G	W,C
	轴、联轴器等连接件的图样和规范	G	W,B,C
	箱体的图样及规范，包括轴承座、材料和相关的参数	G	W,B,C
	润滑系统的原理图，包括管道直径和喷嘴的相关信息	G	W,B,L,C
	轴承的图样，包括所有的相关计算，见 GB/T 19073—2018 的 7.3.8 节	B	W,G,C
	齿轮箱材料的清单	G	W,G,C
	冷却系统和过滤系统的材料清单	W,G	W,G,L,C
齿轮件分析	根据 ISO 6336 的接触和弯曲疲劳分析	G	W,C
	根据 ISO 6336 的接触和弯曲静强度分析		W,C
	胶合分析		W,C
	齿向载荷分布系数 $K_{H\beta}$ 的计算		W,C
	考虑到指定的转速范围内所有齿轮件的啮合频率		W,C

（续）

文　件	说　　明	制定方	接　受　方
轴承分析	轴承计算的假设和要求	B	W,G,L,C
	所有轴承的额定寿命和静强度的计算		W,G,C
	轴向承载能力的计算		W,G,C
	其他可能失效方式的评估，如打滑、跑圈		W,G,C
	考虑到指定的转速范围内所有轴承内、外圈频率和保持架的旋转频率		W,G,C
其他部件	结构件的疲劳和静强度分析，包括轴、轴-轴套的连接件以及承载螺栓的疲劳和静强度分析	G	W,C
	扭力臂、行星架、箱体的疲劳和静强度 FEA 分析		W,C
	可能引起齿轮和轴承应力分布较大变化的承载件的变形分析		W,B,C
	润滑剂数据表		W,G,B,C
热平衡能力计算	考虑最高许用环境温度条件下（根据 ISO/TR 14179）计算名义载荷的功率损失	G	W,C
运行维护手册	维修和检测间隔的要求	G	W,C
	齿轮箱许用的温度、压力等和必要的监控		W,B,C
	启动和磨合程序的相关说明		W,B,C
	换油周期和推荐的润滑剂分析极限值		W,B,L,C
台架试验	齿轮箱样机的装配文档	G	W,B,L,C
	试验台描述，包括照片		W,B,L,C
	详细的试验步骤		W,B,L,C
	校准的方法和记录		C
	齿轮副接触点斑记录，如图片		W,C
	轴承接触点斑记录		W,B,C
	测量的数据（温度、压力、油品清洁度等）		W,B,L,C
	试验结论		W,B,L,C
挂机试验	齿轮箱样机的装配文档	G	W,B,L,C
	场地环境的描述（试验时的风速和温度等）	W（G）	W,B,L,C
	详细的试验步骤描述如何测量和进行试验	W,G	W,B,L,C
	校准的方法和记录	W,G	C
	试验步骤和操作的说明（可利用率、发电量、功率曲线）	W	W,B,L,C
	检查方案（包括接触点斑照片）和油品分析	G,（W）	W,B,L,C
	试验的结果，如在时间序列下测量的数据，功率、转矩、温度、压力、油的清洁度等	W,G	W,B,L,C
	试验结论	G,（W）	W,B,L,C

注：W 为风力发电整机制造商；G 为齿轮箱制造商；B 为轴承供应商；L 为润滑系统供应商；C 为认证机构；（）为可选。

8.2.2 设计载荷及其数据处理

载荷谱的获取方式有四种：实测、实测加分析模拟、分析模拟及标准载荷谱。疲劳载荷谱是对零件进行疲劳设计与寿命预测的关键和基础，为使疲劳分析结果尽可能接近真实值，本书采用风场实地测得的数据进行载荷谱的编制。载荷谱的编制需要遵循等效损伤的原则，使它具有代表性，并能反映出零件在各种工况下所受工作载荷随时间变化的情况。

目前，常用的计数方法有十几种，如峰值计数法、幅值计数法、雨流计数法等。应用不同的计数方法处理同一载荷时间历程会得到完全不同的计算结果，从而得到不同的疲劳寿命。从统计学角度出发，计数法分为单参数法和双参数法两类。单参数法只能记录循环载荷中的某一个变量，不能全面反映载荷的循环特征，因此，单参数法很少应用在载荷谱编制等领域。而双参数法弥补了单参数法的不足，能够同时反映载荷的两个变量，因此，应用双参数法编制载荷谱。

风力发电机的载荷计算一般采用 GL 规范推荐的风轮坐标系，如图 8-1 所示。风轮坐标系的原点位于风轮中心（或风轮轴上的其他任何位置，如轮毂法兰或主轴承上），该坐标系随风轮一起旋转。

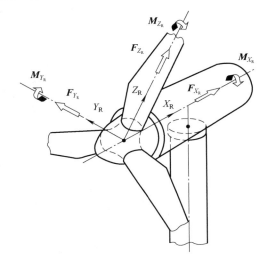

图 8-1 风轮坐标系（轮毂旋转坐标系）

X_R—风轮轴线方向 Z_R—径向，指向风轮叶片 1

Y_R—按右手定则确定

以某 8 MW 机型风电机组为例，机组风轮直径为 182 m，轮毂高度为 101.3 m。机组设计寿命为 25 年，机组设计安全等级为 IEC IB+TII，湍流强度为 0.14，年平均风速为 10 m/s，切入风速（Cut-in wind speed）$v_{in} = 3$ m/s，切出风速（Cut-out wind speed）$v_{out} = 25$ m/s，额定风速（Rated wind speed）$v_r = 10.5$ m/s。采用该载荷规范可以得到机组 25 年的设计载荷。基于该载荷可以进行该机组的风电增速齿轮箱极限强度和疲劳强度的校核，轮毂中心旋转坐标下的极限载荷见表 8-2。

表 8-2 轮毂中心旋转坐标下的极限载荷

载荷工况			M_x /kN·m	M_y /kN·m	M_z /kN·m	M_{yz} /kN·m	F_x /kN	F_y /kN	F_z /kN	F_{yz} /kN	安 全 系 数
M_x	Max	dlc1.3eb_ 3	17816	-1661.4	5432.0	5680.4	745.7	2138.5	2136.9	3023.2	1.35
	Min	dlc5.1e+12	-6745.2	-7819.4	3670.6	8638.1	-118.9	1690.4	2591.2	3093.9	1.35
M_y	Max	dlc7.1ab00_1	138.4	32467	-1802.3	32517	996.4	1433.6	-1447.7	2037.5	1.10
	Min	dlc9.3caa-2-2	12431	-37474	-2206.6	37539	524.7	-624.9	-2896.1	2962.8	1.35
M_z	Max	dlc9.3caa-2-4	12350	15652	34249	37656	534.9	-2633.9	1609.0	3086.4	1.35
	Min	dlc9.3caa-2-1	12846	20103	-30216	36293	518.8	2824.3	446.4	2859.3	1.35

（续）

载荷工况		M_x /kN·m	M_y /kN·m	M_z /kN·m	M_{yz} /kN·m	F_x /kN	F_y /kN	F_z /kN	F_{yz} /kN	安全系数
M_{yz}	Max	dlc9.3caa-2-4	12479	16042	34109	37693	539.4	−2553.4	1673.4	3052.9	1.35
	Min	dlc9.1bc-5.25-3	7.06	−0.35	−0.23	0.42	594.9	2917.8	−251.7	2928.6	1.35
F_x	Max	dlc9.1ab-5.25-4	−3642.3	2002.2	−250.1	2017.8	2581.7	−2170.5	2124.9	3037.5	1.35
	Min	dlc9.1ba-4-1	−4232.8	6537.8	3264.8	7307.7	−1274.5	682.4	2995.4	3072.2	1.35
F_y	Max	dlc9.9e_1	−179.5	−2700.1	−5499.2	6126.3	319.7	3370.7	−39.8	3371.0	1.35
	Min	dlc8.1ba_45_90_1	8599.8	4887.2	1361.9	5073.4	373.1	−3519.6	−206.1	3525.7	1.50
F_z	Max	dlc9.9e_6	−715.6	7117.7	938.0	7179.3	174.0	−627.2	3376.2	3434.0	1.35
	Min	dlc1.3eb_4	11021	−2407.7	16263	16440	886.7	392.6	−3352.9	3375.8	1.35
F_{yz}	Max	dlc8.1ca_45_00_2	12133	3292.7	93.8	3294.0	370.8	−2432.3	−2671.4	3612.9	1.50
	Min	dlc7.1ac60_1	588.0	8229.6	−552.5	8248.1	504.8	1512.3	−91.7	1515.0	1.10

注：表中数据已考虑载荷局部安全系数。

雨流计数法是典型且有效的双参数计数法，使用载荷均值、幅值及其频次表示计数结果，统计载荷的全循环或半循环，同时考虑了循环载荷的应变特性，将载荷的统计分析过程与工作载荷对零件的循环应力–应变特性建立一定的联系。其力学理论基础较为明确，且能够方便地应用计算机程序编写，因此得到广泛的研究和应用。

采用雨流计数法对 25 年风电机组的时域载荷进行载荷数据的统计，可以生成 25 年的齿轮箱在不同工况下的载荷时间序列及雨流统计图。图 8-2～图 8-7 所示为几种典型的载荷时间序列及雨流统计图。

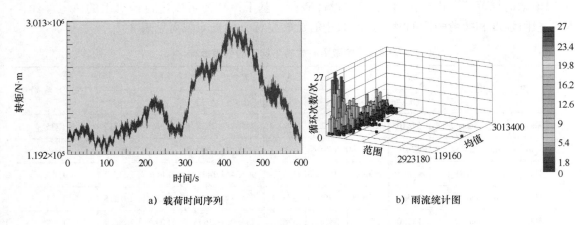

a）载荷时间序列　　　　　　　　　　　b）雨流统计图

图 8-2　工况 1.2aa1 载荷时间序列及雨流统计图

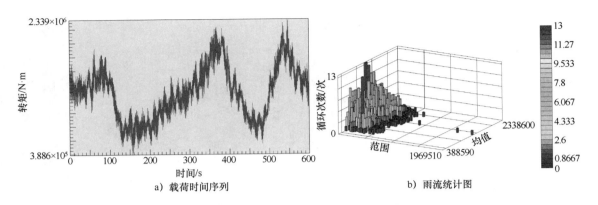

图 8-3 工况 1.2eb3 载荷时间序列及雨流统计图

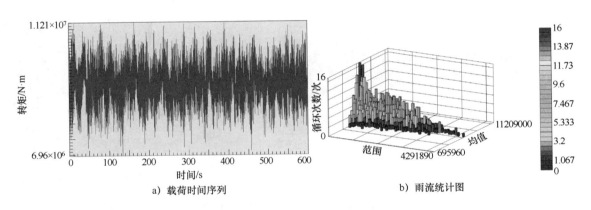

图 8-4 工况 2.4aa1 载荷时间序列及雨流统计图

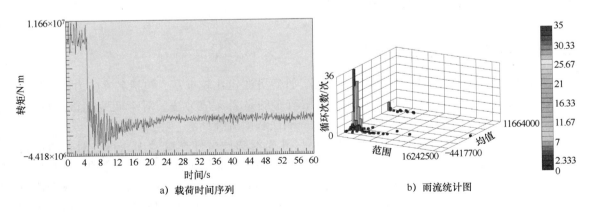

图 8-5 工况 2.4ccb1 载荷时间序列及雨流统计图

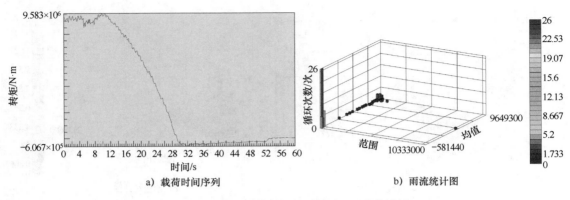

图 8-6　工况 4.1a1 载荷时间序列及雨流统计图

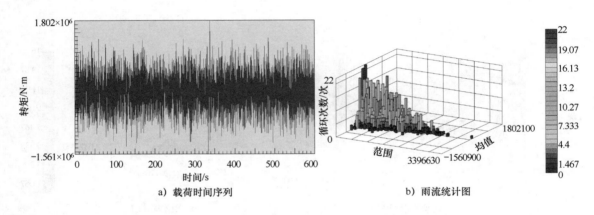

图 8-7　工况 6.4cc6 载荷时间序列及雨流统计图

8.3　结构件疲劳强度基本参数及 *S-N* 曲线拟合

8.3.1　结构件 *S-N* 曲线的拟合

目前的疲劳损伤计算模型已经较为成熟，计算方法也比较丰富，包括名义应力法、局部应力-应变法、能量法、场强法等，其中运用较多的是名义应力法。对于疲劳随机载荷谱，目前的主要统计方法包括平面交叉法、峰值周期法和雨流统计法。

通常情况下，材料的 *S-N* 曲线都是用小尺寸光滑圆柱试件在试验中获得。对于风电行业，机组大型化是发展趋势，利用小试件试验得到的 *S-N* 曲线不能为疲劳寿命的估计提供合理的依据。这里将依据 GL2010 认证规范，给出风电机组常见零部件的设计 *S-N* 曲线合成方法。根据材料的力学特性，不同壁厚的材料的最小抗拉强度与屈服极限是不同的。以某大型风电齿轮箱为例，箱体结构件的最大壁厚 $t = 70$ mm，行星架结构件的最大壁厚 $t = 140$ mm，箱体组件与行星架材料力学参数见表 8-3。

表 8-3　箱体组件与行星架材料力学参数

结　构　件	材　　料	最小抗拉强度/MPa	屈服极限/MPa
箱体	QT400-18AL	360	220
行星架	QT700-2A	650	380

材料的疲劳性能可以利用在标准试件上的应力幅值 S 与材料破坏时的寿命 N 来描述，即 $S\text{-}N$ 曲线。图 8-8 所示为一典型的 $S\text{-}N$ 曲线。一条完整的 $S\text{-}N$ 曲线可分为三段：第一段是循环次数小于 N_1 的低周疲劳区（LCF），第二段是循环次数终止于 N_D 的高周疲劳区（HCF），第三段是循环次数高于 N_D 的亚疲劳区（SF）或无限疲劳寿命区。

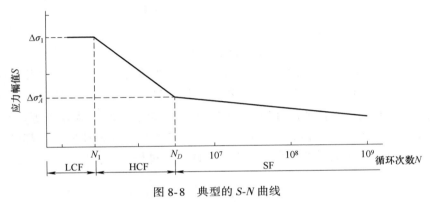

图 8-8　典型的 $S\text{-}N$ 曲线

材料的 $S\text{-}N$ 曲线是在实验室中应用标准试件测得的，但是在疲劳分析研究中，针对具体的结构件，由于其几何形状、表面状态、制作工艺等因素的影响，其 $S\text{-}N$ 曲线与材料的 $S\text{-}N$ 曲线有较大的差别。

针对这种不能进行疲劳试验获取部件 $S\text{-}N$ 曲线的情况，德国劳埃德船级社的 GL2010 规范中提供了利用材料的参数、零部件的几何参数等拟合成一条近似的 $S\text{-}N$ 曲线的方法。下面简单阐述其详细推导过程。

$$\begin{cases} \sigma_b = 1.06R_m \\ \sigma_w = 0.27\sigma_b + 100 \\ F_o = 1 - 0.22(\lg R_z)^{0.64} \cdot (\lg\sigma_b) + 0.45(\lg R_z)^{0.53} \\ \beta_k = \dfrac{\alpha_k}{n} \\ F_{ok} = \sqrt{\beta_k^2 - 1 + \dfrac{1}{F_o^2}} \\ \sigma_{wk} = \dfrac{\sigma_w}{F_{ok}} \end{cases} \qquad (8\text{-}1)$$

式中，σ_b 为结构件抗拉强度；σ_w 为抛光铸铁件（如箱体等）疲劳强度；F_o 为表面粗糙度系数；β_k 为缺口系数；F_{ok} 为总修正因子；σ_{wk} 为修正后的抛光铸铁件（如箱体等）疲劳强度。

$$\begin{cases} M = 0.00035\sigma_b + 0.08 \\ F_m = 1 \\ S_{pu} = \dfrac{2}{3} \end{cases} \tag{8-2}$$

式中，M 为平均应力敏感性参数；F_m 为平均应力影响参数；S_{pu} 为材料缩减因子，根据 GL 规范，箱体结构件在进行疲劳分析时，所有零件的存活率应均大于 97.7%，当缩减因子 S_{pu} 取 2/3 时，存活率 pu 正好大于 97.7%。

$$\begin{cases} S_d = 0.85^{(j-j_0)} \\ S_t = \left(\dfrac{t}{25}\right)^{-0.15} \\ S = S_{pu} S_d S_t \end{cases} \tag{8-3}$$

式中，S_d 为质量等级因子；S_t 为考虑壁厚引起的抗拉强度缩减因子；S 为考虑加工缺陷以及构件壁厚后的总应力幅值缩减系数；t 为箱体部件的最大壁厚；j_0 为依赖检查方法设定的常数，根据采用超声波、液体或磁性检查方式，其取值为 0 或 1；j 为检查等级设计的参数，其取值可为 1~3，这里计算取 $j=3$，$j_0=0$。至此，所有决定 S-N 曲线的参数都已获得，下面依据这些参数计算出 S-N 曲线的几个关键点，具体计算过程如下：

$$\begin{cases} m_1 = \dfrac{5.5}{F_{ok}^2} + 6 \\ m_2 = 2m_1 - 1 \\ b_1 = -\dfrac{1}{m_1} \\ b_2 = -\dfrac{1}{m_2} \\ \sigma_A = \sigma_{wk} F_m \\ \Delta\sigma_A^* = 2\sigma_A \dfrac{S}{\gamma_M} \\ \Delta\sigma_1 = R_p \dfrac{(1-R)}{\gamma_M} \\ N_D = 10^{10 - \frac{3.6}{m_1}} \\ N_1 = N_D \left(\dfrac{\Delta\sigma_A^*}{\Delta\sigma_1}\right)^{m_1} \end{cases} \tag{8-4}$$

式中，b_1、b_2 为 S-N 两段拟合曲线的斜率；$\Delta\sigma_1$ 为循环数为 1 时的应力幅值；$\Delta\sigma_A^*$ 为 N_D 点对应的应力幅值；N_D 为 S-N 曲线高周疲劳拐点对应的循环次数；N_1 为 S-N 曲线低周疲劳拐点对应的循环次数。

依据 GL2010 认证规范，可以得到箱体组件结构（材料为 QT400-18AL）、行星架（材料 QT700-2A）的 S-N 曲线拟合输入参数，见表 8-4。

表 8-4 箱体组件结构、行星架的 *S-N* 曲线拟合输入参数

符 号	名 称	数 值		单 位
		QT400-18AL	QT700-2A	
R_m	最小抗拉强度	360	650	MPa
R_p	规定塑性延伸极限	220	380	MPa
R_z	表面粗糙度	25	-1.0	μm
R	应力比	-1.0	25	—
a_k	应力集中系数	1.0	1.0	—
n	缺口敏感系数	1.0	1.0	—
γ_M	安全系数	1.15	1.15	—
Fm	平均应力影响参数	1.0	1.0	—
S_{pu}	缩减因子	2/3	2/3	—
Y_S	弹性模量	1.69×10^5	1.76×10^5	MPa
me	弹性泊松比	0.275	0.275	—

nCode Designlife 是英国 nCode 公司开发的全球领先的疲劳分析软件,具有使用方便、可视化强等特点。它提供了一条基于有限元分析结果来预测疲劳寿命的新途径。nCode Design-life 数据库中包含了 200 多种材料的基本属性。如果数据库中没有相对应的材料,软件可以通过材料的相关参数,估算出该材料的 *S-N* 或 *E-N* 曲线。

箱体组件材料 QT400-18AL 的 *S-N* 曲线与行星架材料 QT700-2A 的 *S-N* 曲线如图 8-9 所示。

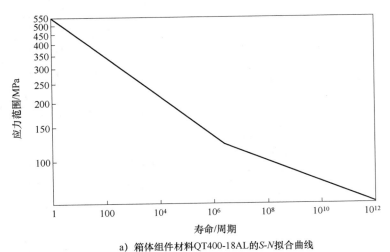

a) 箱体组件材料QT400-18AL的*S-N*拟合曲线

图 8-9 两种不同材料的 *S-N* 拟合曲线

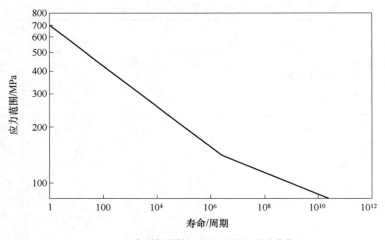

b）行星架材料QT700-2A的S-N拟合曲线

图 8-9　两种不同材料的 S-N 拟合曲线（续）

8.3.2　时域载荷工况循环次数

　　以某大型风电齿轮箱设计载荷为例，该风电齿轮箱设计寿命为 25 年，25 年的时域载荷共计有 105 种不同载荷类型，每种载荷工况的循环时间和发生次数均不同。该机型的疲劳载荷时间序列见表 8-5。

表 8-5　载荷时间序列

编　号	工　况	周期时间/s	循环时间/h	发生次数	风速/(m/s)
1	dlc1.2_aa_1	599.95	4018.83	24115.00	4
2	dlc1.2_aa_2	599.95	4018.83	24115.00	4
3	dlc1.2_ab_3	599.95	4018.83	24115.00	4
4	dlc1.2_ab_4	599.95	4018.83	24115.00	4
5	dlc1.2_ac_5	599.95	4018.83	24115.00	4
6	dlc1.2_ac_6	599.95	4018.83	24115.00	4
7	dlc1.2_ba_1	599.95	5156.19	30939.75	6
8	dlc1.2_ba_2	599.95	5156.19	30939.75	6
9	dlc1.2_bb_3	599.95	5156.19	30939.75	6
10	dlc1.2_bb_4	599.95	5156.19	30939.75	6
11	dlc1.2_bc_5	599.95	5156.19	30939.75	6
12	dlc1.2_bc_6	599.95	5156.19	30939.75	6
13	dlc1.2_ca_1	599.95	5524.10	33147.35	8
14	dlc1.2_ca_2	599.95	5524.10	33147.35	8
15	dlc1.2_cb_3	599.95	5524.10	33147.35	8

（续）

编　号	工　　况	周期时间/s	循环时间/h	发生次数	风速/(m/s)
16	dlc1.2_cb_4	599.95	5524.10	33147.35	8
17	dlc1.2_cc_5	599.95	5524.10	33147.35	8
18	dlc1.2_cc_6	599.95	5524.10	33147.35	8
19	dlc1.2_da_1	599.95	5212.18	31275.70	10
20	dlc1.2_da_2	599.95	5212.18	31275.70	10
21	dlc1.2_db_3	599.95	5212.18	31275.70	10
22	dlc1.2_db_4	599.95	5212.18	31275.70	10
23	dlc1.2_dc_5	599.95	5212.18	31275.70	10
24	dlc1.2_dc_6	599.95	5212.18	31275.70	10
25	dlc1.2_ea_1	599.95	4435.10	26612.83	12
26	dlc1.2_ea_2	599.95	4435.10	26612.83	12
27	dlc1.2_eb_3	599.95	4435.10	26612.83	12
28	dlc1.2_eb_4	599.95	4435.10	26612.83	12
29	dlc1.2_ec_5	599.95	4435.10	26612.83	12
⋮	⋮	⋮	⋮	⋮	⋮
89	dlc2.4_d_5	59.95	0.35	20.83	I
90	dlc2.4_d_6	59.95	0.35	20.83	I
91	dlc4.1_a	59.95	832.64	50000	II
92	dlc4.1_b	59.95	41.63	2500	II
93	dlc4.1_c	59.95	41.63	2500	II
94	dlc6.4_aa_1	599.95	2492.66	14957.23	III
95	dlc6.4_aa_2	599.95	2492.66	14957.23	III
96	dlc6.4_ab_3	599.95	2492.66	14957.23	III
97	dlc6.4_ab_4	599.95	2492.66	14957.23	III
98	dlc6.4_ac_5	599.95	2492.66	14957.23	III
99	dlc6.4_ac_6	599.95	2492.66	14957.23	III
100	dlc6.4_ca_1	599.95	269.63	1617.88	III
101	dlc6.4_ca_2	599.95	269.63	1617.88	III
102	dlc6.4_cb_3	599.95	269.63	1617.88	III
103	dlc6.4_cb_4	599.95	269.63	1617.88	III
104	dlc6.4_cc_5	599.95	269.63	1617.88	III
105	dlc6.4_cc_6	599.95	269.63	1617.88	III

注：I 为电力产生与故障情况，II 为正常停车情况，III 为停车（停止或空转）情况。

8.4 案例分析

8.4.1 箱体结构件疲劳强度分析

1. 单位载荷下箱体组件受力分析

根据 GB/T 19073—2018《风力发电机组　齿轮箱设计要求》，可采用有限元法对箱体与行星架等结构件进行疲劳强度计算。计算时，将载荷施加在箱体轴承孔上，其方向与对应轴承受力方向相反。以前述某型号风电齿轮箱箱体为例，支座标号为 A~F，单位载荷工况下各轴承孔受力位置如图 8-10 所示，具体载荷见表 8-6。图 8-10 中，各轴承孔上受力方向与额定载荷、极限载荷条件下各轴承孔载荷受力有所不同，并且出现轴承力为 0 的情况，主要是由于单位载荷条件下各轴承孔受力分析时没有考虑重力及载荷导致的。

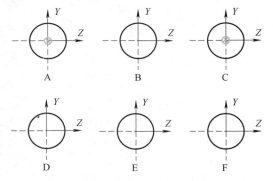

图 8-10　单位载荷下各轴承孔受力位置

表 8-6　单位转矩下的箱体轴承支座受力

轴承标号（宽/mm×外径/mm）	合力/ N	X/ N	Y/ N	Z/ N
A（93×280）	0.023（轴向）	0.023	0	0
B（73×270）	0	0	0	0
C（65×320）	0.092（轴向）	0.092	0	0
D（132×400）	0	0	0	0
E（72×400）	0	0	0	0
F（114×400）	0	0	0	0

2. 单位载荷下箱体组件应力

边界条件与应力计算时的有限元模型相同。现分别从第一主应力和等效应力分析箱体组件应力分布。第一主应力分布云图如图 8-11 所示，等效应力分布云图如图 8-12 所示。

a）前端　　　　　　　　　　　　　　　　b）后端

图 8-11　单位载荷下箱体组件第一主应力分布云图

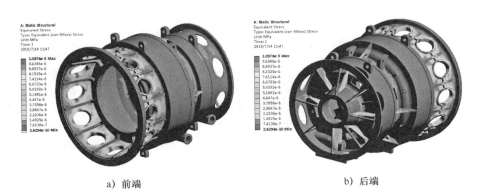

a) 前端   b) 后端

图 8-12 单位载荷下箱体组件等效应力分布云图

3. 箱体组件疲劳强度分析结果

箱体组件疲劳寿命分布云图如图 8-13 所示，箱体组件疲劳损伤分布云图如图 8-14 所示。疲劳强度因子较小位置出现在机架端连接箱体圆孔附近和电机端连接箱体肋板附近，箱体组件各部位疲劳强度均比较高，大部分区域为无穷寿命。箱体组件疲劳分析的结果见表 8-7。箱体组件最大疲劳损伤率为 0.1909，最小疲劳强度因子（FOS）为 5.238，设计目标值为 1.265，满足 GB/T 19073—2018《风力发电机组：齿轮箱设计要求》。

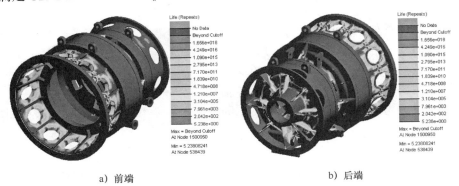

a) 前端   b) 后端

图 8-13 箱体组件疲劳寿命分布云图

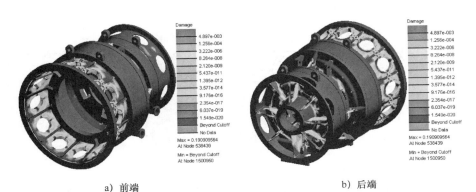

a) 前端   b) 后端

图 8-14 箱体组件疲劳损伤分布云图

表 8-7　箱体组件中疲劳损伤最严重的 10 个节点

序号	节点编号	损 伤 率	疲劳强度因子	序号	节点编号	损 伤 率	疲劳强度因子
1	538439	0.1909	5.238	6	538436	0.05055	19.78
2	538104	0.1095	9.134	7	538096	0.04289	23.31
3	366268	0.06852	14.59	8	574153	0.03941	25.38
4	381122	0.06005	16.65	9	538047	0.0344	29.07
5	381121	0.05333	18.75	10	574155	0.03366	29.71

8.4.2　行星架结构件疲劳强度分析

1. 单位载荷下行星轮轴承受力分析

将行星轮、轴承等组成部分视为一个系统，其整体受力为 0，忽略其重量。某 8 MW 风电齿轮箱第一级行星轮共有 4 个，并且位置均布，所受啮合力的方向各不相同，空间位置分布如图 8-15 所示。

载荷施加的位置为箱体轴承孔，其方向与对应轴承受力方向相反，支座标号为 I~J，单位载荷下各轴承孔受力位置如图 8-16 所示，具体载荷见表 8-8。图 8-16 中，各轴承孔上的受力方向与额定载荷、极限载荷条件下各轴承孔载荷的受力方向略有不同，主要是由于单位载荷条件下各轴承孔受力分析时没有考虑重力以及载荷大小不同导致的。

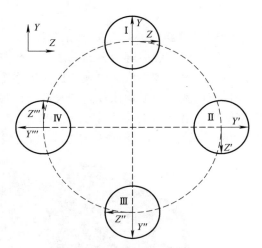

图 8-15　行星轮分布示意图

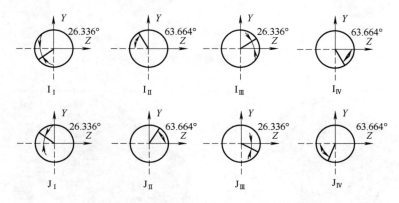

图 8-16　单位载荷下各轴承孔受力位置

2. 单位载荷下行星架应力

单位载荷下行星架第一主应力分布云图如图 8-17 所示，等效应力分布云图如图 8-18 所示。

表 8-8　单位转矩下的箱体轴承支座受力

轴承标号（宽/mm×外径/mm）	合力/ N	X/ N	Y/ N	Z/ N
I（66.675×793.75）	0.158	0	−0.07	−0.142
			0.142	−0.07
			0.07	0.142
			−0.142	0.07
J（84.138×914.4）	0.158	0	0.07	−0.142
			0.142	0.07
			−0.07	0.142
			−0.142	−0.07

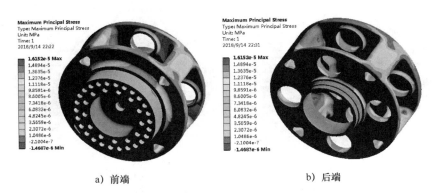

图 8-17　行星架第一主应力分布云图

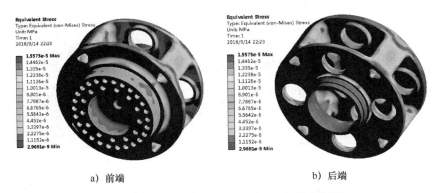

图 8-18　单位载荷下行星架等效应力分布云图

3. 行星架疲劳分析结果

行星架疲劳寿命与疲劳损伤分布云图如图 8-19 与图 8-20 所示。根据疲劳寿命分布云图，疲劳强度因子较小位置出现在行星架前端、后端以及柱子的应力集中处。行星架疲劳损伤最严重的 10 个节点见表 8-9。行星架最大疲劳损伤率为 0.6396，最小疲劳强度因子 FOS＝1.564，行星架其他部位疲劳强度均比较高，大部分区域为无穷寿命。设计目标值为 1.265，满足 GB/T 19073—2018《风力发电机组　齿轮箱设计要求》。

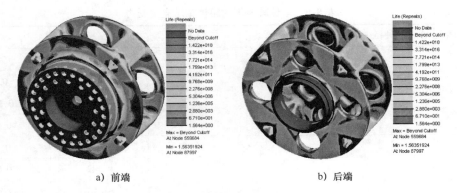

a) 前端   b) 后端

图 8-19　行星架疲劳寿命分布云图

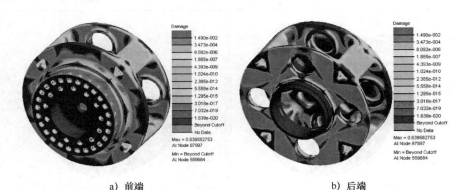

a) 前端   b) 后端

图 8-20　行星架疲劳损伤分布云图

表 8-9　行星架疲劳损伤最严重的 10 个节点

序号	节点编号	损　伤　率	疲劳强度因子	序号	节点编号	损　伤　率	疲劳强度因子
1	87997	0.6396	1.564	6	98072	0.5616	1.781
2	87609	0.6021	1.661	7	482378	0.5411	1.848
3	89225	0.5968	1.676	8	479701	0.5169	1.935
4	478891	0.5842	1.712	9	89226	0.5108	1.958
5	87608	0.5771	1.733	10	479727	0.5107	1.958

8.5　考虑结合面摩擦的法兰盘疲劳强度分析模型

法兰连接常用于连接管道、轴类零件或者载荷的传递。对于传递载荷的法兰连接，实际工况常属于动载荷，容易导致法兰盘疲劳失效，其中典型的例子就是风力发电系统的输入法兰盘，如图 8-21 所示。作为传输动力的关键部件，法兰盘的疲劳寿命直接关系到整个传动系统的正常运行，如果在其发生疲劳破坏之后再对其进行检修将造成大量物力和财力损失。因此，从经济成本和安全性两方面考虑，必须在投入生产前就对法兰盘进行疲劳损伤计算和疲劳强度校核。

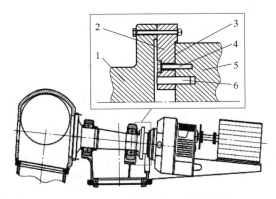

图 8-21 风电齿轮箱输入法兰连接

1—主轴 2—法兰盘 3—法兰连接面 4—螺栓连接 5—行星架 6—销轴

法兰盘在传输动力过程中由于摩擦力参与载荷的传递，其受力方式与以上各种研究对象均有所不同，摩擦系数的大小直接影响着法兰盘的受力分布与疲劳强度，因此并不能套用以往的疲劳损伤计算模型。这里提出一种考虑摩擦系数的法兰盘疲劳损伤计算模型。以某型风电齿轮箱输入法兰盘为例，计算法兰连接面取不同摩擦系数时法兰盘的疲劳损伤和疲劳强度，得到了摩擦系数对法兰盘受力分布以及疲劳强度的影响关系。

8.5.1 摩擦系数对法兰盘载荷分布的影响

法兰盘连接通过摩擦力矩和销轴传递载荷，工作过程中法兰盘销孔受到切向压力，如图 8-22 所示。根据米勒疲劳损伤累积理论，伴随着循环次数的增加，销孔内产生疲劳损伤，当总疲劳损伤 D 大于许用值 $D_{\max}$ 时，法兰盘发生疲劳破坏，$D_{\max}$ 根据不同的规范对应不同的取值。将法兰接触面近似为完整的圆环，则最大静摩擦力矩为

$$T_{f\max} = 2\pi pf \int_r^R x^2 \mathrm{d}x \qquad (8-5)$$

式中，p 为接触面上单位正压力；f 为摩擦系数；r 为接触面内圆半径；R 为接触面外圆半径。

根据静摩擦力的性质，当总输入转矩 T 小于最大静摩擦力矩时，摩擦力矩等于输入转矩，而当总输入转矩大于最大静摩擦力矩时，载荷由摩擦力矩和销孔同时传递。利用式 (8-5) 推得法兰盘销孔传递的转矩为

$$\begin{cases} T_{pin} = 0 & (T \leqslant T_{f\max}) \\ T_{pin} = T - T_{f\max} & (T > T_{f\max}) \end{cases} \qquad (8-6)$$

由式 (8-6) 可知，输入转矩从 0 开始增大时，法兰盘销孔传递的转矩与输入转矩之间的关系满足图 8-23 所示的非线性关系。由式 (8-6) 进一步可推得每个销

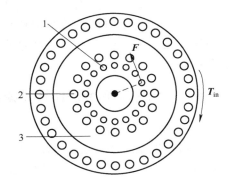

图 8-22 法兰连接受力示意图

1—销孔 2—螺栓孔 3—接触面 T_{in}—输入转矩 F—销孔受力

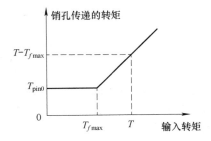

图 8-23 销孔传递的转矩与输入转矩的非线性关系

孔所受到的切向力为

$$
\begin{cases}
F_p = 0 & (T \leqslant T_{f\max}) \\
F_p = \dfrac{T_{pin}}{r_b \times n} & (T > T_{f\max})
\end{cases}
\tag{8-7}
$$

式中，r_b 为销孔与法兰盘旋转中心的距离；n 为销孔数量。由式（8-7）可知，当摩擦系数 f 不为 0 时，输入转矩与法兰盘销孔承受的转矩满足非线性关系。

在法兰连接中，螺栓预紧力通常是不变的，即法兰连接面的正压力不变，摩擦力矩的大小是由摩擦系数直接决定的。由式（8-5）可知，载荷不变的情况下摩擦力矩与摩擦系数呈正比例关系。为了进一步研究摩擦系数对法兰盘疲劳强度的影响，首先研究摩擦系数对法兰盘销孔载荷的影响。根据某型号风电齿轮箱参数，法兰连接面单位正压力 $P = 40\ \text{N/mm}$，接触面外圆半径 $R = 425\ \text{mm}$，接触面内圆半径 $r = 175\ \text{mm}$。当摩擦系数 f 分别为 0、0.1、0.2、0.3、0.4、0.5 时，计算得到的销孔传递转矩占比随输入转矩变化关系如图 8-24 所示。

根据图 8-24 可知，随着摩擦系数的增大，摩擦力矩所占比例越来越大，销孔传递载荷比例随之减小。特别地，当摩擦系数为 0 时，法兰连接所传递的载荷全部由销孔承受，此时销孔载荷等于输入载荷。

由于法兰连接中的摩擦属于静摩擦，接触面也较大，造成的疲劳损伤较小，其疲劳破坏危险点位于销孔，主要是由销孔载荷造成的。由以上的分析可知，法兰连接中的摩擦系数越小，销孔传递的载荷比例越大。

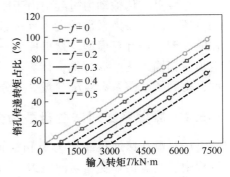

图 8-24　销孔传递转矩占比随输入转矩变化关系

8.5.2　法兰盘疲劳损伤计算模型

1. 疲劳损伤理论

对于模型总的疲劳损伤的计算，目前应用最广泛的是 Palmgren-Miner 线性损伤理论。1977 年，Hashin 等提出采用材料 $S\text{-}N$ 曲线并结合 Palmgren-Miner 线性损伤理论计算试件疲劳损伤的方法，并通过一系列试验证明了其可靠性。随后，Leipholz 提出了修正的 $S\text{-}N$ 曲线的概念，修正的 $S\text{-}N$ 曲线考虑了更多的载荷因素，因此得到了广泛的应用。这里也采用了修正的 $S\text{-}N$ 曲线，其表达式为

$$
\begin{cases}
S_a = \Delta\sigma_A^* \left(\dfrac{N}{N_D}\right)^{b_2} & (0 < S_a \leqslant \Delta\sigma_A^*) \\
S_a = \Delta\sigma_A^* \left(\dfrac{N}{N_D}\right)^{b_1} & (\Delta\sigma_A^* < S_a \leqslant \Delta\sigma_1)
\end{cases}
\tag{8-8}
$$

式中，S_a 为应力幅值；$\Delta\sigma_A^*$ 为 $S\text{-}N$ 曲线低周疲劳拐点对应的应力幅值；N_D 为 $S\text{-}N$ 曲线低周疲劳拐点对应的循环次数；b_1、b_2 为 $S\text{-}N$ 曲线的斜率。不同应力幅值 S_a 循环 n 次造成的总损伤为

$$
D = \sum_{i=1}^{n} \frac{n_i}{N_i}
\tag{8-9}
$$

式中，n_i 为第 i 个应力幅循环次数；N_i 为 S-N 曲线上应力幅值为 S_{ai} 时对应的循环次数。

对于等幅非对称循环应力，还需要考虑平均应力造成的损伤。使用 Goodman 的平均应力修正理论，假设平均应力与应力幅呈线性关系：

$$S_a = \left(1 - \frac{S_m}{S_u}\right)S_e \tag{8-10}$$

式中，S_a 为应力幅值；S_m 为平均应力；S_u 为极限抗拉强度；S_e 为疲劳极限。

考虑平均应力影响后的疲劳总损伤为

$$D = \frac{\sum\limits_{i=1}^{n} n_i}{N_D \left(\dfrac{S_{ai}S_u}{(S_u - S_m)\Delta\sigma_A^*}\right)^{1/b_j}} \tag{8-11}$$

式中，$j=1$ 或 2，取决于应力幅值大小。用来创建材料 S-N 曲线的测试数据主要是单轴状态，但实际工作中零件的受力状态通常是多轴的。

在计算疲劳损伤时，可以将多轴应力结果转换为单轴值，常用的方法是等效应力法：

$$\begin{aligned}
\varepsilon_{eq} &= \frac{1}{(1+v)\sqrt{2}}\left[(\varepsilon_1 - \varepsilon_2)^2 + (\varepsilon_2 - \varepsilon_3)^2 + (\varepsilon_3 - \varepsilon_1)^2\right]^{\frac{1}{2}} \\
&= \frac{\delta_f'}{E}(2N_f)^b + \varepsilon_f'(2N_f)^c
\end{aligned} \tag{8-12}$$

式中，δ_f' 为疲劳强度系数；E 为弹性模量；ε_f' 为疲劳延性系数；b 和 c 分别为疲劳强度指数和疲劳延性指数。

2. 载荷谱雨流统计

为了计算法兰盘销孔内疲劳损伤，首先使用三点统计法将原始输入载荷转化为销孔载荷，即利用式（8-6）得到销孔传递的转矩：

$$\begin{cases} T_{pi} = 0 & (T_i \leqslant T_{f\max}) \\ T_{pi} = T_i - T_{f\max} & (T_i > T_{f\max}) \end{cases} \tag{8-13}$$

式中，T_i 为原载荷时间序列中第 i 个载荷的大小；T_{pi} 为转换后的第 i 个转矩载荷大小。

利用雨流统计法将销孔载荷时间序列转化为图 8-25 所示的若干个幅值为 T_{ai}、平均值为 T_{mi}、循环次数为 n_i 的等幅对称循环载荷。

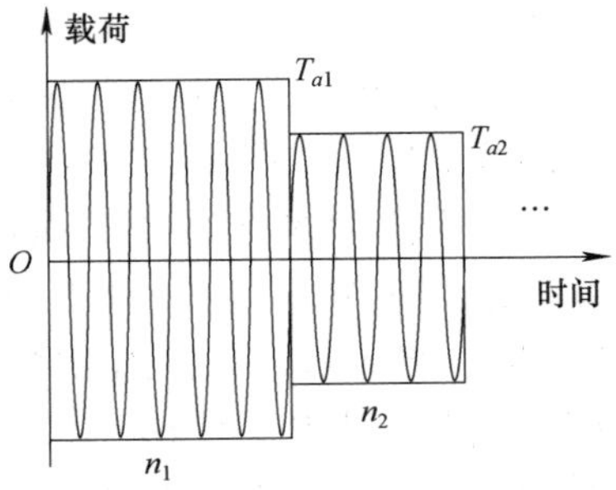

3. 法兰盘疲劳寿命预测模型

转换后的载荷谱是作用于销孔的载荷谱，载荷大小与等效应力大小成正比。利用计算出的单位载荷节点等效应力 σ_0 推得

$$\begin{cases} \sigma_i = 0 & (T_i \leqslant T_{f\max}) \\ \sigma_i = (T_i - T_{f\max})\sigma_0 & (T_i > T_{f\max}) \end{cases} \tag{8-14}$$

图 8-25　雨流统计后的载荷谱

式中，σ_i 为时间序列中第 i 个载荷对应的等效应力。

结合非对称载荷谱与式（8-14）推得销孔内危险点的等幅非对称循环应力：

$$\begin{cases} S_{ai} = T_{ai}\sigma_0 \\ S_{mi} = T_{mi}\sigma_0 \end{cases} (T_i > T_{f\max}) \qquad (8\text{-}15)$$

式中，S_{ai} 为第 i 个等幅非对称载荷应力的幅值；S_{mi} 为第 i 个等幅非对称应力对应的应力均值。

结合式（8-10）、式（8-11）和式（8-15），首先将等幅非对称应力转换为等幅对称应力，然后推导出销孔处节点基于载荷谱的疲劳总损伤：

$$D' = \frac{\sum\limits_{i=1}^{n} n_i}{N_D \left(\dfrac{T_{ai}\,\sigma_0\,S_u}{(S_u - S_m)\Delta\sigma_A^*} \right)^{1/b_j}} \qquad (8\text{-}16)$$

根据 Palmgren-Miner 线性损伤理论，当损伤值达到 1 时，零件发生疲劳破坏，则根据总损伤推算出法兰盘的疲劳强度因子为

$$\mathrm{FOS} = \frac{1}{D'} \qquad (8\text{-}17)$$

式中，FOS 为疲劳强度因子。法兰盘疲劳损伤及疲劳强度计算流程如图 8-26 所示。

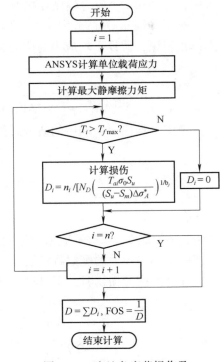

图 8-26 法兰盘疲劳损伤及疲劳强度计算流程

8.5.3 算例

以某机型风电齿轮箱的输入法兰盘为例进行分析。已知该法兰盘的材料为 42CrMoA，弹性模量为 206 GPa，泊松比为 0.3；根据 GL2010 认证规范计算得材料 S-N 曲线中的 $\Delta\sigma_A^* = 257.89$ MPa，$N_D = 1.002 \times 10^6$；法兰连接面单位正压力 $P = 40$ N/mm，接触面内径为 175 mm，外径为 425 mm。则根据式（8-1）得到最大静摩擦力矩为 2674.6 kN·m。在 ANSYS 中对销孔施加单位转矩 1 kN·m，计算的等效应力如图 8-27 所示。

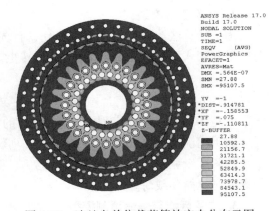

图 8-27 法兰盘单位载荷等效应力分布云图

利用法兰盘载荷的非线性分布关系，在摩擦系数 f 分别为 0、0.1、0.2、0.3、0.4、0.5 时，将输入载荷转化为销孔载荷。结合式（8-5）和式（8-14），计算得到载荷谱的雨流统计结果，其中工况 DLC1.2-18-0 在不同摩擦系数下的时间序列如图 8-28 所示，在 $f = 0.4$ 时的雨流统计如图 8-29 所示。

选取等效应力最大的节点作为疲劳破坏危险点，结合式（8-16）~ 式（8-18），计算出不同摩擦系数下法兰盘疲劳损伤 D 和疲劳强度因子 FOS。计算结果见表 8-10，疲劳强度随摩擦系数变化如图 8-30 所示。

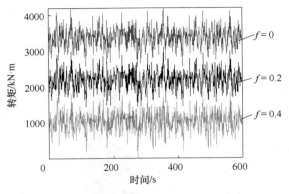

图 8-28　工况 DLC1.2-18-0 载荷时序图

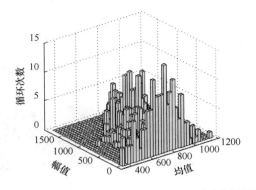

图 8-29　f=0.4 时工况 DLC1.2-18-0 雨流统计图

表 8-10　疲劳损伤与疲劳强度计算结果

f	D	FOS	f	D	FOS
0	2.963	0.338	0.3	0.304	3.292
0.1	1.827	0.547	0.4	0.110	9.113
0.2	1.218	0.821	0.5	0.074	13.48

由表 8-10 的计算结果可知，在不考虑摩擦力矩 （f=0） 时，法兰盘损伤 D 大于 1，而随着摩擦系数增大，疲劳损伤值逐渐下降。结合表 8-10 及图 8-30，利用插值法可求得，当摩擦系数取 0.224 时，疲劳损伤值 D=1。由此可见，如果法兰连接面的摩擦系数小于 0.224，应使用黏合剂增加摩擦系数，否则可能会导致法兰或销连接出现疲劳失效。

通过上述分析可知，在摩擦系数 f 不为 0 时，法兰盘销孔传递的载荷与输入载荷存在非线性关系，并且销孔传递的载荷随着摩擦系数的增大而

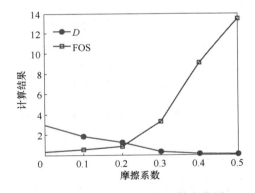

图 8-30　疲劳强度随摩擦系数变化图

减小。可以通过增大摩擦系数来减小销轴所传递的载荷，以此减小销轴所承受的载荷，延长其工作寿命。法兰连接摩擦系数与法兰盘的疲劳损伤结果负相关，即摩擦系数越大，法兰盘的疲劳损伤越小，疲劳强度越高。

8.6　风电齿轮箱行星轮系微动–滑动疲劳失效机理

8.6.1　行星轮系疲劳断裂的工程问题

为提高风电齿轮箱的功率密度，目前风电齿轮箱中大量采用行星轮系，行星轮内孔与其对应的轴承外圈之间一般采用过盈配合。在特殊的受力状态下，行星轮内孔与轴承外圈之间会产生一种微动与滑动相结合的疲劳失效现象。某型号海上风电齿轮箱根据 IEC 61400-4：

2012标准的设计寿命为25年，然而在投入使用后不到两年就发生了行星轮断裂问题，导致低速级行星轮发生严重破坏，如图8-31a所示。将失效的齿轮箱拆解后发现，该级行星轮系中有一个行星轮已经断裂成几段。图8-31b中，将轴承外圈与齿轮内孔的断裂截面进行对比，能够清楚地观察到处于外圈与内孔相配合的位置上的裂纹源。

 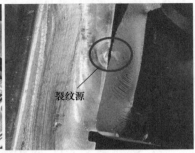

a）断裂的行星齿轮结构　　　　　　　　b）裂纹源

图8-31　疲劳失效的行星轮系

行星轮内孔与轴承外圈的过盈配合在风电齿轮箱运行过程中承受非常严峻的载荷条件。一些学者曾对这种过盈配合面上产生的失效机理进行研究，认为界面剪切力可能超过摩擦极限，导致层状断裂，而过盈配合面上由于微动而产生的细小碎片不能有效地从接触区域排除，进而加速磨损过程，但这些研究仅从微动的角度对过盈配合面的失效进行分析。

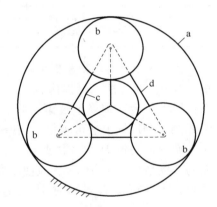

图8-32　行星轮系图

8.6.2　微动–滑动疲劳失效机理

某行星轮系中的一级结构如图8-32所示。在该行星轮系中，行星架d为输入，太阳轮c为输出。内齿圈a是固定的，三个行星轮b在行星架d的作用下绕太阳轮c转动，并且三个行星轮均同时与太阳轮c和内齿圈a啮合。每个行星轮的内孔和对应的轴承外圈之间的配合均为过盈配合。

图8-33所示为在过盈装配情况下，行星轮内孔和轴承外圈之间的应力情况。如图所示，行星轮内孔表面与轴承外圈表面由于过盈配合而受压，两表面沿半径方向沿相反方向发生变形，直到产生的总变形等于设计的过盈量 $\delta=2\Delta=2(\Delta_1+\Delta_2)$，其中，$\Delta_1$ 表示轴承外圈的向内位移，Δ_2 表示齿轮内孔的向外位移。这种过盈配合之间的应力分布可由弹性力学相关知识进

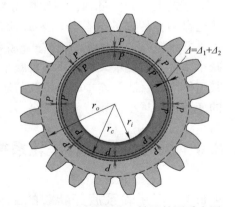

图8-33　行星轮内孔和轴承外圈受力图

行近似求解。将整个装配视作一个组件，其中，行星轮齿根圆 r_o 为组件的外半径，r_c 为过盈装配后齿轮内孔和轴承外圈的半径，r_i 为轴承外圈的内半径。假定过盈配合面的内部压力

是均匀分布的，然后可以相应地确定应力状态。

两表面由于过盈配合产生的径向位移 Δ_1 和 Δ_2 的计算如式（8-18）：

$$\begin{cases} \Delta_1 = \dfrac{r_c}{E_i} P \left(\dfrac{r_c^2 + r_i^2}{r_c^2 - r_i^2} - v_i \right) \\[4mm] \Delta_2 = \dfrac{r_c}{E_o} P \left(\dfrac{r_o^2 + r_i^2}{r_o^2 - r_i^2} + v_o \right) \end{cases} \tag{8-18}$$

式中，E_i 和 v_i 分别为轴承外圈的弹性模量和泊松比；E_o 和 v_o 分别为行星轮的弹性模量和泊松比。压力 P 能够用已知的参数通过式（8-19）进行计算。

$$P = \dfrac{\delta}{\dfrac{r_c}{E_i} \left(\dfrac{r_c^2 + r_i^2}{r_c^2 - r_i^2} - v_i \right) + \dfrac{r_c}{E_o} \left(\dfrac{r_o^2 + r_i^2}{r_o^2 - r_i^2} + v_o \right)} \tag{8-19}$$

类似地，径向应力分量 σ_r 和切向应力分量 σ_τ 分别可以由式（8-20）和式（8-21）计算：

$$\sigma_r(h) = \begin{cases} \dfrac{r_c^2 P}{r_o^2 - r_c^2} - \dfrac{r_c^2 r_o^2 P}{(r_o - h)^2 (r_o^2 - r_c^2)}, & h \leq r_o - r_c \\[4mm] \dfrac{r_c^2 P}{r_c^2 - r_i^2} - \dfrac{r_c^2 r_i^2 P}{(r_o - h)^2 (r_c^2 - r_i^2)}, & r_o - r_c < h \leq r_o - r_i \end{cases} \tag{8-20}$$

$$\sigma_\tau(h) = \begin{cases} \dfrac{r_c^2 P}{r_o^2 - r_c^2} + \dfrac{r_c^2 r_o^2 P}{(r_o - h)^2 (r_o^2 - r_c^2)}, & h \leq r_o - r_c \\[4mm] \dfrac{r_c^2 P}{r_c^2 - r_i^2} + \dfrac{r_c^2 r_i^2 P}{(r_o - h)^2 (r_c^2 - r_i^2)}, & r_o - r_c < h \leq r_o - r_i \end{cases} \tag{8-21}$$

式中，h 为从行星轮内孔表面沿径向变形的深度。

可以发现，过盈量的大小分别影响沿深度方向的径向、切向应力和极限转矩。图 8-34 所示为行星轮与轴承的过盈量从 $60 \sim 120\ \mu m$ 过程中径向和切向应力的变化趋势。图 8-34 中的界面表示行星轮内孔和轴承外圈之间的过盈配合表面。在该界面处，作用在行星轮内孔和轴承外圈上的径向应力在相反的方向上相同，并且由于行星轮内孔和轴承外圈表面的硬度不同，径向和切向应力都发生突变。但是，由于过盈配合，过盈配合表面上的摩擦力应满足 Amonton 定律。在本书中，极限转矩 T_j 被定义为确保过盈配合表面不会打滑的最小转矩。此极限转矩可以由式（8-22）计算。

$$T_j = 2\pi r_c^2 P \mu l_g \tag{8-22}$$

式中，μ 为摩擦系数；l_g 为行星轮的齿宽。

在某一瞬时的啮合状态下，行星轮系中任意行星轮的受力分析如图 8-35a 所示。行星架绕太阳轮的轴线逆时针方向旋转。F_{CB} 是在转矩 T 的作用下由于行星架的转动而作用在轴承上的力。F_{IG} 和 F_{SG} 分别是行星轮和内齿圈以及行星轮和太阳轮啮合的动态啮合力。上标 n 和 t 分别代表径向分量和切向分量。在这三个力的作用下，行星轮会发生如图 8-35b 所示的轻微弹性变形。这种轻微的弹性变形将减小局部过盈量，甚至在某些极端情况下两表面会分离，极限转矩 T_j 也将随之降低。当忽略啮合误差时，行星轮、内齿圈和太阳轮的啮合频率相同。研究发现，行星轮和内齿圈之间动态啮合力的幅值略大于行星轮和太阳轮之间动态啮合力的幅值。因此，可以认为动态啮合力 F_{IG} 和 F_{SG} 的幅值是不同的。假设 $F_{IG} > F_{SG}$，则存在 $F_{IG} - F_{SG} > 0$，这个差值会导致过盈配合面上产生如图 8-35a 所示的瞬时转矩 T_{GB}。因此，根据 T_{GB} 和极限转矩 T_j 之间的大小关系，可以分为以下两种情况。

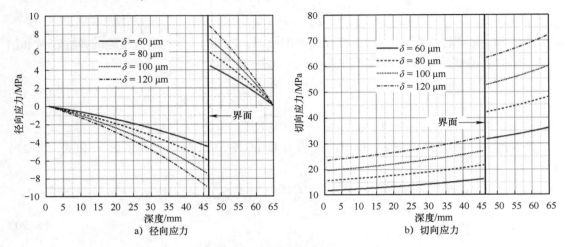

a) 径向应力 b) 切向应力

图 8-34　径向和切向应力的变化曲线

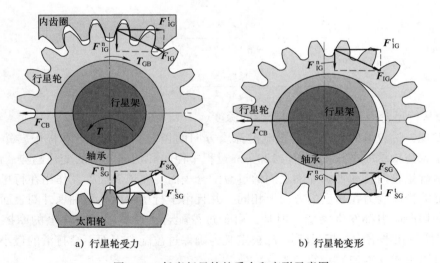

a) 行星轮受力 b) 行星轮变形

图 8-35　任意行星轮的受力和变形示意图

1. 瞬时工作转矩小于极限转矩时

当瞬时工作转矩 T_{GB} 小于极限转矩 T_j 时，啮合引起的冲击力小于过盈配合面上的摩擦力，行星轮内孔和轴承外圈之间不会发生打滑而会发生微动。根据文献对微动接触的描述，行星轮内孔表面和轴承外圈表面的受力状态满足微动接触的条件。当微动发生时，过盈配合面上属于行星轮内表面上的点 N 的运动趋势如图 8-36a 所示。假设一种如图 8-36b 所示的动态啮合力的趋势，其中瞬时啮合力 F_{IG} 的幅值大于 F_{SG} 的幅值。图 8-36c 中带有三角形标记

的曲线表示了 $F_{IG}-F_{SG}$ 的变化趋势，带有菱形标记的曲线表示了由该差值导致的点 N 的位移趋势。当 $F_{IG}-F_{SG}>0$ 时，点 N 沿方向①有位移趋势。当 $F_{IG}-F_{SG}<0$ 时，位移趋势沿方向②减小。在下一次啮合时，点 N 将重复此过程。微动接触过程的高周重复将导致微动接触部位发展成微动磨损和微动疲劳。

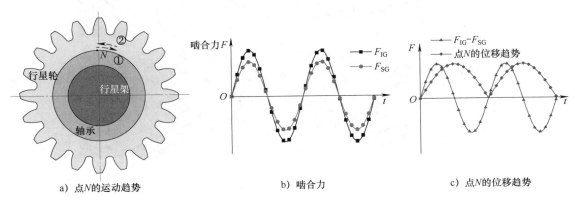

a) 点 N 的运动趋势　　b) 啮合力　　c) 点 N 的位移趋势

图 8-36　行星轮内表面上某点的运动趋势和位移趋势

2. 瞬时工作转矩小于极限转矩时

当瞬时工作转矩 T_{GB} 大于极限转矩 T_j 时，不满足 Amonton 定律的条件。根据图 8-35 的受力分析，行星轮内孔和轴承外圈之间会发生明显的打滑现象，而不是微动现象。为了证明行星轮和轴承会发生滑移，利用有限元方法对行星轮系进行模拟。建立的有限元模型如图 8-37 所示。模型中齿轮的模数为 10 mm，齿轮（太阳轮、行星轮和内齿圈）、轴承和行星架的网格尺寸分别为 3 mm、5 mm 和 10 mm。在该模型中，除行星轮内孔和轴承外圈的过盈配合面外的摩擦系数均为 0。并且由于模型中的行星齿轮和轴承未设置为过盈配合，因此有 $T_{GB} \geqslant T_j$。任选一个行星轮和其对应轴承的两个相邻元素被标记以用来记录滑移状态。行星轮转动一周的时间为 0.7 s，图 8-38 选取了 0 s、0.14 s、0.28 s、0.42 s、0.56 s 和 0.7 s 时两相邻单元的相对滑移状态。在图 8-39 中绘制了这两个标记单元在不同时刻的相对位置。从图中可以看出，两个单元在转动一周的过程中发生了明显滑移。

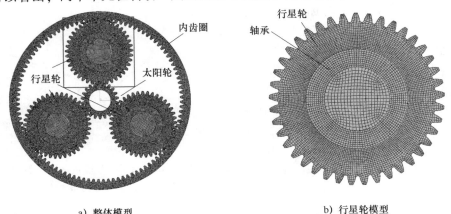

a) 整体模型　　b) 行星轮模型

图 8-37　有限元模型

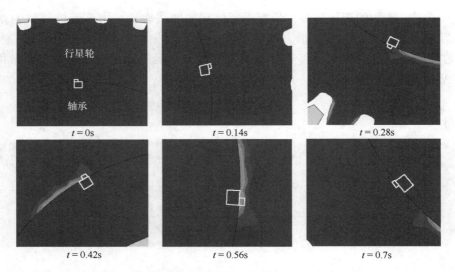

图 8-38 行星轮和轴承在不同时刻的相对滑移状态

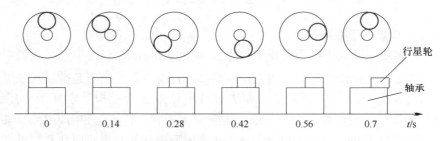

图 8-39 行星轮和轴承相邻单元在不同时刻的相对位置

在此有限元模型中，行星轮和轴承之间只是一般配合而不是过盈配合。因此，极限转矩 $T_j = 0$，并且配合表面容易发生打滑。在工程中，风电齿轮箱中行星轮和轴承外圈的过盈配合表面的极限转矩值也较小。以本节采用的某型号风力齿轮箱中行星轮内孔与轴承外圈之间的过盈配合表面为例，图 8-40 所示为过盈量 δ 从 60~120 μm 时不同摩擦系数 μ 下的极限转矩 T_j。从图 8-40 可以看出，当 $\delta = 120$ μm、$\mu = 0.2$ 时，极限转矩 T_j 约为 38 kN·m，该转矩不足以防止过盈配合表面发生打滑。

图 8-41~图 8-44 所示为轴承表面和齿轮内孔发生微动-滑动疲劳失效的宏观和微观

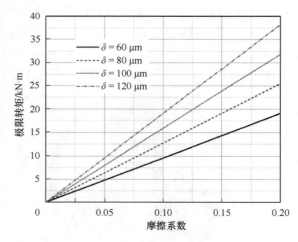

图 8-40 不同的摩擦系数和过盈量下的
极限转矩变化曲线

现象。其中，图 8-41 所示为轴承外圈表面的破坏情况，能够看到由于微动和滑动作用轴承表面材料被剥落而形成的点状坑、齿轮材料附着在轴承表面的凸起以及很明显的滑动痕迹，证明在齿轮和轴承之间发生了滑动。图 8-42 所示为在齿轮表面形成的疲劳条纹，说明这种微动-滑动失效是一种疲劳失效。图 8-43 所示为轴承外圈上形成积屑瘤上的微动磨损现象。图 8-44 所示为由于微动和滑动而堆积在凹坑肩部的层状组织。这些都是行星轮系微动-滑动疲劳失效的一些现象。

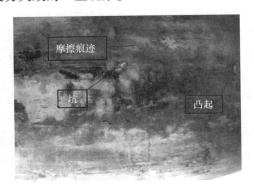

图 8-41　轴承外圈表面的破坏情况

图 8-42　齿轮表面形成的疲劳条纹

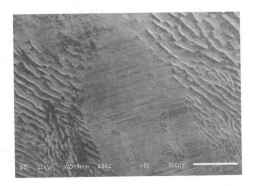

图 8-43　轴承外圈上形成积屑瘤上的微动磨损

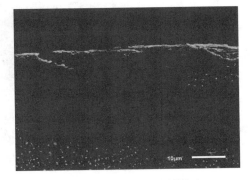

图 8-44　凹坑肩部的层状组织

通过以上分析可知，行星轮内孔和轴承外圈的过盈配合面的疲劳失效模式实际上是一种微动和滑动同时存在的复杂疲劳失效模式。风电机组一般安装在自然条件比较恶劣的环境下，承受温度、湿度变化的范围大，常年受到冲击载荷和交变载荷的作用，加上运行与维护不当，都会对行星轮系结构的使用寿命造成影响，各个齿轮之间的动态啮合力的变化也十分不稳定。在这种特殊的条件下，行星轮和轴承之间的过盈配合面上就容易产生这种微动-滑动疲劳失效模式。影响最大的就是风电机组承受载荷的无规律性，这也是风电齿轮箱区别于普通工业传动装置的最大特点，如早期疲劳裂纹产生时未能得到有效控制，会加速行星轮内孔的损伤，从而改变原先的行星轮内孔和轴承外表面的配合关系，最终导致行星轮内孔从轻微受损发展到疲劳开裂的严重事故。

8.6.3　工程解决方案

由上述分析可知，这种在风电齿轮箱中产生的微动-滑动疲劳失效的根本原因是行星轮和轴承的过盈配合结构及其特殊受力状态。在复杂变载荷以及内外激励共同作用下，风电齿轮箱中行星轮内孔与轴承外圈之间的这种"微动+滑动"问题（工程中又称"跑圈"）是不可避免的，而行星轮变形有可能会引起轴承滚动卡阻，导致轴承外圈和行星轮出现"跑圈"现象，造成行星轮和轴承配合面干摩擦，产生胶合、拉伤、焊合、犁沟等应力集中性质的破坏性因素，在运行中行星轮疲劳断裂或轴承损坏，造成行星轮系早期失效。该问题曾经困扰了国内风电齿轮箱行业近10年，造成了大量的风电齿轮箱事故与巨大的经济财产损失。

行星轮轴承外圈"跑圈"问题是风电齿轮箱行星轮系的一个"瓶颈"问题。只有行星轮系结构上的改变才能从根本上避免微动-滑动疲劳失效的发生，无外圈轴承的行星轮系方案在工程中是一个可行的解决方案，如图8-45所示。由于无外圈轴承的行星轮系方案采用了无外圈轴承设计，彻底解决了轴承"跑圈"的问题。在同等尺寸下，无外圈轴承的滚子更多，提高了轴承的承载能力，同时增加了行星轮的刚度和轮缘壁厚，进而提高了行星齿轮结构的整体抗疲劳能力。在相同功率级别下，可以减小行星轮系的径向尺寸，减轻系统的重量，进而达到齿轮箱的高功率密度设计的目的。目前，该技术已在风电齿轮箱制造行业尤其是大型风电齿轮箱中得到了广泛应用。

a）采用无外圈轴承的行星齿轮

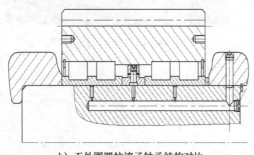
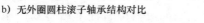

b）无外圈圆柱滚子轴承结构对比

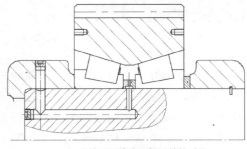

c）无外圈圆锥滚子轴承结构对比

图8-45　无外圈轴承的行星轮系方案

其他一些可采用的提高行星轮内孔抗疲劳性能的具体措施有：

1）通过增加行星轮轮缘壁厚和行星轮齿根圆直径增加滑移极限力矩。

2）适当增加过盈量。

3）增加行星架刚度，减小受载后前后销轴孔的偏移量以降低齿轮受力偏载。

4）行星轮内孔硬化处理，增加表面强度，使其在微动和滑移状态下依然能保持表面完整性。

5）使用抗胶合极压润滑剂等。

8.7　本章小结

本章通过大型风电齿轮箱结构件疲劳强度工程分析具体案例，给出了大型风电齿轮箱的设计要求及载荷处理方法，阐述了大型风电齿轮箱箱体、行星架等结构件材料的疲劳强度基本参数及 S-N 曲线拟合过程，并给出了考虑结合面摩擦的法兰盘疲劳强度分析模型；阐述了风电齿轮箱行星轮系的微动-滑动疲劳失效机理，并给出了针对性的工程解决方案。

1）风电齿轮箱中结构件疲劳强度计算的关键是获得结构件材料的拟合 S-N 曲线。本章根据德国劳埃德船级社的 GL2010 规范中提供的方法，利用材料的参数、零部件的几何参数近似拟合出了 S-N 曲线，并给出了相应的计算过程以及计算实例。

2）结合风电齿轮箱中行星轮内孔与轴承外圈的过盈配合中产生的疲劳失效现象，阐述了在特殊的变载荷条件下，行星轮和轴承之间的过盈配合面上产生的微动-滑动疲劳失效模式是不可避免的，如果希望彻底避免这种疲劳失效模式，必须改变行星轮系的结构形式。

3）风电齿轮箱中，轴类结构件也是关键部件，如输入主轴、太阳轮轴、空心轴、高速轴、行星轮系的销轴等。轴类结构件可以根据标准 DIN 743-1-2000（轴类零件负载能力计算）等进行疲劳强度计算与分析，这里不再赘述。

第9章

大型风电齿轮传动系统运行状态监测与故障诊断

9.1 概述

随着我国风电产业的快速发展，高速发展时期安装的风电机组开始逐步走出质保期，一个巨大的风电运维市场正在逐渐显现。我国风电运维市场当前处于初期被动运维阶段，工作任务主要集中在检修和备品备件方面，大多数风电场还停留在事后维修的水平上。仅靠传统的运维模式很难解决风电运维的各种问题，运维工作逐渐成为风电行业关注的焦点。

风电机组安装在野外几十米的高空，在变风载、大温差等恶劣、变化的工况下，风电机组使用寿命受到极大的影响，尤其是风电齿轮传动系统在交变载荷的作用下很容易出现故障，造成机组停机。较之其他故障，风电齿轮传动系统故障导致的机组停机时间最长，严重影响发电量，造成经济损失；而且风电齿轮传动系统安装维护相当困难，维护费用高，使得运维成本增加，严重损害风力发电的经济效益。因此，对风电齿轮传动系统状态监测和早期故障诊断成为风电运维的研究重点。

解决现役风电机组因增速齿轮传动系统故障导致巨大经济损失的关键在风电齿轮传动系统早期故障出现阶段，即在故障即将出现、刚刚出现或者故障（如磨损、变形、裂纹以及润滑不良）程度尚轻微时，通过对其温度、压力、振动等变量的监测，进一步对风电机组传动系统早期故障进行准确辨识和预示，并据此指导保养和维修工作，及时采取措施，防止造成严重损失，提高风电机组运行的可靠性，延长其使用寿命。

为了提高风电机组运行的可靠性，风电机组通过数据采集与监视控制系统（Supervisor Control and Data Acquisition，SCADA）进行风电机组运行状态数据采集和阈值报警。SCADA系统常采用单一监测量（如油液温度、压力、偏航位置、风速、风向、环境温度、负载、电机功率/电流/电压，以及其他控制信号等）进行风电机组健康状态监测，但是不能全面反映风电机组运行健康状态，且易受到工况、环境的影响而产生故障误报和漏报。为了有效提高风电机组健康状态监测的鲁棒性，利用人工智能方法融合SCADA中多源信息（如风速、有功功率、转子速度、齿轮箱油池温度、齿轮箱进出口压力等）进行风电齿轮传动系统状态监测的方法已成为主要发展趋势。

SCADA系统能在一定程度上对风电齿轮传动系统进行健康状态监测，但SCADA数据采样频率低（通常1 min或10 min采集一次），只能通过异常报警信息初步定性判断风电机组正常与否，无法辨识风电齿轮传动系统的故障类型。相比于温度、压力等缓变信号，振动监测信号中通常包含着丰富的故障信息，对风电齿轮传动系统中齿轮、轴承等机械部件的故障更为敏感。因此，在 SCADA 融合多源信息对风电机组故障预警的基础上，还需要结合振动状态监测系统（Condition Monitoring System，CMS）采集的振动数据，对风电齿轮传动系统进行故障定位与早期故障诊断。通过提取 CMS 振动信号的有效值、峭度、边频带能量比等指标，以监测风电齿轮传动系统不同部件运行状态变化趋势。通过提取振动信号时频高维特征集，结合流形学习维数约简方法和支持向量机等模式识别方法，进行风电齿轮传动系统的早期故障诊断。或在大量样本基础上，采用深度学习构建深层次的模型，自适应地学习振动数据中隐含的故障特征，将特征提取与模式识别两个环节有机地融合在一起，实现风电齿轮传动系统的早期故障诊断。

随着风电运维需求逐步扩大，应用大数据、"互联网+"等信息技术，建立健全风电全生命周期信息监测系统，全面实现风电行业信息化管理是发展趋势。于是，风电企业开始建设风电远程运维平台，将风电机组运行数据（SCADA 数据、CMS 数据、主控系统 FTP 文件、历史故障数据等）和生产管理数据（风资源数据、生产工艺数据、备品备件管理数据等）进行统一收集与管理，构成风电运维大数据，使得开展大数据驱动的风电齿轮传动系统健康管理成为可能。通过多源异构风电大数据采集、大数据清洗与融合，结合分布式存储与并行计算技术，融入人工智能数据挖掘模型，能够快速充分地挖掘风电大数据中潜在有效的价值，对高质量、高可靠地实现对风电齿轮传动系统的健康状态监测、远程故障诊断和寿命预测具有重要的理论意义和应用价值。

9.2　深度学习融合 SCADA 数据的状态监测

9.2.1　状态监测流程

风电机组数据采集与监控系统（SCADA）的采样间隔为 1~10 min，运营风场通常会产生大量 SCADA 数据，包括从功率输出、环境参数到系统开关量等数据，与风速相关的参数，例如风速、风向和偏航角度等；与风电机组性能相关的参数，如有功功率、转子速度和叶片桨距角等；与风电机组温度相关的参数，如齿轮箱油池温度、齿轮箱进口油温、齿轮箱冷却水温度等；与风电机组压力相关的参数，如齿轮箱出口压力、齿轮箱进口压力等。这些参数里包含风电齿轮传动系统运行的各种状态信息，可以通过分析 SCADA 数据，监测风电齿轮传动系统的运行状态。

采用单一 SCADA 参数进行风电齿轮传动系统状态监测，能够表征的状态信息有限，容易出现故障误报、漏报等情况。采用机器学习方法，融合多个 SCADA 参数，建立正常运行时有关状态变量的模型，通过监测预测值与实际值的残差动态变化进行风电齿轮传动系统状态评估及故障预警。由于风电机组 SCADA 数据是一种非线性、复杂多变的时间序列数据，其参数值不仅与当前时刻有关，还受过去状态变化的影响。传统机器学习方法的浅层结构限制了其挖掘数据的能力，在 SCADA 参数值随工况与时间不断变化的情况下，难以表征风电齿轮箱的运行状态。

深度学习具有强大的特征学习能力，通过分层提取数据信息，能建立复杂非线性模型。深度学习融合 SCADA 数据的风电齿轮传动系统状态监测流程如图 9-1 所示。首先对风电机组 SCADA 参数进行数据清洗和参量选择，消除冗余数据；然后使用深度学习模型学习历史正常数据特征，对其进行拟合，并根据拟合结果计算报警阈值；最后在实际检测过程中，将在线实时数据输入已训练的深度学习模型中，输出对应的残差值，并与报警阈值进行比较，从而判断风电齿轮传动系统的健康状态。

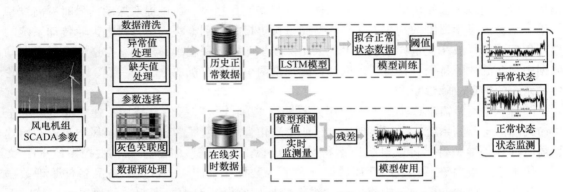

图 9-1　深度学习融合 SCADA 数据的风电齿轮传动系统状态监测流程

　　采用不同的深度学习方法，如深度神经网络（Deep Neural Network，DNN）和深度置信网络（Deep Belief Network，DBN），建立齿轮箱正常行为模型，并用指数加权移动平均值（Exponential Weighted Moving Average，EWMA）监测残差的变化，进行风电齿轮箱状态监测。但这些不具有时间记忆能力的深度学习算法因不能充分挖掘 SCADA 数据的时序信息而导致风电齿轮箱状态预测精度不高。长短时记忆（Long Short-Term Memory，LSTM）网络是一种基于时序相关数据的深度学习算法，它能够记忆过去的信息，并与当前时刻的输入融合预测下一时刻的输出。相较于其他深度学习算法，LSTM 网络能充分挖掘数据的时序信息以提高预测精度。因此，采用 LSTM 网络融合 SCADA 数据，实现风电齿轮传动系统状态监测。

9.2.2　LSTM 融合 SCADA 数据的预测模型

　　LSTM 网络作为一种递归型神经网络，能处理时序相关数据。其特殊的网络结构能将信息一层一层地依次传递，使当前时刻的神经元能结合先前的信息计算输出，具备保持信息的能力。采用 LSTM 模型融合多个 SCADA 参数，可充分挖掘各个参数的时序信息以及参数之间的耦合信息，得到一个能表征传动系统运行状态的某个监测量的预测值，再与该监测量的实测值进行比对以评估风电传动系统当前的运行状况。

1. LSTM 基本原理

　　LSTM 基本结构单元又称为细胞，如图 9-2 所示。其中，X_t，$X_t \in \mathbf{R}^n$ 是 t 时刻的 n 维输入数据，H_t 与 H_{t-1} 分别为 t 时刻与 $t-1$ 时刻的隐藏层状态信息，C_t 和 C_{t-1} 分别为 t 时刻与 $t-1$ 时刻的细胞状态信息。LSTM 通过三个特殊设

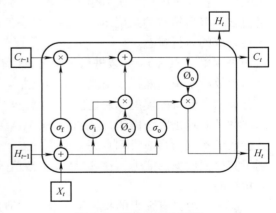

图 9-2　基本 LSTM 细胞

计的逻辑门结构（分别是遗忘门、输入门、输出门，如图9-2中σ_f、σ_i、σ_o所示），选择性地决定信息是否能够通过，从而保持和更新神经元信息。LSTM的这种门控机制能让信息选择性通过，使记忆细胞具有保存长距离信息的能力，并在训练过程中防止内部梯度受外部干扰。

LSTM按照链式结构传递时序信息，每个细胞计算出的信息按照时间顺序依次传递。首先在确定输入参数个数N后，设置时间步长k以得到输入时序数据，其中t时刻的输入数据为$X_t = (x_{1t}, \cdots, x_{Nt})$。然后设置细胞个数$M$，得到隐藏层的$M$个细胞$C_1, \cdots, C_M$，将时序数据代入LSTM网络，通过链式结构挖掘时间信息。网络中权值和偏置的更新采用基于时间的反向传播算法（Back-Propagation Through Time，BPTT）进行。

2. LSTM融合SCADA数据的预测模型

风电机组SCADA数据量大、参数众多，采用多层LSTM网络构建LSTM融合SCADA数据的预测模型，其结构如图9-3所示。

第一层为输入层，在选择与某个监测量关联密切的多个SCADA参数作为模型输入量后，依据所需的时间记忆功能设置时间步长k，构建用于预测的多参数SCADA时序数据。第二层为隐藏层，将输入数据传入隐藏层，每层LSTM网络都将挖掘的SCADA数据时序与耦合信息逐层传递，最后一层LSTM网络将信息传入全连接层，实现多层LSTM网络挖掘信息的融合，而LSTM网络的层数和每层网络的细胞个数需要依据风电机组SCADA数据和所需的时间记忆功能来确定。最终在输出层得到某个监测量的预测值。

9.2.3 LSTM融合SCADA数据的风电齿轮传动系统状态监测

LSTM融合SCADA数据的风电齿轮传动系统状态监测流程如图9-4所示，下面介绍其具体过程。

1. SCADA参数选择与数据清洗

若将SCADA参数全部作为预测模型输入，会极大地增加预测模型的复杂度和运算时间。同时，为了提高预测模型的预测精度，需要定性地选择对预测量有影响的参数。灰色关联度分析是通过比较曲线之间的相似程度来判断因素之间的关联程度。

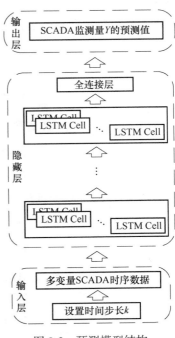

图9-3 预测模型结构

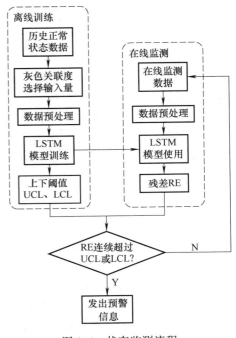

图9-4 状态监测流程

采用灰色关联度，可以有效选择与表征风电齿轮传动系统运行状态的某个监测量关联度大的 SCADA 参数作为模型的输入量。

设参考数列 $x_o = \{x_o(k) \,|\, k = 1, 2, \cdots, n\}$ 是表征风电齿轮传动系统运行状态的某监测量，比较数列 $x_i = \{x_i(k) \,|\, k = 1, 2, \cdots, n\}, i = 1, 2, \cdots, m$ 是用于和参考数列比较计算出关联度的其余 SCADA 参数，关联系数的计算如式（9-1）所示。

$$\zeta_i(k) = \frac{\left(\min_i \min_t |x_o(t) - x_i(t)| + \rho \cdot \max_i \max_t |x_o(t) - x_i(t)| \right)}{\left(|x_o(k) - x_i(k)| + \rho \cdot \max_i \max_t |x_o(t) - x_i(t)| \right)} \tag{9-1}$$

式中，ρ 为分辨系数，取值区间为（0，1），本节取 0.5；$\max_i \max_t |x_o(t) - x_i(t)|$ 和 $\min_i \min_t |x_o(t) - x_i(t)|$ 分别为两级最大值和最小值。由于每个比较数列与参考数列的关联程度是通过 n 个关联系数来反映的，需要对关联信息做集中处理以便从整体上进行比较。这里通过求平均值的方式来进行计算，如式（9-2）所示。基于计算结果，选择与表征风电齿轮传动系统运行状态的某个监测量关联度大的参数作为输入量。

$$\gamma_i = \frac{1}{n} \sum_{k=1}^{n} \zeta_i(k), \ i = 1, 2, \cdots, m \tag{9-2}$$

从风场采集到的原始 SCADA 数据由于传输异常、传感器故障等原因，会出现部分异常值和缺失值，在数据预处理过程中都将被剔除。

2. LSTM 模型训练与预警阈值确定

根据 SCADA 数据量和所需时间记忆功能，设定 LSTM 模型的参数。使用历史正常状态的 SCADA 数据对 LSTM 模型的权重、偏置等进行训练，使模型能够得到正常状态下风电齿轮传动系统某个监测量的预测值。设某个监测量的预测值与实测值的残差为 RE，其计算如式（9-3）所示。

$$RE = y_i - f_i \tag{9-3}$$

风电齿轮传动系统多数时刻处于正常工作状态，模型输入的参数位于正常工作区间内，模型预测效果较好，残差较小。而当风电齿轮传动系统工作状态异常时，其动态特性将发生改变，输入参数间的关系将发生变化，偏离或者超出正常工作状态空间，使实测值和预测值出现越来越大的偏差，导致残差发生偏移并增大。残差是一个随机变量，一般服从正态分布。根据三西格玛准则，在正态分布中，数据点有 99.74% 分布在 $\mu \pm 3\sigma$ 范围内。假定分布在 $\mu \pm 3\sigma$ 范围外的点为异常点，由此设定上下阈值，其计算如式（9-4）和式（9-5）所示。

$$U_{\mathrm{CL}} = \mu + 3\sigma \tag{9-4}$$
$$L_{\mathrm{CL}} = \mu - 3\sigma \tag{9-5}$$

式中，U_{CL} 为上界阈值；L_{CL} 为下界阈值；μ 和 σ 为在齿轮箱正常状况下计算出的某个监测量的残差均值与标准差。

3. 在线状态监测与预警

在得到 LSTM 模型后，使用在线监测的数据进行风电齿轮传动系统状态监测。将预处理后的 SCADA 数据导入 LSTM 模型中，计算出预测值，与实测值相减即得残差。当残差连续超过设定的上下阈值时，可以判定异常状态，发出故障预警信息。

9.2.4 案例分析

采用某风场6号风电机组的SCADA数据进行应用分析。该风场风电机组的额定功率为2 MW，SCADA数据采样间隔为1 min。选取数据的时间跨度为2016年3月28日到2016年5月18日，6号风电机组在5月18日夜间出现齿轮箱故障。当风电齿轮传动系统运行异常时，其齿轮箱润滑油温度预测残差的统计特性会发生较大的改变，因此选用齿轮箱润滑油温度作为状态变量并以温度残差为阈值对风电齿轮传动系统故障进行预警。从上百个SCADA参数中选出23个参数，采用灰色关联度分析，计算23个SCADA参数与齿轮箱润滑油温度的关联度，部分结果见表9-1。

表 9-1 部分 SCADA 参数的灰色关联度

SCADA 参数	齿轮箱进口油温	齿轮箱冷却水温度	有 功 功 率	瞬 时 风 速	环 境 温 度
灰色关联度	0.86	0.78	0.64	0.72	0.73

选择了与齿轮箱润滑油温度关联密切的17个SCADA参数作为LSTM模型的输入量，齿轮箱润滑油温度为LSTM模型输出量。将3月28日到5月10日的数据作为训练集，用于训练LSTM正常行为模型；将5月11日到5月14日、5月15日到5月18日的数据作为测试集，分别用于验证正常状态和异常状态。经过数据预处理后，训练集的数据为63120组，测试集数据分别为5620组和5464组。为了消除量纲的影响，采用归一化方法对数据进行了处理。

根据SCADA数据量对LSTM网络中的超参数进行设置。输入层时间步数 k 设置为6，LSTM网络的隐藏层设置为2层，每层细胞为40个。在LSTM网络后接入一个全连接层，计算得到预测值，采用Adam基于训练数据迭代地更新细胞权重。

在使用训练集建立LSTM正常状态模型后，分别用5月11日到5月14日（图9-5、图9-6）与5月15日到5月18日（图9-7、图9-8）的数据作为测试集，计算出残差。其中，5月11日到5月14日期间，风电齿轮传动系统运转正常，将该段时间的数据输入LSTM模型，计算出正常状态下的残差；根据式（9-4）和式（9-5）计算出上下阈值 U_{CL} 和 L_{CL}，分别为0.52和-0.52。正常状态监测结果如图9-5和图9-6所示。

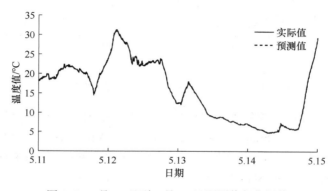

图 9-5 5 月 11 日到 5 月 14 日预测值与实际值

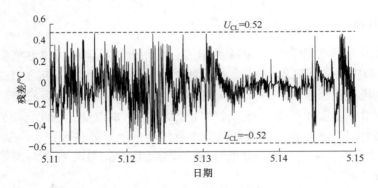

图 9-6　5 月 11 日到 5 月 14 日残差

　　由于该风场地处山区，SCADA 参数随着工况波动与环境变化不断改变，部分时刻风机满负荷运行，使得润滑油温度在部分时刻变化幅度较大。从图 9-5 可以看出，当齿轮箱工作正常时，LSTM 模型预测值与实际值基本吻合。计算出的残差在 0 值附近波动，虽然部分时刻较大，但都处于上下阈值区间内，并未偏离正常情况，如图 9-6 所示。因此，通过状态监测可以判断齿轮箱处于正常状况，与实际情况一致。

　　将 5 月 15 日到 5 月 18 日的数据输入 LSTM 模型，融合出预测值，如图 9-7 所示，得到残差，如图 9-8 所示。参照图 9-7 和图 9-8，可以看出 15 日到 18 日下午 3 点之间，齿轮箱工作正常，预测值与实际值无明显偏差。随后齿轮箱润滑油温度实际值与预测值逐渐出现明显偏差，齿轮箱逐渐偏离正常状态，残差也持续偏离正常区间。此时可以判定状态异常，发出故障预警信息。实际情况为该风机在 18 日夜间出现故障，而后在 19 日凌晨停机，符合监测结果。本节所述方法可在故障发生前侦测到异常状态，能有效预警风电齿轮箱故障。

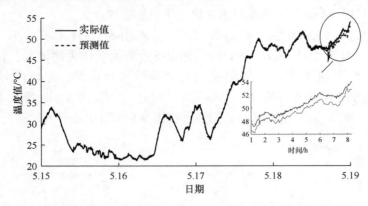

图 9-7　5 月 15 日到 5 月 18 日预测值与实际值

　　为了分析 LSTM 模型的预测精度，采用机器学习算法中的 K 邻近算法（K Nearest Neighbor，KNN）、支持矢量回归（Support Vector Regression，SVR）、BP 神经网络（Back-Propagation Neural Network，BPNN），以及深度学习中的循环神经网络（Recurrent Neural Network，RNN）、深度神经网络（Deep Neural Network，DNN）进行对比试验。

　　采用处理后的训练集数据，建立各个模型，并且计算预测精度。对于 KNN，参数 k 设置为 9，计算方式为 kd-tree。支持矢量回归采用径向基函数（Radial Basis Function，RBF）作

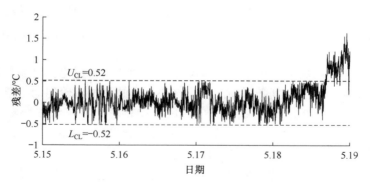

图9-8　5月15日到5月18日残差

为核函数，惩罚参数 C 为 1.0，gamma 为 0.1。BP 神经网络采用 sigmoid 作为激活函数，隐藏层共 3 层，每个隐藏层神经元个数分别为 100、200、100。构建了包含 3 个隐藏层的 DNN，采用 tanh 作为激活函数，同时引入 dropout 避免模型过拟合。RNN 和 LSTM 均有 2 层，隐藏层分别有 40 个细胞，采用 tanh 作为激活函数。采用 MAPE 和 RMSE 对预测精度进行评估，其计算如式（9-6）和式（9-7）所示。

$$\mathrm{RMSE} = \sqrt{\frac{1}{n}\sum_{i=1}^{n}(y_i - f_i)^2} \tag{9-6}$$

$$\mathrm{MAPE} = \frac{1}{n}\sum_{i=1}^{n}\left|\frac{y_i - f_i}{y_i}\right| \tag{9-7}$$

式中，y_i 为实测值；f_i 为预测值；n 为数据个数。每个算法采用相同的训练集运行 10 次，以避免随机误差。最后计算出的平均 MAPE 和 RMSE 见表9-2。

表9-2　不同算法的计算结果

模　型	MAPE	RMSE	模　型	MAPE	RMSE
KNN	2.56	3.62	RNN	1.84	1.05
BPNN	2.31	1.42	DNN	1.74	0.75
SVR	4.43	7.18	**LSTM**	**0.96**	**0.45**

计算结果表明，与传统机器学习算法相比，三种深度学习方法的预测精度更高。同时，由于 LSTM 具有记忆长时间信息的特性，使得它比 DNN 和 RNN 具有更好的预测效果。

9.3　基于 CMS 数据的运行状态监测

随着风电机组单机装机容量的增加，根据行业标准《风力发电机组状态振动监测导则》，风电机组在基于 SCADA 系统进行状态监测的基础上，2MW 及以上风力发电机组必须安装振动状态监测系统（Condition Monitoring System，CMS），通过振动监测信号对风电增速齿轮传统系统进行监测，确保风电齿轮箱维修工作的有序进行，减少风电机组事故。相比温度、压力等缓变信号，振动信号包含的状态信息更丰富，对传动部件异常更敏感，所以振动分析在风电齿轮传动系统运行状态监测上有明显优势，并且振动信号容易解释，可通过提取 CMS 振动信号的有效值、峭度、边频带能量比等振动特征趋势指标进行风电齿轮传动系统运行状态监测。

振动特征趋势指标可将海量风电齿轮传动系统振动数据指标化，直观展现数据中蕴藏的风电齿轮传动系统状态信息，其随时间的变化趋势可反映风电齿轮传动系统运行状态的变化过程。对这些特征指标设定合理的阈值，可在风电齿轮传动系统状态异常时及时报警。因此，确定恰当的风电齿轮传动系统状态监测振动特征趋势指标，并根据振动特征趋势指标进行趋势分析是风电齿轮传动系统状态监测的关键。

本节首先介绍风电齿轮传动系统故障振动特征，再讨论风电齿轮传动系统典型振动特征趋势指标，最后介绍风电齿轮传动系统振动监测系统。

9.3.1 风电齿轮传动系统故障振动特征

1. 振动监测点分布

风电齿轮传动系统是风电机组的核心部分，如图 9-9 所示，通常采用一级行星齿轮加上两级平行齿轮结构，传动比较大，振动信号的频率响应范围很宽，频域分析比一般旋转机械更为复杂。外界风速的不确定性使得风电齿轮传动系统长期在变速变载荷的恶劣工况下运行，容易产生不对中、不平衡、齿轮损伤、轴承损坏、润滑不良、油温过高等各种不同类型的故障，故障诊断和定位困难。

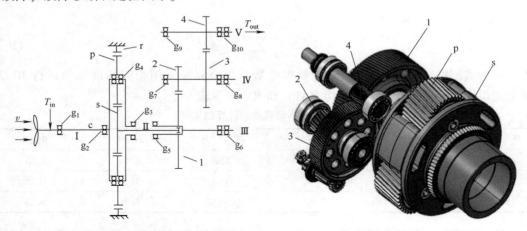

a) 风电齿轮传动系统结构简图　　　　　　b) 风电齿轮传动系统实体装配图

图 9-9　风电齿轮传动系统结构简图

1—中间级主动齿轮　2—中间级从动齿轮　3—高速级主动齿轮　4—高速级从动齿轮　T_{in}—低速端输入转矩
T_{out}—高速端输出转矩　s—太阳轮　p—行星轮　c—行星架　r—内齿圈　g_i—滚动轴承代号（i—轴承编号，$i = 1, \cdots, 10$）

因风电齿轮传动系统结构复杂，传动比大，转速不稳定，载荷变化大，其振动特征时变性强，齿轮、轴承、轴等容易出现故障。因此，风电齿轮传动系统振动监测主要使用加速度传感器和转速计，围绕传动系统关键位置进行布置。典型的振动监测点分布见表 9-3。由于风电齿轮传动系统的高传动比，主轴端与发电机端的转速差异很大，监测系统通常配置低频和标准两种加速度传感器以适应最佳频率响应范围。加速度传感器的安装可采用螺纹连接或强力胶，保证传感器和与风电机组表面的紧密可靠连接。电涡流转速传感器安装一般采用专用夹具，将传感器固定在高速轴制动盘表面 2~4 mm 处，通过扫描高速轴制动盘上的螺母，感知距离变化来产生转速脉冲，获取齿轮箱高速轴的转速。

表 9-3　典型的振动监测点分布

测　点	测量对象	测试方向	传感器类型
1	前主轴轴承	径向	低频加速度传感器
2	前主轴轴承	轴向	低频加速度传感器
3	后主轴轴承	径向	低频加速度传感器
4	齿轮箱低速轴	径向	低频加速度传感器
5	齿轮箱行星齿轮	径向	标准加速度传感器
6	齿轮箱中间轴	径向	标准加速度传感器
7	齿轮箱高速轴	径向	标准加速度传感器
8	发电机前端轴承	径向	标准加速度传感器
9	发电机后端轴承	径向	标准加速度传感器
10	主轴	径向	转速计（可选）
11	齿轮箱高速轴	径向	转速计

2. 风电齿轮传动系统齿轮故障振动特征

齿轮故障可以分为两类：一类是由于制造误差或安装误差等造成的静态齿轮故障，如齿轮轮齿误差、齿轮与内孔不同心、各部分轴线不对中、不平衡等；另一类是在运行过程中造成的动态齿轮故障，在齿轮啮合过程中，齿轮承受交变载荷，齿轮副的轮齿之间既有相对滚动又有相对滑动，容易出现轮齿表面点蚀、磨损及断齿等齿轮故障。

齿轮振动信号特征是由交变载荷引起的啮合频率及其各次谐波，齿轮产生的故障，如点蚀、剥落等损伤会通过其啮合频率及各次谐波成分上的幅值增大而表现出来，谐波数量也会增加。同时，由于幅值调制和频率调制的作用，齿轮振动频谱上会出现以啮合频率及其各次谐波为中心、以所在轴的转频及其倍频为间隔的边频带，其数量和振动水平也相应提高。不同的故障对应着不同的边频带特征，通过这些特征的分析就可以判断齿轮的健康状态并定位故障，这就是齿轮状态监测的关键所在。表 9-4 所列是齿轮常见的故障及其振动特征。

表 9-4　齿轮常见的故障及其振动特征

序　号	故障类型	说　明	频域特点
1	正常	啮合频率及其谐波、齿轮轴转频及其谐波	nf_c/mf_r
2	均匀磨损	啮合频率及其谐波幅值增大，高次谐波增大较多	nf_c
3	齿轮偏心	边频带通常只有下边频带	$nf_c \pm f_r/mf_r$
4	齿轮不同轴	边频带间隔通常为轴转频的两倍	$nf_c \pm f_r$
5	齿轮局部异常	幅值调制，边频带幅值较低且均匀而平坦	mf_r
6	齿距误差	频率调制，低频也有振幅调制	$mf_r/nf_c/nf_c \pm mf_r$
7	齿轮不平衡	啮合频率周围边频带增多，齿轮轴转频幅值增大	$nf_c \pm mf_r/nf_r$

3. 风电齿轮传动系统轴承故障振动特征

滚动轴承作为旋转机械设备中的支承部件，承载着设备运行中的大部分能量，在实际使用过程中，由于存在冲击力、滚动体载荷分布不均匀等原因，滚动轴承的承载能力、旋转精度、减摩性能等会随运行时间而逐渐失效。根据轴承损伤机理的不同，滚动轴承的主要失效形式有：磨损失效、疲劳失效、腐蚀失效、断裂失效、胶合失效。

造成轴承振动的原因大致分为三类，包括轴承变形引起的振动、轴承加工误差引起的振动和轴承运行故障引起的振动。当滚道接触面发生损伤时，滚动体的滚动就会产生一种交变的激振力。接触面损伤形状的不规则决定了激振力产生的振动随机性很大并且可能包含多种频率成分。激振力的频谱将由轴承滚动接触面的损伤形态及转速决定，而轴承材料和外壳结构决定振动的传递过程，二者最终共同决定轴承振动的频谱。

当内圈、外圈、滚子出现故障时，会产生一定频率的宽带冲击，引起轴承振动，宽带冲击的频率称为缺陷频率。根据引起振动的缺陷零件的不同，轴承的缺陷频率可能包含如下几种：

滚动体缺陷频率：

$$f_b = f_r \frac{D}{2d}\left[1 - \left(\frac{d}{D}\right)^2 \cos^2\alpha \right] \tag{9-8}$$

外圈缺陷频率：

$$f_o = f_r \frac{n}{2}\left(1 - \frac{d}{D}\cos\alpha \right) \tag{9-9}$$

内圈缺陷频率：

$$f_i = f_r \frac{n}{2}\left(1 + \frac{d}{D}\cos\alpha \right) \tag{9-10}$$

保持架缺陷频率：

$$f_c = f_r \frac{1}{2}\left(1 - \frac{d}{D}\cos\alpha \right) \tag{9-11}$$

式中，α 为接触角；d 为滚动体直径；n 为滚动体个数；D 为轴承的节径；f_r 为轴承旋转频率。

当轴承出现故障后，在其振动频谱中会出现其缺陷频率及其谐波的谱峰。工程实践表明，实际的频谱中缺陷频率并不总是精确地等于理论值，需要在理论缺陷频率值的上下一定范围内寻找最大峰值作为实际缺陷频率幅值。轴承部件损伤特征频率见表 9-5。

表 9-5　轴承部件损伤特征频率

序号	故障类型	说　　明	频域特点
1	内滚道损伤	无径向间隙，接触位置不变	nf_i
		有径向间隙，接触位置因轴或滚动体的旋转而变化，发生振幅调制	$nf_i \pm f_r$ 或 $nf_i \pm f_c$
2	外滚道损伤	不存在振幅调制	nf_o
3	滚动体损伤	无径向间隙，接触位置不变	nf_b
		有径向间隙，接触位置因滚动体的旋转而变化，发生振幅调制	$nf_b \pm f_c$
4	轴承偏心	内圈中心绕外圈中心摆动	nf_r

注：表中 $n = 1, 2, \cdots$。

9.3.2　风电齿轮传动系统典型振动特征趋势指标

风电齿轮传动系统各部件振动特征频率与传动链的转速和各部件结构参数紧密相关，振动特征趋势指标提取流程如图 9-10 所示。将测得转速信息结合传动链参数计算各部件特征频率，通过信号分析方法获得振动加速度特征频谱，采用特征提取方法从特征频谱中提取特征频率，计算特征指标用于趋势分析，从而实现部件级的状态监测。常用的振动信号处理方法包括基于快速傅里叶变换的特征提取和基于阶次谱的特征提取等，有时还需进行包络谱分析。振动特征趋势指标可直观展现数据中蕴藏的风电齿轮传动系统状态信息，其随时间的变化趋势可反映风电齿轮传动系统运行状态的变化过程。对这些特征指标设定合理的阈值，可在风电齿轮传动系统状态异常时及时报警。

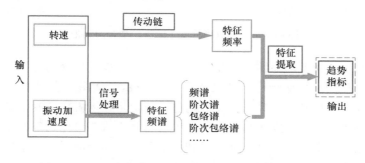

图 9-10　风电齿轮传动系统振动特征趋势指标提取流程

1. 边频带能量因子（Sideband Power Factor，SBPF）

在平稳工况下，某些振动信号的时域统计特征可以作为振动特征趋势指标，如振动信号有效值、峭度、峰值因子等，但是交变载荷作用下的风电齿轮传动系统振动时域统计特征受工况影响大，其变化趋势单调性差、波动大，根据这些特征指标来进行状态监测很容易产生误报警。

不同传动件的振动特征不尽相同。对于齿轮传动来讲，其频谱所表现的最突出的振动特征是其啮合频率及其谐波，以及由调制现象产生的边频带。不同故障程度下的齿轮啮合边频带如图 9-11 所示。图中，f_{HS_Mesh} 表示某齿轮的啮合频率，$f_{HS\_Mesh} \pm f_1$、$f_{HS\_Mesh} \pm f_2$ 表示其啮合频率的边频。健康状态下齿轮的边频带数量少且幅值比中心啮合频率小很多，随着健康状态退化，边频带数量和幅值都会随之增加。因此，边频带对齿轮健康状态有很强的预示作用。另一方面，结合传动链参数和转速可以计算出齿轮的特征频率，由于每个齿轮的特征频率不同，因此，基于频域分析提取的状态趋势特征指标可以方便地对故障进行定位。通过对每个齿轮部件建立对应的趋势特征指标，可以实现部件级的风电机组传动系统精细化状态监测。

基于以上故障机理，将齿轮谐波频率幅值和边频带幅值融合成边频带能量因子指标可很好地用于风电齿轮传动系统中齿轮的健康趋势监测，其计算如式（9-12）所示。

$$\text{SBPF} = \text{PSA}(2Xf_{\text{mesh}}) + \sum_{i=-5}^{+5} \text{PSA}(\text{SB}_i) \tag{9-12}$$

式中，$\text{PSA}(2Xf_{\text{mesh}})$ 表示功率谱中齿轮啮合频率的二次谐波幅值；$\text{PSA}(\text{SB}_i)$，$i=\pm 1$，± 2，± 3，± 4，± 5 表示啮合频率前五阶边频带能量幅值。

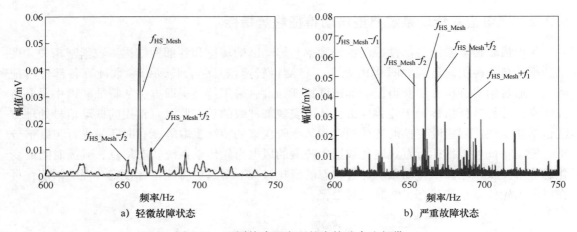

a) 轻微故障状态　　　　　b) 严重故障状态

图 9-11　不同故障程度下的齿轮啮合边频带

美国国家可再生能源实验室研究了变负载条件下平行齿轮传动结构中缺齿及早期齿面磨损情况的边频带能量因子变化趋势，结果如图 9-12 所示。从图上可以看出，边频带能量因子对齿轮健康退化非常敏感，呈现指数发展趋势，特别是在风机功率输出较大时，变化非常明显。可见，边频带能量因子对平行齿轮传动中齿轮健康状态退化趋势的监测非常有效。由于行星齿轮传动结构的低机械振动传递特征和更加复杂的啮合情况，对于边频带能量因子指标在行星齿轮传动中的效果还有待进一步研究证实。

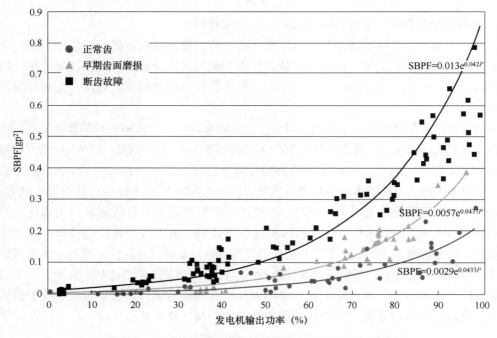

图 9-12　变负载条件下 SBPF 指标随齿轮性能退化趋势

2. 阶次谱边频带能量比（Sideband Energy Ratio, SER）

风电机组长时间在变速状态下运行，风电齿轮传动系统各部件特征频率呈现时变特征，导致频谱分析时频率成分模糊，为特征提取带来困难。采用阶次重采样可将非平稳信号转速无关化，把时域非平稳信号转换为角域平稳信号，再进行傅里叶分析得到阶次谱。目前，阶次谱分析方法被风电机组振动监测系统（CMS）普遍采用。不同故障程度下的齿轮啮合阶次谱如图9-13所示。

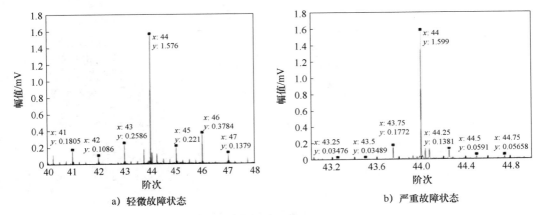

图9-13　不同故障程度下的齿轮啮合阶次谱

美国GE公司能源研究团队在阶次重采样基础上，将阶次谱和边频带分析相结合，提出了阶次谱边频带能量比指标。阶次谱前六阶边频带幅值之和与齿轮中心啮合频率幅值的比值即是边频带能量比指标，其计算如式（9-13）所示。

$$SER = \frac{\sum_{i=1}^{6} PSA(SB_i)}{PSA(1Xf_{mesh})} \tag{9-13}$$

式中，$PSA(1Xf_{mesh})$表示功率谱中齿轮中心啮合频率（或啮合频率二次谐波）幅值；$PSA(SB_i)$ $i=1\sim6$表示啮合频率前六阶边频带能量幅值。

阶次谱边频带能量比指标可以克服变转速状态下齿轮特征频率不清晰的问题，可用于监测齿轮状态退化过程。健康状态下齿轮的边频带能量比较小，通常小于1，随着齿轮性能退化，边频带能量比将逐渐增大。阶次谱边频带能量比指标已被用于美国GEBently Nevada团队研发的ADAPT. wind风电机组状态监测系统中。变转速下某风电机组断齿故障三维瀑布图及阶次谱边频带能量比随故障的发展趋势如图9-14所示。

3. 基于阶次包络解调的轴承振动特征提取

当滚动轴承出现故障时，在滚动体相对滚道的旋转过程中，常会产生有规律的冲击脉冲，能量较大时，激励起外环固有频率，形成以外环固有频率为载波频率、以轴承通过频率为调制频率的固有频率调制振动现象。对轴承故障振动信号中的周期性冲击成分进行提取和解调分析是轴承特征提取的关键。

轴承故障冲击为宽带冲击，其激发的谐振响应在频率上高于其他谐振响应，但是幅值更微弱，很容易淹没在风电机组强噪声环境中。因此，轴承振动特征提取必须建立在频率成分清晰的高分辨率频谱上，将轴承的高频低幅信号从包含齿轮啮合频率、轴转频等高幅值成分的信号中分离出来，再进行特征提取。为此，采用阶次重采样将风电齿轮传

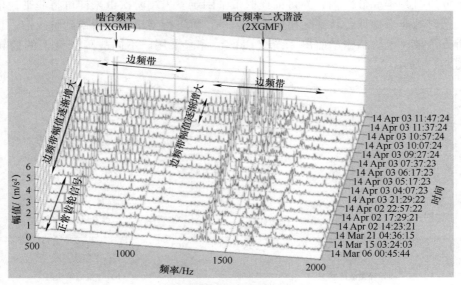

a) 某风电齿轮箱高速级振动瀑布图

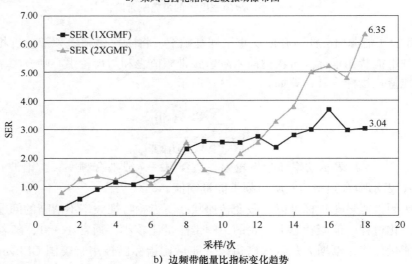

b) 边频带能量比指标变化趋势

图 9-14　边频带能量比指标随齿轮性能退化的发展趋势

动系统非平稳振动信号转化为平稳信号，通过数字滤波、共振稀疏分解等方法将包含轴承高频特征的部分提取出来，然后对提取出的信号进行包络解调得到包络信号，再进行快速傅里叶变换，实现轴承振动微弱特征提取。基于阶次包络解调的轴承振动特征提取流程如图 9-15 所示。

　　综上所述，有效表征风电齿轮传动系统各部件状态发展趋势的特征指标是当前风电齿轮传动系统振动状态监测的重点。由于不同部件的故障机理不同，某个特征指标并非对所有部件都适用，不同部件采用的特征指标应有所不同。然而，从风电齿轮传动系统上测得的振动信号包含了齿轮、轴承及齿轮箱中其他振源的响应，如何将这些振动信号进行分离，对能否有效地提取部件级的特征指标至关重要，值得深入研究。

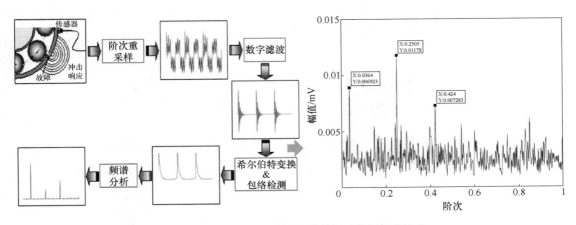

图 9-15　基于阶次包络解调的轴承振动特征提取流程

9.3.3　风电齿轮传动系统振动监测系统

目前，国内外推出了一些风电齿轮传动系统振动监测系统。国外典型的振动监测系统包括瑞典 SKF WindCon 状态监测系统、德国 FAG 公司的 ConWind 状态监测系统、以色列 WSL WindSL 状态监测系统、美国 GE Bently Nevada 公司的 CBM 状态监测系统、丹麦 Mita-Teknik 公司的 Gateway 系统、丹麦 Brüel&Kjær 公司的 Brüel&KjærVibro 状态监测系统等。国内典型的振动监测系统如重庆大学 CQ_WindCon 状态监测系统、威锐达 WindCMS. VibAnalyzer 系统、容知 MOS3000 状态监测系统、观为 MwatchPort 设备健康诊断系统等。这些振动监测系统虽各具优势和特色，也存在许多共性之处，下面将从系统架构、采集配置、监测分析方法等方面就系统共性之处做简要介绍。

1. 系统总体架构

当前风电齿轮传动系统振动监测系统普遍采用 C/S 和 B/S 混合系统架构，以实现灵活的监测和访问。风电现场的局域网内以 C/S 架构提供现场实时数据浏览、状态监测与预警、故障诊断等功能。现场人员可以在控制中心集中监视和管理整个风场的风电机组，一旦发现问题可及时分析并应对。B/S 架构通过互联网为远程用户提供远程访问功能，借助于互联网实现跨平台、多用户的监测模式，为风电机组的网络化状态监测与管理提供极大的便利。典型风电齿轮传动系统振动监测系统架构如图 9-16 所示。

2. 系统采集配置

在对风电齿轮传动系统进行振动监测之前，还必须对系统进行相关采集配置，通过振动监测系统软件、采集硬件与风电机组传动链的一一对应关系，实现数据有序采集和分析。数据采集配置通常通过建立风场–风机–测点的层级视图来组织整个振动监测过程。对于每台风电机组，需要定义机组基本信息，如机组名称、机组编号、机组型号、主控 IP 等，还需定义传动系统的主要部件，包括主轴、齿轮、轴承等参数信息，建立传动链模型，结合转速信息即可计算缺陷频率以供后续分析所用。对于每个测点，需要配置测点信息，如测点描述、采样频率、采样长度、采样间隔、灵敏度等，以便将数据正确采集到系统中，并设置对应报警阈值。用户通常还可以针对感兴趣的内容自定义测量定义，包括定义名称、测量位置、信号类型、信号带宽等，实现对重点部件、重点频带的跟踪观察和分析。典型风电齿轮传动系统振动监测系统数据采集配置流程如图 9-17 所示。

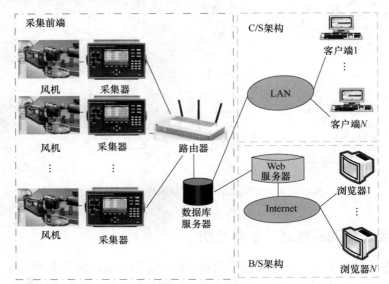

图 9-16　风电齿轮传动系统振动监测系统架构

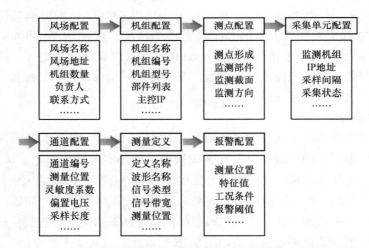

图 9-17　典型风电齿轮传动系统振动监测系统数据采集配置流程

3. 监测分析方法

时域信号分析是最基本的信号分析方法，通过时域波形可直接查看信号形状，分析信号周期特性、冲击特性等特征，并可通过计算时域特征量，如峰值、峰峰值、有效值、波形因子、峭度值相对于时间、负载或转速的发展趋势，以及设置预警和告警阈值来发现信号异常。另外，同一风场不同风电机组所处的环境工况差异较小，采用临近风电机组之间振动信号的比较分析可在一定程度上剔除工况干扰，发现异常。

在频域分析方面，现有振动监测系统使用方法大致相同，主要基于快速傅里叶变换，典型的如幅值谱、相位谱、包络谱分析、倒谱分析、频谱峰态等。美国 GE Bently Nevada 公司的 CBM 系统和丹麦 Mita-Teknik 公司的 WP4086 以加速度包络谱分析为主，而 Brüel&Kjaer 公司则兼有包络谱分析和倒谱分析。系统提供了丰富的频谱标记功能，如单光标、边频、倍频、频带能量等，用户通过频谱分析获取信号的主要频率成分及谐波成分，结合由传动链信息和转速信息计算的部件缺陷频率，配合谐波分析、边频分析，即可分析振动信号的主要来源及可能的故障类型。

丰富的图谱分析，如瀑布图、色谱图、轴心轨迹图等，可以对数据做全方位的展示，方便理解数据和挖掘状态信息。例如，将不同时间点的频谱组合起来可以以色谱图或 3D 瀑布图显示。色谱图以横坐标表示频率，纵坐标表示时间，颜色表示幅值，色谱图上能直观看出各频率成分在不同时间的幅值变化情况。3D 瀑布图则以三维的方式显示频率、时间及幅值。色谱图和瀑布图可用于跟踪频谱不依转速变化而变化的固定的频率成分。

目前，风电齿轮传动系统振动监测系统的突出特点是强监测、弱诊断，分析方法以经典快速傅里叶变换分析为主，辅以振动信号趋势预测、阈值报警等功能，在风电机组传动系统早期故障预示方面亟待加强。另一方面，基于单信息源的状态监测方法往往不能全面反映风电机组各部件的健康状态，难免造成误报警和误诊断，必须充分利用各种信息源的优势，研究基于多源信息的状态监测方法，提高监测和诊断的准确性和可靠性。

9.4　风电齿轮传动系统早期故障诊断

风电机组的结构复杂、工作环境恶劣且工况交变，导致其故障频发，特别是以齿轮箱为代表的风电齿轮传动系统，如果发生故障，对其进行拆卸和维修十分困难，造成的经济损失巨大。对风电齿轮传动系统进行早期故障诊断，在增速传动系统故障轻微或者故障征兆尚不明显的情况下，准确地识别出故障的类型和故障发生的位置，并据此指导风电机组传动系统的维修和维护，能有效提高风电机组运行的可靠性和风场的经济效益。

目前，针对风电齿轮传动系统早期故障诊断，国内外主要采用了基于信号处理的早期故障诊断方法和基于数据驱动理论（多指人工智能）的早期故障诊断方法。在基于信号处理的早期故障诊断方法中，相关分析、小波分析、共振稀疏分解、倒谱分析、同步压缩变换、经验模态分解、变分模态分解以及局部均值分解等方法广泛应用于故障诊断中。然而，由于风电齿轮传动系统的能量传递路径极为复杂、运转工况持续波动，以及强风、骤雨、沙尘、雷暴等环境噪声的影响，其振动监测信号中的频率成分极为复杂。尤其在风电齿轮传动系统机械故障产生的早期阶段，其故障所引起的振动成分经常较为微弱，难以通过信号分析的方式进行捕捉。此外，由于风电齿轮箱的型号众多，而不同型号风电齿轮传动系统的机械结构往往不同，它们的故障表现也会有所不同。即使对于经验丰富的维护工程人员而言，风电齿轮箱故障特征频率的准确提取也难以得到保证，极易导致误判或者漏判，造成人力资源浪费及经济损失。基于数据驱动的风电齿轮传动系统故障诊断方法不依赖于精确的物理模型和丰富的信号处理经验，而日益成为故障诊断领域的研究热点。机器学习，特别是近年来由 Hinton 等人提出和改进的深度学习，因其对敏感故障特征的自动学习能力和强大的识别能力在故障诊断领域引起广泛关注。

基于机器学习的风电齿轮传动系统早期故障诊断方法主要包括对振动信号进行非线性降噪处理、对系统非线性早期微弱故障特征进行提取和对小子样早期故障模式识别。传统机学习的优势在于样本需求量较小，但其效果经常严重依赖于所构建特征集的优劣。风电齿轮传动系统早期故障不明显、故障特征微弱、故障模式很多，通过从分析域上提取多个故障特征，获取全面反映故障的特征信息，能有效地表征风电齿轮传动系统早期故障状态。但是，当特征数目超过一定限度后，故障诊断的精度却随之降低，原因是所提取的特征指标中有部分非敏感特征甚至是干扰特征量，同时，各特征量之间都存在一定的非线性耦合关系，导致特征集包含大量的冗余信息。因此，还需要对高维故障特征集进行维数约简，排除特征集中的干扰特征和冗余信息，提取出有效的特征子集。流形学习是一种非线性数据降维方法，可有效地挖掘非线性数据的内在分布规律和本质信息，已很好地应用于机械设备故障诊断中。

　　自 Hinton 等人 2006 年在 *Science* 上发表文章，给出了训练深层网络的新思路，即深度学习方法，掀起了深度学习在学术界和工业界的浪潮。深度学习旨在通过模拟大脑的学习过程，构建深层次的模型，通过逐层训练过程，学习数据中隐含的特征，从而刻画数据丰富的内在信息，最终提升分类的精度。深度学习的优势在于：① 通过建立深层模型，直接从原始数据中自适应地提取数据特征，避免人为干预，实现从经验驱动的人造特征范式到数据驱动的表示学习范式的转变；② 具备超强的非线性建模能力，通过分层训练网络的自学习，在大量有标记的数据下能具有很好的分类能力。深度学习为风电齿轮传动系统早期故障诊断提供了一个全新的思路，通过多层非线性映射的方式进行特征学习，从高维的输入数据中自适应地学习出所需的判别性特征。然而，随着非线性层数的增加，传统深度学习算法时常会遭遇难以训练的难题，例如梯度弥散、梯度爆炸。深度残差网络（Deep Residual Network，ResNet）是一种极为有效的深度学习方法，相较于传统的深度学习算法，ResNet 模型在其网络结构中添加了一些恒等映射，将不同的非线性层进行跨层式的连接。这些恒等映射使得误差能够沿着恒等映射的路径进行反向传播，增强了误差反向传播的流畅性，使得参数的训练更为有效，显著降低了深度神经网络的训练难度，提高了模式识别的精度。

　　下面分别以泛化流形学习和动态加权小波系数深度残差网络方法为例，对风电齿轮传动系统的早期故障诊断方法进行阐述。

9.4.1　泛化流形学习的风电齿轮传动系统早期故障诊断

　　风电齿轮传动系统早期故障特征具有微弱、耦合、时变性强、动态发展等特点，导致风电齿轮传动系统早期故障诊断难度更大、要求更高。针对风电齿轮传动系统早期故障诊断难题，在研究和拓展流形学习的基础上，将流形学习维数约简方法与信号处理方法、支持向量机等模式识别方法相结合，形成了泛化流形学习的风电齿轮传动系统早期故障诊断方法，如图 9-18 所示，包括无监督流形学习的振动信号非线性降噪方法、监督流形学习的微弱特征提取方法以及机器学习的早期故障识别方法等。

　　采用无监督流形学习的非线性降噪方法，解决风电机组传动系统非线性噪声干扰问题。根据风电齿轮传动系统早期故障是否有明确故障类别信息，研究了不同微弱特征提取方法：无明确故障类别信息时，提出了无监督流形学习的微弱特征提取方法，包括正交局部保持映射（OLPP）、正交邻域保持嵌入（ONPE）、线性局部切空间排列（LLTSA）、等距映射（ISOMAP）等算法；有明确故障类别信息时，提出了有监督流形学习的微弱特征提取方法，包括有监督线性局部切空间排列（SLLTSA）、有监督扩展局部切空间排列（SELTSA）等算法；只有部分故障类别信息时，提出了基于正交半监督局部 Fisher 判别分析（OSELF）的微弱特征提取方法。针对风电齿轮传动系统不同早期故障可能分布于不同故障流形，提出了基于多故障流形的微弱特征提取方法。采用粒子群参数优化（EPSO）最小二乘支持向量机（LS-SVM）的风电齿轮传动系统早期故障识别方法，解决早期故障样本稀缺的问题。

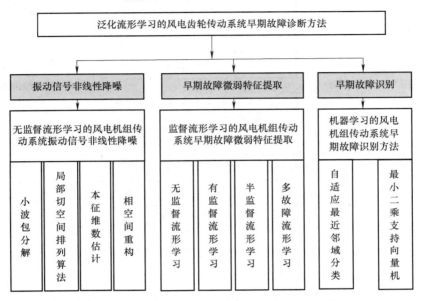

图9-18 泛化流形学习的风电齿轮传动系统早期故障诊断方法

1. 无监督流形学习的风电齿轮传动系统振动信号非线性降噪方法

针对风电齿轮传动系统状态信号具有强烈的非线性干扰噪声的问题，形成了无监督流形学习的非线性降噪方法，如图9-19所示。采用小波包分解将原始信号正交无遗漏地分解到各子频带中，并结合相空间重构将小波包分解系数重构到高维相空间中；根据各信号成分的信噪空间分布，采用互信息法和Cao提出的伪近邻法对相空间时间延迟和嵌入维数进行估计，减少人为参数设置带来的不确定性；采用极大似然法的本征维数估计方法，通过建立近邻间距离的似然函数，分别得到以每个高维样本点为中心的邻域的极大似然估计本征维数，根据近邻距离矩阵计算各个样本点估计本征维数的权值，并计算全局加权平均本征维数，避免目标维数设置不当带来的降噪不完全或者降噪过度；因噪声中无类别信息，采用无监督的局部切空间排列算法（Local Tangent Space Alignment，LTSA）将含噪信号从高维相空间投影到低维有用信号空间中，实现了信号和噪声的分离；将消噪后的小波包分解系数进行重构，即可获得非线性降噪后的振动信号。

无监督流形学习的风电机组传动系统振动信号非线性降噪具体实现步骤如下：

（1）对一维时间序列进行小波包分解 对一维时间序列 $x(n)$，$n=1$，2，$\cdots N$ 进行小波包分解，将一维时间序列分解到各相互正交的小波空间中。由此将信号分解到由高到低的不同子频带中，并得到相应的小波包分解系数 $w(j, l, k)$，$j=1$，2，$\cdots$，J；$l=1$，2，$\cdots$，2^J；$k=1$，2，$\cdots$，K，其中，J 为小波包分解层数，l 对应于小波包分解后的节点，K 为小波包分解后各子频带中小波包分解系数的个数。

（2）对小波包分解系数进行相空间重构 由于时域噪声会转化到小波包分解系数上，

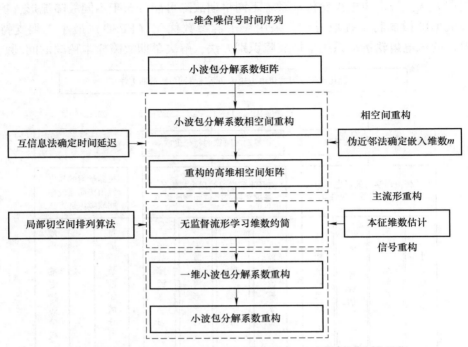

图 9-19　无监督流形学习的风电齿轮传动系统振动信号非线性降噪流程

因此可以对小波包分解系数进行降噪来达到对信号降噪的目的。对 J 层小波包分解得到的第 l 个节点对应的小波分解系数 $w(J, l, k)$，$k=1$，2，$\cdots$，K 进行相空间重构，分别采用互信息方法和 Cao 提出的伪近邻法选取相空间重构时间延迟 τ 和最佳嵌入维数 m。对小波包分解系数进行相空间重构得到的相空间矩阵为 $\boldsymbol{X}_l = [x_1, x_2, \cdots, x_k] \in \mathbf{R}^m$，其中相空间中的点 $x_i = [w(J, l, i), \cdots, w(J, l, i+(m-1)\tau)]$。

（3）无监督流形学习降噪　相对于嵌入维数，系统有用信号吸引子主要分布在相空间中某个低维的子空间内，而噪声则在相空间的所有维度中随机分布。因此，可以采用非线性维数约简的方法去掉高维相空间中的噪声成分而保留信号中的有用成分。采用 LTSA 算法来实现相空间中高维数据的非线性维数约简，并采用自适应极大似然估计方法估计出维数约简的目标维数。对相空间重构矩阵 $\boldsymbol{X}_l = [x_1, x_2, \cdots, x_k] \in \mathbf{R}^m$ 进行非线性维数约简后得到低维矩阵 $\boldsymbol{T}_l = [t_{l1}, t_{l2}, \cdots, t_{lk}] \in \mathbf{R}^d$。

（4）一维小波包分解系数的重构　对相空间重构的高维数据进行维数约简后，需要根据相空间重构方法反求降噪后的一维小波包分解系数。基于时间延迟相空间重构的逆重构方法如式（9-14）所示。

$$\overline{w}(J, l, i) = \frac{\sum\limits_{(j, k) \in \{I_i(j, k)\}} t_{j, k}}{C_i} \tag{9-14}$$

式中，$\{I_i(j, k)\}$ 表示小波包分解系数中第 i 个元素在相空间数据矩阵中满足条件 $k+(j-1)\tau=i$ 的所有元素的下标集合，$j \in [1, m]$，$k \in [1, K-(m-1)\tau]$，C_i 为 $\{I_i(j, k)\}$ 中元素的个数。对小波包分解后各频带的小波包分解系数进行降噪处理，并对小波包分解系数进行重构即可得到降噪后的信号。

对某 5 MW 风电机组传动系统进行振动测试，齿轮箱高速轴原始振动信号及频谱如图 9-20a 所示，降噪后的振动信号及频谱如图 9-20b 所示。降噪后的振动信号频率成分比较清晰，1500~8000 Hz 范围内各频率成分都有效地保留下来，噪声水平很低。

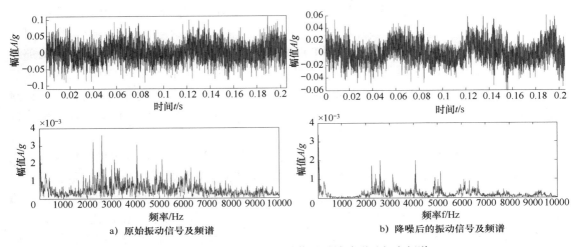

a）原始振动信号及频谱　　　　b）降噪后的振动信号及频谱

图 9-20　齿轮箱高速轴振动信号时域波形及相应频谱

2. 监督流形学习的风电齿轮传动系统早期故障微弱特征提取方法

如果所有的早期故障分布在同一流形上，就采用单一流形学习方法。如果不同早期故障分布在不同的流形上，就采用多故障流形学习方法。根据流形学习算法是否引入故障类别信息，将流形学习算法分为：无监督流形学习算法、半监督流形学习算法、有监督流形学习算法。监督流形学习的风电齿轮传动系统早期故障微弱特征提取流程如图 9-21 所示。

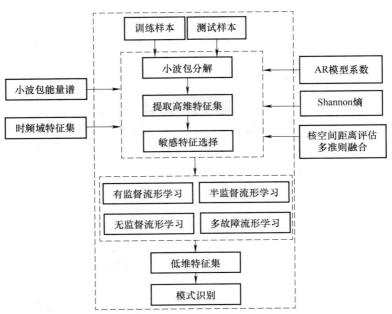

图 9-21　监督流形学习的风电齿轮传动系统早期故障微弱特征提取流程

（1）无监督流形学习的风电齿轮传动系统早期故障微弱特征提取　风电齿轮传动系统早期故障状态连续发展变化，无明确故障类别信息时，则采用无监督流形学习进行早期故障微弱特征提取。无监督流形学习维数约简方法有正交局部保持映射（Orthogonal Locality Preserving Projection，OLPP）、正交邻域保持嵌入（Orthogonal Neighborhood Preserving Embedding，ONPE）、线性局部切空间排列（Linear Local Tangent Space Alignment，LLTSA）、等距映射（Isometric Mapping，ISOMAP）等算法。

OLPP 是一种基于局部保持映射（LPP）的流形学习维数约简算法，它通过保持局部结构保留非线性流形结构的低维内在特征，并将局部保持子空间中的流形转换为正交拉普拉斯流形，需要经过主成分分析（Principal Component Analysis，PCA）映射、构造邻接图、选择权值、计算正交基函数、求 OLPP 嵌入式等过程。OLPP 相比传统算法，例如线性判别分析（LDA），能够更好地捕获内在流形结构。

ONPE 也是一种保持局部流形结构的维数约简算法，它通过保持局部邻域结构保留非线性流形结构的内在低维特征，并将局部子空间中的保持矢量转换为正交基矢量，避免了局部子空间的结构失真，也具有比 LPP 等算法更好的分类能力。该算法包括 PCA 映射、构造邻接图、选择权值、计算正交邻域保持嵌入、ONPE 投影等过程，最后求得最优正交基矢量。正交基矢量可完全避免约简后的低维局部子空间的结构失真，具有稳定的局部保持特性。局部保持力决定分类判别力，故 ONPE 具有比 LPP 等更高的分类精度。

LLTSA 是一种有效的流形学习算法，包括 PCA 映射、确定邻域、提取局部信息、构造排列矩阵、计算映射等过程，通过样本的局部切空间来近似样本领域几何结构信息，然后将局部切空间进行全局排列，从而有效地展开嵌入在高维观察空间中的低维流形结构。

基于 OLPP/ONPE/LLTSA 风电齿轮传动系统早期故障微弱特征提取流程如图 9-22 所示，具体步骤如下：

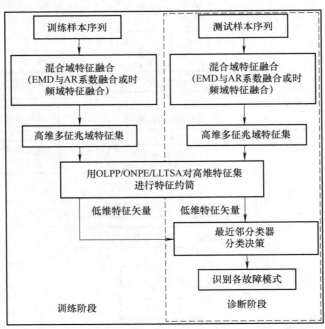

图 9-22　基于 OLPP/ONPE/LLTSA 风电齿轮传动系统早期故障微弱特征提取流程

1）对正常（可能含故障样本）训练样本和测试样本进行混合域特征融合，如进行 EMD 分解，分别得到多层 IMF 分量，选择前 N_{min} 层 IMF 分量构造瞬时幅值 Shannon 熵，得到 N_{min} 维特征矢量。

2）利用 OLPP/ONPE/LLTSA 同时对训练和测试样本的 n 维特征矢量进行维数约简，分别得到 d 维非线性流形（特征矢量）。为 d 设定上下界，即要求 $d_{min} \leq d \leq d_{max}$（$1 \leq d_{min} < d_{max} < n$ 且 d_{min}，$d_{max} \in \mathbf{Z}^*$）。最佳 d 值通过迭代寻优获得，使该诊断模型达到最高识别精度的 d 值就是最佳 d 值。

3）将训练和测试样本的 d 维特征矢量同时输入 KNNC（k 最近邻分类器），KNNC 根据训练样本的邻域信息和类标签信息对测试样本进行分类决策。

几种无监督维数约简方法对某轴承不同故障识别率见表 9-6。通过表 9-6 可知，OLPP/ONPE/LLTSA 维数约简方法的故障识别率最高。

表 9-6 几种无监督维数约简方法对某轴承不同故障识别率（%）

降维方法	输出特征矢量最佳维数 d	外圈裂纹识别准确率	内圈裂纹识别准确率	滚动体裂纹识别准确率	平均识别准确率
PCA	3	100	80	85	88.33
LPP	7	100	85	95	93.33
LDA	5	100	67.5	85	84.17
OLPP	**2**	**100**	**100**	**100**	**100**
ONPE	**3**	**100**	**100**	**100**	**100**
LLTSA	**3**	**100**	**100**	**100**	**100**

（2）有监督流形学习的风电齿轮传动系统早期故障微弱特征提取　风电齿轮传动系统早期故障状态连续发展变化，有明确故障类别信息时，则采用有监督流形学习进行早期故障微弱特征提取。

LLTSA 的基本思想是数据集的局部几何结构可以通过低维局部切空间来进行表述，将得到的低维局部切空间进行全局排列即可实现对高维样本集的特征约简。但是，LLTSA 为无监督维数约简方法，无法将类判别信息有效地融入维数约简过程来提高所得低维特征的可辨识性。LLTSA 的维数约简效果取决于局部几何结构信息的提取，当不同类样本能够在局部邻域被有效地分离，则所得低维故障特征将具有高可辨识性。因此，要提升 LLTSA 的辨识能力，可以从两方面对其进行改进：首先，在构造局部邻域时选取更多的同类样本点作为样本的近邻样本，以增加同类样本间的相似性；其次，在获取邻域切空间时增加不同类样本点之间的距离，以增大不同类样本间的差异性。针对以上两点，引入类判别信息对 LLTSA 进行改进，得到有监督线性局部切空间排列（Supervised Linear Local Tangent Space Alignment，S-LLTSA）算法。具体改进方法如下：

1）局部邻域优化选取方法。在构造局部邻域时，LLTSA 是通过样本间的距离大小来确定样本的近邻点，完全没有考虑样本的类别信息。这就直接造成了 LLTSA 无监督的基本属性，导致了特征约简过程的盲目性，显然无法得到最优的故障诊断结果。针对这个问题，引入了类判别信息，对样本间的距离进行了重新定义。考虑到数据集中难免会引入干扰噪声，且需要增加数据集的类间差异性，因此将样本间的距离重新定义，既可以根据类判别信息将样本间的距离控制在一定的范围内来压制干扰噪声，又拉伸了不同类样本间的距离、压缩了同类样本间的距离。

2）邻域切空间优化提取方法。对于故障诊断而言，在增加同类样本间相似性的同时还需要增加不同类样本间的差异性，即在局部邻域内有效地分离不同类样本。然而，被 LLTSA 用来提取局部结构信息的 PCA 无法利用样本间的距离信息。获取邻域切空间的本质是将局部邻域 X_i 投影到局部低维空间，并用 X_i 在局部低维空间的投影坐标来表述其局部几何结构。多维尺度分析（Multidimen-sional Scaling Analysis，MDS）算法也可以对数据集进行正交投影并提取数据集的低维坐标。与 PCA 不同的是，MDS 是根据数据样本间的距离来对数据集进行投影的，投影前后数据样本间的距离不改变，也就是说，MDS 可以充分利用样本间的距离信息。对样本间的距离进行重新定义后，同类样本间的距离被压缩而不同类样本间的距离被拉伸，因此，采用 MDS 来提取样本邻域的局部结构信息，则不同类样本可在局部邻域内被有效地分离。

基于 S-LLTSA 早期故障微弱特征提取流程如图 9-23 所示。几种维数约简方法对某齿轮箱不同故障识别率见表 9-7。通过表 9-7 可知，S-LLTSA 维数约简方法的故障识别率最高。

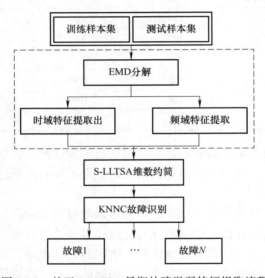

图 9-23　基于 S-LLTSA 早期故障微弱特征提取流程

表 9-7　几种维数约简方法对某齿轮箱不同故障识别率（%）

约简方法	f_1	f_2	f_3	f_4	f_5
LDA	81.25	85	80	83.75	77.5
LLTSA	82.5	90	83.75	86.25	81.25
S-LLTSA	98.75	100	97.5	100	95

（3）正交半监督局部 Fisher 判别分析的风电齿轮传动系统早期故障微弱特征提取　在风电齿轮传动系统早期故障诊断中，若只有部分故障样本的故障类别信息，即有标记故障样本不足，则采用半监督流形学习算法进行早期微弱特征提取。通过利用故障信号数据本身的非线性流形结构信息和部分类别信息来调整点与点之间的距离形成距离矩阵，基于被调整

的距离矩阵进行线性近邻重建，通过重建权重来描述样本之间的局部几何，并通过最小化嵌入代价来发现全局的低维坐标，从高维混合域特征中剔除了冗余特征，提取低维早期微弱特征用于早期故障辨识。基于正交半监督局部 Fisher 判别分析（Orthogonal Semi-supervised Local Fisher Discriminant Analysis，OSELF）的风电齿轮传动系统早期故障微弱特征提取流程如图 9-24 所示，它能够充分利用蕴含于无标记故障样本中的故障信息，避免因有标记故障样本不足引起的过学习问题，同时采用正交迭代方式求解最优正交映射矩阵。进行正交映射的优点在于维数约简后得到的特征集具有更好的可分性。

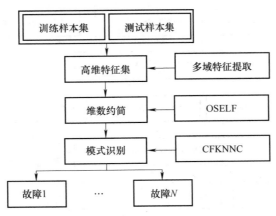

图 9-24　基于 OSELF 风电齿轮传动系统早期故障微弱特征提取流程

具体实现步骤如下：

1）对原始振动信号进行特征提取，得到高维故障样本集 $X = \{x_i \in R^D, i = 1, 2, \cdots, N\}$。

2）将故障样本集 X 输入 OSELF 进行训练，得到正交映射矩阵 $T^{(OSE)}$ 及低维故障样本集 Y，并将低维有标记故障样本及其类别标签的集合 Y_{tr} 作为 CFKNNC 的训练样本集来对分类器进行学习训练。

3）通过映射矩阵 $T^{(OSE)}$ 对新增样本 x_t 进行维数约简，将结果 y_t 输入训练好的 CFKNNC，得到新增样本的故障类别。

几种维数约简方法对某齿轮箱不同故障识别率见表 9-8。可见，OSELF 维数约简方法的故障识别率最高。半监督流形学习能完成有监督流形学习的功能，但反之，则不行。

表 9-8　几种维数约简方法对某齿轮箱不同故障识别率（%）

约简方法	f_1	f_2	f_3	f_4	f_5	平　均　值
PCA	87.5	60	72.5	82.5	70	74.5
LFDA	60	75	87.5	80	72.5	75
SELF	100	90	95	92.5	87.5	92.5
OSELF	100	97.5	100	95	92.5	97

（4）多故障流形学习的风电齿轮传动系统早期故障微弱特征提取　针对风电齿轮传动系统不同早期故障可能分布于不同故障流形，采用基于多故障流形学习的风电齿轮传动系统早期故障微弱特征提取方法，如图 9-25 所示。该方法分别提取每一类故障对应的故障流形，

并在多故障流形上进行新增样本的故障特征提取。针对所需解决的低维流形提取、流形内蕴维数选取和多故障流形上的故障特征提取问题，分别采用线性局部切空间排列算法和免疫遗传算法来进行低维故障流形提取和流形内蕴维数选取，并通过故障样本重构误差这一新的判别准则来进行故障特征提取。

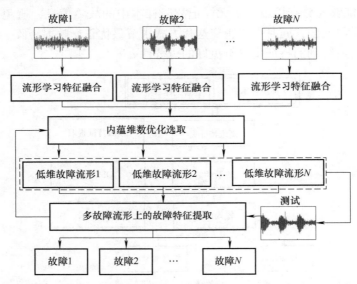

图 9-25　多故障流形学习的风电齿轮传动系统早期故障微弱特征提取流程

免疫遗传算法通过引入抗体浓度来优化抗体的选择策略，保留抗体群中适应度高的抗体，并抑制抗体浓度大的抗体，从而增加抗体群的多样性以解决传统遗传算法的早熟收敛问题。结合免疫遗传算法来进行故障流形内蕴维数优化选取，主要步骤如下：

1）抗原的识别。由于内蕴维数的选取目的是获取最优的故障识别精度，因此，这里将最佳故障识别精度作为抗原，而故障流形的内蕴维数作为抗体。在可行域区间内随机生成 m 个抗体 $\boldsymbol{P} = (\boldsymbol{\chi}_1, \boldsymbol{\chi}_2, \cdots, \boldsymbol{\chi}_m)$，这里选用编码和解码速度快的实数编码方式进行抗体编码，即 $\boldsymbol{\chi}_i = [d_1, d_2, \cdots, d_C]$，其中 $d_i \in [1, D]$ 为对应的故障流形的内蕴维数，C 为故障类别数。

2）确定抗体的适应程度。抗体的适应程度包含两个方面，一个方面是抗体与抗原的亲合力，另一个方面是抗体的浓度。抗体与抗原的亲合力是用来描述单个抗体对抗原的适应程度的，用测试样本的识别精度来衡量抗体与抗原的亲合程度，且考虑各类故障识别精度的波动性。

3）抗体群的遗传更新。抗体群的遗传更新主要通过抗体的杂交和变异来产生新的抗体。抗体杂交是为了保证抗体群中优秀的抗体特性能够被新的抗体所继承。从父本中任意选取两个抗体 $\boldsymbol{\chi}_i$ 和 $\boldsymbol{\chi}_j$，并根据交叉概率 p_c 来选择交叉点进行交叉操作。抗体变异的目的是保证抗体群的多样性。从父本中随机选取一个抗体 $\boldsymbol{\chi}_i$，且抗体 $\boldsymbol{\chi}_i$ 的每一个基因座都具有 p_m 的变异概率。剔除亲合力比父本弱的新生抗体，并以父本代替进入下一代抗体群。

4）重复步骤 2）和步骤 3），直到达到设定的最大循环次数或者达到预设的终止条件。例如，设定的终止条件为循环次数达到 50 次或者两次循环得到的故障诊断精度差值小于 0.1%。

不同特征融合方法对某齿轮箱不同故障识别率见表9-9。可见，多故障流形学习，如M-LPP 和 M-LLTSA，识别率都高。

表 9-9　不同特征融合方法对某齿轮箱不同故障识别率

特征融合方法	各故障状态下的故障识别率（%）				
	正常状态	齿根断裂	齿面磨损	外圈故障	内圈故障
None	75	66.67	51.67	60	58.33
PCA	81.67	78.33	65	73.33	70
S-LPP	90	86.67	78.33	85	81.67
S-LLTSA	95	90	81.67	88.33	85
M-LPP	100	98.33	90	95	93.33
M-LLTSA	100	100	93.33	98.33	96.67

3. 基于机器学习的风电齿轮传动系统早期故障识别方法

风电齿轮传动系统早期故障识别方法的确定与早期故障样本数量有关，如果样本充足，则采用自适应最近邻域分类识别方法，如果样本不足，则采用小子样支持向量机识别方法。

（1）自适应最近邻域分类的风电齿轮传动系统早期故障识别方法　针对 k 最近邻分类器（k Nearest Neighbor Classifier，KNNC）的不足，提出了自适应近邻分类器（Adaptive Nearest Neighbor Classifier，ANNC），以优化最近邻训练样本的选取方法。ANNC 利用训练样本对测试样本进行重构，并根据重构权来确定测试样本的最近邻训练样本，这就使得选出的最近邻训练样本为最优，可有效地近似测试样本。同时，各训练样本对测试样本的近似程度也各不相同，重构权大的训练样本显然与测试样本更相似。为了突出重构权大的训练样本在判断过程中的重要性，可将训练样本的重构权作为其投票权来投票决定测试样本的故障类别。ANNC 是 KNNC 的深度改进算法，其采用重构权来投票决定新增样本的故障类别，具有比传统 KNNC 更优的模式分类性能。该方法在样本充足的情况下，效率高，不需要设置参数。ANNC 的实现步骤如下：

1）初步确定最近邻训练样本的选取范围。通过训练样本集对测试样本 y_t 进行线性重构：$\underset{w}{\operatorname{argmin}}\left(\parallel y_t-\sum_{i=1}^{N}w_iy_i\parallel^2\right)$，其中 w 为重构权矢量。

w 的求取应满足两个约束条件，即最小化重构误差 $e=\parallel y_t-Yw\parallel^2$ 和 $\parallel w\parallel^2$。

引入拉格朗日方程来表述上述约束：$L=\parallel y_t-Yw\parallel^2+\mu\parallel w\parallel^2$，其中 ω 为一个正常数，将 L 对 w 进行求导并令其为 0，可得 $\frac{\partial L}{\partial w}=2\left(Y^TY+\mu I\right)\omega-2Y^Ty_t=0$，易得 $w=(Y^TY+\mu I)^{-1}Y^Ty_t$，优选出重构误差 $e_i=\parallel y_t-w_iy_i\parallel^2$ 最小的 n' 个训练样本作为测试样本的粗糙最近邻训练样本集，记为 $Z=[z_1,\cdots,z_n]$。

2）选取测试样本的最近邻训练样本。通过 Z 对 y_t 进行重构 $y_t=\sum_{i=1}^{n'}\nu_iz_i$，并采用步骤1）的计算方法计算出重构权 ν。只需选取出累积重构权 $\varphi=\sum_{i=1}^{t}\nu_i$ 大于预设阈值 δ 的训练样本即可有效地近似新增样本, 即优选出的最近邻训练样本为 $\overline{Z} = [\overline{z_1}, \cdots, \overline{z_u}]$。

3) 确定测试样本的故障类别。根据最近邻训练样本的重构权来投票决定测试样本的故障类别, 显然, 通过改进最近邻训练样本选取策略和实行投票决策机制, 使得 ANNC 具有比 KNNC 更好的模式辨识能力。此外, ANNC 无须设定最近邻训练样本个数, 消除了因参数变化引起的性能波动。

基于 ANNC 的风电齿轮传动系统早期故障识别流程如图 9-26 所示。采用有监督线性局部切空间排列 (S-LLTSA) 对多域特征集进行维数约简, 从而提取出最优敏感故障特征矢量、消除特征集中的冗余信息; 将得到的低维特征矢量输入 ANNC 进行学习训练和故障识别。通过维数约简, S-LLTSA 增加了故障特征的可辨识性, 而 ANNC 具有优异的模式辨识能力, 可进一步提高故障识别的精度。ANNC 和 KNNC 的模式辨识率对比见表 9-10。可见, ANNC 故障识别率高于 KNNC。

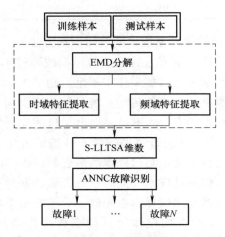

图 9-26 基于 ANNC 的风电齿轮传动系统早期故障识别流程

表 9-10 ANNC 和 KNNC 的模式辨识率对比 (%)

模式识别方法	f_1	f_2	f_3	f_4	f_5
KNNC	91.25	100	93.75	95	93.75
ANNC	98.75	100	97.5	100	95

(2) 粒子群参数优化最小二乘支持向量机的风电齿轮传动系统早期故障识别方法 针对风电齿轮传动系统早期故障样本稀缺的问题, 采用小子样条件下的粒子群参数优化最小二乘支持向量机的风电齿轮传动系统早期故障识别方法, 如图 9-27 所示。k 最近邻分类器和神经网络在进行故障模式识别时都需要大量的训练样本进行模型训练, 支持向量机 (Support Vector Machine, SVM) 则是基于结构风险最小化的模式识别算法, 通过由少数被称为支持矢量的样本支撑起的超平面来进行模式识别, 适用于小子样问题。最小二乘支持向量机 (Least Square Support Vector Machine, LS-SVM) 通过将支持矢量集中的二次规划问题转化为线性问题, 大大简化了支持向量机的模型训练过程, 但最小二乘支持向量机中存在参数优化的问题。针对 LS-SVM 模型对参数依赖大、最优模型参数难以选取的问题, 提出了改进的粒子群优化算法 (Enhanced Particle Swarm Optimization, EPSO) 的参数优化算法, 设计了粒子

群算法的优化改进策略，通过引入局部搜索能力并重新定义了粒子搜索速度来引入更多的信息到优化过程，同时自适应调节优化算法的参数，提高了参数优化算法的收敛速度，解决了早熟和局部最优的问题。

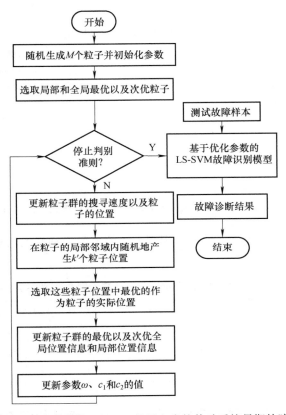

图 9-27　粒子群参数优化 LS-SVM 的风电齿轮传动系统早期故障识别流程

　　下面说明 EPSO 参数优化的优越性，并将 EPSO 算法的优化结果与 PSO、IPSO、NPSO 及 LSSPSO 的优化结果进行对比。图 9-28 所示为几种算法的优化结果。从图 9-28 中可以看出，PSO 算法的收敛速度慢且得到的参数不是全局最优的。对比 PSO，由于优化参数 c_1、c_2 和 ω 随着优化过程而进行调节，IPSO 算法的收敛速度被极大地提高。并且，IPSO 根据粒子群的平均搜索速度来调节参数，平均搜索速度能够更好反映粒子群收敛情况。NPSO 和 LSSPSO 的优化结果优于 PSO，同时优化算法的收敛速度也有所提高。也就是说，采用优化过程中的最优和次最优经验来更新粒子群的搜索速度，可以将更多的优化信息引入优化过程来提高 PSO 的优化程度。此外，LSSPSO 的优化结果优于 NPSO，这是由于在局部邻域内选取最佳位置作为粒子的真实位置可以有效避免局部最小化的问题。EPSO 算法则集成了上述几种 PSO 改进算法的优点，该算法将局部搜索能力添加到了优化过程中，并且重新定义了粒子搜索速度以将更多的信息引入优化过程。同时，优化算法的参数 c_1、c_2 和 ω 会随着搜索速度的变化而更新，以平衡优化过程中各种信息的重要性。显然，EPSO 算法可以取得更好的优化结果，获得更稳定的优化结果和更快的收敛速度。

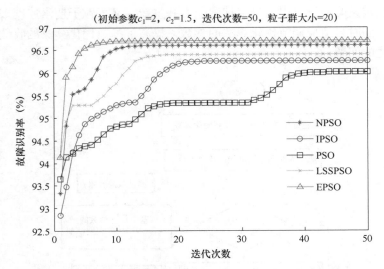

图 9-28　最优个体的目标函数值和改进的粒子群优化算法性能跟踪图

在不同训练样本数的情况下几种故障识别方法的故障识别率见表 9-11。可见，粒子群参数优化 LS-SVM 的故障识别率最高。

表 9-11　在不同训练样本数的情况下几种故障识别方法的故障识别率（%）

故障识别方法	训练样本数 8 个	训练样本数 16 个	训练样本数 24 个	训练样本数 32 个	训练样本数 40 个
KNNC	70	77.5	80	81.25	84.37
ANNC	72.25	78	81.87	82.25	85.13
参数优化的 LS-SVM	86.63	87.5	88.75	90	91.86

9.4.2　动态加权小波包系数深度残差网络的风电齿轮传动系统故障诊断

深度学习能够通过分层非线性学习，从高维输入数据中自适应地学习出所需要的判别性特征集，进行风电增速齿轮箱故障诊断。深度信念网络（Deep Belief Network，DBN）、深度自动编码器（Deep Auto-Encode，DAE）和卷积神经网络（Convolutional Neural Network，ConvNet）是常用的深度学习故障诊断模型。DBN 和 DAE 可以通过无监督预训练获取更好的识别效果，但因它们是全连接网络，权重太多容易导致网络训练困难。相比于 DBN 和堆叠自编码器（Stacked Awtoencoder，SAE），ConvNet 采用局部感知和权值共享的方式来解决上述问题。

随着神经网络层数的不断加深，ConvNet 模型的训练难度也会逐渐增加。针对深层的 ConvNet 模型训练困难问题，出现了深度残差网络（Deep Residual Networks，ResNet）模型。ResNet 模型在普通 ConvNet 模型的基础上添加了许多跨越卷积层的恒等映射，以便于误差的反向传播和模型参数的优化，进一步降低了深度神经网络的训练难度，在图像识别、图像分割和目标定位等计算机视觉相关的任务上取得了良好的效果。ResNet 模型本质上是一种升级版的 ConvNet 模型，通常由输入层、一系列卷积层、激活函数、批量标准化、恒等映射、全局均值池化以及全连接输出层等重要的基本模块组合而成。

在风电齿轮传动系统故障诊断中，振动信号不同子频带所包含的故障信息量通常是不同的，在工况交变的情况下，难以预先确定哪些频带包含判别性信息、哪些频带包含大量冗余信息。结合风电齿轮传动系统振动信号的特点，针对性地构建了一种新的深度神经网络模型，即动态加权小波系数深度残差网络（Deep Residual Network with Dynamically Weighted Wavelet Co-efficients，ResNet+DWWC）。ResNet+DWWC 模型以小波包分解所获得的小波包系数矩阵作为输入，构建了逐行加权层来对不同子频带的小波系数赋以不同的可训练权重，以增强深度学习算法对于风电齿轮传动系统振动信号的特征学习能力，其故障诊断原理如图 9-29 所示。

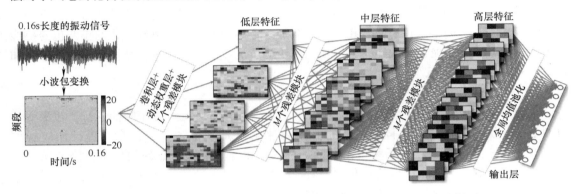

图 9-29　动态加权小波系数深度残差网络的风电齿轮传动系统故障诊断原理

1. ResNet+DWWC 模型故障诊断框架

对于数据驱动的智能故障诊断方法而言，工况变化的问题会造成同类别样本之间的差异增大、不同类别样本之间的差异相对减小，从而造成故障诊断准确率的降低。ResNet+DW-WC 模型基于如下假设：对于同一类别的样本而言，其部分频带的特征较为接近，另一部分频带的特征差异较大。因此，ResNet+DWWC 模型通过引入施加在不同频带的权重，自适应地增强类内差异较小的频带的特征、减弱类内差异较大的频带的特征，同时自适应地增强类别之间差异较大的频带的特征、减弱类别之间差异较小的频带的特征，从而增强判别性特征学习的能力。ResNet+DWWC 模型故障诊断框架如图 9-30 所示。在 ResNet+DWWC 模型的网络结构中，输入信号同时进行卷积操作和逐行加权操作，卷积的输出特征图与逐行加权的特征图相加，然后历经一系列改进残差模块的运算，随后与普通的 ResNet 模型一样实现故障模式的分类。ResNet+DWWC 模型与普通 ResNet 模型的主要区别在于 ResNet+DWWC 模型引入了逐行加权的模块。

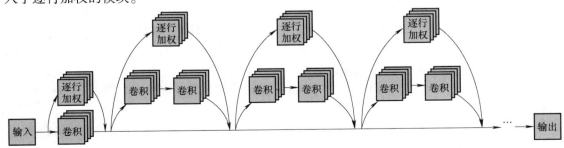

图 9-30　ResNet+DWWC 模型故障诊断框架

2. 小波包系数矩阵的构建

在基于振动信号的风电齿轮箱故障诊断中，由于能够激起振动的因素（例如齿轮啮合、轴和轴承的旋转、行星齿轮的公转）众多，各种频率的成分严重地交织在一起，故而频域和时频域分析方法在风电齿轮箱的故障诊断中得到了广泛的应用。其中，时频域分析方法得到了很大的关注，这主要是因为时频域分析方法能够有效地同时提取时域和频域的特征，从而提供更为丰富的风电齿轮箱健康状态信息。

采用能够进行多分辨率分析而且具有严格理论依据的小波变换对振动信号进行时频域变换。更具体地，采用离散形式的小波包变换将每段振动信号分解到若干个子频带上。每一个子频带包含一系列的小波包系数。相较于连续形式下的小波变换，离散形式的小波包变换能够生成更为紧凑的小波包系数矩阵，以便于减少后续深度学习算法进行特征学习的计算量和运算时间。

3. 小波包系数逐行加权层

在构建小波包系数矩阵时，将各个子频带的小波包系数分别作为矩阵的各行。在深度学习网络的各层特征图中，不同行的特征代表着来自于不同子频带的信息。逐行加权层如图 9-31 所示，可实现对不同子频带信息的加权。值得注意的是，此处的权重在刚开始时被初始化为随机数，需要在训练的过程中与其他参数一起进行训练，以自适应地调整不同子频带的小波包系数在风电齿轮箱故障诊断中的重要程度。

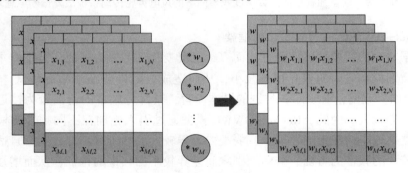

图 9-31　逐行加权层的示意图

由图 9-31 可知，在逐行加权层中，特征图的每一行分别乘以一个独立的权值，可用式（9-15）表示。

$$x_{i,j}^l = x_{i,j}^{l-1} w_i^l \tag{9-15}$$

式中，$x_{i,j}^{l-1}$ 表示第 $l-1$ 层特征图中某一通道第 i 行第 j 列的一个元素；w_i^l 表示对第 l 层第 i 行元素所施加的权重；$x_{i,j}^l$ 表示所对应的输出。w 即为施加在不同子频带上的权重，它们在训练开始之前被初始化为随机数，并且采用随机梯度下降法在训练的过程中进行调整。采用梯度下降法进行权值更新的公式可简要表示为式（9-16）。

$$w \leftarrow w - \eta \frac{\partial E}{\partial w} \tag{9-16}$$

式中，w 表示所需更新的权重；η 表示学习率；E 表示全连接输出层的交叉熵误差函数。

4. ResNet+DWWC 模型中的残差模块

残差模块如图 9-32 所示。传统 ResNet 模型中的基本残差模块包含了两条独立的路径，如图 9-32a 所示，即一条恒等路径和一条"批量标准化→修正线性单元（Rectifier Linear Unit, ReLU）激活函数→卷积→批量标准化→ReLU 激活函数→卷积"路径，共由两个批量标准化、两个 ReLU 激活函数、两个卷积层和一个恒等映射组合而成。

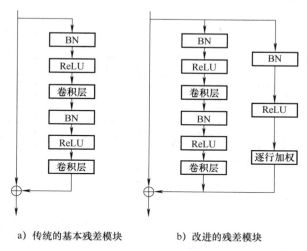

a）传统的基本残差模块　　　　b）改进的残差模块

图 9-32　残差模块示意图

为了提高对不同小波子频带的处理能力，将逐行加权层引入残差模块中，构建一种改进的残差模块，如图 9-32b 所示。改进之后的残差模块包括三条独立的路径，即一条恒等路径、一条"批量标准化→ReLU 激活函数→卷积→批量标准化→ReLU 激活函数→卷积"路径和一条"批量标准化→ReLU 激活函数→逐行加权"路径，共由三个批量标准化、三个 ReLU 激活函数、两个卷积层、一个逐行加权层和一个恒等映射组合而成。可以看出，改进的残差模块依然包含恒等映射的路径，故而能够保证梯度反向传播算法的有效进行。

以 x 表示基本残差模块的输入特征图，y 表示基本残差模块的输出特征图，图 9-32a 所示的基本残差模块的运算可简化为式（9-17）。

$$y = x + F(x, W_C) \tag{9-17}$$

式中，$F(\cdot)$ 表示"批量标准化→ReLU 激活函数→卷积→批量标准化→ReLU 激活函数→卷积"路径所对应的非线性运算流程；W_C 表示该路径中所包含的所有可训练参数的集合。相似地，图 9-32b 所示的改进残差模块的运算可简化为式（9-18）。

$$y = x + F(x, W_C) + G(x, W_D) \tag{9-18}$$

式中，$G(\cdot)$ 表示"批量标准化→ReLU 激活函数→逐行加权"路径所对应的非线性运算流程；W_D 表示该路径中所包含的所有可训练参数的集合。此处，采用批量标准化的目的在于减轻内部协方差漂移问题以加速深度神经网络的训练过程，采用 ReLU 激活函数的目的在于实现非线性变换，同时，ReLU 激活函数还能够有效减小梯度爆炸和梯度消失的风险。

5. ResNet+DWWC 模型的网络结构

ResNet+DWWC 模型结构如图 9-33 所示。ResNet+DWWC 模型以小波包分解所获得的小波包系数矩阵作为算法的输入，包含一系列的卷积层、逐行加权层、ReLU 激活函数、批量标准化、恒等映射、全局均值池化、Dropout 以及全连接输出层等。在 ResNet+DWWC 模型中，小波包系数矩阵在输入一个卷积层的同时，也作为逐行加权层的输入，该卷积层与逐行加权层的输出相加，作为后续改进残差模块的输入。在经过 9 个改进残差模块的运算之后，其输出再依次经历批量标准化、ReLU 激活函数、全局均值池化、丢弃率为 50% 的 Dropout 和输出层，得到最终的故障诊断结果。

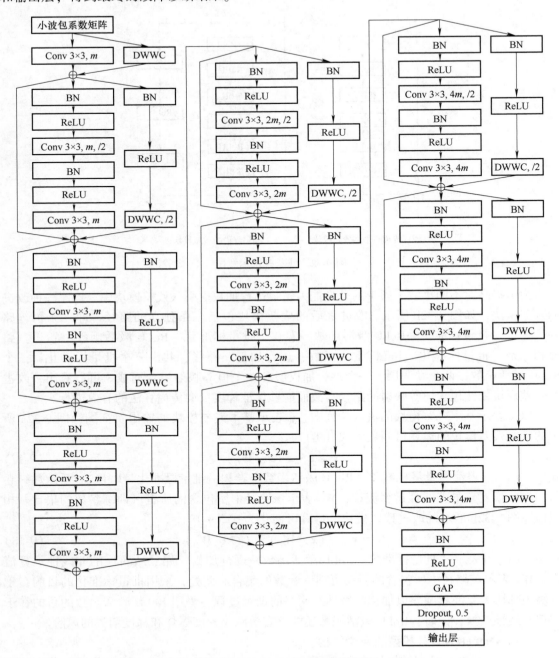

图 9-33　ResNet+DWWC 模型结构

值得注意的是，在第 1 个、第 4 个和第 9 个改进的残差模块中，"批量标准化→ReLU 激活函数→卷积→批量标准化→ReLU 激活函数→卷积"路径中首个卷积层的卷积核挪动的步长均设置为 2，这意味其输出特征图长和宽均减为输入特征图的一半。为保持要进行相加的特征图行和宽的一致性，在这三个改进的残差模块中，逐行加权层采用了窗口尺寸为 2×2 的均值池化，恒等映射中采取了步长为 2 的降采样。同时，为保持各个路径之间特征图通道数的一致性，对一些恒等映射和逐行加权层采取了补零的操作。

6. 基于 ResNet+DWWC 模型的故障诊断流程

基于 ResNet+DWWC 模型的风电齿轮系统故障诊断流程如下：

1）构建训练样本集：采用振动传感器采集风电齿轮传动系统的正常及各种故障状态下的振动信号，通过长期的积累，尽可能多地获得风电齿轮传动系统振动信号的训练样本集，构建较为完备的数据库。

2）对训练样本进行小波包变换：对训练样本集中的每个振动信号样本进行小波包变换以获得小波包系数矩阵，将所获得的小波包系数矩阵按照子频带高低堆叠为二维矩阵的形式，进行存储。

3）定义 ResNet+DWWC 模型的网络结构：在实际工程中，可以按照需要调整 ResNet+DWWC 模型的网络结构以及其中的超参数，例如卷积层的数量、逐行加权层的数量、各个卷积层中卷积核的数量以及尺寸、卷积核挪动的步长、学习率、批量大小等。

4）训练基于 ResNet+DWWC 模型的故障诊断模型：将训练样本的二维小波包系数矩阵作为 ResNet+DWWC 模型的输入，采用梯度下降法训练 ResNet+DWWC 模型中的权重和偏置，包括逐行加权层的权重。

5）应用基于 ResNet+DWWC 模型的故障诊断模型：在风电齿轮传动系统的状态监测过程中，将所采集的振动监测信号进行多层小波包分解，将获得的小波包系数矩阵作为 ResNet+DWWC 模型的输入，进行前向传播的计算，在 ResNet+DWWC 模型的输出层获得诊断结果。

9.4.3　案例分析

通过国内某风场某型风电齿轮传动系统的故障诊断进行 ResNet+DWWC 模型的实例分析。该风场风电机组在服役过程中，采用振动 CMS 监测系统对风电齿轮传动系统进行监测，并每隔 4 h 采集一次振动数据。通过振动 CMS 监测系统长时间的收集，共收集到风电齿轮传动系统 4 种故障振动数据，分别对应二级小齿轮点蚀故障、二级大后轴承保持架开裂故障、二级大后轴承滚珠掉落故障和二级大后轴承磨损故障。

由于该风场风机故障类型多为风电增速齿轮箱二级齿轮或轴承故障，如图 9-34 所示，选用布置在风电增速齿轮箱低速轴输出端测点的振动数据进行 ResNet+DWWC 模型的训练与测试。该测点的采样频率为 25600 Hz，单次采样时间为 5.12 s，长度为 131072 点。为了获得更多的样本，将收集的不同故障类别的振动数据以 4096 点进行分割，共获得每类健康状态的样本量为 1800。选取其中 1200 作为模型训练样本，600 作为模型测试样本。

首先，将收集的训练样本通过 DB1 小波基进行 6 层小波包分解，构建大小为 64×64 的小波包系数矩阵；然后，构建 ResNet+DWWC 模型，利用深度残差网络自适应提取小波包系数矩阵中蕴含的故障特征，并通过逐行加权层来对不同子频带的小波系数赋以不同的可训练权重。其中，构建的 ResNet+DWWC 模型包含 10 个逐行加权层，自输入层到输出层的逐行加权层依次分别有 64、32、32、16、16、8、8、8、4 和 4 个权重，模型超参数设置见

表 9-12；最后，将测试样本输入 ResNet+DWWC 模型，故障识别准确率达到 97.76%，有效实现了风电齿轮传动系统故障诊断。

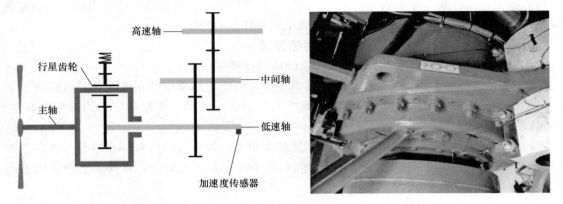

图 9-34　某型风电齿轮传动系统结构及测点布置

表 9-12　模型超参数设置

超　参　数	数　　值	超　参　数	数　　值
0~40 期	0.1	批量大小	128
41~79 期的学习率	0.01	动量系数	0.9
80~100 期的学习率	0.001	正则化项	L2
总期	100	L2 权值衰减稀疏	0.0001

9.5　大数据驱动的风电齿轮传动系统健康管理

风电大数据时代的到来使得大数据驱动的风电机组智能运维成为一种发展趋势。国内外基于大数据的风电机组健康监测管理尚处于起步阶段。丹麦 Vestas 公司通过应用 IBM 超级计算机系统来构建风电大数据平台，大大提升了风电机组的运维效率。国内新疆金风科技股份有限公司基于大数据平台构建风电机组智慧运营高级应用服务系统，初步实现集控、生产运行、预警等系统与现场检修人员、技术支持人员的高度融合、协同，使得运维人员显著减少，运维效率显著提升。

风电大数据之间相互关联，各种监测数据均会不同程度地反映风电齿轮传动系统的健康运行状态，需要对风电大数据进行整体性、联动性、深入性分析。融合机器学习与深度学习方法，实现海量风电监测数据深度挖掘，构建较高精度的齿轮箱监测分析预警模型。同时，Hadoop、Spark 等相关大数据技术为解决海量数据分布式存储、并行计算及流计算等提供了新的解决方案。大数据技术与人工智能深度学习方法的结合为大数据驱动的风电齿轮传动系统健康管理开辟了一条全新道路。通过多源异构风电大数据采集、大数据清洗与融合，结合分布式存储与并行计算技术，融入人工智能深度学习数据挖掘模型，能够快速充分地挖掘风电大数据中潜在的有效价值，高质量地实现风电齿轮传动系统健康管理。

9.5.1　大数据驱动的风电齿轮传动系统健康管理系统构架

在风电机组运行过程中，每天都会产生大量的监测数据、管理数据、运营数据等内部数据和天气数据、GPS数据等外部数据。针对风电大数据具有数据体量大、数据结构复杂、数据产生速度快、数据耦合冗余且价值密度低以及数据时变性强等特点，风电齿轮传动系统健康管理系统主要包括采集层、存储层、计算层、分析层以及应用层共五部分，以满足海量多源异构风电监测数据整合和互联互通、风电机组数据仓库构建与高效查询分析、高精度齿轮箱健康监测分析预警、风电大数据快速实时分析及可视化等需求。设计大数据驱动的风电齿轮传动系统健康管理系统构架，如图9-35所示。

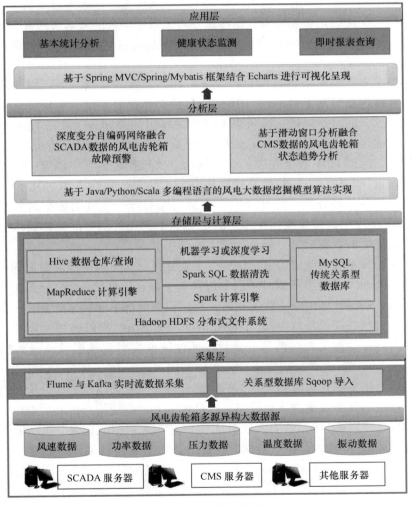

图9-35　系统总体架构设计

系统采集层主要实现对风电大数据源SCADA系统以及CMS系统数据的快速采集。采用Flume、Kafka、Sqoop等大数据组件技术以及HDFS相关命令进行相关参数的配置，实现风电齿轮箱远程监测流数据的实时采集以及海量离线数据的批量导入。各风电场产生的实时监测数据，通过专线连接，传输到风电场数据中心的服务器实时数据库中。大数据技术组件 Kafka 与风电场的商用实时数据库进行连接，通过相关参数的配置，实现实时流数据的采集。Kafka 负责将采集中心的数据信息持久化，保证数据的可靠性传输，同时能够根据风电机组厂站规模的扩大进行集群规模的扩展，保证了数据源的负载均衡。采集到 Kafka 集群中的数据一方面为后续计算层提供实时流数据，并进行相关流处理和计算；另一方面通过相关配置将数据导入到存储层，进行数据的离线保存，便于后续功能层对数据的离线挖掘和分析。此外，考虑到企业基于风电大数据开展相关运维尚处于起步阶段，企业相关的风电大数据源大都存储在传统关系型数据库中，从这些传统关系型数据库中进行数据导入，也是一种较为普遍的方式。然而由于历史的积累，风电机组传统关系型数据库中的数据大都在 GB 级别以上，传统的数据导入方式过于低效，庞大的数据入库速率远远超过了当前商用关系型数据库的加载速率，无法满足企业级对数据快速导入大数据平台的需求。因此，采用 Sqoop 大数据技术组件，通过相关参数的设定，底层调用 MapReduce 分布式计算引擎，快速实现海量风电监测数据的批量导入。

系统存储层主要实现对采集数据和相关分析事务数据的存储。为了增加数据的访问效率，一方面，系统存储层基于 Hadoop HDFS 分布式文件存储系统，实现采集层风电监测数据信息的离线存储。通过对风场、风机以及监测采样时间等划分，采用 Hive 分区表管理构建数据仓库，构建风电齿轮箱监测信息历史数据库。另一方面，系统存储层基于 MySQL 传统关系型数据库，存储 Hive 数据仓库的元数据信息，包括表名、字段等；同时，由于传统关系型数据库高速读写的优点，将计算层的模型分析结果数据存入 MySQL 传统关系型数据库中，进行联机事务处理分析。此外，Hive 数据仓库对风电监测大数据的数据清洗结果也保存在 MySQL 数据库中，构建数据集市，满足后续不同业务服务的数据需求。其中，数据集市主要存储清洗后的数据以及访问量比较大的数据。

系统计算层作为系统功能层的底层结构，主要支撑对海量风电监测数据的快速处理。它主要集成了 MapReduce 传统分布式计算引擎以及基于内存计算的 Spark 分布式计算引擎。通过集群化的部署，系统计算层一方面实现对分析层模型的部署和快速计算，一方面实现对海量监测数据的快速预处理以及数据清洗。MapReduce 及 Spark 提供的相关算子，实现对风电大数据进行并行计算时相关底层资源的优化。通过读取实时流数据及离线数据，采用 Hive 或 Spark SQL 等组件进行大数据快速清洗，底层调用 MapReduce 及 Spark 相关分布式计算引擎，实现风电齿轮箱多源异构监测大数据的清洗、融合、查询以及统计分析；通过性能测试与调优，选择合理的分布式集群计算策略，满足风电大数据挖掘分析的后端计算需求。

系统分析层主要对 SCADA 监测大数据及 CMS 监测大数据的相关分析功能进行开发与实现。其中，基于风电 SCADA 监测大数据，涉及的分析功能包括单测点监测、预警模型及风速功率散点图分析等。基于风电 CMS 监测大数据，涉及的分析功能包括对监测数据的时域分析、频域分析、包络分析及故障特征指标量的趋势分析等。通过采用 Python、Scala 及 Java 等多种编程语言，进行机器学习或深度学习算法模型开发以及故障特征监测指标量的提取，融入 SCADA 监测大数据与 CMS 监测大数据，高精度、高效率地实现风电齿轮箱健康状态监测与故障预警。

系统应用层主要是对风电监测大数据分析结果的可视化呈现与展示。基于风电场运维人员的用户需求以及表征齿轮箱健康状态的相关数据需求，通过从 MySQL 传统关系型数据库中读取相关事务数据，快速实现对风电齿轮箱模型结果数据的可视化呈现。利用 Java Web 技术，采用基于 SpringBoot 的 Spring MVC、Spring、Mybatis 组合框架，并结合基于 Echarts、Bootstrap 等前端开发框架，进行风电齿轮箱大数据健康管理系统的前端大数据可视化开发，实现齿轮箱健康状态监测结果展示。

考虑到健康管理系统的复杂性，采用分层结构进行设计，使得健康管理系统各个功能层之间高内聚低耦合，便于系统的后期运维与管理。系统各个功能层之间的交互关系如图 9-36 所示。

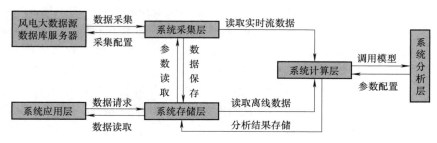

图 9-36　系统各个功能层之间的交互关系

9.5.2　大数据驱动的风电齿轮传动系统健康管理系统功能层设计

1. 系统采集层设计

风电大数据的采集形式主要有：远程服务器在线日志实时流数据的采集及风电场关系型数据库中结构化历史数据的采集。SCADA 系统与 CMS 系统每天都会产生大量的风电监测日志数据信息，经过多年的持续累积，构成了历史数据库，主要存储在关系型数据库中。不同厂家所采用的数据库并不相同，当下主流的传统关系型数据库主要有 Oracle、SQL Server、DB2、MySQL 等。及时采集风电监测业务数据，供离线与在线分析系统使用，是系统采集层的主要功能。基于高可用性、高可靠性及可扩展性，对系统采集层进行了详细设计，其整体结构如图 9-37 所示。

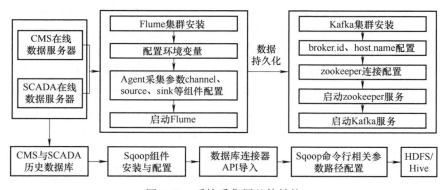

图 9-37　系统采集层整体结构

针对风电监测系统远程服务器在线日志实时流数据的采集，基于大数据组件 Flume 与 Kafka 的组合方案，实现对 SCADA 系统及 CMS 系统等远程服务器在线日志数据的实时采集。

Flume 作为一种分布式、高效可用、基于流式计算、用于收集聚合大量日志数据的框架，其核心是把风电监测数据从数据源收集过来，再送到目的地。为了保证传输成功，在送到目的地之前，会先缓存数据，待风电监测数据真正到达目的地后，才删除缓存的数据。Agent 作为 Flume 的基本单位，通常包括 Source、Channel 及 Sink 三个部分。其中，Source 用于采集风电监测服务器数据源的数据，然后封装成 Event 传输给 Channel 管道；Channel 接收来自 Source 的 Event 数据；Sink 在 Channel 中拉取 Event 数据并将数据输出到 HDFS 分布式文件系统中。然而，Flume 对风电监测大数据流的发送速度不太稳定，当 Flume 数据流发送速度过快时将导致下游消费系统来不及处理，造成部分数据被丢弃的风险。为了保证风电监测大数据的传输效率及负载均衡，将 Flume 的 Sink 数据流向配置为 Kafka 集群，选用 Kafka 作为消息中间层进行风电监测日志数据的中转分发。Kafka 作为一个开源的分布式消息订阅系统，能够给风电在线实时数据提供一个统一、高吞吐、低等待的平台。Kafka 提供了实时发布订阅的解决方案，解决了实时数据消费和比实时数据更大数量级的数据量增长的问题。Kafka 主要包括生产者 Producer、消费者 Consumer 以及 Kafka 集群的 Broker，Kafka 保存数据消息时会根据 Topic 进行分类，Producer 用来发送数据消息，Consumer 用来进行消息数据的接收。此外，Kafka 集群、Producer 及 Consumer 均依赖于 zookeeper 来保存集群状态信息。

针对风电场关系型数据库中结构化历史数据的采集，采用 Sqoop 组件的采集方案。风电场企业数据库中蕴含着大量的历史监测数据，从企业关系型数据库中采集数据是获取风电大数据源的一种主要途径。然而传统风电监测数据导入导出方式耗时耗力，无法满足企业级风电大数据的导入导出需求。Sqoop 作为一种高效稳定的数据导入导出组件，支持多种关系型数据库和 Hadoop 组件之间的相互导入。一般情况下，风电监测数据表存在于风力发电机线上环境的备份环境，需要每天进行数据导入，根据每天的数据量而言，Sqoop 可以全表导入，对于每天产生的监测数据量不是很大的情形可以全表导入，同时 Sqoop 也提供了风电监测数据的增量导入的机制。Sqoop 基本原理如下：通过 JDBC 与风电监测数据库进行交互，在数据导入时从传统数据库获取元数据信息，把导入功能转换为只有 Map 的 MapReduce 作业，在 MapReduce 中有很多 map，每个 map 读一片数据，进而并行的完成风电监测历史数据的拷贝。当 Sqoop 工具接收到客户端的 api 命令或者 shell 命令后，通过任务解析，将相关命令转为对应的 MapReduce 任务，通过并发机制，实现传统关系型数据库中的数据到 Hadoop 平台中的数据迁移，进而实现对海量风电监测数据的导入。

2. 系统存储层设计

随着对监测数据长期的采集，历史监测数据量将达到 TB 级甚至 PB 级，传统单台服务器存储能力将无法满足对海量监测数据的存储需求。Hadoop HDFS 作为当前比较流行且开源的一种分布式文件存储系统，具有高容错、高可靠性、高可扩展性及高吞吐率等特征，为海量风电监测数据存储提供了一种新的解决方案。因此，采用基于 Hadoop HDFS 的集群策略来实现对风电大数据的分布式存储，其流程如图 9-38 所示。

HDFS 是一个主从体系架构，由于分布式存储的性质，集群拥有两类节点：NameNode 节点和 DataNode 节点。NameNode 节点负责管理存储和检索多个 DataNode 的实际风电监测数据所需的所有元数据。DataNode 节点通常有多个，是文件系统中真正存储风电监测数据的地方，在 NameNode 统一调度下进行风电监测数据块的创建、删除和复制。Client 是 HDFS 的客户端，应用程序可通过该模块与 NameNode 和 DataNode 进行交互，进行风电监测数据文件的读写操作。为了系统容错，文件系统会对所有风电监测数据块进行副本复制，HDFS 默认是 3 副本管理。

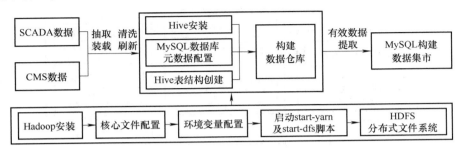

图 9-38　系统存储层流程

为了能够对海量风电大数据进行简单的统计分析，基于分布式文件存储系统，设计风电大数据 Hive 数据仓库。通过对风电 SCADA 及 CMS 数据进行有效的抽取、清洗、装载及刷新等操作，同时结合 MySQL 数据库进行元数据的存储，构建风电监测数据仓库，并对数据仓库中的数据进行有效数据的提取来构建数据集市，满足后续不同业务服务的调用需求。Hive 是基于 Hadoop 的一个数据仓库工具，可以将结构化的风电监测数据文件映射为一张数据库表，并提供简单的 HQL 查询功能，可以将 HQL 语句解析为 MapReduce 任务进行运行，通过 HQL 语句快速实现简单的 MapReduce 统计，不必开发专门的 MapReduce 应用，十分适合风电海量监测数据快速统计分析、数据清洗及预处理。数据仓库的目的是构建面向风电齿轮箱 SCADA 大数据以及 CMS 大数据分析的集成化数据分析环境，为后续系统分析层提供重要数据来源支撑。风电数据仓库本身并不生产任何数据，同时也不消费任何数据，数据来源于 SCADA 系统及 CMS 系统等外部环境，并且开放给外部的分析层。风电数据仓库中数据的流入流出过程主要涉及初始数据源、数据仓库及数据集市。其中，初始数据源主要包括风电齿轮箱 SCADA 系统及 CMS 系统中的海量多源异构监测数据。由于第三方监测系统的厂家不同，其中涵盖了大量的结构化与半结构化数据。这些结构复杂的风电监测数据在进入数据仓库之前，需要进行 ETL［Extra（抽取）、Transfer（转化）、Load（装载）］处理。同时，部分半结构化数据需要进行标准化转化，以统一的格式存储在数据仓库中。对风电齿轮箱 SCADA 系统及 CMS 系统中的初始数据进行有效的 ETL 处理，是构建高质量风电数据仓库的关键。风电数据仓库的构建可以快速聚合风电齿轮箱 SCADA 系统及 CMS 系统等海量多源异构监测数据，快速实现数据报表的导出与展示。通过构建风电数据仓库，可以基于多维数据分析的角度，实现海量多源异构数据的融合分析。此外，通过从数据仓库中抽取部分更为专业的数据构建数据集市，可满足后续不同分析层功能的数据需求。

3. 系统计算层设计

Spark 作为一种基于内存计算的大数据并行计算框架，最初是由加州大学伯克利分校 AMP 实验室开发的通用内存并行计算框架，用来构建大型的、低延迟的数据分析应用程序。它扩展了传统广泛使用的 MapReduce 计算引擎。Spark 的一个主要特点是能够在内存中进行计算，及时依赖磁盘进行复杂的运算，相比传统 MapReduce 分布式计算引擎更加高效。Spark 作为通用的大数据分布式编程框架，不仅提供 MapReduce 的算子 map 函数和 reduce 函数及计算模型，还提供更为丰富的算子，如 filter、join、groupByKey 等，是一个用来实现快速而通用集群计算的平台。采用 Spark 分布式引擎的风电大数据计算层流程如图 9-39 所示。

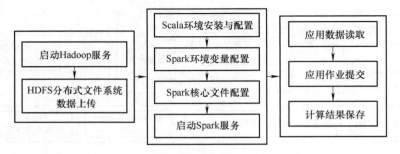

图 9-39　系统计算层流程

Spark 将分布式的风电监测数据抽象为弹性分布式数据集（RDD），实现应用任务调度、远程过程调用（RPC）、序列化和压缩，并为运行在其上的上层组件提供 API。其底层采用 Scala 这种函数式语言，并且所提供的 API 深度借鉴 Scala 函数式的编程思想，提供与 Scala 类似的编程接口。通过对应用程序的提交，底层调用 Spark 分布式计算引擎，实现对风电大数据的快速分析与计算。此外，通过 Hive on Spark 部署，将风电 Hive 数据仓库原先的计算引擎更换为 Spark 分布式计算引擎，可以极大提升对风电大数据的处理效率。

4. 系统分析层设计

分析层作为系统的核心和关键，最能体现风电大数据的价值特性。分析层通过从存储层读取源数据或者清洗后的数据，基于计算层构建机器学习等算法，实现对风电大数据的建模与挖掘，进而从风电大数据生产数据集中挖掘出潜在有效的价值，为风电场智能运维与风机健康监测提供数据和决策支撑。下面以 SCADA 大数据和 CMS 大数据为例介绍系统分析层设计，如图 9-40 所示。各个分析功能主要采用 Java、Scala 及 Python 等多编程语言构建，通过对风电大数据的分析挖掘，实现对风电齿轮传动系统的健康状态监测分析。

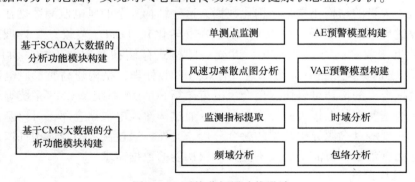

图 9-40　系统分析层功能设计

基于 SCADA 大数据的分析功能模块构建主要包括单测点监测、自编码网络（AE）预警模型构建、深度变分自编码网络（VAE）预警模型构建及风速功率散点图分析。SCADA 单测点监测分析功能，主要基于原始风电 SCADA 系统，通过观察风电齿轮传动系统各个监测指标量的趋势变化，如瞬时风速、风轮转速、有功功率、环境温度、增速齿轮传动系统高速侧最高温度、增速齿轮传动系统高速轴前端温度、增速齿轮传动系统高速轴后端温度、增速齿轮传动系统油池温度、增速齿轮传动系统入口油温、增速齿轮传动系统冷却水温度、增速齿轮传动系统进口压力、增速齿轮传动系统油泵出口压力等。通过单一指标量分析，初步确定增速齿轮传动系统的健康状态。同时，融入自编码网络预警模型及深度变分自编码网络预警模型，通过对增速齿轮传动系统多个监测量进行融合分析，综合判定增速齿轮传动系统的健康状态。此外，通过风机风速与功率的散点图分析，可对风机健康特性进行一定程度的判定。

基于 CMS 大数据的分析功能模块构建主要包括监测指标提取、时域分析、频域分析及包络分析。其中，监测指标提取功能融合了基于 CMS 大数据的风电齿轮传动系统状态趋势分析，主要包括振幅因子、峰值因子、峭度指标、有效值指标、转频谐波振幅有效值、啮合振幅有效值以及轴承故障频率的振动包络谱幅值指标等的提取。此外，还提供了对 CMS 振动监测信号的时域分析、频域分析及包络分析图谱等功能，用来综合分析风电齿轮传动系统的健康状态。

5. 系统应用层设计

系统应用层主要基于分析层的模型输出数据，通过可视化技术实现分析结果的呈现。大数据可视化作为风电大数据周期管理的最后一步，在与人机交互及智能决策方面具有重要的意义。如果结果仅仅呈现为数字形式，分析结果难免枯燥乏味，且一般研究人员难以快速理解其中关于风电齿轮箱的健康状态信息。根据数据的时间特性及空间特性等，构建可视化分析场景并结合图表等合适的可视化方式，将数据分析结果以直观的形式展现出来，可帮助人们理解海量风电数据蕴含的内在规律。数据可视化的本质除了展现已知数据之间的规律之外，更多的是帮助用户从新的视角全面、立体地认知与感知数据，发现数据反映的实质，并帮助决策者从多个角度考虑以做出正确合理的决策指示，极大地降低盲目决策的风险。基于 SSM 组合框架（Spring MVC、Spring 及 MyBatis 框架）与 Echarts 等前端框架的风电大数据可视化模块的结构如图 9-41 所示。

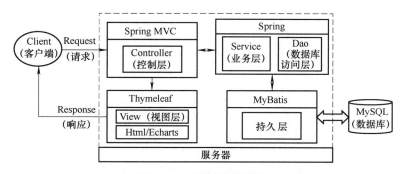

图 9-41　系统应用层结构

系统应用层主要工作流程如下：客户端根据需求对服务器端进行访问，Spring MVC 负责具体业务模块流程的控制，通过 Controller 层调用 Service 层的接口来控制业务流程，并返回视图进行响应；Service 层负责业务模块的逻辑应用设计，通过调用 Dao 层已定义的接口，实现 Service 具体的实现类；Dao 层负责与风电监测数据库进行交互设计，用来处理数据的持久化工作；Spring 实现业务对象管理，MyBatis 作为数据对象的持久化引擎，实现与MySQL 数据库的交互。Echarts（Enterprise Charts，商业级数据图表）作为百度推出的前端大数据可视化解决方案，可提供直观、生动、可交互、可高度个性化定制的风电监测数据可视化图表，通过拖拽重计算、数据视图、值域漫游等特性的设计，大大增强了用户体验，赋予用户对风电监测数据进行挖掘、整合的能力。

9.5.3　案例分析

选取某风电场 46 号机组于 2016 年 3 月至 2018 年 3 月齿轮箱低速轴测点的 CMS 振动监测数据，对大数据平台上部署的 CMS 指标解析模型进行实例分析。其中，CMS 系统每隔 4 h 左右采样一次，每次采样频率为 25600Hz，共 4712 组采样数据。CMS 系统采集到的数据通过采集层的 Flume 管道后，以 Kafka 集群为桥梁被下游各种类型的数据库消费并持久化；然后通过 Sqoop 大数据组件将 CMS 振动监测数据导入大数据平台，构建 CMS 数据仓库；最后通过 Hive 组件 HQL 语句进行数据快速清洗，过滤掉停机数据和异常数据，进而导入分析功能模块中进行故障趋势分析。部分监测指标趋势分析如图 9-42 和图 9-43 所示。趋势分析结果表明，峰值指标和振幅因子指标在 2017 年 11 月 12 日左右均发生明显趋势异常，可综合判定风电齿轮箱状态异常，并进行故障预警。该风机于 2018 年 3 月 8 日巡检时被发现齿轮箱状态异常，之后进行停机维修，检测出齿轮箱二级轴承磨损故障。

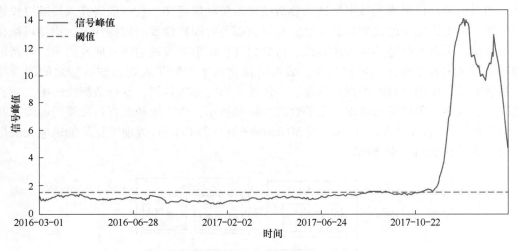

图 9-42　峰值指标趋势分析

选取某风场 8 号机组于 2019 年 2 月至 2019 年 9 月 SCADA 系统采集的多源异构数据，对大数据平台上部署的风电监测模型进行实例分析。其中，SCADA 系统每隔 1 min 采集一组数据，2019 年 2 月至 2019 年 9 月共采集 220605 组数据存储于 SCADA 历史数据库中。大数据平台利用系统采集层的 Sqoop 大数据组件将 SCADA 监测数据导入后构建 SCADA 数据仓库，再通过系统计算层的 Hive 组件 HQL 语句进行数据快速清洗，去除数据中的空值数据和无用的布尔值数据。随后，从中选取风电监测预警模型需要的多维异构数据，如有功功率、瞬时风速、环境温度、齿轮箱油池温度、齿轮箱冷却水温度、齿轮箱进口油温、发电机绕组最高温度、齿轮箱进口压力、齿轮箱油泵出口压力等，并将这 220605 组多维异构变量导入分析层中的自编码网络（AutoEncoder，AE）预警模型进行故障预警，并以融合后的残差作为模型的输出，以指数加权移动平均值（Exponentially Weighted Moving-Average，EWMA）方法计算残差的上下阈值以实现预警。

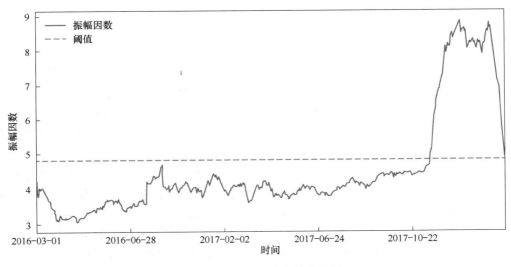

图 9-43 振幅因子指标趋势分析

自编码网络预警模型输出的残差如图 9-44 所示。模型输出结果表明，残差值在 2019 年 2 月 18 日到 2019 年 9 月 22 日之间均在阈值范围内，风电齿轮箱为正常工作状态；在 2019 年 9 月 22 日之后突然上升超出阈值上限，并迅速在 2019 年 9 月 27 日达到最大值，风电齿轮箱为故障工作状态。根据多组数据超出阈值上限，判定在 2019 年 9 月 23 日风电齿轮箱状态异常，并进行故障预警。该风机于 2019 年 9 月 27 日巡检时被发现齿轮箱状态异常，之后进行停机维修。

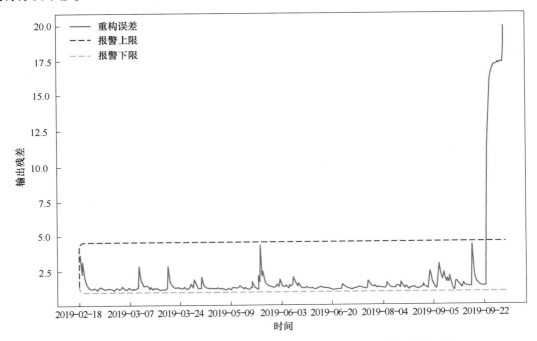

图 9-44 AE 融合多源 SCADA 数据的风电增速齿轮箱监测模型输出残差

9.6　本章小结

结合风电齿轮传动系统运行状态监测与故障诊断领域的研究工作，介绍了深度学习融合 SCADA 数据的风电齿轮传动系统状态监测及基于 CMS 数据的风电齿轮传动系统运行状态监测，介绍了风电齿轮传动系统早期故障诊断特点，并开发了大数据驱动的风电齿轮传动系统健康管理。结合当前最新研究成果和技术发展趋势，风电齿轮传动系统运行状态监测与故障诊断的技术发展主要在以下两个方面：

1）有效表征风电齿轮传动系统各部件状态发展趋势的特征指标是当前风电机组振动状态监测的重点。不同部件采用的特征指标有所不同，如何将包含齿轮、轴承及齿轮箱中其他振源的振动信号进行分离，对有效地提取部件级的特征指标至关重要，值得深入研究。

2）建立统一跨多系统的、跨设备的、基于设备状态洞察分析的大数据分析平台，挖掘大数据资源价值，实现基于多源信息融合的大数据预测分析与智能维护，将是风电机组传动系统健康管理的重要发展趋势。

参 考 文 献

［1］ 2019 年 BP 世界能源统计年鉴［EB/OL］.［2019-06-01］. https：//www. bp. com/zh＿cn/china/home/news/reports/statistical-review-2019. html.

［2］ 联合国政府间气候变化专门委员会. 全球 1.5℃ 增暖特别报告［R/OL］.［2019-01-14］. http：//www. cma. gov. cn/2011xwzx/2011xqxw/2011xqxyw/201810/t20181008_479462. html.

［3］ KARIN O, STEVE S, ALASTAIR D, et al. Global wind report 2018［R］. Brussels：Global Wind Energy Council，2019.

［4］ 中国可再生能源学会风能专委会. 中国风电产业地图 2018［R］. 北京：中国可再生能源学会风能专委会，2019.

［5］ 胥良. 基于载荷谱的兆瓦级风电齿轮箱动态特性研究［D］. 重庆：重庆大学，2013.

［6］ Design manual for enclosed epicyclic gear drives：ANSI/AGMA 6123-B-2006.［S］. Alexandria：American Gear Manufacturers Association，2006.

［7］ 生伟凯，刘卫，杨怀宇. 国内外风电齿轮箱设计技术及主流技术路线综述与展望［J］. 风能，2012（4）：40-44.

［8］ CHENG M, ZHU Y. The state of the art of wind energy conversion systems and technologies：A review［J］. Energy conversion and management，2014，88：332-347.

［9］ 李想. NW 型风电增速器的非线性动力学建模与综合性能优化设计［D］. 大连：大连理工大学，2018.

［10］ JØRGENSEN M F, PEDERSEN N L, SØRENSEN J N, et al. Rigid matlab drivetrain model of a 500 kW wind turbine for predicting maximum gear tooth stresses in a planetary gearbox using multibody gear constraints［J］. Wind Energy，2014，17（11）：1659-1676.

［11］ 魏静，孙清超，孙伟，等. 大型风电齿轮箱系统耦合动态特性的研究［J］. 振动与冲击，2012，31（8）：16-23.

［12］ Gears-Cylindrical involute gears and gear pairs-concepts and geometry：BS ISO 21771：2007［S］. Switzerland：BSI Staff，2007.

［13］ HAN Q, WEI J, et al. Dynamics and vibration analyses of gearbox in wind turbine［M］. Singapore：Springer Singapore，2017.

［14］ 杨玉良. 斜齿轮系统热弹耦合及修形减振研究［D］. 大连：大连理工大学，2016.

［15］ GHOSH S S, CHAKRABORTY G. On optimal tooth profile modification for reduction of vibration and noise in spur gear pairs［J］. Mechanism and Machine Theory，2016，105：145-163.

［16］ 魏静，张爱强，秦大同，等. 考虑结构柔性的行星轮系耦合振动特性研究［J］. 机械工程学报，2017，53（1）：1-12.

［17］ WEI J, ZHANG A, QIN D, et al. A coupling dynamics analysis method for a multistage planetary gear system［J］. Mechanism and Machine Theory，2017，110：27-49.

［18］ 王刚强. 修形斜齿轮啮合刚度解析模型与系统振动特性研究［D］. 重庆：重庆大学，2018.

［19］ 吕程. 大功率风电增速器动态特性分析与优化设计［D］. 大连：大连理工大学，2012.

［20］ 李想，孙伟，魏静，等. 大功率风电增速器多目标优化设计研究［J］. 重庆大学学报，2015，38（1）：110-119.

［21］ 魏静，王刚强，秦大同，等. 考虑修形的斜齿轮非线性激励建模与动力学特性研究［J］. 振动工程学报，2018，31（4）：561-572.

［22］ WEI J, ZHANG A Q, WANG G Q, et al. A study of nonlinear excitation modeling of helical gears with modification：theoretical analysis and experiments ［J］. Mechanism and Machine Theory, 2018, 128：314-335.

［23］ Specifies the geometric concepts and parameters for cylindrical gears with involute helicoid tooth flanks：BS ISO 21771：2007, ［S］. Switzerland：BSI Staff, 2007.

［24］ 王世宇. 基于相位调谐的直齿行星齿轮传动动力学理论与实验研究 ［D］. 天津：天津大学, 2005.

［25］ 张霖霖, 朱如鹏. 啮合相位对人字齿行星齿轮传动系统均载的影响 ［J］. 机械工程学报, 2018, 54 （11）：129-140.

［26］ 魏静, 杨攀武, 秦大同, 等. 柔性销轴对人字齿星型轮系均载特性的影响研究 ［J］. 哈尔滨工业大学学报, 2018, 50 （7）：8-17.

［27］ 李想, 孙伟, 魏静, 等. NW 型大功率风电增速器行星传动均载性能研究 ［J］. 大连理工大学学报, 2015, 55 （3）：271-280.

［28］ 徐向阳, 朱才朝, 刘怀举, 等. 柔性销轴式风电齿轮箱行星传动均载研究 ［J］. 机械工程学报, 2014, 50 （11）：43-49.

［29］ ZHANG C P, WEI J, WANG F M, et al. Dynamic model and load sharing performance of planetary gear system with journal bearing ［J/OL］. ［2020-06-01］. Mechanism and Machine Theory, 2020 （151）：103898. https：//doi. org/10. 1016/j. mechmachtheory. 2020. 103898.

［30］ PARK Y J, LEE G H, OH J S, et al, Effects of non-torque loads and carrier pinhole position errors on planet load sharing of wind turbine gearbox ［J］. International Journal of Precision Engineering and Manufacturing-Green Technology, 2019 （6）：281-292.

［31］ MO S, ZHANG T, JIN G G, et al. Analytical investigation on load sharing characteristics of herringbone planetary gear train with flexible support and floating sun gear ［J/OL］. ［2020-01-01］. Mechanism and Machine Theory, 2020 （144）：103670. https：//doi. org/10. 1016/j. mechmachtheory. 2019. 103670.

［32］ 魏静, 张佳雄, 王飞鸣, 等. 一种具有柔性浮动和均载作用的行星架结构：201910966945. 1 ［P］. 2020-12-01.

［33］ 秦大同, 周志刚, 杨军, 等. 随机风载作用下风力发电机齿轮传动系统动态可靠性分析 ［J］. 机械工程学报, 2012, 48 （3）：1-8.

［34］ SUN W, LI X, WEI J, et al. A study on load-sharing structure of multi-stage planetary transmission system ［J］. Journal of Mechanical Science and Technology, 2015, 29 （4）：1501-1511.

［35］ 孙伟, 李想, 魏静, 等. 大功率风电增速器的多目标优化设计 ［J］. 重庆大学学报, 2015, 38 （1）：110-119.

［36］ BERTINI L, SANTUS C. Fretting fatigue tests on shrink-fit specimens and investigations into the strength enhancement induced by deep rolling ［J］. International Journal of Fatigue, 2015, 81：179-90.

［37］ HOJJATI-TALEMI R, ZAHEDI A, DE BAETS P. Fretting fatigue failure mechanism of automotive shock absorber valve ［J］. International Journal of Fatigue, 2015, 73：58-65.

［38］ WEI J, NIU R, DONG Q B, et al. Fretting-slipping fatigue failure mode in planetary gear system ［J/OL］. ［2020-12-01］. International Journal of Fatigue, 2020：136, 105632. https：//doi. org/10. 1016/j. ijfatigue. 2020. 105632.

［39］ WEI J, ZHANG A Q, QIN D T, et al. A coupling dynamics analysis method for a multistage planetary gear system ［J］. Mechanism and Machine Theory, 2017, 110：27-49.

［40］ 全国减速机标准化技术委员会. 行星齿轮传动设计方法：GB/T 33923—2017 ［S］. 北京：中国标准出版社, 2017.

［41］ HICKS R J. Load equalizing means for planetary pinions：U. S. Patent 3303713 ［P］. 1967-02-14.

［42］ MONTESTRUC A N. Influence of planet pin stiffness on load sharing in planetary gear drives ［J/OL］. ［2020-06-01］. Journal of Mechanical Design, 2011, 133（1）：014501. https：//doi. org/10. 1115/1. 4002971.

［43］ Cylindrical gears -ISO system of accuracy：Part 1 Definitions and allowable values of deviations relevant to cor-responding flanks of gear teeth：ISO 1328-1：2013 ［S］. Switzerland：ISO/TC 60 Gears，2013.

［44］ Calculation of load capacity of spur and helical gears：Part 1 Basic principles，introduction and general influ-ence factors：ISO 6336-1：2006，［S］. Switzerland：International Organization for Standard/Draft Internation-al Standard，2006.

［45］ Calculation of load capacity of spur and helical gears：Part 2 Calculation of surface durability：ISO 6336- 2：2006 ［S］. International Organization for Standard/Draft International Standard，ISO/Din 6336-1. Switzerland，2006.

［46］ Calculation of load capacity of spur and helical gears：Part 3 Calculation of tooth bending strength：ISO 6336-3：2006 ［S］. Switzerland：International Organization of Standard/Draft International Standard，2006.

［47］ 全国风力机械标准化技术委员会. 风力发电机组：齿轮箱设计要求：GB/T 19073—2018 ［S］. 北京：中国标准出版社，2018.

［48］ WEI J，LV C，SUN W，et al. A study on optimum design method of gear transmission system for wind turbine ［J］. International Journal of Precision Engineering and Manufacturing，2013，14 （5）：767-778.

［49］ 魏静，杨攀武，秦大同，等. 重载行星齿轮传动等强度设计理论与方法 ［J］. 北京工业大学学报 （齿轮传动技术专刊），2018，44 （7）：979-986.

［50］ 魏静，孙伟，李震，等. 基于 SIMP 及应变能理论的高速动车齿轮箱结构优化 ［J］. 机械强度. 2011，33 （4）：558-564.

［51］ LECUN Y，BENGIO Y，HINTON G. Deep learning ［J］. Nature，2015，521 （7553）：436-444.

［52］ DING X X，HE Q B. Time-frequency manifold sparse reconstruction：A novel method for bearing fault feature extraction ［J］. Mechanical Systems & Signal Processing，2016，80：392-413.

［53］ 马婧华，汤宝平，宋涛. 基于自适应本征维数估计流形学习的相空间重构降噪方法 ［J］. 振动与冲击，2015，34 （11）：30-34.

［54］ 宋涛，汤宝平，邓蕾，等. 动态增殖流形学习算法在机械故障诊断中的应用 ［J］. 振动与冲击，2014，33 （23）：15-19.

［55］ SU Z Q，TANG B P，MA J H，et al. Fault diagnosis method based on incremental enhanced supervised locally linear embedding and adaptive nearest neighbor classifier ［J］. Measurement，2014，48 （1）：136-148.

［56］ TANG B P，SONG T，LI F，et al. Fault diagnosis for a wind turbine transmission system based on manifold learning and Shannon wavelet support vector machine ［J］. Renewable Energy，2014，62 （3）：1-9.

［57］ 苏祖强，汤宝平，刘自然，等. 基于正交半监督局部 Fisher 判别分析的故障诊断 ［J］. 机械工程学报，2014，50 （18）：7-13.

［58］ HINTON G E，SALAKHUTDINOV R R. Reducing the dimensionality of data with neural networks ［J］. Sci-ence，2006，313：504-507.

［59］ HE K，ZHANG X，REN S，et al. Deep residual learning for image recognition ［C］ //Proceedings of the IEEE conference on computer vision and pattern recognition （CVPR）. Las Vegas：IEEE，2016：770-778.

［60］ ZHAO M H，KANG M，TANG B P，et al. Deep residual networks with dynamically weighted wavelet coeffi-cients for fault diagnosis of planetary gearboxes ［J］. IEEE Transactions on Industrial Electronics，2018，65 （5）：4290-4300.

［61］ LI F，TANG B P，YANG R S. Rotating machine fault diagnosis using dimension reduction with linear local tangent space alignment ［J］. Measurement，2013，46 （8）：2525-2539.

［62］ 苏祖强，汤宝平，邓蕾，等. 有监督 LLTSA 特征约简的旋转机械故障诊断 ［J］. 仪器仪表学报，2014，35 （8）：1766-1771.

［63］ 苏祖强，汤宝平，赵明航，等. 基于多故障流形的旋转机械故障诊断 ［J］. 振动工程学报，2015，28

(2)：309-315.

[64] SU Z Q, TANG B P, LIU Z R, et al. Multi-fault diagnosis for rotating machinery based on orthogonal super-vised linear local tangent space alignment and least square support vector machine [J]. Nerocomputing, 2015, 157 (1)：208-222.

[65] SHAO H, JIANG H, ZHANG H, et al. Electric locomotive bearing fault diagnosis using novel convolutional deep belief network [J]. IEEE Transactions on Industrial Electronics, 2018, 65 (3)：2727-2736.

[66] IMANI M B, HEYDARZADEH M, KHAN L, et al. A scalable spark-based fault diagnosis platform for gearbox fault diagnosis in wind farms [C] //2017 IEEE International Conference on Information Reuse and Integra-tion (IRI). San Diego, IEEE, 2017：100-107.